"十三五"应用型本科院校系列教材/化学类

U0222520

主　编　罗洪君　许伟锋

副主编　李红艳　彭殿宝　韩霜

主　审　汪颖军

普通化学

（第3版）

General　Chemistry

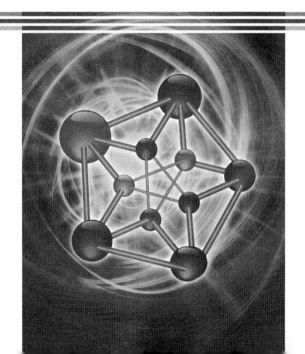

哈尔滨工业大学出版社

内 容 简 介

本教材是应用型本科院校规划教材,是以适应应用型工科类专业的教育特点,突出以应用能力培养为目标编写的。把握"课程对准技术"的教改方向,内容满足化工类及相关专业的基本需要,注意为专业培养目标服务,与生产实际接轨,充分体现应用型本科院校学生特点。本教材知识结构合理,符合认知规律,内容深入浅出,基本知识以"必须"和"够用"为度。

全书共分 12 章,各章配有小结、习题,为训练学生思维、理解、记忆及运用知识的能力提供方便,并通过习题练习使学生把理论与实践结合起来。培养学生分析问题与解决问题的能力,以及自觉学习能力和培养职业核心能力。

本教材适用于化工、石油工程、土木、自动控制、机械、信息电子技术、冶金等专业的大学本科学生,以及上述行业的从业人员在职培训和广大上述行业爱好者阅读和学习。

图书在版编目(CIP)数据

普通化学/罗洪君,许伟锋主编. —3 版. —哈尔滨:
哈尔滨工业大学出版社,2016.6(2022.1 重印)
ISBN 978 - 7 - 5603 - 6046 - 1

Ⅰ.①普⋯ Ⅱ.①罗⋯②许⋯ Ⅲ.①普通化学-高等
学校-教材 Ⅳ.①O6

中国版本图书馆 CIP 数据核字(2016)第 119769 号

策划编辑	杜 燕	
责任编辑	张 瑞	
出版发行	哈尔滨工业大学出版社	
社　　址	哈尔滨市南岗区复华四道街 10 号　邮编 150006	
传　　真	0451 - 86414749	
网　　址	http://hitpress.hit.edu.cn	
印　　刷	哈尔滨久利印刷有限公司	
开　　本	787mm×1092mm　1/16　印张 20　字数 458 千字	
版　　次	2010 年 8 月第 1 版　2016 年 6 月第 3 版	
	2022 年 1 月第 5 次印刷	
书　　号	ISBN 978 - 7 - 5603 - 6046 - 1	
定　　价	45.80 元	

序

哈尔滨工业大学出版社策划的《"十三五"应用型本科院校系列教材》即将付梓,诚可贺也。

该系列教材卷帙浩繁,凡百余种,涉及众多学科门类,定位准确,内容新颖,体系完整,实用性强,突出实践能力培养。不仅便于教师教学和学生学习,而且满足就业市场对应用型人才的迫切需求。

应用型本科院校的人才培养目标是面对现代社会生产、建设、管理、服务等一线岗位,培养能直接从事实际工作、解决具体问题、维持工作有效运行的高等应用型人才。应用型本科与研究型本科和高职高专院校在人才培养上有着明显的区别,其培养的人才特征是:①就业导向与社会需求高度吻合;②扎实的理论基础和过硬的实践能力紧密结合;③具备良好的人文素质和科学技术素质;④富于面对职业应用的创新精神。因此,应用型本科院校只有着力培养"进入角色快、业务水平高、动手能力强、综合素质好"的人才,才能在激烈的就业市场竞争中站稳脚跟。

目前国内应用型本科院校所采用的教材往往只是对理论性较强的本科院校教材的简单删减,针对性、应用性不够突出,因材施教的目的难以达到。因此亟须既有一定的理论深度又注重实践能力培养的系列教材,以满足应用型本科院校教学目标、培养方向和办学特色的需要。

哈尔滨工业大学出版社出版的《"十三五"应用型本科院校系列教材》,在选题设计思路上认真贯彻教育部关于培养适应地方、区域经济和社会发展需要的"本科应用型高级专门人才"精神,根据前黑龙江省委书记吉炳轩同志提出的关于加强应用型本科院校建设的意见,在应用型本科试点院校成功经验总结的基础上,特邀请黑龙江省9所知名的应用型本科院校的专家、学者联合编写。

本系列教材突出与办学定位、教学目标的一致性和适应性,既严格遵照学科体系的知识构成和教材编写的一般规律,又针对应用型本科人才培养目标及与之相适应的教学特点,精心设计写作体例,科学安排知识内容,围绕应用讲授理论,做到"基础知识够用、实践技能实用、专业理论管用",同时注意适当融入新理论、新技术、新工艺、新成果,并且制作了与本书配套的PPT多媒体教学课件,形成立体化教材,供教师参考使用。

《"十三五"应用型本科院校系列教材》的编辑出版,是适应"科教兴国"战略对复合型、应用型人才的需求,是推动相对滞后的应用型本科院校教材建设的一种有益尝试,在应用型创新人才培养方面是一件具有开创意义的工作,为应用型人才的培养提供了及时、可靠、坚实的保证。

希望本系列教材在使用过程中,通过编者、作者和读者的共同努力,厚积薄发、推陈出新、细上加细、精益求精,不断丰富、不断完善、不断创新,力争成为同类教材中的精品。

第 3 版前言

《普通化学》一书自 2010 年出版发行以来,得到了广大师生的认可和支持,借此再版之际,表示深深的谢意。

普通化学是高等工科教育中的基础课程。按照教育部的规定,普通化学课程应是非化学化工专业本科生接受到的最高化学教育,并应纳入普通高等学校本科教育计划。它将在很大程度上影响当代和今后中国工程技术应用型人才的基本化学素养。当今,科技在发展、社会在进步,人才培养的观念要更新,应用型工程技术人才的培养要跟上时代科技的发展,跟上经济对人才科技知识基本素养要求,应从所培养的学生要承担的责任和面临的挑战来审视大学普通化学教育,尤其是审视培养工程技术应用型人才的独立院校普通化学教育。为此必须框定课程教学的基本要求及相应的教材内容。独立院校普通化学课程应该是比较系统、全面地向学生讲授和介绍化学的基本原理和基础知识,其知识范围应该涵盖和涉及无机化学、有机化学、分析化学、物理化学诸领域的基础知识,使学生懂得化学变化的基本规律、分析方法、实施和控制化学反应的基本手段;了解当代化学科学的发展及 21 世纪化学所属各学科,包括无机化学、有机化学、分析化学、物理化学的发展趋势,提高学生把化学科学的规律、知识、技术、方法应用到本专业工作中去的能力和素养,培养学生的创新思想、创新思维和创新能力以适应 21 世纪高新技术在学科领域相互渗透、相互交叉的特点,推动科学技术的发展,为人类的进步作出贡献。

本教材按照独立院校培养应用型技术人才的目标,结合独立院校学生的特点编写。在教材内容的编排上体现对基本原理论述的"少而精",对基础知识和拓展内容的介绍"广而新"的特色,把本书内容分为基本理论、基础知识及拓展内容 3 部分,组成了既有区别又紧密相关的知识体系,涵盖了当今普通化学中最主要的基本内容,符合国家规定的普通化学课程教学的基本要求。

本教材由罗洪君、许伟锋主编。第 1 章、第 2 章、第 3 章由许伟锋编写,第 4 章、第 5 章、第 6 章由李红艳编写,第 7 章、第 8 章、第 12 章由彭殿宝编写,第 9 章、第 10 章、第 11 章、附录由韩霜编写,全书由汪颖军教授审阅。

限于编者的知识、水平,本教材出现疏漏在所难免,敬请各位同仁和广大读者批评指正。

编　　者
2016 年 5 月

目　　录

第 1 章

溶液和胶体

在自然界和人类的生命活动中,溶液和胶体对人们而言是极其重要的。因为大多数的化学反应都是在溶液中进行的,在科学研究和实际生产中有着广泛的应用。例如,电解食盐水溶液制取烧碱;工业中海水的淡化、污水的处理等。除此之外,人和动物的血液和淋巴液等也都属于溶液的范畴。因此,研究溶液的性质及变化规律对我们掌握和使用溶液非常有必要。胶体溶液的存在也很普遍,土壤的形成、动植物的骨架、组织及各种生命现象都与胶体有着密切的关系。本章介绍溶液的组成、浓度表示方法、稀溶液的依数性及胶体溶液的基本知识。

1.1 溶 液

在溶液里进行的化学反应通常速度是比较快的,所以,在实验室里或化工生产中,要使两种能发生反应的固体发生反应,常常先把它们溶解,然后把两种溶液混合,并加以振荡或搅动,以加快反应的速度。本节主要介绍与溶液相关的一些性质。

1.1.1 分散系统概述

在科学研究中,我们把研究的对象称为系统(System),而把研究对象周围与其密切相关的部分称作环境(Surroundings)。在一个系统中,任何物理性质和化学性质完全相同且与其他部分间有明确界面隔开的均匀部分都称为相(Phase)。系统中可以只有一个相,称作单相系统或均相系统;系统中含有两个或更多个相,称作多相系统或非均相系统。由同一种聚集态组成的系统可以有多个相,例如,由油和水形成的乳液系统中,就存在着油和水两个相;而在单相系统中却必定只有一种聚集态。在由同一种物质形成的系统中也可以有多个相,例如,由水、冰和水蒸气组成的系统中虽然只有一种物质,但却有 3 个相,分别是液相、固相和气相。

分散系统(Dispersed System)是指当一种或几种物质被分散在另一种物质中时所形成的系统。被分散的物质称为分散质(Dispersate);而另一种呈连续分布的起分散作用的物质称为分散介质(Dispersed Medium)。

分散系统常按照分散相的粒子大小分成溶液(Solution)、胶体分散系统(Colloidal

Dispersed System)和粗分散系统(Coarse Dispersed System)3 类。

(1)溶液

溶液是指分散相粒子的直径小于 1 nm,分散相以分子或离子状态分散于分散剂中所形成的分散系统。在这种分散系统中,分散相与分散剂形成了均匀的溶液,它是一种单相的均匀分散系统。氯化钠溶液就属于这一类分散系统。

(2)胶体分散系统

胶体分散系统是指分散相粒子直径介于 1～100 nm 之间的分散系统。例如,固体分散相分散于液体介质中形成的溶胶就是胶体分散系统的一种。胶体中的分散相粒子是由许多分子或离子聚集而成的,它们以一定的界面与周围介质相分隔,形成一个不连续的相,而系统的分散介质则是一个连续相。所以,尽管用肉眼或一般显微镜观察时,胶体系统看起来好像是单相,但实际上它是一个多相系统。

(3)粗分散系统

粗分散系统是指分散相粒子直径大于 100 nm 时形成的分散系统。悬浊液、乳浊液、泡沫和粉尘属于粗分散系统,这是一种多相的不均匀系统,用一般显微镜甚至肉眼即可观察到其中的分散相粒子。

各分散系的比较见表 1.1。

表 1.1　各分散系的比较

分散系	溶液	胶体分散系统	粗分散系统
粒径大小	<1 nm	1～100 nm	>100 nm
外观	单个小分子或离子	高分子或多分子集合	巨大的分子集合体
稳定性	稳定	较稳定	不稳定
透过性能	能透过滤纸和半透膜	能透过滤纸无法透过半透膜	无法透过滤纸和半透膜
鉴别方式	无丁达尔现象	有丁达尔现象	静止分层或沉淀
实例	NaCl 溶液	$Fe(OH)_3$胶体	泥水

按照分散相和分散介质聚集状态的不同,分散系统可以分为 8 类,见表 1.2。

表 1.2　分散系统按聚集状态分类

分散介质	分散相	名称	实例
气	液	气溶胶	云,雾
	固		烟,粉尘
液	气	泡沫	肥皂泡沫
	液	乳状液	牛奶,含水原油
	固	悬浮液	金溶胶,油墨,泥浆
固	气	固溶胶	泡沫塑料
	液		珍珠,蛋白石
	固		有色玻璃,某些合金

1.1.2　溶　液

1. 溶液的基本概念和分类

溶液(Solution)是由两种或多种组分组成的均匀分散系统。溶液中各部分都具有相同的物理和化学性质,是一个均相系统。其中分散相称为溶质,而分散介质称为溶剂。溶液不同于其他分散系统之处在于:溶液中溶质是以分子或离子状态均匀地分散于溶剂之中的。按照组成溶液的溶剂和溶质原先的聚集状态的不同,可以把溶液分成6类,而按照形成的溶液所呈现的聚集态分类,则可以分为气态溶液、液态溶液、固态溶液3类,见表1.3。

表1.3　溶液的种类

溶质	溶剂	溶液的状态	实　例
气体	气体	气态(气态溶液)	空气,天然气
气体	液体	液态(液态溶液)	溶解有二氧化碳的水
气体	固体	固态(固态溶液)	吸附了氢气的金属钯
液体	液体	液态(液态溶液)	乙醇的水溶液
固体	液体	液态(液态溶液)	氢氧化钠的水溶液,碘的四氯化碳溶液
固体	固体	固态(固态溶液)	黄铜(铜锌合金),钢(少量的碳溶于铁)

液态溶液,尤其是以水为溶剂的溶液,在生产实际和科学研究中具有特别重要的地位。一般所说的溶液就是指液态溶液,如无特别说明,通常是指以水为溶剂的水溶液。

2. 溶解过程与溶液的形成

溶质均匀分散于溶剂中形成溶液的过程称为溶解。

溶解过程是一个复杂的物理化学过程,它既不是单纯的物理过程,也不是完全的化学过程。在溶解过程中,常常伴随着热量、体积甚至颜色的变化。例如,氢氧化钠或硫酸溶解于水时,放出大量的热;硝酸铵溶解于水时需要吸热;酒精与水形成的溶液体积小于原来酒精和水体积的和;白色的无水硫酸铜溶解于水中得到的是蓝色的溶液。溶解的过程中部分破坏了原先溶质内部分子间的作用及溶剂本身分子间的作用,而形成了溶质分子与溶液分子间的作用力,因此不同的溶解过程伴随着不同的能量变化。此外,溶解过程也总伴随着熵的变化,因为在纯溶剂或溶质中,组成物质的微粒排布相对有序,而在溶解过程中,这种有序性就会遭到破坏,从而使系统的混乱度增加。系统混乱度增加有利于一个过程的自发进行。正是由于溶解过程始终是一个系统混乱度增加的过程,所以即使有些溶解过程是吸热的,却依然可以自发进行。

溶解度是指在一定的温度和压力条件下,在一定量溶剂中最多能溶解的溶质的质量。溶解度表征了物质在指定溶剂中溶解性的大小,是由物质自身的组成、结构所决定的,是物质的本征特性之一。在一定温度压力下,物质的溶解度大小取决于该物质及指定溶剂本身的特性。

在总结大量实验的基础上,人们归纳出了关于各类物质在液体中溶解的经验规律,这就是相似相溶原理:结构相似的物质之间容易相互溶解。也就是说,如果溶质与溶剂具有相似的组成或结构,因而具有相似的极性(同为极性物质或同为非极性物质)时,它们之间就能较好地相互溶解。水是一种极性溶剂,并且分子间可以形成氢键,因此一般的离子化合物(如无机盐类)以及能与水分子之间形成氢键的物质(如醇、羧酸、酮等)在水中有较好的溶解性。而一般的有机化合物,通常为非极性或极性较小,因而在水中难溶,而易溶于非极性的有机溶剂中,例如具有苯环的芳香族化合物一般溶于苯、甲苯、二甲苯等溶剂中。对于结构类似的同类固体,熔点越低,其分子间作用力越接近液体中分子间作用力,其在液体中的溶解度越大。而对于结构相似的气体,沸点越高,则其分子间作用力越接近液体中分子间作用力,该气体在液体中的溶解度越大。但应注意的是,相似相溶规则仅仅是个经验规律,应用中不能简单类推,尤其是对结构是否相似的判断,应看其本质流。例如,乙酸是一种极性物质,可以与水混溶,但是,它也能溶于苯、四氯化碳这样的非极性溶剂中,这是因为在非极性溶剂中乙酸可以形成极性较小的二聚体。

对于指定的物质在指定溶剂中的溶解度,主要与温度有关,多数固体物质在水中的溶解度是随温度的升高而增大的,而气体物质在水中的溶解度多随温度的上升而下降。温度对流体溶质的溶解度影响较小,压力对固体和液体物质的溶解度几乎没有影响,但压力变化对气体物质的溶解度有明显的影响,一般随气体压力的增大,溶解度也会增大。

3.溶液浓度的表示方法

浓度就是指一定量溶液中溶质及溶剂相对含量的定量表示。根据研究需要的不同,这种相对含量的表示可以有多种方式。常用的浓度表示法有物质的量浓度、质量摩尔浓度、摩尔分数、质量分数、当量浓度、体积分数、质量浓度、滴定度等。这里主要介绍前 3 种浓度表示法。

(1)物质的量浓度

溶质 B 的物质的量浓度定义为每升溶液中所含有的溶质 B 的物质的量,用符号 c_B 表示,即

$$c_B = n_B/V \tag{1.1}$$

式中　　c_B ——溶质 B 的物质的量浓度,$mol \cdot L^{-1}$;

　　　　n_B ——溶质 B 的物质的量,mol;

　　　　V ——溶液的体积,L。

例 1.1　临床上治疗碱中毒时常用氯化铵(NH_4Cl)针剂,其规格为每支 20.0 mL,含 NH_4Cl 0.16 g。试计算:(1) 每支针剂中含 NH_4Cl 的物质的量;(2) 物质的量浓度。

解　已知 $M(NH_4Cl) = 53.5 \ g \cdot mol^{-1}$

$$n(NH_4Cl) = \frac{m(NH_4Cl)}{M(NH_4Cl)} = \frac{0.16 \ g}{53.5 \ g \cdot mol^{-1}} = 3.0 \times 10^{-3} \ mol$$

$$c(NH_4Cl) = \frac{n(NH_4Cl)}{V} = \frac{3.0 \times 10^{-3} \ mol \times 1 \ 000 \ mL \cdot L^{-1}}{20.0 \ mL} = 0.15 \ mol \cdot L^{-1}$$

(2)质量摩尔浓度

溶质 B 的质量摩尔浓度定义为每千克溶剂中所含溶质 B 的物质的量,用符号 b_B 表示,即

$$b_B = n_B / m_A \tag{1.2}$$

式中　　b_B——溶质 B 的质量摩尔浓度，$mol \cdot kg^{-1}$；

　　　　n_B——溶质 B 的物质的量，mol；

　　　　m_A——溶剂的质量，kg。

例1.2　　将 7.00 g 结晶草酸（$H_2C_2O_4 \cdot 2H_2O$）溶于 93.0 g 水中，试计算草酸的质量摩尔浓度。

解　　已知 $M(H_2C_2O_4 \cdot 2H_2O) = 126 \ g \cdot mol^{-1}$，$M(H_2C_2O_4) = 90 \ g \cdot mol^{-1}$，故 7.00 g 结晶草酸中草酸的质量为

$$m(H_2C_2O_4) = \frac{7.0 \ g \times 90 \ g \cdot mol^{-1}}{126 \ g \cdot mol^{-1}} = 5.00 \ g$$

溶液中水的质量为

$$m(H_2O) = 93 \ g + (7.00 - 5.00) \ g = 95.00 \ g$$

则

$$b(H_2C_2O_4) = \frac{m(H_2C_2O_4)}{M(H_2C_2H_4) \cdot m(H_2O)} = \frac{5.00 \ g \times 1 \ 000 \ g \cdot kg^{-1}}{90 \ g \cdot mol^{-1} \times 95.00 \ g} = 0.585 \ mol \cdot kg^{-1}$$

（3）摩尔分数

溶质 B 的摩尔分数定义为溶质 B 的物质的量占溶液中所有组分的物质的量的分数，亦称物质的量分数，用符号 x_B 表示，即

$$x_B = n_B / n \tag{1.3}$$

式中　　x_B——溶质 B 的摩尔分数；

　　　　n_B——溶质 B 的物质的量，mol；

　　　　n——溶液中所有组分的物质的量，mol。

例1.3　　30 mL NaCl 饱和溶液质量为 36.009 g，将其蒸干后得到 NaCl 9.519 g，求该溶液的：（1）物质的量浓度；（2）质量摩尔浓度；（3）摩尔分数。

分析　　这是一个已知溶液中溶质和溶剂的质量与溶液总体积，求溶液不同浓度的题型，只要知道溶质和溶剂的摩尔质量，则可计算出溶质和溶剂的物质的量，根据公式可以计算出不同的浓度。

解　　已知：$m(NaCl) = 9.519 \ g$，$M(NaCl) = 58.44 \ g \cdot mol^{-1}$，$M(H_2O) = 18.02 \ g \cdot mol^{-1}$，$V = 30.00 \ mL$。

30.00 mL 的溶液中水的质量为

$$m(H_2O) = (36.009 - 9.519) \ g = 26.49 \ g$$

（1）求物质的量浓度

根据 $c_B = \dfrac{n_B}{V} = \dfrac{m_B}{M_B V}$，可得

$$c(NaCl) = \frac{m(NaCl)}{M(NaCl)V} = \frac{9.519 \ g \times 1 \ 000 \ mL \cdot L^{-1}}{58.44 \ g \cdot mol^{-1} \times 30.00 \ mL} = 5.429 \ mol \cdot L^{-1}$$

（2）求质量摩尔浓度

根据 $b_B = \dfrac{n_B}{m_A}$，可得

$$b(NaCl) = \frac{m(NaCl)}{M(NaCl) \cdot m(H_2O)} = \frac{9.519 \text{ g} \times 1\,000 \text{ g} \cdot \text{kg}^{-1}}{58.44 \text{ g} \cdot \text{mol}^{-1} \times 26.49 \text{ g}} = 6.149 \text{ mol} \cdot \text{kg}^{-1}$$

（3）求摩尔分数

根据 $x_B = \dfrac{n_B}{n}$，可得

$$x(NaCl) = \frac{n(NaCl)}{n(NaCl) + n(H_2O)} = \frac{9.519 \text{ g}/(58.44 \text{ g} \cdot \text{mol}^{-1})}{9.519 \text{ g}/(58.44 \text{ g} \cdot \text{mol}^{-1}) + 26.49 \text{ g}/(18.02 \text{ g} \cdot \text{mol}^{-1})} = 0.099$$

注 该题考查的是对溶液不同浓度定义的理解掌握情况，只要对溶液不同浓度的定义有正确的理解，则不难计算出相应的浓度。

浓度的各种表示法都有其自身的优点和相应的局限性。

物质的量浓度的优点在于：在实验室配制该浓度的溶液很方便，因为溶液体积的度量要比质量的度量来得容易，但是溶液的体积与温度有关，所以用物质的量浓度来表示时，浓度的数值易受温度的影响。

质量摩尔浓度的优点在于：该浓度表示法与溶液温度无关，并可以用于溶液沸点及凝固点的计算，但实验室配制时不如使用物质的量浓度方便。

摩尔分数的优点在于：对于描述溶液的某些特殊性质（如蒸气压）时显得十分简便，并且该表示法也与溶液的温度无关。

1.2 稀溶液的依数性

溶液共有两种性质，一种性质与溶液中溶质自身的特性有关，例如溶液的颜色、密度、酸碱性和导电性等；另一种性质与溶液中溶质的独立质点数有关，与溶质的自身特性无关，例如溶液的蒸气压、凝固点、沸点和渗透压等。尤其要指出的是后一种性质，对于难挥发的非电解质的稀溶液来说，它们表现出一定的共性和规律性。这就是我们所说的稀溶液的依数性，也被称为稀溶液的通性。

1.2.1 溶液蒸气压下降

设在一密闭容器中装有一种液体及其蒸气，液体分子和蒸气分子都在不停运动。温度越高，液体中具有较高能量的分子越多，单位时间内由液相跑到气相的分子越多；另一方面，在气相中运动的分子碰到液面时，有可能受到液面分子的吸引进入液相；蒸气的压力越大，则单位时间内由气相进入液相的分子越多。单位时间内汽化的分子数超过液化的分子数时，宏观上观察到的是蒸气的压力逐渐增大。单位时间内当气体变成液体及液体变成气体的分子数目相等时，测量出的蒸气的压力不再随时间而变化，这种不随时间而变化的状态即是平衡状态。相之间的平衡称相平衡。达到平衡状态只是宏观上看不出来变化，实际上微观上的变化并未停止，只不过两种相反的变化速率相等，这种平衡叫做动态平衡。

在一定温度下，某种液体与其蒸气处于动态平衡时的蒸气压力，即为该液体的饱和蒸气的压力称为饱和蒸气压，简称为该液体的蒸气压（Vapor Pressure）。蒸气压与液体的本

性及温度有关,与液体的量以及液面上方空间体积无关。

蒸气压的大小与液体的本性有关。对某种纯溶剂而言,在一定温度下其蒸气压是一定的;在同一温度下,不同物质的蒸气压是不同的。一些液体的饱和蒸气压见表 1.4。

表 1.4　一些液体的饱和蒸气压(293.15 K)

物质	水	乙醇	苯	乙醚
蒸气压 /kPa	2.34	5.85	9.96	57.6

蒸气压的大小还与温度有关。温度不同,同一液体的蒸气压也不相同。温度越高,液体中具有较高能量的分子越多,单位时间内由液相跑到气相的分子越多,即蒸气压随温度的升高而增大。水的蒸气压与温度的关系见表 1.5。

表 1.5　不同温度下水的饱和蒸气压

温度 /K	273	283	293	303	313	323	333	343	373
蒸气压 /kPa	0.610 6	1.227 9	2.338 5	4.242 3	7.375 4	12.333 6	19.918 3	35.157 4	101.324 7

固体直接蒸发为气体,这一现象称为升华,因此固体也具有一定的蒸气压。大多数固体的蒸气压都很小,只有少数固体如冰、碘、樟脑等有较大的蒸气压。固体的蒸气压也随温度的升高而增大。

无论固体还是液体,蒸气压大的称为易挥发性物质,蒸气压小的称为难挥发性物质。本章讨论稀溶液依数性时,忽略难挥发性溶质的蒸气压,只考虑溶剂的蒸气压。

但是,当纯溶剂溶入难挥发的非电解质而形成溶液后,由于非电解质溶质分子占据了部分溶剂的表面,单位表面内溶剂从液相进入气相的速率减小,因而达到平衡时,溶液的饱和蒸气压(即溶液中溶剂的蒸气压)要比纯溶剂在同一温度下的蒸气压低。而这种蒸气压下降的程度仅与溶质的量相关,即与溶液的浓度有关,而与溶质的种类和本性无关。

这一现象称为溶液的蒸气压下降。法国科学家拉乌尔(Raoult)通过大量实验结果得出以下结论:在一定温度下,难挥发非电解质稀溶液的蒸气压下降值与溶液中溶质的量即其摩尔分数成正比,即

$$\Delta p = p_A^* x_B \tag{1.4}$$

式中　　Δp——溶液的蒸气压下降值;

　　　　p_A^*——纯溶剂的蒸气压;

　　　　x_B——溶质 B 的摩尔分数。

溶液的蒸气压降低对植物的生长过程有着很重要的作用。近代生物化学研究证明,当外界温度突然升高时,引起有机体细胞中可溶物大量溶解,从而增加细胞汁液的物质的组成量,降低了细胞汁液的蒸气压,减慢水分蒸发的速度,具有一定的抗旱作用。

1.2.2　溶液的沸点升高和凝固点降低

液体的沸点(Boiling Point)是指液体的饱和蒸气压等于外界压力时的温度。通常将 101.325 kPa 外压力下的沸点称为正常沸点(Normal Boiling Point)。如水的正常沸点为 373.15 K,乙醇的正常沸点为 351.55 K,苯的正常沸点为 353.25 K。液体的沸点,随着外

界压力的改变而改变,通常情况下,没有注明压力条件下的沸点都是指正常沸点,简称沸点。

由于加入难挥发非电解质后的溶液蒸气压下降,所以在相同外压下,溶液的蒸气压达到外界压力所需的温度必然高于纯溶剂,因此溶液的沸点将上升,这一现象称为溶液的沸点升高。溶液的沸点升高值与溶液中溶质的质量摩尔浓度之间有如下关系:

$$\Delta T_B = K_B b_B \tag{1.5}$$

式中　　ΔT_B——溶液的沸点升高值,K;

　　　　K_B——溶剂的沸点升高常数,$K \cdot kg \cdot mol^{-1}$;

　　　　b_B——溶质 B 的质量摩尔浓度,$mol \cdot kg^{-1}$。

凝固点(Freezing Point)是指物质的固相纯溶剂的蒸气压与它的液相蒸气压相等时的温度。纯水的凝固点又叫做冰点,为 273.15 K,此温度时水和冰的蒸气压相等。但在 273.15 K,水溶液的蒸气压低于纯水的蒸气压,所以,水溶液在 273.15 K 时不结冰。只有在更低的温度下,溶液的蒸气压才与冰的蒸气压相等,因此溶液的凝固点将下降。溶液的凝固点下降值与溶液中溶质的质量摩尔浓度之间有如下关系:

$$\Delta T_f = K_f b_B \tag{1.6}$$

式中　　ΔT_f——溶液的凝固点下降值,K;

　　　　K_f——溶剂的凝固点下降常数,$K \cdot kg \cdot mol^{-1}$;

　　　　b_B——溶液的质量摩尔浓度,$mol \cdot kg^{-1}$。

式(1.5)和(1.6)中的 K_B、K_f 的数值仅与溶剂的性质有关,表 1.6 列出了常见溶剂的 K_B、K_f 值。

表 1.6　常见溶剂的 K_B、K_f 值

溶　剂	水	苯	醋　酸	氯　仿	四氯化碳
$K_B/(K \cdot kg \cdot mol^{-1})$	0.52	2.57	3.07	3.88	5.02
$K_f/(K \cdot kg \cdot mol^{-1})$	1.86	5.10	3.90	—	—

由溶液的蒸气压下降引起的沸点上升和凝固点下降,可以通过水、冰和水溶液的蒸气压曲线得到很好的解释。

图 1.1 是水、冰和溶液的蒸气压曲线图。其中,AB 线是纯水的气、液两相平衡曲线,AC 线是水的气、固两相平衡曲线(冰的蒸气压曲线),$A'B'$ 线是溶液的气、液两相平衡曲线。由图 1.1 可见,当外界压力为 101.325 kPa 时,纯水的沸点是 373.15 K,而此时水溶液的蒸气压低于外压,当溶液的蒸气压等于外压时,相应的温度(即溶液的沸点)必高于 373.15 K,其与 373.15 K 之间的

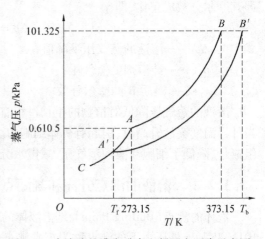

图 1.1　水溶液的沸点升高和凝固点下降示意图

差值就是溶液的沸点升高值。纯水的固、液两相蒸气压相等的温度为 273.15 K,由于溶解了溶质,273.15 K 时溶液的蒸气压低于冰的蒸气压,当温度下降到 A' 点时,固、液两相重新达到平衡,即溶液的蒸气压等于冰的蒸气压。此时的温度即为溶液的冰点,此点与纯水的凝固点 273.15 K 之间的差值就是溶液的凝固点下降值。

需要注意的是,稀溶液凝固时,随着温度的不断降低,开始时只是纯溶剂呈固态析出,而溶质并不析出。以水溶液为例,首先是冰先析出,随着冰不断析出,溶液的浓度增大,导致凝固点会进一步降低,当溶液饱和时,冰和溶质同时析出,此时溶液的凝固点不再降低,直到溶液全部为固态冰和溶质的混合物。

在科学实验中,可以借助沸点的升高和凝固点的降低来测定物质的摩尔质量。在实际测量过程中,由于凝固点时有晶体析出,易于观察,所以常采用凝固点降低法测定物质的摩尔质量。

除此之外,在实际的生产和生活中这两种应用也比较广泛。在金属表面处理过程中,利用溶液沸点的升高,可以使工件加热到较高温度。例如,使用 NaOH 和 $NaNO_3$ 的水溶液,可以将工件加热到 140 ℃ 以上。又如在冬季利用溶液凝固点降低法,在汽车水箱中加入适量的甘油或乙二醇,从而降低水的凝固点,使其在严寒条件下正常行驶。

1.2.3　渗透压

自然界中有一类物质,只能让溶剂分子通过而不能让溶质分子通过,这类物质称为"半透膜"。动物的组织膜,如膀胱膜、精制肠衣等物质属天然的半透膜,它们只能让水通过,而不让其他溶质分子通过。沉淀在瓷筒上的亚铁氰化铜胶状薄膜或用溶于乙醚-乙醇混合溶液中的硝化纤维挥发后制成的胶膜等物质则属人工半透膜。

半透膜是一种特殊的多孔分离膜,它可以选择性地让溶剂分子通过而不让溶质分子通过,当用半透膜把溶剂和溶液隔开时,纯溶剂和溶液中的溶剂都将通过半透膜向另一边扩散,但是由于纯溶剂的蒸气压大于溶液的蒸气压,所以溶剂将通过半透膜向溶液中扩散,这一现象称为渗透。为了阻止这种渗透作用,必须在溶液一边施加相应的压力。这种为了阻止溶剂分子渗透而必须在溶液上方施加的最小额外压力就是渗透压。图 1.2 就是渗透压的示意图。

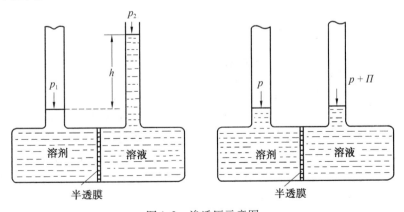

图 1.2　渗透压示意图

1886 年,荷兰物理学家范特霍夫根据实验结果指出:难挥发非电解质稀溶液的渗透压与溶液的物质的量浓度和热力学温度成正比,即

$$\Pi = c_B RT \qquad (1.7)$$

式中 Π——溶液的渗透压,kPa;

c_B——溶质的物质的量浓度,mol $\cdot$ L^{-1};

R——摩尔气体常数(8.314 J $\cdot$ mol^{-1} $\cdot$ K^{-1});

T——热力学温度,K。

式(1.7)表明,在一定温度下,稀溶液的渗透压只与溶液的物质的量浓度有关,而与溶液中溶质的种类无关。我们把溶液中能产生渗透效应的溶质分子(分子、粒子等)统称为渗透活性物质。渗透活性物质的物质的量除以溶液的体积称为溶液的渗透浓度(Osmolarity),用符号 C_{os} 表示,单位为 mol $\cdot$ L^{-1}。在一定温度下,相同浓度的两个非电解质稀溶液具有相同的渗透压,称为等渗溶液。如果两个溶液的渗透压不等,则渗透压高的溶液称为高渗溶液,而渗透压低的溶液则称作低渗溶液。根据范特霍夫定律,在一定温度下,对于任一稀溶液,其渗透压与溶液的渗透浓度成正比。

渗透现象在自然界中广泛存在,并与动植物生命活动密切相关,因为细胞是构成生命的基本结构单元,而细胞膜就是典型的性能优异的天然半透膜,同时动植物组织内的许多膜(如毛细管壁、红血球的膜等)也都具有半透膜的功能。例如,将红血球放进纯水中时,水会慢慢地穿过细胞壁而导致细胞的肿胀直至破裂。若将细胞放入浓糖水中,则细胞内的水将通过细胞壁渗出进入糖水中,导致细胞的萎缩和干枯;临床输液或注射用液必须是与人体体液渗透压相同的等渗溶液,否则就会造成体内渗透平衡紊乱,导致不良后果。海水鱼与淡水鱼不能交换生活环境也与两种鱼类的细胞液具有不同的渗透压有关。

如果外加在溶液液面上的压力大于溶液的渗透压,则将是溶液中的溶剂通过半透膜渗透到纯溶剂中,这种现象称为反渗透。反渗透最初用于海水淡化,后来用于工业废水或污水处理和溶液浓缩等方面。

例 1.4 20 ℃时葡萄糖(摩尔质量为 180 g $\cdot$ mol^{-1})15.0 g,溶解于 200 g 水中,试计算溶液的渗透压。

分析 溶液渗透压的计算,应通过稀溶液物质的量浓度与质量摩尔浓度之间的近似相等关系,用渗透压公式进行计算。

解 根据公式 $\Pi = c_B RT$,可得

$$\Pi = \frac{15.0 \text{ g}/(180 \text{ g} \cdot \text{mol}^{-1})}{200 \text{ g}/(1\ 000 \text{ g} \cdot \text{L}^{-1})} \times 8.314 \text{ J} \cdot \text{mol}^{-1} \cdot \text{K}^{-1} \times (273+20) \text{ K} = 1\ 015 \text{ kPa}$$

注 这是一个典型的稀溶液依数性的计算问题,由于难挥发非电解质稀溶液的依数性之间有联系,其联系的桥梁是溶液的质量摩尔浓度,只要计算出该溶液的质量摩尔浓度,则可依据相关公式,计算出渗透压。在这里要特别注意,当把渗透压公式中的物质的量浓度替换为质量摩尔浓度时,假设溶液是很稀的,且溶液的密度等于 1.00 g $\cdot$ cm^{-3}。

例 1.5 在 298 g 水中溶解 25.0 g 某有机物,该溶液在 -3.0 ℃时结冰。求该有机物的摩尔质量。

分析 该水溶液凝固点的降低是由于有机物的溶解所引起的,凝固点的降低值与该

溶液的质量摩尔浓度有关,通过质量摩尔浓度与溶质的摩尔质量的关系,根据凝固点的降低值公式,可求出该有机物的摩尔质量。

解 根据公式 $\Delta T_f = K_f \cdot b_B$ 可得

$$3.0 \text{ K} = 1.86 \text{ K} \cdot \text{kg} \cdot \text{mol}^{-1} \times \frac{25.0 \text{ g}/M}{298 \text{ g}/(1\,000 \text{ g} \cdot \text{kg}^{-1})}$$

求解得 $M \approx 52$ g·mol^{-1}。

注 这是利用凝固点降低来测定有机物质的相对分子质量的典型例题,在实际应用中,只要有机物能溶于水或其他溶剂中,并不发生副反应,都可以通过溶液凝固点的降低来测定物质的相对分子质量。

人们常常利用溶液的依数性原理来测定物质的相对分子质量,由于温度变化的测定比渗透压的测定来得方便,所以对于相对分子质量低的难挥发的非电解质而言,用沸点升高法和凝固点降低法较为方便,但对于相对分子质量高的化合物的相对分子质量的测定,由于其浓度很小,引起的沸点上升和凝固点下降值很小,难以测定,这时用渗透压法来测定就更为简便。

必须再次强调的是,本章讨论的符合依数性定量规律的溶液是指难挥发的非电解质稀溶液。对于难挥发非电解质浓溶液或电解质溶液而言,虽然也会有蒸气压下降、沸点上升、凝固点下降和渗透压等现象,但是这些现象与溶液的浓度之间的关系不再符合依数性的定量规律。这是因为,在浓溶液中溶质粒子之间、溶质和溶剂粒子之间的相互作用大大增强,这种相互作用到了不能忽略的程度,所以,简单的依数性关系已经不能正确描述溶液的上述性质。在电解质溶液中,由于溶质在溶剂中的解离,溶液中实际存在的微粒数量应包括未解离的分子及解离所产生的离子等全部微粒,因此各项依数性变化量则应按溶液中实际溶解的全部微粒的总量(或总浓度)计算。

根据研究发现,电解质的稀溶液在依数性方面数值的变化量要比同浓度的非电解质的稀溶液的变化量要大一些。对于同浓度的溶液而言,其沸点高低或渗透压大小变化的规律为:

A$_2$B 或 AB$_2$强电解质溶液>AB 强电解质溶液>弱电解质溶液>非电解质溶液

而蒸气压或凝固点的变化规律则刚好与之相反。其中 AB 代表物质化学组成类型。

1.3 胶体分散系统

1.3.1 胶体的种类

前已述及,胶体(Colloid)是分散相粒子直径介于 1~1 000 nm 之间的分散系统,这是一种高度分散的多相不均匀系统。

按照分散介质状态的不同,常把胶体分为气溶胶、液溶胶和固溶胶 3 大类。当分散介质为气体时,此胶体分散系统称为气溶胶,例如,烟、云、雾是气溶胶;当分散介质为液体时,此胶体分散系统称为液溶胶,例如,蛋白溶液、淀粉溶液是液溶胶;当分散介质为固体时,此胶体分散系统称为固溶胶,例如,烟水晶、有色玻璃是固溶胶。

1.3.2 胶体的制备

常规制备胶体的基本方法有分散法和凝聚法。分散法是将粗大物料研细,凝聚法是将分子或离子聚集成胶体粒子。

分散法通常有研磨法、超声波法、胶溶法、电弧法等,每种方法各有特点。研磨法是把干的或湿的粗大物料,在研钵、粉碎机或胶体磨等设备中,利用冲击力粉碎或用剪切力磨细。研磨过程中,胶体粒子往往会再次聚结成较大而又难研碎的聚集体,以致难以磨得更细。此时,若添加合适的吸附性物质,情况可以大为改观。超声波法是利用超声波通过机械装置产生相同频率的机械振荡,机械波疏密交替,将粗大物料撕碎成胶体粒子。胶溶法是把一些新鲜的沉淀或聚沉的胶体,用纯净液体或溶液高度稀释,将其重新分散成溶胶。这对电性稳定的体系来说,是经常发生的。如带负电荷的碘化银溶胶,经硝酸钾凝结后,用蒸馏水或稀的硝酸钡溶液洗涤,均可再分散为溶胶。电弧法用于制备贵金属溶胶。在插入分散介质的贵金属正负电极上加适当电压,产生电弧,高温使金属表面原子蒸发,又立即在不断冷却的分散介质中凝聚成胶体粒子,这实际上是分散法和凝聚法的结合。凝聚法是将溶解的分子或离子等经化学反应生成难溶物质析出。添加不良溶剂或改变温度和压力,使其溶解度降低而析出,只要条件合适,均可形成胶体。

1.3.3 胶体的结构

因为胶粒的大小介于 $1 \sim 100 \ nm$ 之间,故每一胶粒必然是由许多分子或原子聚集而成的,我们往往将组成胶粒核心部分的固态微粒称为胶核。例如,用稀 $AgNO_3$ 溶液和 KI 溶液制备 AgI 溶胶时,由反应生成的 AgI 微粒首先形成胶核。胶核常具有晶体结构,它很容易从溶液中选择性地吸附某种组成与之相似的离子而使胶核带电,因此,胶核实际上应包括固体微粒表层的带电离子。

胶核表层带电后,留在溶液中的反离子(即与被胶核吸附的离子带相反电荷的离子)由于离子静电作用必围绕于胶核周围,但离子本身的热运动又使一部分反离子扩散到较远的介质中去。可见,一些紧紧地吸附于胶核近旁的反离子与被吸附于胶核表层的离子组成"紧密层",而其余的反离子则组成"扩散层"。胶核与紧密层组成胶粒,而胶粒与扩散层中的反离子组成胶团。胶团分散于液体介质中便是通常所说的溶胶。

用过量的 $AgNO_3$ 稀溶液和 KI 溶液制备 AgI 溶胶时,其胶团结构可以表示为如图 1.3 所示结构。

滑动面是当固液两相发生相对移动时呈现在固液交界处的一个高低不平的曲面,它位于紧密层之外,扩散层之中,且距固体表面的距离约为分子直径大小处。

当胶体溶液处于电场作用下,发生电渗或电泳时,胶团中的胶粒与扩散层之间发生分离和相对移动。而胶粒是一个独立运动的粒子,其内部的胶核与吸附层之间不发生分离和相对移动。

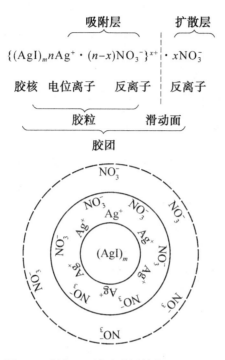

图 1.3　制备 AgI 溶胶胶团结构

1.3.4　胶体的性质

1. 胶体的动力学性质

溶胶中分散相粒子的扩散作用是由布朗运动(Brownian Motion)引起的。溶胶中的分散相粒子由于受到来自四面八方的做热运动的分散介质的撞击而引起的无规则的运动叫做布朗运动,这是由布朗首先发现花粉在液面上做无规则运动而得名的。布朗运动及其引起的扩散作用是溶胶的重要运动性质之一。

爱因斯坦关于布朗运动的理论说明了布朗运动的实质就是质点的热运动。反过来,布朗运动也成为分子热运动的强有力的实验证明。

用超显微镜还可观察到溶胶粒子的涨落现象,即在较大的体积范围内观察溶胶的粒子分布是均匀的,而在有限的小体积元中观察发现,溶胶粒子的数目时而多,时而少,这种现象是布朗运动的结果。

2. 胶体的光学性质

由于溶胶的光学不均匀性,当一束波长大于溶胶分散相粒子尺寸的入射光照射到溶胶系统时,可发生散射现象,即丁铎尔现象(Tyndall Phenomenon)。丁铎尔现象的实质是溶胶对光的散射作用(散射是指除入射光方向外,四面八方都能看到发光的现象),它是溶胶的重要性质之一。

用丁铎尔效应可鉴别小分子溶液、大分子溶液和溶胶。小分子溶液无丁铎尔效应,大分子溶液丁铎尔效应微弱,而溶胶丁铎尔效应强烈。

3. 胶体的电学性质

由于胶粒是带电的,所以在电场作用下或在外加压力、自身重力下流动、沉降时产生电动现象,表现出溶胶的电学性质。

(1)电泳(Electrophoresis)

在外加电场作用下,带电的分散相粒子在分散介质中向相反电极方向移动的现象称为电泳。外加电势梯度越大,胶粒带电越多,胶粒越小,介质的黏度越小,则电泳速度越大。

溶胶的电泳现象证明了胶粒是带电的,实验还证明,若在溶胶中加入电解质,则对电泳会有显著影响。随溶胶中外加电解质的增加,电泳速度常会降低以致变为零(等电点),甚至改变胶粒的电泳方向,外加电解质可以改变胶粒带电的符号。

电泳的应用相当广泛,如陶瓷工业中利用电泳使黏土与杂质分离,可得到很纯的黏土,这是制造高质量瓷器的主要原料;在电镀工业上,利用电泳镀漆可得到均匀的油漆层(或橡胶层);生物化学中常用电泳束分离各种氨基酸和蛋白质等;医学中利用血清的"纸上电泳"可以协助诊断患者是否有肝硬变。

(2)电渗(Electroosmosis)

在外加电场作用下,分散介质通过多孔膜或极细的毛细管移动的现象称为电渗。和电泳一样,溶胶中外加电解质对电渗速度的影响也很显著,随电解质的增加,电渗速度降低,甚至会改变液体流动的方向。通过测定液体的电渗速度可求算溶胶胶粒与介质之间的总电势。

目前电渗在科学研究中应用较多,而在生产上应用较少。对于一些难过滤的浆液可用电渗技术进行脱水。如用金属丝切砖坯时,为防止黏土附于金属丝上,可将切砖用的金属丝连于电源负极,砖坯连于正极,因电渗可使一层水膜附于金属丝的表面,它可起到润滑剂的作用,使切出的砖十分光洁。另外,利用电渗过程还可以进行水的净化等。

1.3.5　胶体的吸附作用

吸附是指物质表面吸住周围介质中的分子或离子的现象。多分散系统中,相与相之间存在相界面。由于相界面上的粒子与各相主体所处的情况不同,从而产生吸附现象。

吸附作用和物质的表面积有关,表面积越大吸附能力越强。

在胶体溶液中,胶体粒子和分散介质之间存在一定的相界面。由于胶体粒子比较小,具有很大的比表面积、表面能并带有大量电荷,能有效地吸附各种分子、离子,这种作用称为胶体的吸附作用。

胶体的吸附作用表现出选择性。胶体粒子优先吸附与它组成有关,而在周围环境中存在较多的那些离子。例如,用稀 $AgNO_3$ 溶液和 KI 溶液制备 AgI 溶胶时,溶液中的 Ag^+ 和 I^- 都是胶体的组成离子,它们都能被吸附在胶粒表面。如果形成胶体时 $AgNO_3$ 过量,则 AgI 胶粒将吸附 Ag^+ 而带正电,反之,当 KI 过量时,则 AgI 胶粒将吸附 I^- 而带负电。

胶体的吸附作用能使地壳中许多有益的分散组分富集而形成具有工业开采价值的胶体矿物,但也使胶体矿物成分复杂化,因所吸附离子种类和数量都不固定,分布也不均匀,给胶体矿物的鉴定和分选带来一定困难。矿石中胶体吸附的有益、有害组分,一般较难用机械选矿的方法回收或排除,常用离子交换吸附法等化学选矿方法处理。因此,研究胶体的吸附作用,对于了解矿物质成分的变化,有用元素的综合利用及选矿工艺均具有重要意义。

1.3.6 凝 胶

凝胶是一种特殊的分散系统,其中胶体颗粒或高聚物分子相互连接,搭成架子,形成空间网状结构,液体或气体充满在结构空隙中,其性质介于固体和液体之间,从外表看,它呈固体状或半固体状,有弹性,但又和真正的固体不完全一样,其内部结构的强度往往有限,易于破坏。

凝胶的存在是极其普遍的,如食品中的粉皮、奶酪,人体的皮肤、肌肉,甚至河岸两旁的淤泥都可看成是凝胶。

1. 凝胶的分类

根据分散相质点的性质(刚性还是柔性)和形成结构时质点间连接的性质(结构的强度),凝胶可分为刚性凝胶与弹性凝胶两大类。多数的无机凝胶,如二氧化硅、三氧化二铁、二氧化钛、五氧化二钒等属于刚性凝胶;而柔性的线型高聚物分子形成的凝胶,如橡胶、明胶、琼脂等属于弹性凝胶。

2. 凝胶的制备

溶液或固体都能形成凝胶。用固体制备凝胶比较简单,干胶吸收液体膨胀即成,通常为弹性凝胶。用溶液制备凝胶需满足两个基本条件:一是降低溶解度,使固体物质从溶液中呈"胶体分散态"析出;二是析出的固体质点既不沉降,也不能自由移动,而是搭成骨架形成连续的网状结构。

具体的制备方法可以有以下几种:

①冷却胶体溶液,产生过饱和溶液。如质量分数为0.5%的琼脂溶液冷却到35 ℃就形成固体状胶冻。

②加入非溶剂,例如,果胶水溶液加入酒精后就形成凝胶。

③加入盐类,适量的电解质加入到胶粒的亲水性较强尤其是形状不对称的疏液溶胶中,即可形成凝胶,如五氧化二钒、氢氧化铁等。

④利用化学反应,产生不溶物,并控制反应条件可得凝胶,如硅胶的制备。

3. 凝胶的性质

(1)凝胶的膨胀作用

弹性凝胶由线型高分子构成,因分子链有柔性,故吸收或释出液体时很容易改变自身的体积,其吸收液体使自身体积增大的现象称为膨胀作用。这种作用具有选择性,只能吸收对它来讲是亲和性很强的液体。其膨胀可以是有限的,也可以是无限的,与其内部结构连接的强度有关,改变条件也可使有限膨胀变成无限膨胀,即膨胀的结果是完全溶解和形成均相溶液。

根据膨胀机理的研究,可以认为膨胀过程分为两个阶段,第一阶段是溶剂分子钻入凝胶中与大分子相互作用形成溶剂化层,此过程时间很短,速度快;第二阶段是液体的渗透作用,此过程中凝胶吸收大量液体,体积大大增加。在膨胀过程中由于溶剂分子进入凝胶结构中的速度远大于大分子扩散到液体中的速度,使凝胶内外溶液浓度有很大差异,即溶剂的活度有很大差异,产生膨胀压。古代埃及人曾利用木头吸水时产生很大的膨胀压来开采建造金字塔的石料,即所谓"湿木裂石"。

(2)凝胶的脱水收缩作用

凝胶在老化过程中会发生特殊的分层现象,称为脱水收缩作用或离浆作用,但析出的一层仍为凝胶,只是浓度比原先的大,而另一层也不是纯溶剂,是稀溶胶或高分子稀溶液。一般来说,弹性凝胶的离浆作用是个可逆过程,它是膨胀作用的逆过程;刚性凝胶的离浆作用是不可逆的。

脱水收缩现象的实际例子很多,如人体衰老时皮肤的变皱、面制食品的变硬、淀粉浆糊的"干落"等。

(3)凝胶中的扩散与化学反应

凝胶和液体一样,作为一种介质,各种物理过程和化学过程都可在其中进行。物理过程主要是电导和扩散作用,当凝胶浓度低时,电导值和扩散速度与纯液体几乎没有区别,随着凝胶浓度的增加,两者的值都降低。利用凝胶骨架空隙的类似分子筛的作用,可以达到分离不同大小分子的目的,这就是近年来发展很快的凝胶电泳与凝胶色谱法。凝胶中的化学反应进行时因没有对流存在,生成的不溶物在凝胶内具有周期性分布的特点。自然界中有许多类似的现象,如玉石的周期性结构;动物体中也常遇到,如胆结石。

(4)凝胶的触变作用

某些凝胶经过机械搅动后,会变为溶胶,静置时溶胶又变为凝胶,这种现象叫做触变作用。触变作用是一种可逆过程,具有不对称结构的胶体颗粒容易形成结构网,所形成的结构并不坚固,容易被机械力所拆散,常会发生触变作用。例如,含大量的皂土、高岭土、石墨等的溶胶都能发生触变作用。

触变现象在自然界和工业生产中常可遇到,如草原上的沼泽地,外观似草地,脚一踩立即成稀泥,人往往会被陷没;再如在石油钻探中,需要用触变性泥浆(或钻井液)。钻井泥浆在流动时变得稀薄,可用动力较小的泵来维持泥浆的循环,使钻井泥浆把井中的岩屑带出来。当循环停止时,由于泥浆处于静止状态,其中的膨胀土颗粒互相联结,形成网状结构,可以将岩屑悬浮起来,避免大量沉降而造成卡井事故。

4. 凝胶的应用

凝胶在国民经济与人们日常生活中占有重要地位。工业上,橡胶软化剂的应用,皮革的鞣制,纸浆的生产,吸附剂、催化剂和离子交换剂的使用;生物学和生理学中有重要意义的细胞膜、红血球膜和肌肉组织的纤维都是凝胶状物体。不少生理过程,如血液的凝结、人体的衰老等都与凝胶作用有关。

(1)在药物控释方面的应用

水凝胶是一些高聚物或共聚物吸收大量水分后形成的溶胀交联状态的半固体,可通过共价键、氢键、范得华力、结晶等方式交联。由于水凝胶具有良好的生物相溶性,对药物的释放具有缓释、控释作用及可吸水膨润等优点,引起了众多研究者的浓厚兴趣,在中药领域也逐渐得以研究应用。如把一些传统的中药散剂加入水凝胶基质,增强黏附性,减少药物的损失,提高局部药物浓度,使疗效得以提高,大大推动了中药现代化的进程。

由于凝胶剂具有水溶性特点,局部给药后,表面皮肤吸收良好,不仅避免了口服给药存在的胃肠道首过效应,而且使不良反应大大减小;同时,水溶性凝胶给药后皮肤表面的药物不粘衣物,也使患者乐于接受。国外对凝胶剂的研究较早,发达国家的药典早就有各种凝胶剂的记载。《美国药典》XXIII 版(1995)收载有苯唑卡因凝胶剂、氢氧化铝凝胶剂、磷酸克林霉素凝胶剂等 35 种凝胶剂药品。《英国药典》1993 年版记载了水杨酸胆碱牙用凝胶、利多卡因凝胶、利多卡因洗必泰复方凝胶等外用凝胶剂。由于中药水溶性成分较多,适合水凝胶基质,加之水凝胶的优点,人们对中药凝胶剂也正在展开深入的研究,中药凝胶剂在外用制剂上比传统的膏药更有优势和市场潜力。

以水凝胶为基质的释药系统可通过皮肤给药,也可经口给药,在胃、小肠、结肠等部位释药,还可通过直肠、鼻、眼、阴道等黏膜释药,调节处方中辅料的种类、型号、用量等可控制释药方式和速率。水凝胶在皮下埋植制剂中也有应用。

(2)在组织工程方面的应用

组织工程是一门新兴的交叉学科,涉及医学、生物学、材料学等领域。生物体内许多组织具有水凝胶结构,生物体组织由细胞和细胞外基质组成,而细胞外基质是由蛋白质、多糖等构建成类水凝胶结构。目前被研究者广泛关注的一类生物高分子凝胶是多肽凝胶,合成多肽水凝胶的优势在于多肽具有比蛋白质更规整的氨基酸排列和可选择的氨基酸残基种类。

组织工程中理想的支架材料应当具备以下几个基本特性:①三维多孔网络有利于细胞的生长、养分的传输及代谢产物的排放;②生物相溶性和可降解性好;③化学表面适合细胞的黏附、增殖和分化;④机械性能符合植入组织的要求。水凝胶的结构与体内的大分子基组分相近,其生物相溶性良好,可将其用作支架。

(3)在活性酶固定方面的应用

酶的固定化技术的发展给酶制剂的应用创造了有利条件。与自由酶相比,固定化酶的最显著的优点是:在保证酶一定活力的前提下,具有贮存稳定性高、分离回收容易、可多次重复使用、操作连续及可控、工艺简便等一系列优点。温度敏感性水凝胶由于其在临界温度附近溶胀度显著变化的特点,使其已成为固定化酶的一种理想包埋载体。

(4)在调光材料方面的应用

光响应高分子凝胶作为高分子凝胶中的一类,也是近年来光感应高分子材料中的又一新兴分支,是一类在光作用下能迅速发生化学或物理变化而作出响应的智能型高分子材料。通常情况下,光响应高分子凝胶是由于光辐射(光刺激)而发生体积相转变。由于光源安全、清洁、易于使用、易于控制,因此与其他环境响应性高分子凝胶相比,光响应凝胶在工业领域更具有广阔的发展前景。

利用环境温度随季节变化开发出舒适性节能水凝胶型调光玻璃,此水凝胶由含有疏水基的水溶性高分子、两亲性水分子和氯化钠水溶液组成。低温时,水溶两亲性水分子以分子水平溶解于水中形成各向同性水溶液,呈无色透明状态;而高温下水溶性高分子和两亲性水分子疏水基的相互作用加强,使分子内和分子间形成的交联网络凝胶内存在水分子凝聚区和自由水区,其堆砌密度的差异导致折光率变化使光产生散射,使材料转变成白浊遮光状态。这种节能水凝胶型调光玻璃现已进入实际应用阶段。

（5）在煤矿防灭火方面的应用

根据煤的自燃及燃烧机理，研究开发的新型煤矿用高分子防灭火凝胶是以水、无机盐类及可以阻止煤在燃烧时产生自由基链式反应的物质所组成的高聚物。

当水进入高聚物网状结构形成的凝胶接触火源时，一方面不断被汽化，另一方面将吸收远远高于水的比热容的热量，高强度吸热，从而使煤体本身及自燃空间降温，达到减缓氧化反应、减少释出可燃气体量的目的。同时，汽化的水蒸气充斥自燃空间，稀释了空间中的氧浓度，稀释了凝聚相区释出的可燃气体的浓度。另外，新型高分子防灭火凝胶含有促使煤体表面焦化结层的功效。在温度达到 250 ℃以上的凝聚相区内，灌注（喷洒）时，即产生大量的膨胀气泡层包裹覆盖在煤体表面，使软化膨胀的煤体表面产生一层蜂窝状焦化层，以达到隔热隔气的功效，阻止或减缓凝聚相区煤体继续释放可燃气体的数量及速度，从而极大地延缓了自燃的过程，阻止了火灾的发生，达到了防火的目的。

新型煤矿用高分子防灭火剂选材科学，其凝胶具有高水、速凝、阻化、降温、无毒、无味、无腐蚀的优点，有较好的可靠性、安全性，有广阔的应用前景。

（6）分子印迹溶胶-凝胶材料的应用

分子印迹技术是当前发展高选择性材料的主要方法之一，分子印迹技术就是在模板分子周围形成一个高度交联的刚性高分子，除去模板分子后在聚合物的网络结构中留下具有结合能力的反应基团，对模板客体分子表现高度的选择识别性能。分子印迹聚合物是一种有固定孔穴大小和形状及有一定排列顺序的功能基团的交联聚合物，它对模板分子的立体结构具有"记忆"功能，可作为分子受体模拟生物大分子行为，因此，在识别富集和识别分析中具有广阔的应用前景。

溶胶-凝胶技术是指无机物或金属醇盐经过溶液、溶胶、凝胶而固化，再经过热处理而制得氧化物或其他化合物固体的方法。这种方法具有容易制备、改性和处理溶胶-凝胶材料的特点。温和的反应条件提供了结合各种分子进入到玻璃组成中的机会。

分子印迹溶胶-凝胶技术是利用溶胶-凝胶过程，把分子模板引入到无机网络结构中，形成一种刚性材料。一旦模板分子从主体中除去，对模板分子显示出好的亲和性。分子印迹溶胶-凝胶材料兼顾了溶胶-凝胶和分子印迹两者的优点，克服了分子印迹有机聚合物的刚性与惰性较差的缺点，已经成为一个重要的研究方向。

采用溶胶-凝胶过程制备无机或有机-无机杂化的分子印迹材料，是一项新的研究课题。众多研究表明，分子印迹溶胶-凝胶材料具有潜在的多方面用途和独特的优点，但它的实际应用还有待于进一步的开发研究。

1.3.7　高分子溶液

1. 高分子化合物的概念

高分子化合物（Macromolecule）由千百个原子彼此以共价键结合形成相对分子质量特别大、具有重复结构单元的化合物。高分子化合物是由一类相对分子质量很高的分子聚集而成的化合物，也称为高分子、大分子等。一般把相对分子质量高于 10 000 的分子称为高分子。由于高分子多是由小分子通过聚合反应而制得的，因此也常被称为聚合物或高聚物，用于聚合的小分子则被称为"单体"。

2. 高分子化合物分类

高分子化合物的种类很多,主要分类方法有如下四种。

(1)按来源分类

按来源分类可把高分子分成天然高分子和合成高分子两大类。

(2)按材料的性能分类

按材料的性能分类可把高分子分成塑料、纤维和橡胶三大类。

①塑料按其热熔性能又可分为热塑料(如聚乙烯、聚氯乙烯等)和热固性塑料(如酚醛树脂、环氧树脂等)两大类。前者为线型结构的高分子,受热时可以软化和流动,可以反复多次塑化成型,次品和废品可以回收利用,再加工成产品。后者为体型结构的高分子,一经成型便发生固化,不能再加热软化,不能反复加工成型,因此,次品和废品没有回收利用的价值。塑料的共同特点是有较好的机械强度(尤其是体型结构的高分子),作结构材料使用。

②纤维又可分为天然纤维和化学纤维。后者又可分为人造纤维(如黏胶纤维、醋酸纤维等)和合成纤维(如尼龙、涤纶等)。人造纤维是用天然高分子(如短棉绒、竹、木、毛发等)经化学加工处理、抽丝而成的。合成纤维是用低分子原料合成的。纤维的特点是能抽丝成型,有较好的强度和挠曲性能,作纺织材料使用。

③橡胶包括天然橡胶和合成橡胶。橡胶的特点是具有良好的高弹性能,作弹性材料使用。

(3)按用途分类

按用途分类可分为通用高分子、工程材料高分子、功能高分子、仿生高分子、医用高分子、高分子药物、高分子试剂、高分子催化剂和生物高分子等。

塑料中的"四烯"(聚乙烯、聚丙烯、聚氯乙烯和聚苯乙烯),纤维中的"四纶"(锦纶、涤纶、腈纶和维纶),橡胶中的"四胶"(丁苯橡胶、顺丁橡胶、异戊橡胶和乙丙橡胶)都是用途很广的高分子材料,为通用高分子。

工程塑料是指具有特种性能(如耐高温、耐辐射等)的高分子材料。如聚甲醛、聚碳酸酯、聚酰亚胺、聚芳醚、聚芳酰胺和含氟高分子、含硼高分子等都是较成熟的品种,已广泛用作工程材料。

离子交换树脂、感光性高分子、高分子试剂和高分子催化剂等都属功能高分子。

医用高分子、药用高分子在医药上和生理卫生上都有特殊要求,也可以看作是功能高分子。

(4)按高分子主链结构分类

按高分子主链结构分类可分为碳链高分子、杂链高分子、元素有机高分子和无机高分子四大类。

碳链高分子的主链是由碳原子联结而成的。

杂链高分子的主链除碳原子外,还含有氧、氮、硫等其他元素,如聚酯、聚酰胺、纤维素等,易水解。

元素有机高分子主链由碳和氧、氮、硫等以外的其他元素的原子组成,如硅、氧、铝、钛、硼等元素,但侧基是有机基团,如聚硅氧烷等。

无机高分子是主链和侧链基团均由无机元素或基团构成的。天然无机高分子如云母、水晶等,合成无机高分子如玻璃等。

3. 高分子溶液及特性

高分子溶液(Macromolecular Solution)是胶体的一种,在合适的介质中高分子化合物能以分子状态自动分散成均匀的溶液,分子的直径达胶粒大小。但是,由于高分子溶液的分散相粒子是单个分子,其组成和结构与胶粒不同,高分子溶液的很多性质与溶胶不同而类似于溶液。高分子和分散介质之间没有相界面,因此高分子溶液的本质是溶液,是均相分散系,属热力学稳定体系,这是高分子溶液区别于溶胶的基本特征。所以,高分子溶液的研究方法和内容与溶胶体系有所不同。虽然高分子溶液的本质是溶液,但是高分子化合物的相对分子质量很大,其粒子大小大致在胶体分散系范围内,而且分子的形状比较复杂又具有溶胶的某些性质(如不能通过半透膜),因此高分子溶液一直是胶体化学研究的重要内容之一。高分子溶液的溶质是大分子化合物,其许多性质不同于低分子溶液,所以低分子溶液的热力学理论也不能直接用于高分子溶液。

高分子溶液具有抗电解质聚沉的能力,所以在高分子溶液中加入少量的电解质并不影响其稳定性,这是因为高分子溶液中本身含有较多的能解离或已解离的亲水基团。这些基团的水化能力较强,可以在高分子化合物的表面形成一层较厚的水化膜,能够较稳定地存在于溶液中,不易聚沉。

由于溶胶对电解质非常敏感,只要加入少量电解质就会导致溶胶产生聚沉。故在溶胶中加入高分子化合物,能大大提高溶胶的稳定性,这就是高分子化合物对溶胶的保护作用。这是由以下两个原因导致的:一是在溶胶中加入高分子化合物后,高分子化合物附着在胶体的胶粒表面可以使原来的憎液胶粒变成亲液胶粒,从而提高胶粒的溶解度;二是在胶粒表面形成高分子保护膜,来增强溶胶的抗电解质能力。

保护作用在生理过程中具有重要的意义。人体血液中所含有的难溶盐都是以溶胶状态存在的,同时被血清蛋白保护,一旦人体生病,保护溶胶的血液减少了,就有可能使溶胶发生聚沉,从而堆积在人体的各个部位,导致新陈代谢发生故障,容易形成结石。

本 章 小 结

基本概念 分散系统;溶液;稀溶液的依数性;胶体;高分子溶液。

1. 溶液浓度就是指一定量溶液中溶质及溶剂相对含量的定量表示,常用的有以下3种浓度表示法:

(1)物质的量浓度,用符号 c_B 表示,常用单位是 $mol \cdot L^{-1}$,其表达式为

$$c_B = n_B / V$$

(2)质量摩尔浓度,用符号 b_B 表示,常用单位是 $mol \cdot kg^{-1}$,其表达式为

$$b_B = n_B / m_A$$

(3)摩尔分数,亦称物质的量分数,用符号 x_B 表示,其表达式为

$$x_B = n_B / n$$

注意 浓度的各种表示法都有其自身的优点和相应的局限性。

物质的量浓度的优点在于:在实验室配制该浓度的溶液很方便,但是溶液的体积与温

度有关,所以用物质的量浓度来表示时,浓度的数值易受温度的影响。质量摩尔浓度的优点在于:该浓度表示法与溶液温度无关,并可以用于溶液沸点及凝固点的计算,但实验室配制时不如使用物质的量浓度方便。摩尔分数的优点在于:对于描述溶液的某些特殊性质(如蒸气压)时显得十分简便,并且该表示法也与溶液的温度无关。

2.稀溶液的依数性包括以下几个方面:

(1)溶液的蒸气压下降。在一定温度下,难挥发非电解质稀溶液的蒸气压下降值与溶液中溶质的量(即其摩尔分数)成正比,即

$$\Delta p = p_A^* x_B$$

(2)溶液的沸点升高。溶液的沸点升高值与溶液中溶质的质量摩尔浓度之间有如下关系

$$\Delta T_B = K_B b_B$$

(3)溶液的凝固点下降。溶液的凝固点下降值与溶液的质量摩尔浓度之间有如下关系

$$\Delta T_f = K_f b_B$$

(4)渗透压。难挥发非电解质稀溶液的渗透压与溶液的物质的量浓度和热力学温度成正比,即

$$\Pi = c_B RT$$

注意　本章讨论的符合依数性定量规律的溶液是指难挥发的非电解质稀溶液。对于难挥发的非电解质浓溶液或电解质溶液而言,虽然也会有蒸气压下降、沸点上升、凝固点下降和渗透压等现象,但是这些现象与溶液的浓度之间的关系不再符合依数性的定量规律。简单的依数性关系已经不能正确描述溶液的上述性质。在电解质溶液中,由于溶质在溶剂中的解离,溶液中实际存在的微粒数量应包括未解离的分子及解离所产生的离子等全部微粒。各项依数性变化量则应按溶液中实际溶解的全部微粒的总量(或总浓度)计算。

3.胶体是一种高度分散的多相不均匀系统。由于胶粒由胶核与紧密层组成,胶粒带有电荷,有利于溶胶的稳定。胶体具有动力学、光学和电学性质。

习　题

1.判断题。

(1)由于乙醇比水易挥发,故在相同温度下乙醇的蒸气压大于水的蒸气压。　(　　)

(2)在液体的蒸气压与温度的关系图上,曲线上的任一点均表示气、液两相共存时的相应温度及压力。　(　　)

(3)将相同质量的葡萄糖和尿素分别溶解在 100 g 水中,则形成的两份溶液在温度相同时的 $\Delta p, \Delta T_B, \Delta T_f, \Pi$ 均相同。　(　　)

(4)若两种溶液的渗透压相等,则其物质的量浓度也相等。　(　　)

(5)某物质的液相自发转变为固相,说明在此温度下液相的蒸气压大于固相的蒸气压。　(　　)

(6)0.2 mol·L⁻¹ 的 NaCl 溶液的渗透压等于 0.2 mol·L⁻¹ 的葡萄糖溶液的渗透压。

（　　　）

(7)两个临床上的等渗溶液只有以相同的体积混合时,才能得到临床上的等渗溶液。

（　　　）

(8)将浓度不同的两种非电解质溶液用半透膜隔开时,水分子从渗透压小的一方向渗透压大的一方渗透。（　　　）

(9)标准状况下的 c_{os}(NaCl)= c_{os}(C$_6$H$_{12}$O$_6$),在相同温度下,两种溶液的渗透压相同。

（　　　）

(10)一块冰放入 0 ℃的水中,另一块冰放入 0 ℃的盐水中,两种情况下发生的现象一样。（　　　）

(11)质量摩尔浓度是表示溶液浓度的常用方法,其数值不受温度的影响。（　　　）

(12)蒸气压是液体的重要性质,它与液体的本质和温度有关。（　　　）

(13)难挥发非电解质溶液的依数性不仅与溶质种类有关,而且与溶液的浓度成正比。（　　　）

(14)在 50 g 水溶液中含有 0.1 mol 氯化钠,则氯化钠的质量摩尔浓度为 2 mol·kg⁻¹。

（　　　）

(15)因为溶入溶质,故溶液的凝固点一定高于纯溶剂的凝固点。（　　　）

(16)稀的饱和溶液是不存在的,浓而不饱和的溶液也是不存在的。（　　　）

(17)质量摩尔浓度是指 1 kg 溶液中含溶质的物质的量。（　　　）

(18)渗透压是任何溶液都具有的特征。（　　　）

2.选择题。

(1)有下列水溶液:① 0.100 mol·kg⁻¹ 的 C$_6$H$_{12}$O$_6$;② 0.100 mol·kg⁻¹ 的 NaCl;③ 0.100 mol·kg⁻¹ 的 Na$_2$SO$_4$。在相同温度下,蒸气压由大到小的顺序是（　　　）

A.②>①>③　　　B.①>②>③　　　C.②>③>①　　　D.③>②>①

(2)下列几组用半透膜隔开的溶液,在相同温度下水从右向左渗透的是（　　　）

A.质量分数为 5% 的 C$_6$H$_{12}$O$_6$|半透膜|质量分数为 2% 的 NaCl

B.0.050 mol·kg⁻¹ 的 NaCl|半透膜|0.080 mol·kg⁻¹ 的 C$_6$H$_{12}$O$_6$

C.0.050 mol·kg⁻¹ 的尿素|半透膜|0.050 mol·kg⁻¹ 的蔗糖

D.0.050 mol·kg⁻¹ 的 MgSO$_4$|半透膜|0.050 mol·kg⁻¹ 的 CaCl$_2$

(3)与难挥发性非电解质稀溶液的蒸气压降低、沸点升高、凝固点降低有关的因素为

（　　　）

A.溶液的体积　　B.溶液的温度　　C.溶质的本性　　D.单位体积溶液中溶质质点数

(4)50 g 水中溶解 0.5 g 非电解质,101.3 kPa 时,测得该溶液的凝固点为−0.31 ℃,水的 K_f=1.86 K·kg·mol⁻¹,则此非电解质的相对分子质量为（　　　）

A.60　　　　　　B.30　　　　　　C.56　　　　　　D.28

(5)欲较精确地测定某蛋白质的相对分子质量,最合适的测定方法是（　　　）

A.凝固点降低　　B.沸点升高　　C.渗透压　　　　D.蒸气压下降

(6)欲使相同温度的两种稀溶液间不发生渗透,应使两种不同的溶液（　　　）

A.质量摩尔浓度相同　B.物质的量浓度相同　C.渗透浓度相同　D.质量分数相同

(7)用理想半透膜将 0.02 mol·L⁻¹蔗糖溶液和 0.02 mol·L⁻¹NaCl 溶液隔开时,在相同温度下将会发生的现象是　　　　　　　　　　　　　　　(　　)

A.蔗糖分子从蔗糖溶液向 NaCl 溶液渗透

B.Na⁺从 NaCl 溶液向蔗糖溶液渗透

C.水分子从蔗糖溶液向 NaCl 溶液渗透

D.互不渗透

(8)相同温度下,下列溶液中渗透压最大的是　　　　　　　　　　　(　　)

A.0.2 mol·L⁻¹蔗糖($C_{12}H_{22}O_{11}$)溶液

B.50 g·L⁻¹葡萄糖($M_r=180$)溶液

C.生理盐水

D.0.2 mol·L⁻¹乳酸钠($C_3H_5O_3Na$)溶液

(9)25 ℃时,0.1 mol·L⁻¹的糖水溶液的渗透压为　　　　　　　　　(　　)

A.25 kPa　　　B.101.3 kPa　　　C.248 kPa　　　D.227 kPa

(10)淡水鱼与海水鱼不能交换生活环境,是因为淡水与海水的　　　　(　　)

A.pH 不同　　　B.密度不同　　　C.渗透压不同　　　D.溶解氧不同

(11)配制萘的稀苯溶液,利用凝固点降低法测定萘的摩尔质量,在凝固点时析出的物质是　　　　　　　　　　　　　　　　　　　　　　　(　　)

A.萘　　　　B.水　　　　C.苯　　　　D.萘、苯

(12)将 0.542 g 的 $HgCl_2$($M_r=271.5$)溶解在 50.0 g 水中,测出其凝固点为 −0.074 4 ℃,$K_f=1.86$ K·kg·mol⁻¹,1 mol 的 $HgCl_2$能解离成的粒子数为　(　　)

A.1　　　　B.2　　　　C.3　　　　D.4

(13)将 0.243 g 磷分子 P_x($M_r=31.00$)溶于 100.0 g 苯($T_f^0=5.50$ ℃,$K_f=5.10$ K·kg·mol⁻¹)中,测得其凝固点为 5.40 ℃,则 x 为　　　　　(　　)

A.1　　　　B.2　　　　C.3　　　　D.4

(14)雾属于分散体系,其分散介质是　　　　　　　　　　　　　　(　　)

A.液体　　　　B.气体　　　　C.固体　　　　D.气体或固体

(15)下列物系中为非胶体的是　　　　　　　　　　　　　　　　　(　　)

A.灭火泡沫　　　B.珍珠　　　C.雾　　　D.空气

(16)0.001 mol·L⁻¹的氯化钠水溶液与 0.001 mol·L⁻¹的葡萄糖水溶液相比(　　)

A.沸点更高　　　B.凝固点更高　　　C.蒸气压更高　　　D.渗透压相同

(17)在相同温度、相同体积、相同沸点的葡萄糖和蔗糖溶液中,葡萄糖和蔗糖的物质的量之比为　　　　　　　　　　　　　　　　　　　　　　(　　)

A.1∶2　　　　B.2∶1　　　　C.1∶1　　　　D.无法确定

(18)下列性质不属于稀溶液依数性的是　　　　　　　　　　　　　(　　)

A.沸点升高　　　B.蒸气压下降　　　C.渗透压　　　D.黏度

(19)常压下,下列溶液中沸点最低的是　　　　　　　　　　　　　(　　)

A. 0.01 mol·L⁻¹的蔗糖溶液　　　　B. 0.01 mol·L⁻¹的氯化钾溶液

  C. 0.01 mol·L^{-1}的醋酸溶液 D. 0.01 mol·L^{-1}的氯化钙溶液

（20）溶剂形成溶液后，其蒸气压   （ ）

  A. 一定降低 B. 一定升高 C. 不变 D. 无法判断

（21）将10.4 g难挥发非电解质溶于250 g水中，该溶液的沸点为100.78 ℃，已知水的K_b=0.512 K·kg·mol^{-1}，则该溶质的相对分子质量为   （ ）

  A. 27 B. 35 C. 41 D. 55

（22）37 ℃时人体血液的渗透压为773 kPa，与血液具有相同渗透压的葡萄糖静脉注射液的质量浓度为   （ ）

  A. 85 g·L^{-1} B. 8.5 g·L^{-1}

  C. 54 g·L^{-1} D. 5.4 g·L^{-1}

（23）质量摩尔浓度为1 mol·kg^{-1}的水溶液，溶质的物质量分数为 （ ）

  A. 1 B. 0.55 C. 0.18 D. 0.0177

（24）将0.450 g某非电解质溶于30.0 g水中，使溶液凝固点降为-0.15 ℃，已知水的K_f=1.86 K·kg·mol^{-1}，则该非电解质的相对分子质量为   （ ）

  A. 83.2 B. 100 C. 186 D. 204

（25）将1.00 g硫溶于20.0 g萘中，所得溶液凝固点比纯萘的低1.33 ℃，已知萘的K_f=6.8 K·kg·mol^{-1}，则此溶液中硫的分子式为   （ ）

  A. S$_8$ B. S$_6$ C. S$_4$ D. S$_2$

3. 填空题。

（1）本章讨论的依数性适用于_____、_____的_____溶液。

（2）稀溶液的依数性包括_____、_____、_____和_____。

（3）产生渗透现象的必备条件是_____和_____；水的渗透方向为_____或_____。

（4）将相同质量的A、B两物质（均为难挥发的非电解质）分别溶于水配成1 L溶液，在同一温度下，测得A溶液的渗透压大于B溶液，则A物质的相对分子质量_____（填"大于"、"小于"或"等于"）B物质的相对分子质量。

（5）若将临床上使用的两种或两种以上的等渗溶液以任意体积混合，所得到的混合溶液是_____溶液。

（6）依数性的主要用处在于_____，对于小分子溶质多用_____法，对于高分子溶质多用_____法。

（7）室温25 ℃时，用一半透膜将0.01 mol·L^{-1}糖水和0.001 mol·L^{-1}糖水隔开，欲使系统平衡需在_____溶液的上方施加的压力为_____ kPa。

（8）胶体的制备方法主要有_____和_____。

4. 问答题。

（1）何谓Raoult定律？在水中加入少量葡萄糖后，凝固点将如何变化？为什么？

（2）在临床补液时为什么一般要输等渗溶液？

（3）溶剂中加入溶质后，溶液的蒸气压总是降低、沸点总是升高，这种说法对吗？

（4）什么是溶液的蒸气压？溶液的蒸气压下降的原因是什么？

（5）把一块 0 ℃的冰放在 0 ℃的水中和把它放在 0 ℃的盐水中现象有何不同,为什么?

（6）在冬季抢修土建工程时,为什么常用掺盐水泥砂浆?

（7）为什么氯化钙和五氧化二磷可以作为干燥剂? 而食盐和冰的混合物可以作为冷冻剂?

（8）人在河水中游泳,眼睛会感到不适,为什么在海水中却没有这种不适的感觉?

（9）为什么稀溶液的凝固点和沸点不像纯溶剂一样保持恒定,而在溶剂凝固和蒸发过程中不断变化直至溶液饱和?

（10）北方冬天吃冻梨前,先将冻梨放入凉水中浸泡一段时间。发现冻梨表面结了一层薄冰,而里面却解冻了,这是什么原因?

5. 临床上用来治疗碱中毒的针剂 $NH_4Cl(M_r=53.48)$,其规格为 20.00 mL 一支,每支含 0.160 g NH_4Cl,计算该针剂的物质的量浓度及该溶液的渗透浓度。

6. 溶解 0.113 g 磷于 19.040 g 苯中,苯的凝固点降低 0.245 ℃,求此溶液中的磷分子是由几个磷原子组成的。（已知:苯的 $K_f=5.10$ K·kg·mol^{-1},磷的相对原子质量为 30.97）

7. 10.0 g 某高分子化合物溶于 1 L 水中所配制成的溶液在 27 ℃时的渗透压为 0.432 kPa,计算此高分子化合物的相对分子质量。

第 2 章

化学热力学基础与化学平衡

虽然物质世界形形色色、千变万化，但绝大多数的变化都是可测的。因此，人们总是试图在实践中观察、研究、认识物质变化的规律，并通过掌握和应用这些规律驾驭这些变化的发展，预见甚至控制变化的结果。例如，硝酸是工业生产中的重要原料之一，那么能否就地取材利用空气中的氮和氧作用生成氮氧化物进而得到硝酸呢？通过计算可知，氮和氧在常温常压下是不可能发生化学反应的，但在高温条件下却是能够进行的。这个计算结果引导人们从温度的方向去研发适宜反应进行的条件而不是单纯的寻找催化剂。在这类研究过程中，化学热力学起到了突出的、巨大的作用。它的基本内容就是在热力学第一定律、第二定律和第三定律等化学基本原理的基础上，利用数学方法进行演绎推导，得出描写物质系统状态及平衡的热力学函数之间的关系，并在此基础上研究在给定条件下化学反应进行的方向、反应过程中能量的转化情况、反应的程度及影响反应的因素等问题，从而设计出人们所需要的变化过程，用以不断地丰富人类的物质文明和精神文明。

2.1　基本规律

在正式学习化学热力学的内容之前，首先要明确一些基本概念，因为它们具有严格的定义，有些还与习惯概念不完全一致，若模糊不清就会导致错误的结论。

2.1.1　系统与环境

自然科学所研究的对象是千变万化、丰富多彩的自然界，其中的各种事物之间都是相互影响、相互联系的。为研究问题方便，首先要确定研究对象的范围和界限，即人为地将某一部分物体或空间与自然界的其余部分划分开来，作为研究的重点，这种分离可以是实际的，也可以是想象的。被划定的研究对象称为系统；系统以外的与系统密切相关、影响所能及的部分称为环境。例如，若我们要研究玻璃容器中的液体，则液体物质即是系统，而液面上方的空气和容器皆为环境。当然，桌子、房屋、地球、太阳也皆为环境，但对于我们所研究的系统关系不大，我们应着眼于和系统密切相关的部分。

按照系统与环境之间不同的物质与能量的交换情况，可将系统分为 3 类：

①敞开系统（又称开放系统）。与环境之间既有能量交换又有物质交换的系统。

②封闭系统。与环境之间只有能量交换而无物质交换的系统。通常在密闭容器中的系统即为封闭系统,在热力学中我们主要研究封闭系统。

③孤立系统(又称隔离系统)。与环境之间既无能量交换又无物质交换的系统。绝热、密闭的恒容系统即为孤立系统。

2.1.2　系统的性质

系统的温度、压力、体积、质量、密度等宏观性质,都属于系统的热力学性质,简称为系统的性质。按其特征可将系统的性质分为以下两种类型:

(1)广度性质(或称容量性质)

其量值与系统中物质的量成正比。例如,物质的体积、质量、热容以及随后将介绍的熵、焓和热力学能等都是广度性质。此种性质具有加和性,即整个系统的某种广度性质的量值就是各部分该性质的量值的总和。

(2)强度性质

其量值与系统中所含物质的量无关,仅由系统本身的特性所决定,没有加和性。如两杯 300 K 的水混合在一起,其温度仍是 300 K,而不是 600 K。温度、压力、浓度、密度、黏度等均是强度性质。

2.1.3　系统的状态与状态函数

要描述一个系统,就必须确定它的温度、压力、体积、质量和组成等各种宏观性质,由这些表征系统性质的物理量所确定下来的系统的存在形式称为系统的状态,而这些确定系统状态的物理量就称为系统的状态函数。例如,某理想气体系统 $n = 1$ mol, $p =$ 101. 3 kPa, $V = 22.4$ dm^3, $T = 273$ K,这就是由 n, p, V, T 所共同确定下来的该系统的一种存在状态,即 n, p, V, T 都是系统的状态函数。另外,随后我们将要讨论的热力学函数 U(内能)、H(焓)、S(熵)和 G(吉布斯函数)等都属于状态函数。

状态函数的特点是:

①系统的状态一定,状态函数就有唯一确定的值,即系统的状态函数是状态的单值函数。

②当系统从一种状态转变到另一种状态时,状态函数的变化量只取决于系统的始态和终态,与中间所经历的途径无关。例如,将一杯水从 280 K 加热到 373 K,无论是一次加热还是多次加热,也无论是用何种途径加热,状态函数温度的变化量都是 93 K,即

$$\Delta T = T_{终} - T_{始} = (373 - 280) \text{K} = 93 \text{ K}$$

③系统的各种状态函数是相互关联的,状态函数之间的定量关系式称为状态方程。例如,理想气体状态方程 $pV = nRT$,它体现出了 p, V, n, T 这 4 个状态函数之间的关系,如果知道了这 4 个状态函数中的任意 3 个,就可得出另外一个状态函数的值。

2.1.4　变化的过程与途径

系统的状态发生变化时,状态变化的经过称为过程;实现这个过程的具体步骤称为途径。根据变化过程中所控制的条件不同,热力学的基本过程主要有以下几种:恒温过程、

恒容过程、恒压过程、绝热过程、可逆过程及循环过程等。

一个过程可以由多种不同的途径来实现,而每一个途径又可由若干个步骤组成。在处理具体问题时,有时明确给出实现过程的途径,有时则不需要给出具体途径。例如,某理想气体的变化过程如图 2.1 所示,要实现图中从始态到终态的变化,可通过图示的两种途径来实现:①仅含一个步骤;②包含 4 个步骤。两种途径所引起的系统的温度、压力的变化量完全相同,即 $\Delta p = 0$,$\Delta T = 100$ K。

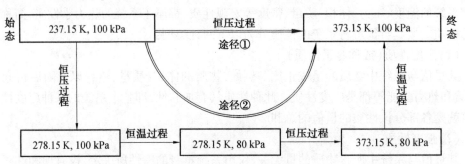

图 2.1　某理想气体的变化过程与途径示意图

在各种过程中,可逆过程具有极为重要的理论意义和实际意义。系统经某过程由状态 I 变化到状态 II 后,当系统沿该过程的逆过程回到原始状态时,环境也同时回复到原始状态,即变化过程对环境的影响为零,这种理想化的过程称为热力学可逆过程。可逆过程是在系统近于平衡的状态下发生的无限缓慢的过程,实际过程皆为不可逆过程,客观世界中的实际过程只能无限地趋近于它。研究可逆过程的意义在于它指出了能量利用的最大限度(系统做最大功,环境消耗最小功),可将其作为改善、提高实际过程效率的目标。

2.1.5　热和功

当系统的状态发生改变时,必然伴随着系统与环境之间的能量交换,其交换可以由许多形式来实现,但总不外乎为热量和功两种形式。系统和环境之间由于存在温度差而交换或传递的能量叫做热,用符号 Q 表示;除热以外的其他形式传递的能量均称为功,用符号 W 表示,Q 和 W 的 SI 单位均为"J"。

在热力学中,用 Q 和 W 的正负表示能量传递的方向,按惯例是站在系统的立场来规定符号的:若系统从环境吸热(获得能量),则 Q 为正值,若系统向环境放热(损失能量),则 Q 为负值;同理,若系统得到功,则 W 为正值,若系统做功,则 W 为负值。

热力学中将功分为体积功和非体积功两类。在一定外压下,系统膨胀或被压缩时系统与环境之间交换的能量称为体积功,以符号 $W_{体}$ 表示;除体积功以外的一切功称为非体积功,以符号 W' 表示,如电功、机械功等。

由热和功的定义可知,热量和功总是与状态的变化过程相联系。若无过程,则不产生功和热;若所经历的途径不同,即使是始态和终态相同的变化过程,热和功的值也不同。因此,热和功不是系统的状态函数,其数值与途径有关。

2.1.6 相与界面

系统中具有相同物理性质和化学性质的均匀部分称为相,所谓均匀是指其分散度达到分子或离子大小的数量级。将相与相分隔开来的界面称为相界面。相与相之间在指定的条件下具有明确的界面,超过此相界面,就一定会有某些宏观性质的突变,如密度、折射率、组成等。一般来说,系统中存在的界面越多,能量就会越高,系统也会越不稳定。如图 2.2 所示,无论在 NaCl 水溶液的哪一部分取样,溶液的物理性质及化学性质都相同,因此,该系统中的 NaCl 水溶液就是一个相,称为液相;在溶液上方的水蒸气和空气的混合物称为气相;浮在液面上的冰和沉在水底的铁球称为固相。作为相的存在和物质的量的多少无关,也可以不连续。

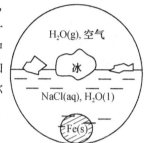

图 2.2 相与物态

对于相这个概念,要注意以下几点:

①由于任何气体均能无限混合,所以系统内不论有多少种气体组分,就只有一个气相。这种只有一个相的系统,称单相系统或均匀系统。

②液态物质视其互溶程度,通常可以是一相、两相或三相共存。例如,酒精和水可以完全互溶,其混合液为单相系统;水和油互不相溶,是相界面清楚的两相系统;水、油和汞的混合物即三相共存。具有两个或多个相的系统,称为多相系统或不均匀系统。

③对于固态物质而言,除固溶体外,每一种固态物质即为一个相,系统中有多少固态物质即有多少相。

④单相系统中不一定只有一种组分,同一种物质也可因聚集状态不同而形成多相系统,聚集状态相同的物质在一起也不一定就是单相系统。

可见,图 2.2 所示系统是一个四相系统。

2.1.7 化学计量数与反应进度

可将一般化学反应方程式写作下列形式,即

$$0 = \sum_{B} \nu_B B \tag{2.1}$$

式中 B——化学反应中物质的分子式;

ν_B——B 的化学计量数(整数或简分数),量纲为 1,对反应物取负值,对产物取正值。

对于同一个化学反应,化学计量数与化学反应方程式的写法有关。例如,若将合成氨的化学反应式写成

$$N_2(g) + 3H_2(g) === 2NH_3(g) \tag{2.2}$$

此时,$\nu(N_2) = -1$,$\nu(H_2) = -3$,$\nu(NH_3) = 2$。表示进行 1 mol 该反应,需消耗 1 mol N_2 和 3 mol H_2,生成 2 mol NH_3。

若将合成氨的化学反应式写作

$$\frac{1}{2}N_2(g) + \frac{3}{2}H_2(g) === NH_3(g) \tag{2.3}$$

则此时，$v(N_2)=-\dfrac{1}{2}$，$v(H_2)=-\dfrac{3}{2}$，$v(NH_3)=1$。表示在 1 mol 该反应中，消耗了 1/2 mol N_2 和 3/2 mol H_2，生成 1 mol NH_3。

对于氨的分解反应，其化学反应式为

$$2NH_3(g)=\!=\!=N_2(g)+3H_2(g)$$

其中，$v(N_2)=1$，$v(H_2)=3$，$v(NH_3)=-2$。表示在 1 mol 该反应中，消耗了 2 mol NH_3，生成 1 mol N_2 和 3 mol H_2。

通过上述讨论可以看出，化学计量数只表示按计量反应式反应时各物质转化的比例数，而并不是反应过程中各相应物质的实际转化量。

为了统一、方便描述化学反应进行的程度，人们将反应系统中任意一种物质的量的变化与其化学计量数 v_B 的商定义为反应进度，用符号 ξ 表示。即一般反应式 ξ 的表达式为

$$d\xi=v_B^{-1}dn_B \tag{2.4a}$$

对于有限的变化，式（2.4a）应改写为

$$\Delta\xi=\Delta n_B/v_B \tag{2.4b}$$

一般选尚未反应时，反应的 $\xi=0$，则

$$\xi=[n_B(\xi)-n_B(0)]/v_B \tag{2.5}$$

式中　　$n_B(0)$ ——ξ 为 0 时物质 B 的物质的量；

　　　　$n_B(\xi)$ —— 反应进度为 ξ 时的物质 B 的物质的量。

当反应按所给方程式的系数比例进行了一个单位的化学反应时，反应的 $\xi=1$ mol，此时，我们就说进行了 1 mol 化学反应，或简称摩尔反应。

仍以合成氨反应为例，根据下列数据计算反应进度

$$N_2(g)+3H_2(g)=\!=\!=2\,NH_3(g)$$

起始时物质的量 n_1/mol　　　5　　　　15　　　　0
反应中某时刻物的量 n_2/mol　3　　　　9　　　　4

此时的反应进度为

$$\xi(N_2)=[n_2(N_2)-n_1(N_2)]/v(N_2)=(3-5)\,mol/(-1)=2\,mol$$

或　　　　$\xi(H_2)=[n_2(H_2)-n_1(H_2)]/v(H_2)=(9-15)\,mol/(-3)=2\,mol$

或　　　　$\xi(NH_3)=[n_2(NH_3)-n_1(NH_3)]/v(NH_3)=(4-0)\,mol/2=2\,mol$

可见，不论用反应中的哪一个物质来表示任意时刻反应进行的程度，都可以得到相同的结果，这是引入反应进度这个概念的意义所在。

若将合成氨反应式写成（2.3）的形式，那么对于上述物质的量的变化，所求得的相应的反应进度变为 4 mol。可见，对于同一反应，若方程式的写法不同，则 v_B 就不同，ξ 也不同。所以，化学计量数和反应进度都必须与一定的化学反应方程式相对应。

2.2　化学反应中的质量守恒与能量守恒

2.2.1　化学反应中的质量守恒

在化学反应中，参加反应前各物质的质量总和等于反应后生成各物质的质量总和。

这个规律就叫做质量守恒定律。在任何与周围隔绝的体系中,不论发生何种变化或过程,系统的总质量始终保持不变。或者说,任何变化包括化学反应和核反应都不能消除物质,只是改变了物质的原有形态或结构,所以该定律又称物质不灭定律。一切化学反应都遵循质量守恒定律,它是自然界客观存在的基本定律之一,也是构建经典化学的 3 个基本规律之一,在生活、生产及科学实验中具有重要的地位和作用。

最先发现"质量守恒"现象的是俄国科学家罗蒙诺索夫(M. V. Lomonosov)。1748 年,他把锡放在密闭的容器里煅烧,使之生成白色的氧化锡,反应结束后他发现虽然物质发生了变化,但容器和容器里的物质的总质量在煅烧前后却并没有发生变化。经过反复的实验,都得到同样的结果,于是他得出了这样的结论:参加反应的全部物质的质量,等于全部反应产物的质量。这就是质量守恒定律的最初表达。但遗憾的是,当时这一发现没有引起公众的关注,直到 1777 年法国化学家拉瓦锡(A. L. Lavoisier)从实验上推翻了燃素说之后,这一定律才得以公认。

在 20 世纪以前,科学家们一直认为质量守恒定律和能量守恒定律是两个独立的基本定律。进入 20 世纪以后,科学家们发现了高速运动物体的质量会随其运动速度而变化,以及实物和场可以互相转化的现象。这些现象表明物质的静质量可转变成另外的一种运动形式,以及应按质能关系考虑场的质量。于是人们对质量守恒定律产生了新的认识,开始将质量守恒和能量守恒这两个定律合二为一,称为质能守恒定律。

2.2.2　能量守恒——热力学第一定律

化学变化总是伴随着热量的吸收和放出,利用热力学第一定律讨论和计算化学反应中热量变化问题的科学称为热化学。

1. 热力学第一定律

自然界的一切物质都具有能量。能量有不同的形式,能够从一种形式转换成另一种形式,从一个物体传递给另一个物体,而在转化和传递的过程中能量的总数量保持不变,这就是能量守恒与转换定律。简言之,能量既不能被创造,也不能被消灭。将能量守恒原则应用于热力学中即称为热力学第一定律。热力学第一定律有很多种表述,如孤立系统中能量的形式可以转化,但能量总值不变;再如第一类永动机是不可能造成的等。不论哪一种表述,它们都是等价的,都从本质上反映了能量守恒与转换定律。这一定律是人们长期经验的总结,至今为止还没有发现任何一件违背能量守恒原理的事实。

2. 热力学能

化学热力学以宏观静止的系统为研究对象,不考虑系统整体运动的动能和系统在外力场中的位能,只着眼于系统的热力学能。热力学将系统内部的一切能量的总和称为热力学能,也称为内能,用符号 U 表示。热力学能包括系统内物质分子往复运动和旋转运动的能量、组成系统的诸质点互相吸引和排斥的能量、分子内部的能量、原子核内部的能量等。可见,热力学能是系统本身的性质,是状态函数。

由于系统内部粒子运动及粒子间相互作用的复杂性,所以迄今尚无法确定热力学能的绝对值。但这并不影响实际问题的处理,实际运用中只需要知道热力学能的改变量即可。若封闭系统由始态转变到终态的过程中,从环境吸热 Q、得功 W,则根据热力学第一

定律可知系统中热力学能的变化量 ΔU 等于系统与环境交换的热和功的量的总和,即

$$\Delta U = U_{终} - U_{始} = Q + W \tag{2.6}$$

例 2.1 系统始态的能量状态 $U_1 = 300$ J,请计算该系统在经历下列两种不同的途径后,能量的变化量 ΔU 各为多少? 它们各自的终态能量 U_2 为多少?

(1) 系统从环境吸收了 500 J 的热量,又对环境做功 100 J;

(2) 系统向环境释放出了 200 J 的热量,环境对系统做功 600 J。

解 (1) 由题意可知,$Q = 500$ J,$W = -100$ J,则

$$\Delta U = Q + W = 500 \text{ J} - 100 \text{ J} = 400 \text{ J}$$

又因为

$$\Delta U = U_2 - U_1$$

所以

$$U_2 = \Delta U + U_1 = 400 \text{ J} + 300 \text{ J} = 700 \text{ J}$$

(2) 由题意可知,$Q = -200$ J,$W = 600$ J,则

所以

$$\Delta U = Q + W = (-200 \text{ J}) + 600 \text{ J} = 400 \text{ J}$$

$$U_2 = \Delta U + U_1 = 400 \text{ J} + 300 \text{ J} = 700 \text{ J}$$

注 系统虽然经历了两种不同的变化,但系统热力学能的变化量却是相同的,均为 400 J,且系统的终态能量均为 700 J。这表明,只要系统的始态和终态相同,那么不管经历何种变化途径,其热力学能的变化量 ΔU 都是相同的,或者说当系统从同一始态出发,不管经历何种途径,只要变化过程的热力学能的变化量相同,就会得到同样的终态能量。这体现了状态函数"殊途同归"的特性。

2.2.3 化学反应的热效应

本书主要研究封闭系统中的化学反应,这类反应通常以热和体积功的形式与环境交换能量,而体积功与热相比是微不足道的。因此,研究化学反应中能量的变化主要集中在热量问题上。化学反应中系统所放出或吸收的热量叫做该反应的热效应,简称反应热。根据反应条件的不同,反应热可分为恒容反应热 Q_V 和恒压反应热 Q_p 两种类型。对化学反应热效应的计算是我们研究化学反应中能量变化的基础。

1. 恒容反应热

一般在封闭系统中进行的反应都是在恒容条件下进行的,即 $\Delta V = 0$,由此可得

$$W_{体} = -p\Delta V = 0$$

若反应过程中也不做非体积功,即 $W' = 0$,则 $W = W_{体} + W' = 0$。因此,根据热力学第一定律的数学式可得

$$Q_V = \Delta U \tag{2.7}$$

上式表明,在不做非体积功的恒容反应过程中,反应热全部用于改变系统的热力学能,即恒容反应热等于系统热力学能的改变量。现代人们常用弹式热量计(图 2.3)来精确地测定恒容条件下的反应热,借此可间接获得热力学能的改变量。

弹式热量计的主要仪器部件是一厚壁钢制可密闭的耐压容器,叫做钢弹。测量反应热时,将已知质量的反应物(固态或液态)装入钢弹内,密封后将钢弹安放在一金属容器中,然后往此容器内加入足够的已知质量的水(需淹没钢弹),并与外界绝热。在精确测定系统的起始温度 T_1 后,用电火花引发反应,随着反应的进行,不断放出热量,作用于钢

弹、水和钢质容器等,使环境温度升高。注意观察温度计的变化,其所示的最高读数即为系统的终态温度 T_2。

当利用一定组成和质量的某种吸热介质的温度改变来测定某个热化学过程所放出或吸收的热量时,可应用下列计算公式,即

$$Q = -c_s \cdot m_s \cdot (T_2 - T_1) = -C_s \cdot \Delta T \quad (2.8)$$

式中　　c_s——溶液的比热容;

m_s——溶液的质量;

C_s——溶液的热容,$C_s = c_s \cdot m_s$。

在计算时,通常将弹式热量计中环境所吸收的热(即反应放出的热)分为两个部分:主要部分是

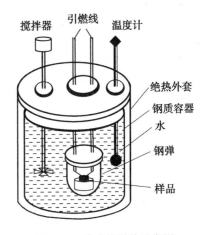

图 2.3　弹式热量计示意图

加入的吸热介质水所吸收的热量;另一部分是钢弹及内部物质和金属容器等(简称钢弹组件)所吸收的热量。因此,由式(2.8)可得水所吸收的热量和钢弹组件所吸收的热量。

(1) 水所吸收的热量为

$$Q(H_2O) = c(H_2O) \cdot m(H_2O) \cdot (T_2 - T_1) = C(H_2O) \cdot \Delta T$$

式中　　$c(H_2O)$——水的比热容,等于 $4.18 \ J \cdot g^{-1} \cdot K^{-1}$。

(2) 钢弹组件所吸收的热量,以 Q_B 表示,即

$$Q_B = C_B \cdot \Delta T$$

式中　　C_B——钢弹组件的总热容,其数值由仪器供应商提供。

显然,反应所放出的热等于水所吸收的热和钢弹组件所吸收的热之和,即

$$Q = -[Q(H_2O) + Q_B] = -[C(H_2O) \cdot \Delta T + C_B \cdot \Delta T] = -\sum C \cdot \Delta T \quad (2.9)$$

常用燃料如煤、天然气、汽油等燃烧的反应热均可按此法测得。联氨(又称为肼,N_2H_4)是一种应用广泛的化工原料,具有很高的燃烧热,它与氧(或氧化物)反应时能快速放出大量的热,并且产生大量气体,可用作火箭和燃料电池的燃料。德国的 V - 2 火箭和美国的阿波罗宇宙飞船发射火箭就都是以液态联氨作为燃料的。下面介绍一下联氨燃烧反应热的测量。

例 2.2　将 0.5 g 火箭燃料联氨(N_2H_4)放在盛有 1 200 g 水的弹式热量计的钢弹内(通入氧气)完全燃烧后,吸热介质的温度由 20.03 ℃ 上升至 21.80 ℃。已知钢弹组件的总热容 C_B 为 848 $J \cdot K^{-1}$,水的比热容为 $4.18 \ J \cdot g^{-1} \cdot K^{-1}$。试计算在此条件下联氨完全燃烧所放出的热量及该反应的摩尔反应热。

解　联氨在氧气中完全燃烧的反应方程式为

$$N_2H_4(l) + O_2(g) === N_2(g) + 2H_2O(l)$$

反应前后温度的变化为

$$\Delta T = (273.15 + 21.80) K - (273.15 + 20.03) K = 1.77 \ K$$

根据式(2.9),0.5 g N_2H_4 完全燃烧放出的热量为

$$Q = - [C(H_2O) + C_B] \cdot \Delta T = -(4.18 \text{ J} \cdot \text{g}^{-1} \cdot \text{K}^{-1} \times 1\,200 \text{ g} + 848 \text{ J} \cdot \text{K}^{-1}) \times$$
$$1.77 \text{ K} = -10\,379.28 \text{ J} = -10.38 \text{ kJ}$$

反应热与反应进度之比即为反应的摩尔反应热 Q_m，SI 单位为 J·mol^{-1}。

$$Q_m = Q/\xi \qquad (2.10)$$

因此该反应的摩尔反应热为（N_2H_4 的摩尔质量为 32.0 g·mol^{-1}）

$$\xi = [n_2(N_2H_4) - n_1(N_2H_4)] / v(N_2H_4) =$$
$$[(0 - 0.5) \text{g}/32.0 \text{ g} \cdot \text{mol}^{-1}]/(-1) \approx 0.015\,6 \text{ mol}$$
$$Q_m = Q/\xi = (-10.38 \text{ kJ}) \times (32.0/0.5) \text{mol}^{-1} = -664.32 \text{ kJ} \cdot \text{mol}^{-1}$$

2. 恒压反应热

一般在敞口容器中进行的化学反应都是在恒压条件下进行的。化学反应系统在恒压、不做非体积功的过程中与环境交换的热量称为恒压反应热 Q_p。因为在恒压下系统只做体积功时，所以

$$W = W_{体} + W' = -p\Delta V$$

根据热力学第一定律

$$\Delta U = Q + W = Q_p + (-p\Delta V)$$

所以 $\qquad Q_p = \Delta U + p\Delta V = (U_2 - U_1) + p(V_2 - V_1) = (U_2 + pV_2) - (U_1 + pV_1)$

令 $\qquad\qquad\qquad\qquad H = U + pV \qquad (2.11)$

则 $\qquad\qquad\qquad\qquad Q_p = H_2 - H_1 = \Delta H \qquad (2.12)$

热力学中把 $(U + pV)$ 定义为焓，以符号 H 表示，其 SI 单位为 J。式(2.12)表明：封闭系统在恒压、不做非体积功的反应或过程中，系统中焓的变化量等于恒压过程的热效应。在化学反应过程中，焓变可直接称为恒压反应热。

焓在化学热力学中是个重要的物理量，具有下列性质：

①焓是状态函数，其变化值只与系统的始态和终态有关，而与途径无关。

②焓是系统的广度性质，其量值与物质的量有关，具有加和性。

③焓的绝对值无法测量，其变化值可通过测量恒压反应热间接得到。

④在恒压过程中，$\Delta H > 0$ 表示系统吸热；$\Delta H < 0$ 表示系统放热。

3. 恒压反应热与恒容反应热的关系

同一反应的 Q_p 和 Q_V 并不相等，即

$$Q_p - Q_V = \Delta H_p - \Delta U_V = \Delta U_p + p\Delta V - \Delta U_V$$

由于理想气体的热力学能和焓只是温度的函数，因此在温度不变、压力改变不大时，真实气体、液体和固体的热力学能和焓也可近似认为不变。即可近似认为 $\Delta U_p \approx \Delta U_V$，由此可得

$$Q_p - Q_V \approx p\Delta V \qquad (2.13)$$

可见，恒压反应热和恒容反应热之间的区别主要取决于 ΔV。对于只有固相和液相物质参与反应的系统，反应前后体积的变化微弱，可认为 $\Delta V \approx 0$，所以这类反应系统的 $Q_p \approx Q_V$。

若反应系统中有气相物质参与，那么就不能忽略反应前后的体积变化了。假设反应

中的气态物质全部为理想气体,则根据理想气体状态方程可得

$$p\Delta V = \sum_{B} \Delta n(Bg) \cdot RT$$

则
$$Q_p - Q_V = \sum_{B} \Delta n(Bg) \cdot RT \tag{2.14a}$$

将反应进度定义式(2.4b)代入上式,可得

$$Q_p - Q_V = \xi \sum_{B} v(Bg) \cdot RT \tag{2.14b}$$

再将等式两边均除以反应进度,则

$$Q_{p,m} - Q_{V,m} = \sum_{B} v(Bg) \cdot RT \tag{2.15a}$$

即
$$\Delta_r H_m - \Delta_r U_m = \sum_{B} v(Bg) \cdot RT \tag{2.15b}$$

式中　　$Q_{p,m},Q_{V,m}$——分别表示化学反应的恒压摩尔反应热和恒容摩尔反应热;

　　　　$\Delta_r H_m,\Delta_r U_m$——分别表示化学反应的摩尔焓变和摩尔热力学能变,下标"r"表示反应,"m"表示摩尔反应;

　　　　$\sum_{B} v(Bg)$——反应前后气态物质化学计量数的变化。

注意　反应的 $Q_{p,m},Q_{V,m}$ 和 $\Delta_r H_m,\Delta_r U_m$ 的常用单位均为 $kJ \cdot mol^{-1}$。

例 2.3　试计算发生下列变化时,各自的 ΔH 和 ΔU 之间的差值: (1)3.00 mol $NH_4HS(s)$ 分解;(2)生成 2 mol $HCl(g)$。

分析　解题的关键在于正确判断反应前后气体分子数的变化情况。

解　(1)$NH_4HS(s) \rightleftharpoons NH_3(g) + H_2S(g)$

因为
$$\sum_{B} v(Bg) = 1 + 1 - 0 = 2 \neq 0$$

所以

$$\Delta_r H_m - \Delta_r U_m = \sum_{B} v(Bg) \cdot RT =$$
$$2 \times 8.314 \times 10^{-3} kJ \cdot mol^{-1} \cdot K^{-1} \times 298.15 K \approx 4.96 kJ \cdot mol^{-1}$$

当 3 mol $NH_4HS(s)$ 分解时

$$\Delta H - \Delta U = 4.96 kJ \cdot mol^{-1} \times 3 mol = 14.88 kJ$$

(2)$H_2(g) + Cl_2(g) \rightleftharpoons 2HCl(g)$

因为
$$\sum_{B} v(Bg) = -1 - 1 + 2 = 0$$

所以
$$\Delta H - \Delta U = 0$$

注　不能因为反应系统中有气体物质参与就断定 ΔH 和 ΔU 必定是有区别的。有时,系统中虽有气体物质参与,但反应前后气体分子数相等,即 $\sum_{B} v(Bg) = 0$,此时反应的 ΔH 与 ΔU 相等;只有在反应前后气体分子数不相等时,即 $\sum_{B} v(Bg) \neq 0$ 时,ΔH 与 ΔU 才不相等。

2.2.4　盖斯定律与反应热的计算

前面我们主要应用热力学第一定律讨论了恒容反应热和恒压反应热的应用以及两者

之间的关系,下面我们主要讨论与恒压反应热(即 ΔH 的计算)相关的内容。

1. 热化学方程式的写法

表示化学反应与热效应关系的方程式叫做热化学方程式。

例如:298.15 K,100 kPa 条件下,氢气与氧气反应生成水的热化学方程式可写成

$$H_2(g) + \frac{1}{2}O_2(g) \xrightarrow[100\ kPa]{298.15\ K} H_2O(g); \quad Q_{p,m} = -241.82\ kJ \cdot mol^{-1}$$

化学反应的热效应与反应进行的条件(温度、压力等)有关,也与反应物和生成物的物态及物质的量有关,在书写热化学方程式时须注意以下几点:

① 热化学方程式中需标明反应进行的温度和压力条件。对没有注明温度和压力的反应,皆可默认为反应是在 298.15 K 和 100 kPa 的条件下进行的。

② 在每一个物质的化学式的右侧均需注明物质的聚集状态。通常以 g、l 和 s 分别表示气态、液态和固态,用 aq 表示水溶液。另外,如果固体有几种晶型,也需注明,如碳有石墨、金刚石、无定形等晶型。

③ 热力学习惯用 $\Delta_r H$ 和 $\Delta_r U$ 表示反应的恒压热效应和恒容热效应。鉴于本书主要研究的是恒压条件下的热效应,因此除个别情况外均采用反应的摩尔焓变表示热化学方程式的摩尔热效应。

标准摩尔焓变是指在标准状态下反应或过程的摩尔焓变,以 $\Delta_r H_m^{\ominus}(T)$ 表示,可简写为标准焓变 $\Delta H^{\ominus}$。上角标"$\ominus$"代表标准状态,读作标准,在此表示该焓变值是标准状态下的数据。

标准状态是指任意温度时物质(包括理想气体,纯液体,纯固体)处于标准压力 $p^{\ominus}$ 或标准浓度 $c^{\ominus}$ 时的状态,简称标准态,其中 $p^{\ominus} = 100$ kPa,$c^{\ominus} = 1.0$ mol $\cdot$ L^{-1}。在热力学中规定这样一个公共参考状态,是因为某些热力学状态函数在不同状态下会有不同的数值,为了便于比较和简化计算,需要一个状态作为比较的基准。对不同聚集态的物质系统,标准态的含义不同。纯理想气体的标准态是指该气体在标准压力 $p^{\ominus}$ 下的状态;混合理想气体的标准态是指任一气体组分的分压等于标准压力;纯液体或纯固体物质的标准态是指该纯液体或纯固体处于标准压力下的状态;溶液中溶质的标准态是指在标准压力下,各溶质组分浓度均为标准浓度($c^{\ominus} = 1$ mol $\cdot$ L^{-1})的状态。

应当注意的是,标准态只规定了压力而没有指定温度。原则上,每一指定温度下都存在一个标准态。因此,为了便于比较,国际理论和应用化学联合会(IUPAC)推荐以 273.15 K(即 0 ℃)作为参考温度。通常如不特别指明,即是指系统温度为 298.15 K。另外,还需特别说明两个问题:一是在 1982 年以前,IUPAC 曾经采用 101.325 kPa 作为标准压力,当从手册或专著查阅热力学数据时,应注意其规定的标准状态,以免造成数据误用;二是标准浓度实际应为 1 mol $\cdot$ kg^{-1},但是因压力对液体和固体的体积影响很小,故可将溶质的标准浓度改用 1 mol $\cdot$ L^{-1} 代替。

2. 盖斯定律

俄国科学家盖斯 G. H. Hess(1802—1850)根据一系列的实验事实于 1840 年提出了盖斯定律:一个化学反应不管是一步完成还是分几步完成,这个过程的热效应总是相同的。也就是说,化学反应的热效应只与反应的始态和终态有关,而与变化的途径无关。盖斯定

律实质上是热力学第一定律的必然推论,也是状态函数性质的具体体现。盖斯定律使热化学方程式可以像普通代数方程那样进行加减运算,因此,可利用已精确测定的反应热数据来求算那些难以直接测定或尚未用实验方法测定的反应热。

　　例如,目前在实验中尚无法做到使碳全部氧化为 CO,而完全不生成 CO_2,因此石墨和氧气反应生成 CO 气体的反应热是难以直接测量的。这种情况下,我们可以依据盖斯定律,设计一个如图 2.4 所示的循环,利用两个可以直接测量反应热的反应来间接求算石墨和氧气反应生成 CO 气体的反应热。

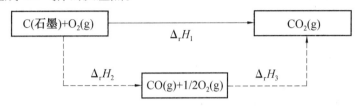

图 2.4　石墨和氧气反应循环

根据盖斯定律可得

$$\Delta_r H_1 = \Delta_r H_2 + \Delta_r H_3$$

已知在 298.15 K,标准状态下

$$C(\text{石墨}) + O_2(g) = CO_2(g)\ ;\ \Delta_r H_{m,1}^{\ominus}(298.15\ K) = -393.5\ kJ \cdot mol^{-1}$$

$$CO(g) + \frac{1}{2}O_2(g) = CO_2(g)\ ;\ \Delta_r H_{m,3}^{\ominus}(298.15\ K) = -283.0\ kJ \cdot mol^{-1}$$

则 $C(\text{石墨}) + \frac{1}{2}O_2(g) = CO(g)$ 的反应热为

$$\Delta_r H_{m,2}^{\ominus} = \Delta_r H_{m,1}^{\ominus} - \Delta_r H_{m,3}^{\ominus} = [(-393.5) - (-283.0)]\ kJ \cdot mol^{-1} = -110.5\ kJ \cdot mol^{-1}$$

　　由此可见,在某些情况下,用盖斯定律求算反应热比实验的方法更加方便准确。另外,事实证明,盖斯定律的这种运算方法,也适用于任何其他状态函数增量的计算。

　　从上面的计算可以看出,1 mol 碳不完全燃烧时,只放出 110.5 kJ 的热量,约为 1 mol 碳完全燃烧时放出的热量的 1/4,由此可见燃料充分燃烧的重要性。

3. 物质的标准摩尔生成焓

　　一种物质的标准摩尔生成焓是指在标准状态时,由指定单质生成单位物质的量的纯物质时反应的焓变,简称生成焓,以符号 $\Delta_f H_m^{\ominus}(B, \text{物态}, T)$ 表示,常用单位为 $kJ \cdot mol^{-1}$。符号中的下角标"f"表示生成反应;下角标"m"表示此生成反应的产物是"单位物质的量"(即 1 mol)。有时为了简便,可省略角标"m"及物质和物态,简写为 $\Delta_f H^{\ominus}$。定义中提及的"指定单质"是指在选定温度和标准压力下的最稳定单质,如气态氯、液态溴、固态碘、石墨、正交硫等。磷是一种较为特殊的单质,其指定单质是白磷,而不是热力学上更稳定的红磷。标准摩尔生成焓是说明物质性质的重要数据,生成焓的负值越大,表明该物质键能越大,对热越稳定,其数值可从各种化学、化工手册或热力学数据手册中查到。

　　以 298.15 K 时液态水和水蒸气的标准摩尔生成焓为例:

$$H_2(g) + 1/2 O_2(g) = H_2O(l)\ ;\quad \Delta_f H_m^{\ominus}(298.15\ K) = -285.83\ kJ \cdot mol^{-1}$$

$$H_2(g) + 1/2 O_2(g) = H_2O(g)\ ;\quad \Delta_f H_m^{\ominus}(298.15\ K) = -241.818\ kJ \cdot mol^{-1}$$

根据标准摩尔生成焓的定义可知生成反应的写法是唯一的,必须保证生成产物的化学计量数是1,再以此反推其他指定单质的化学计量数。此外,从定义还可看出,指定单质的标准生成焓均为零;非指定单质的标准生成焓不为零。例如,已知碳元素的最稳定单质为石墨,由此可确定金刚石的标准摩尔生成焓必定不为零,查表可知 $\Delta_f H_m^{\ominus}$(金刚石, 298.15 K)= 1.895 kJ·mol^{-1}。

有些化学反应当中存在水合离子,规定以水合氢离子的标准摩尔生成焓为零,即 $\Delta_f H_m^{\ominus}$(H$^+$,aq,298.15 K)= 0。据此,可以获得其他水合离子在 298.15 K 时的标准摩尔生成焓。

4. 化学反应热的计算

对于任一个化学反应

$$aA(l)+bB(aq)\Longrightarrow dD(s)+eE(g) \tag{2.16}$$

可设想它从最稳定的单质出发,经历不同的途径生成产物,则根据盖斯定律可以得出关于反应标准摩尔焓变的一般计算规则,即

$$\Delta_r H_m^{\ominus}(T) = \sum_B \Delta_f H_m^{\ominus}(\text{产物},T) - \sum_B \Delta_f H_m^{\ominus}(\text{反应物},T) = \sum_B \upsilon_B \cdot \Delta_f H_{m,B}^{\ominus}(T) =$$
$$[d\Delta_f H_m^{\ominus}(D,s,T) + e\Delta_f H_m^{\ominus}(E,g,T)] + [(-a)\Delta_f H_m^{\ominus}(A,l,T) + (-b)\Delta_f H_m^{\ominus}(B,aq,T)] \tag{2.17}$$

上式说明,反应的标准摩尔焓变等于各生成物的标准摩尔生成焓与其化学计量数乘积的总和加上各反应物的标准摩尔生成焓与其化学计量数乘积的总和。利用附录3可查到298.15 K时各物质的标准摩尔生成焓的数据,再利用式(2.17)就可以很方便地计算出该温度下各化学反应的标准摩尔焓变,即恒压反应热。

如果系统温度不是298.15 K,而是其他温度,则反应的焓变会有些改变,但由于温度对反应物和生成物的生成焓的影响相近,故整体反应的焓变一般变化不大,在一般计算中可作近似处理,即

$$\Delta_r H_m^{\ominus}(T) \approx \Delta_r H_m^{\ominus}(298.15 K) \tag{2.18}$$

例2.4 设反应物和生成物均处于标准状态,试用标准摩尔生成焓的数据,计算出下列反应在298.15 K时的标准摩尔焓变 $\Delta_r H_m^{\ominus}(298.15 K)$,然后对比分析计算结果。

(1) $Al(s)+\frac{3}{4}O_2(g)\Longrightarrow\frac{1}{2}Al_2O_3(s)$;(2) $2Al(s)+\frac{3}{2}O_2(g)\Longrightarrow Al_2O_3(s)$

解 (1)写出有关的化学计量方程式,并在各物质的下面标出相应的标准摩尔生成焓的值。

$$Al(s)+\frac{3}{4}O_2(g)\Longrightarrow\frac{1}{2}Al_2O_3(s)$$

$\Delta_f H_m^{\ominus}(298.15 K)/(kJ·mol^{-1})$　　0　　　0　　　-1 675.7
根据式(2.17)可得

$$\Delta_r H_m^{\ominus}(298.15 K) = \sum_B \upsilon_B \cdot \Delta_f H_{m,B}^{\ominus}(298.15 K) =$$

$1/2×(-1 675.7)+[(-1)×0+(-3/4)×0] kJ·mol^{-1} = -837.85 kJ·mol^{-1}$

(2)同理,可求得反应(2)的标准摩尔焓变为

$$\Delta_r H_m^{\ominus}(298.15\ \text{K}) = -1\ 675.7\ \text{kJ}\cdot\text{mol}^{-1}$$

分析 化学反应计量方程式(1)的计算结果表明在298.15 K 和标准条件下,每进行 1 mol 上述反应,需要消耗 1 mol Al(s) 和 3/4 mol $O_2(g)$,生成 1/2 mol $Al_2O_3(s)$,并放出 873.85 kJ 的热量;

化学反应计量方程式(2)的计算结果表明在298.15 K 和标准条件下,进行 1 mol 此 反应需消耗 2 mol Al(s) 和 3/2 mol $O_2(g)$,生成 1 mol $Al_2O_3(s)$,并放出 1 675.7 kJ 的热 量。

注 一般若无特别的限制,同一反应的写法是随意的,但化学计量数的差异并不改变 反应的本质,所不同的是"摩尔反应"的含义。也就是说若同一反应方程式的 υ_B 不同,其 ξ 就不同,那么 $\Delta_r H_m^{\ominus}$ 的数值也就不同。所以在求解反应的摩尔焓变时除需注明系统的状态(T,p,物态等)外,还必须指明相应的化学反应计量方程式。

例2.5 煤的气化技术由下列热化学反应组成。已知在 298.15 K 和标准条件下:

(1)C(石墨)+$H_2O(g)$══$CO(g)$+$H_2(g)$;$\Delta_r H_{m,1}^{\ominus}$ = +131.30 kJ·mol^{-1}

(2)$CO(g)$+$H_2O(g)$══$CO_2(g)$+$H_2(g)$;$\Delta_r H_{m,2}^{\ominus}$ = -41.17 kJ·mol^{-1}

(3)$CO(g)$+$3H_2(g)$══$CH_4(g)$+$H_2O(g)$;$\Delta_r H_{m,3}^{\ominus}$ = -205.7 kJ·mol^{-1}

试运用盖斯定律计算反应:

(4)2C(石墨)+$2H_2O(g)$══$CH_4(g)$+$CO_2(g)$ 的标准摩尔焓变,并将计算结果与用 标准生成焓公式法计算的结果相比较。

解 方法一:研究上述反应,方程式之间的关系应为(4)=2×(1)+(2)+(3),故

$$\Delta_r H_{m,4}^{\ominus} = [2\times131.30+(-41.17)+(-205.7)]\ \text{kJ}\cdot\text{mol}^{-1} = 15.73\ \text{kJ}\cdot\text{mol}^{-1}$$

方法二:用公式法计算(省略温度)

$$2C(石墨)+2H_2O(g)══CH_4(g)+CO_2(g)$$

$\Delta_f H_m^{\ominus}/(\text{kJ}\cdot\text{mol}^{-1})$ 0   -241.82   -74.4   -393.51

$$\Delta_r H_m^{\ominus} = \Delta_f H_m^{\ominus}(CH_4,g) + \Delta_f H_m^{\ominus}(CO_2,g) - 2\times\Delta_f H_m^{\ominus}(C,石墨) - 2\times\Delta_f H_m^{\ominus}(H_2O,g) =$$
$$[(-74.4)+(-393.51)-2\times0-2\times(-241.82)]\ \text{kJ}\cdot\text{mol}^{-1} = 15.73\ \text{kJ}\cdot\text{mol}^{-1}$$

结论:两种方法的计算结果完全一致。

2.3 化学反应的方向——吉布斯自由能减少

上一节内容以热力学第一定律为理论依据,揭示了化学变化过程中能量转换和传递 的定量关系。本节内容将以热力学第二定律为基础对化学反应进行的方向展开讨论,同 时引出熵和吉布斯自由能这两个十分重要的状态函数。

2.3.1 自发过程与自发方向

留心观察,可以发现自然界中的自发过程都有一定的方向性。例如,水总是自发地从 高处流向低处,热总是自发地从高温物体传向低温物体,气体也总是自发地从高压区扩散

至低压区,而且若没有外力作用,这些过程都不可能自发地逆向进行。仔细分析这些现象后可发现,自发过程的方向和限度是能够借助某种判据来预先判断的(见表 2.1)。

表 2.1 一些自发过程的特征

实 例	自发进行方向	推动力	进行限度
水 流	高水位→低水位	Δh	$\Delta h = 0$
气 流	高压处→低压处	Δp	$\Delta p = 0$
热传导	高温物体→低温物体	ΔT	$\Delta T = 0$
电 流	高电位→低电位	ΔE	$\Delta E = 0$

这种在给定条件下能自动进行的反应或过程叫做自发过程或自发反应。通过对自然界中的各种自发过程的本质进行深入研究发现自发过程都遵循如下规律:

①系统倾向于取得更低的能量状态。

②系统倾向于取得更大的混乱度。

③自发过程都是热力学不可逆过程,它们都是自发地从非平衡态向平衡态的方向变化且逆过程不能自发进行。

④自发过程都具有一定的限度,任何自发过程进行到平衡状态时宏观上就不再继续进行,此时其做功的推动力降至零。

⑤反应能否自发进行与给定条件有关,有时条件的改变能使非自发过程变为自发过程。

2.3.2　热力学第二定律

热力学第二定律就是关于在有限的空间和时间内,一切和热运动有关的物理、化学过程具有不可逆性的经验总结。这一定律有多种表述方式,以下主要列举 3 种。

①1824 年,法国工程师卡诺(N. L. S. Carnot)在提出理想热机理论时,第一次表达了热力学第二定律的基本思想,即在自然条件下,热总是不可避免地从高温热源流向低温热源。

②1851 年,英国物理学家开尔文(L. Kelvin)在卡诺理论的基础上,首次提出热力学第二定律的概念,即不可能从单一热源吸取热量使之完全转变为功而不产生其他影响。也就是说,自然界中任何形式的能都可以变成热,而热却不能在不产生其他影响的条件下完全变成其他形式的能。比如,蒸汽机等热机可以连续不断地将热变为机械功,但一定伴有热量的损失。这是从热功转换的角度表述的热力学第二定律。

③几乎与开尔文同时,德国物理学家克劳修斯(R. J. E. Clausius)从热量传递的方向性的角度,提出了热力学第二定律的另一种表述,即热量可以自发地从较热物体传递至较冷物体,但不能自发地由较冷物体传递至较热物体。这个转变过程在自然条件下是不可逆的,要使热传递的方向倒转,只有靠消耗功来实现。

热力学第二定律的上述 3 种说法都是指某一事件的不可能性,即指出某种自发过程的逆过程是不可能自动进行的。第二定律和第一定律不同,第一定律否定了创造能量和消灭能量的可能性,而第二定律阐明了过程进行的方向性,否定了以特殊方式利用能量的可能性。热力学第二定律为我们解决化学反应的方向和限度问题奠定了基础,由此我们还要引出两个新的热力学状态函数——熵和吉布斯函数。

2.3.3　混乱度与熵

到底该如何判断某一过程是否可以自发进行呢? 是否可以找到统一的自发性判据呢? 为此,人们研究了许多能自发进行的过程,结果发现自然界中的变化总是从不稳定的状态到稳定状态,且系统能量越低,就越稳定。根据这些规律,很容易想到,放热反应具有较大的自发进行的趋势,因为反应系统的能量减少了。因此曾有人用焓变作为反应自发性的判断依据,并认为放热反应能够自发进行,而吸热反应是不能自发进行的。这种观点很明显是站不住脚的,因为有些自发反应或过程恰恰就是向着吸热的方向进行的,比如冰融化成水,再如一些盐类在水中的溶解以及高温条件下石灰石的分解等都是吸热的自发过程。可见,反应热并不是影响自发过程的唯一因素。

实际上,自发过程还有另一类普遍情况。例如,将一把排列整齐的火柴随手一抛,火柴头总是朝向四面八方,由整齐排列自发的变成混乱无序的状态。然而,其相反过程,即由混乱变到整齐排列却不可能自发进行。再如,一滴墨水滴入水中就会自动地逐渐扩散到整杯水中,其逆过程也不能自发进行。从这两个实例可以看出:过程能自发地向着混乱程度增加的方向进行,或者说系统中有秩序的运动易变成无秩序的运动。之所以如此,是因为实现后一情况的可能性远远大于前一情况的可能性。因此,可得到这样的结论——系统总是倾向于取得最大的混乱度。所谓混乱度是指组成物质的质点在系统内排列和运动的无序程度。系统的混乱度越大,无序程度就越大。

在热力学中,为了具体描述系统的混乱程度,人们定义了"熵"这样一个热力学参数。熵就是系统内物质微观粒子混乱度的量度,以符号 S 表示。系统的混乱度越大,熵值也越大。它与热力学能、焓一样,是系统的广度性质,也是一个状态函数。

在经典热力学中,熵的热力学定义为:在恒温可逆过程中,系统所吸收或放出的热量(Q_r)除以温度等于系统的熵变。"熵"即由其定义"热温商"而得名,即

$$\Delta S = \frac{Q_r}{T} \tag{2.19}$$

实际上,熵的概念最早是在 19 世纪由克劳修斯提出的,但由于当时对这一概念缺乏物理意义的解释,故人们对熵持怀疑和拒绝的态度。直到玻耳兹曼把熵与系统状态的存在概率联系起来,使熵有了明确的物理意义,才开始被人们所广泛接受。著名的玻耳兹曼关系式为

$$S = k \ln \Omega \tag{2.20}$$

式中　k—— 玻耳兹曼常数,$k \approx 1.38 \times 10^{-23}$ J $\cdot$ K^{-1};

　　　Ω—— 热力学概率,即某一宏观状态所对应的微观状态数,Ω 越大,混乱度越大,熵值越大。

这一关系式为宏观物理量 —— 熵作出了微观的解释,揭示了热现象的本质,奠定了统计热力学的基础,具有划时代的意义。

系统内物质微观粒子的混乱度与物质的聚集状态和温度有关。在绝对零度时,纯物质的完美晶体内分子的各种运动都将停止,物质的微观粒子处于完全整齐有序的状态,系统的混乱度最低,系统的熵也处于最低值。热力学将此状态下的熵值规定为零,即在绝对零度时,一切纯物质的完美晶体的熵值为零,这就是热力学第三定律,其数学表达式为

$$S^*(完整晶体, 0 \text{ K}) = 0 \tag{2.21}$$

热力学第三定律除了上面的表述之外,还有一种比较经典的表述,即不能用有限的手段把一个物体的温度降到绝对零度。第三定律其实描述的是一种理想的极端状态,实际上只能无限地接近这一状态,而不能真正达到理论上所描述的这种状态。

按照统计热力学的观点,在绝对零度时,纯物质的完美晶体内粒子的微观分布方式数为 1,即 $\Omega = 1$,则根据玻耳兹曼关系式可得

$$S(0 \text{ K}) = k\ln 1 = 0$$

以此为基准,如果将某物质的完美晶体从 0 K 加热至指定温度 T,则该过程的熵变称为该物质的规定熵,即

$$\Delta S = S(T) - S(0 \text{ K}) = S(T) - 0 = S(T) \tag{2.22}$$

在标准状态下,单位物质的量的纯物质的规定熵叫做该物质的标准摩尔熵,用符号 $S_m^{\ominus}(T)$ 表示,可简写为 $S^{\ominus}$,其单位是 $\text{J} \cdot \text{mol}^{-1} \cdot \text{K}^{-1}$。需要注意的是,在 298.15 K 时任何指定单质的标准摩尔熵都不是零(区别于物质的标准摩尔生成焓),具体数据参见附录 3。

对于水合离子的标准摩尔熵的规定与标准摩尔生成焓相似。规定在标准状态下水合氢离子的标准摩尔熵为零,通常把温度选定为 298.15 K,并在此基础上求得其他水合离子的标准摩尔熵。

物质的标准熵值具有如下规律:

(1)对于聚集状态不同的同一物质而言,$S(\text{g}) > S(\text{l}) > S(\text{s})$;

(2)对于聚集状态相同的同一物质而言,其熵值随温度的升高而增大,即 $S_{高温} > S_{低温}$;

(3)对于相同温度下同一聚集状态的不同物质而言,分子越大,结构越复杂,其熵值通常也越大,即 $S_{复杂分子} > S_{简单分子}$;

(4)对于同一温度下的分散系统而言,混合物和溶液的熵值往往比相应的纯物质的熵值大,即 $S_{混合物} > S_{纯物质}$。

由于熵是状态函数,所以反应或过程的熵变只跟始态和终态有关,而与变化途径无关。

反应的标准摩尔熵变以 $\Delta_r S_m^{\ominus}$ 表示,或简写作 $\Delta S^{\ominus}$,其单位是 $\text{J} \cdot \text{mol}^{-1} \cdot \text{K}^{-1}$。标准摩尔熵变可通过反应中各种物质的 $S_m^{\ominus}$ 求得,其计算及注意点与 $\Delta_r H_m^{\ominus}$ 相似。

对于化学反应方程式(2.16),其标准摩尔熵变的计算公式为

$$\Delta_r S_m^{\ominus}(T) = dS_m^{\ominus}(D, s, T) + eS_m^{\ominus}(E, g, T) - aS_m^{\ominus}(A, l, T) - bS_m^{\ominus}(B, aq, T)$$

即

$$\Delta_r S_m^{\ominus}(T) = \sum_B \upsilon_B S_{m,B}^{\ominus}(T) \tag{2.23}$$

化学反应的熵变遵循如下规律:

（1）熵变与系统中反应前后物质的量的变化值有关。

①对有气体物质参与的反应，如果一个反应导致气体分子数增加，则反应的 $\Delta S > 0$；若气体分子数减少，则 $\Delta S < 0$，且气体的物质的量变化的越大，则反应前后的熵变就越大。

②对没有气体物质参与的反应，若反应导致系统中物质的总物质的量增加，则反应的 $\Delta S > 0$；反之则相反。但一般情况下不涉及气体变化的反应其熵变都不大。

（2）反应的熵变随温度的变化很小，一般在近似计算中，可忽略温度对熵变的影响，即

$$\Delta_r S_m^{\ominus}(T) \approx \Delta_r S_m^{\ominus}(298.15 \text{ K})$$

（3）压力对反应熵变的影响也不大，所以通常也不考虑压力对反应熵变的影响。

例 2.6　试计算石灰石热分解反应的标准摩尔熵变和标准摩尔焓变，并初步分析该反应的自发性。

分析　鉴于自发反应总是倾向于取得最低的能量状态以及最大的混乱度，所以可以初步利用反应的焓变和熵变来判断反应的自发性。若两者所推断出的自发倾向一致，则可最终判定反应的自发性，但若两者结论矛盾则另当别论。

解

	$CaCO_3(s) = CaO(s) + CO_2(g)$		
$\Delta_f H_m^{\ominus}(298.15 \text{ K})/(\text{kJ} \cdot \text{mol}^{-1})$	$-1\,206.8$	-634.9	-393.51
$S_m^{\ominus}(298.15 \text{ K})/(\text{J} \cdot \text{mol}^{-1} \cdot \text{K}^{-1})$	92.9	38.1	213.8

由式（2.17）可得

$$\Delta_r H_{m,B}^{\ominus}(298.15 \text{ K}) = \sum_B v_B \Delta_f H_{m,B}^{\ominus}(298.15 \text{ K}) = (-634.9 - 393.51 + 1\,206.8) \text{kJ} \cdot \text{mol}^{-1} = 178.39 \text{ kJ} \cdot \text{mol}^{-1}$$

由式（2.22）可得

$$\Delta_r S_m^{\ominus}(298.15 \text{ K}) = \sum_B v_B S_{m,B}^{\ominus}(298.15 \text{ K}) = (38.1 + 213.8 - 92.9) \text{J} \cdot \text{mol}^{-1} \cdot \text{K}^{-1} = 159.0 \text{ J} \cdot \text{mol}^{-1} \cdot \text{K}^{-1}$$

注　反应的 $\Delta_r H_m^{\ominus}(298.15 \text{ K}) > 0$，表明此反应为吸热反应，不利于反应自发进行；$\Delta_r S_m^{\ominus}(298.15 \text{ K}) > 0$，表明系统混乱度增加，有利于反应自发进行。其结果相互矛盾，无法确定自发性，还需做进一步探讨。一定特别注意，不能将反应的焓变和熵变作为反应自发性的最终判据。

2.3.4　熵增加原理

通过以上讨论，我们了解到影响化学反应自发性的因素有两个：一个是能量，另一个是混乱度。系统能量的变化是通过与环境交换热或功来实现的，而对于与环境之间既无物质交换也无能量交换的孤立系统来说，推动系统内化学反应自发进行的因素就只剩下一个，那就是混乱度的增加。在引入熵的概念之后，热力学第二定律就又有了新的表述，即在孤立系统中发生的自发进行的反应必然伴随着熵的增加，或孤立系统的熵总是趋向于极大值。这就是孤立系统中自发过程的热力学准则，称为熵增加原理，其数学表达式为

$$\Delta S_{孤立} > 0 \quad 自发过程$$
$$\Delta S_{孤立} = 0 \quad 平衡状态$$

熵增加原理是孤立系统中的反应或过程能否自发进行或系统是否处于平衡状态的判断依据,简称孤立系统的熵判据。但是真正的孤立系统是不存在的,因为系统和环境之间总会存在或多或少的能量交换。只有把与系统有相互作用的那一部分环境也包含在一起考虑,才可以看成是一个大的孤立系统,令其熵变为 $\Delta S_{总}$,可得

$$\Delta S_{总} = \Delta S_{孤立} + \Delta S_{环境} \geqslant 0 \qquad (2.24)$$

但事实上,要准确测量环境的熵变通常是很困难的,因而想利用式(2.24)判断某一化学反应的方向性,在实际操作上几乎是不可行的。

2.3.5 吉布斯自由能与化学反应的自发性判据

1. 反应的吉布斯函数变

1875 年,美国物理化学家吉布斯(J. W. Gibbs)提出了一个新的函数 G,表示在恒温恒压条件下,自发反应做有用功的能力,称为吉布斯自由能,也称吉布斯函数。其定义式为

$$G = H - TS \qquad (2.25)$$

由于 H、S 和 T 均是状态函数,所以 G 必然也是状态函数。由式(2.25)可知,对于等温等压过程,其吉布斯函数变 ΔG 为

$$\Delta G = \Delta H - T\Delta S \qquad (2.26)$$

该公式称为吉布斯-赫姆霍兹公式,是化学上最重要和最有用的方程之一。它把影响化学反应自发性的两个因素,即能量(ΔH)和混乱度(ΔS)完美地统一在吉布斯函数变(ΔG)中,用 ΔG 来判断反应的自发方向不仅方便而且可靠。

2. 自发性的判断

吉布斯利用热力学原理证明,在恒温恒压条件下,如果在理论上或实践上一个反应能被利用来做有用功,则该反应是自发的;如果一个反应必须由环境对它做功才能进行,则该反应是非自发的。这里的有用功是指人类可以利用的功,如电功、机械功等,即非体积功。通过热力学推导可得出,在恒温恒压时,系统的自由能的减少等于它对外可能做的最大的有用功,即

$$\Delta G = W'_{max} \qquad (2.27)$$

若 $W'_{max} < 0$,说明在恒温恒压变化过程中,系统对环境做功,即系统具有对外做有用功的能力,这样的反应或过程是自发的,此时 $\Delta G < 0$;若 $W'_{max} = 0$,说明系统无对外做有用功的能力,系统处于平衡状态,此时 $\Delta G = 0$;若 $W'_{max} > 0$,说明系统需要吸收外界能量才能做功,因而反应是非自发的,此时 $\Delta G > 0$。

综上所述,对于恒温恒压不做非体积功的一般反应,其自发性的判断标准为

$$
\left.
\begin{array}{ll}
\Delta G < 0 & \text{自发过程,过程向正方向自发进行} \\
\Delta G = 0 & \text{平衡状态} \\
\Delta G > 0 & \text{非自发过程,过程向逆方向自发进行}
\end{array}
\right\} \qquad (2.28)
$$

上式表明,自发的化学反应总是向着系统吉布斯自由能降低的方向进行的。通常在室温下,封闭系统中进行的化学反应都基本符合上述条件,因而用 ΔG 作为反应自发性的判据,具有普遍意义。

3. $\Delta H, \Delta S$ 及 T 对反应自发性的影响

由于化学反应的焓变和熵变受温度的影响较小,而且对于 ΔG 来说,它们的影响大多可互相抵消,因此在考虑温度对 ΔG 的影响时,可近似地将反应的 ΔH 和 ΔS 视为常数,均使用 298.15 K 时的相关数据。即将反应的 $\Delta S(298.15\ \text{K})$ 看作斜率,$\Delta H(298.15\ \text{K})$ 看作截距,这样 $\Delta G(T)$ 就成为 T 的线性函数。因此,可将式(2.26)变为

$$\Delta G(T) \approx \Delta H(298.15\ \text{K}) - T\Delta S(298.15\ \text{K})$$

若反应是在标准状态下进行的,那么对于摩尔反应来说,可将上式变为下列常用形式

$$\Delta_r G_m^{\ominus}(T) \approx \Delta_r H_m^{\ominus}(298.15\ \text{K}) - T\Delta_r S_m^{\ominus}(298.15\ \text{K}) \tag{2.29}$$

不同的化学反应,其 ΔH 和 ΔS 的正负号不同。ΔH 和 ΔS 的正负及 T 对反应自发性的影响归纳于表 2.2 中。

表 2.2　$\Delta H, \Delta S$ 及 T 对反应自发性的影响

反应实例	ΔH	ΔS	$\Delta G = \Delta H - T\Delta S$		反应的自发性
$H_2(g) + Cl_2(g) \Longrightarrow 2HCl(g)$	$-$	$+$	$-$		任何温度都是自发的
$CO(g) \Longrightarrow C(s) + 1/2O_2(g)$	$+$	$-$	$+$		任何温度都是非自发的
$Ag_2CO_3(s) \Longrightarrow Ag_2O(s) + CO_2(g)$	$+$	$+$	温度改变可能导致符号改变	低温为+	升高温度有利于反应自发进行
				高温为$-$	
$N_2(g) + 3H_2(g) \Longrightarrow 2NH_3(g)$	$-$	$-$		低温为$-$	降低温度有利于反应自发进行
				高温为$+$	

大多数反应都属于 ΔH 和 ΔS 同号的类型,此时温度对反应的自发性有决定性的影响,温度的改变可能使反应的方向发生逆转,这个转折点温度称为化学反应的转变温度 T_c。由于 T_c 时反应的 $\Delta G = 0$,所以由式(2.26)和式(2.29)分别可推出

$$T_c = \frac{\Delta H}{\Delta S} \tag{2.30}$$

$$T_c \approx \frac{\Delta_r H_m^{\ominus}(298.15\ \text{K})}{\Delta_r S_m^{\ominus}(298.15\ \text{K})} \tag{2.31}$$

T_c 取决于反应的焓变和熵变,即转变温度取决于反应的本性,不同反应的转变温度不同。

4. 吉布斯函数变的计算

(1)298.15 K 时反应的标准摩尔吉布斯函数变的计算

吉布斯函数与焓一样,无法获得其绝对值,因此仿照标准生成焓的方法,引入标准生成吉布斯函数的概念,即在标准状态时,由指定单质生成单位物质的量的纯物质时反应的吉布斯函数变,叫做该物质的标准摩尔生成吉布斯函数,以符号 $\Delta_f G_m^{\ominus}$ 表示,或简写为 $\Delta_f G^{\ominus}$,常用单位为 $kJ \cdot mol^{-1}$。任何指定单质的标准摩尔生成吉布斯函数为零;对于水合离子规定水合氢离子的标准摩尔生成吉布斯函数为零。各种物质的 $\Delta_f G_m^{\ominus}(298.15\ \text{K})$ 数据见附录 3。

298.15 K 时反应的标准摩尔吉布斯函数变的计算方法有两种:

①与反应的标准摩尔焓变的计算方法相似,利用物质的 $\Delta_f G_m^{\ominus}(298.15\ \text{K})$ 的数据求

算,即

$$\Delta_r G_m^{\ominus}(298.15\ \text{K}) = \sum_B \upsilon_B \Delta_f G_{m,B}^{\ominus}(298.15\ \text{K}) \tag{2.32}$$

②利用物质的 $\Delta_f H_m^{\ominus}(298.15\ \text{K})$ 和 $S_m^{\ominus}(298.15\ \text{K})$ 的数据,先求出反应的 $\Delta_r H_m^{\ominus}(298.15\ \text{K})$ 和 $\Delta_r S_m^{\ominus}(298.15\ \text{K})$,再利用公式(2.29)求算 $\Delta_r G_m^{\ominus}(298.15\ \text{K})$,即

$$\Delta_r G_m^{\ominus}(298.15\ \text{K}) = \Delta_r H_m^{\ominus}(298.15\ \text{K}) - 298.15\ \text{K} \cdot \Delta_r S_m^{\ominus}(298.15\ \text{K}) \tag{2.33}$$

(2)任意指定温度时反应的标准摩尔吉布斯函数变的计算

吉布斯函数是 T 的线性函数,T 不同,$\Delta_r G_m^{\ominus}$ 值的变化很大,因此不能用式(2.32)来计算其他温度下反应的标准摩尔吉布斯函数变。需要利用式(2.29),并结合查表来计算 $\Delta_r G_m^{\ominus}(T)$。

(3)非标准状态下反应的摩尔吉布斯函数变的计算

上述几个计算公式都只适用于标准状态,而实际的反应条件经常处于非标准态。必须特别强调,对于任意状态下的反应或过程,其自发性的判断标准是 $\Delta_r G$,而不是 $\Delta_r G^{\ominus}$。两者之间的关系可由化学热力学推导得出,称为热力学等温方程。对于一般化学反应方程式(2.16),其热力学等温方程的表达式为

$$\Delta_r G_m(T) = \Delta_r G_m^{\ominus}(T) + RT\ln Q \tag{2.34}$$

式中　R——摩尔气体常数,8.314 $\text{J} \cdot \text{mol}^{-1} \cdot \text{K}^{-1}$;

　　　Q——反应商。反应商的名称、符号和表达式会因溶液反应和气体反应而有所不同。对于溶液反应,称其为"相对浓度商",用 Q_c 表示;对于气体反应,称其为"相对压力商",用 Q_p 表示。若有固态或液态的纯物质参与反应,则不必列入反应商的式子中。

溶液反应和气体反应的反应商的表达式分别为

$$Q_c = \prod_B (c_B/c^{\ominus})^{\upsilon_B} = \frac{(c_D/c^{\ominus})^d (c_E/c^{\ominus})^e}{(c_A/c^{\ominus})^a (c_B/c^{\ominus})^b} \tag{2.35}$$

$$Q_p = \prod_B (p_B/p^{\ominus})^{\upsilon_B} = \frac{(p_D/p^{\ominus})^d (p_E/p^{\ominus})^e}{(p_A/p^{\ominus})^a (p_B/p^{\ominus})^b} \tag{2.36}$$

式中　$\prod_B$——连乘算符;

　　　c_B, p_B——反应中各物质的实际浓度和实际分压;

　　　$c_B/c^{\ominus}, p_B/p^{\ominus}$——相对浓度和相对分压。

可利用道尔顿(J. Dalton)分压定律来确定混合气体中某组分气体 B 的分压,即某一气体在气体混合物中产生的分压等于在相同温度下它单独占有整个容器时所产生的压力;而气体混合物的总压力等于其中各气体分压之和。理想气体的分压定律有两个关系式

$$p = \sum_B p_B \tag{2.37}$$

$$p_B = p \cdot x_B \tag{2.38}$$

式中　p——气体混合物的总压力;

　　　p_B——气体组分的分压力;

x_B——气体组分的摩尔分数。

根据理想气体状态方程可知,在恒温恒压下,某组分气体的体积与该气体的物质的量成正比,因此可以用某组分气体的体积分数 φ_i 代替其摩尔分数,即

$$x_B = n_B/n = \frac{V_B}{V} = \varphi_B$$

工业和分析化学中更多的是用各组分气体的体积分数 φ 来表示混合气体的组成。

严格说来,道尔顿分压定律只对理想气体成立。理想气体是指分子本身的体积和分子间的作用力都可以忽略不计的气体,又称"完全气体"。理想气体是理论上假想的一种把实际气体性质加以简化的气体,是一种理想化的模型,实际并不存在。实际气体中,凡是本身不易被液化的气体,如 He、Ne、Ar、H_2、N_2、O_2、CO 和 CH_4 等,在常温常压下其性质都非常接近理想气体,其中最接近的是氢气和氦气。而 SO_2、CO_2、NH_3 等较易液化的气体,与理想气体的性质偏差较大,只有在温度较高且压强不大时,偏离才不显著。多数气体在高温低压的条件下都很接近理想气体,因此常常把实际气体当作理想气体来处理,因为这样可以大大简化计算问题。

例 2.7 已知 Ag_2CO_3 的分解反应为:$Ag_2CO_3(s) \rightleftharpoons Ag_2O(s) + CO_2(g)$。通过计算解答下列问题:

(1)在 298.15 K 和标准状态下,Ag_2CO_3 分解反应能否自发进行? 如果不能自发,那么该反应的转变温度是多少?

(2)如果将潮湿的 Ag_2CO_3 固体放在 110 ℃的烘箱中干燥,试判断在此温度下干燥是否会造成 Ag_2CO_3 分解。(已知空气压力 $p = 100$ kPa,其中 CO_2 气体的体积分数为 0.03%。)

分析 第(1)问的反应条件是 298.15 K 和标准状态,此时可利用 $\Delta_r G_m^\ominus(298.15\ \text{K})$ 判断反应的自发性;

在第(2)问中,由题意可看出 CO_2 气体的分压不是标准压力,即反应不是在标准状态下进行的,且反应的温度为 110 ℃,因此应利用 $\Delta_r G_m(383.15\ \text{K})$ 来判断反应的自发性。

解 查表得到反应中各物质的热力学数据如下:

	$Ag_2CO_3(s)$	$Ag_2O(s)$	$CO_2(g)$
$\Delta_f H_m^\ominus(298.15\ \text{K})/(\text{kJ}\cdot\text{mol}^{-1})$	−505.8	−31.1	−393.51
$S_m^\ominus(298.15\ \text{K})/(\text{J}\cdot\text{mol}^{-1}\cdot\text{K}^{-1})$	167.4	121.3	213.8
$\Delta_f G_m^\ominus(298.15\ \text{K})/(\text{kJ}\cdot\text{mol}^{-1})$	−436.8	−11.2	−394.36

(1)$\Delta_r G_m^\ominus(298.15\ \text{K})$ 的计算

方法一:由式(2.32)可得

$$\Delta_r G_m^\ominus(298.15\ \text{K}) = \sum_B v_B \Delta_f G_{m,B}^\ominus(298.15\ \text{K}) =$$
$$[(-11.2) + (-394.36) - (-436.8)]\ \text{kJ}\cdot\text{mol}^{-1} = 31.24\ \text{kJ}\cdot\text{mol}^{-1}$$

方法二:根据式(2.17)、(2.22),可求得 $\Delta_r H_m^\ominus(298.15\ \text{K})$ 和 $\Delta_r S_m^\ominus(298.15\ \text{K})$,再代入式(2.29)得

$$\Delta_r H_m^\ominus(298.15\ \text{K}) = \sum_B v_B \Delta_f H_{m,B}^\ominus(298.15\ \text{K}) =$$

$$[(-31.1)+(-393.51)-(-505.8)] \text{ kJ} \cdot \text{mol}^{-1}=81.19 \text{ kJ} \cdot \text{mol}^{-1}$$

$$\Delta_r S_m^{\ominus}(298.15 \text{ K})=\sum_B \nu_B S_{m,B}^{\ominus}(298.15 \text{ K})=(121.3+213.8-167.4) \text{ J} \cdot \text{mol}^{-1} \cdot \text{K}^{-1}=$$
$$167.7 \text{ J} \cdot \text{mol}^{-1} \cdot \text{K}^{-1}$$

$$\Delta_r G_m^{\ominus}(298.15 \text{ K})=\Delta_r H_m^{\ominus}(298.15 \text{ K})-298.15 \text{ K} \cdot \Delta_r S_m^{\ominus}(298.15 \text{ K})=$$
$$(81.19-298.15 \times 167.7 \times 10^{-3}) \text{ kJ} \cdot \text{mol}^{-1} \approx 31.19 \text{ kJ} \cdot \text{mol}^{-1}$$

两种方法的计算结果十分吻合。在标准状态下,Ag_2CO_3 分解反应的 $\Delta_r G_m^{\ominus}(298.15 \text{ K})>0$,所以该反应在标准状态及常温下不能自发进行。

根据式(2.31),可计算出反应的转变温度,即

$$T_c \approx \frac{\Delta_r H_m^{\ominus}(298.15 \text{ K})}{\Delta_r S_m^{\ominus}(298.15 \text{ K})}=\frac{81.19 \times 10^3 \text{ J} \cdot \text{mol}^{-1}}{167.7 \text{ J} \cdot \text{mol}^{-1} \cdot \text{K}^{-1}} \approx 484.14 \text{ K}$$

(2)$\Delta_r G_m$ 的计算

根据分压定律式(2.38)可求得空气中 CO_2 的分压 $p(CO_2)=p \cdot \varphi(CO_2)=100 \text{ kPa} \times 0.03\%=30 \text{ Pa}$。

反应进行的温度

$$T=(110+273.15) \text{ K}=383.15 \text{ K}$$

根据式(2.34)可得

$$\Delta_r G_m(383.15 \text{ K})=\Delta_r G_m^{\ominus}(383.15 \text{ K})+RT \ln\{p(CO_2)/p^{\ominus}\}=$$
$$\left(81.19-383.15 \times \frac{167.7}{1000}\right) \text{ kJ} \cdot \text{mol}^{-1}+\frac{8.314}{1000} \text{ kJ} \cdot \text{mol}^{-1} \cdot \text{K}^{-1} \times$$
$$383.15 \text{ K} \times \ln\left(\frac{30 \text{ Pa}}{10^5 \text{ Pa}}\right)=-8.88 \text{ kJ} \cdot \text{mol}^{-1}$$

计算结果表明,在此条件下,$\Delta_r G_m(383.15 \text{ K})<0$,即在 110 ℃下干燥会造成 Ag_2CO_3 的热分解。

注 Ag_2CO_3 的分解反应属于低温非自发,高温自发地吸热、熵增的反应类型,因此转变温度是该反应能够自发进行的最低温度。标准状态下,只有当温度升高至 490.6 K 以上时,反应才能自发进行。但是在非标准状态下,反应温度为 383.15 K 时分解反应就已经是自发地进行了。可见,选择恰当的自发性判据是很关键的,一旦用错判据就会导致错误的结论。

2.4 化学反应的限度与化学平衡

在前面的内容中我们解决了如何判断化学反应自发方向的问题。但是,自发反应能进行到什么程度?怎样利用热力学数据推断反应的限度?反应进行到最大极限时,各物质的关系如何?反应的方向和限度受哪些因素的影响?能否改变反应的限度?这些都属于化学平衡的有关问题,它们对于实际生产过程具有更大的指导意义。

2.4.1 可逆反应与化学平衡

在同一条件下,既能向正反应方向进行,同时又能向逆反应方向进行的反应叫做可逆

反应。绝大多数的反应都存在可逆性,只是不同反应的可逆程度不同。反应的可逆性和不彻底性是一般化学反应的普遍特征,这种特性决定了发生在密闭容器中的可逆反应是否能进行到底的。当反应进行到一定程度时,表面上看似乎停顿了,但微观上正、逆反应仍持续地进行着,只是它们进行的程度相同,所产生的效果相互抵消罢了。此时,我们就认为化学反应进行到了最大的限度,即达到了平衡状态。化学平衡就是指在一定条件(温度、压强、浓度等)下,当正反两个方向的反应速率相等时,反应物和产物的浓度不再随时间而变化的状态。实践证明,自发反应总是单向地趋向化学平衡状态。

如前所述,在恒温恒压不做非体积功的条件下,可以用反应的吉布斯函数变来判断化学反应进行的方向。当反应系统的 $\Delta_r G < 0$ 时,反应在 $\Delta_r G$ 的推动下沿着确定的方向自发进行,同时 $\Delta_r G$ 增大。随着反应的不断进行,$\Delta_r G$ 值越来越大,当 $\Delta_r G = 0$ 时,反应失去了推动力达到平衡状态。由此可知,$\Delta_r G = 0$ 是化学平衡的热力学标志,也是反应限度的判据。

当可逆反应达到平衡状态时,若外界条件保持不变,则系统中各物质的分压、浓度就都保持不变,这个状态不再随时间而变化。外界条件一旦改变,原有的平衡状态就会被破坏,并发生移动,直至建立新的平衡。在实际生产过程中,可利用化学平衡的这一特性,通过改变反应条件来增大反应进行的程度,以获得更多的产物。

2.4.2　平衡常数

1. 实验平衡常数

实验结果表明,在一定温度下,当可逆化学反应达到平衡状态时,以其化学反应的化学计量数的绝对值为指数的各生成物的浓度(分压)积与各反应物的浓度(分压)积之比是一个常数,称为实验平衡常数。平衡常数的表达式与前文介绍过的反应熵的表达式在形式上极为相似,区别仅在于反应熵中的数据是反应中各物质的实际浓度或分压,而平衡常数中涉及的是平衡浓度和平衡分压。习惯上用 K_p 与 K_c 分别表示压力平衡常数与浓度平衡常数。对于任意化学反应

$$a\mathrm{A(g)} + b\mathrm{B(g)} \Longleftrightarrow d\mathrm{D(g)} + e\mathrm{E(g)}$$

其中 K_p 可表示为

$$K_p = \prod_B (p_B^{eq})^{v_B} \tag{2.39}$$

或

$$K_p = \frac{(p_D^{eq})^d \cdot (p_E^{eq})^e}{(p_A^{eq})^a \cdot (p_B^{eq})^b}$$

式中,上角标"eq"表示"平衡"。

对于液相反应,可用物质的平衡浓度代替各组分气体的平衡分压,则反应的浓度平衡常数为

$$K_c = \prod_B (c_B^{eq})^{v_B} \tag{2.40}$$

即

$$K_c = \frac{(c_D^{eq})^d \cdot (c_E^{eq})^e}{(c_A^{eq})^a \cdot (c_B^{eq})^b}$$

实验平衡常数比较直观,易于理解,但由于表达式中各组分的浓度或分压都有量纲,

所以大多数反应的实验平衡常数也都带有量纲,这和常数的性质不符。例如,对于下列反应

$$NO_2(g) \rightleftharpoons \frac{1}{2}N_2O_4(g)$$

其 K_p 为

$$K_p = [p^{eq}(N_2O_4)]^{\frac{1}{2}} \cdot [p^{eq}(NO_2)]^{-1}$$

此实验平衡常数的单位为 $Pa^{1/2} \cdot Pa^{-1} = Pa^{-1/2}$。这样的量纲给平衡计算带来很多麻烦,也不便于与其他热力学函数相联系。为此,本书使用标准平衡常数 $K^{\ominus}$(简称平衡常数)代替实验平衡常数。

2. 标准平衡常数

对于理想气体反应系统,定义其标准平衡常数 $K^{\ominus}$ 为

$$K^{\ominus} = \prod_B \left(\frac{p_B^{eq}}{p^{\ominus}}\right)^{\nu_B} \tag{2.41}$$

标准平衡常数与实验平衡常数不同的是,在 $K^{\ominus}$ 的表达式中,用有关组分的相对浓度或相对分压替代了平衡浓度及平衡分压,从而使标准平衡常数的量纲为1,避免了复杂的单位。

在书写和应用平衡常数表达式时,需遵循以下规则。

①若反应系统为多相系统,则固态、液态纯物质及稀溶液中的溶剂(如水),不必写入平衡常数的表达式。例如:

$$CaCO_3(s) \rightleftharpoons CaO(s) + CO_2(g), K^{\ominus} = p^{eq}(CO_2)/p^{\ominus}$$

$$2Br^-(aq) + I_2(s) \rightleftharpoons 2I^-(aq) + Br_2(l), K^{\ominus} = \frac{[c^{eq}(I^-)/c^{\ominus}]^2}{[c^{eq}(Br^-)/c^{\ominus}]^2}$$

②平衡常数表达式的写法,取决于反应方程式的写法。因此,$K^{\ominus}$ 的数值必须与化学反应方程式相"配套"。以氨的合成反应为例

$$\frac{1}{2}N_2(g) + \frac{3}{2}H_2(g) \rightleftharpoons NH_3(g); \quad K_2^{\ominus} = \frac{p^{eq}(NH_3)/p^{\ominus}}{[p^{eq}(N_2)/p^{\ominus}]^{1/2} \cdot [p^{eq}(H_2)/p^{\ominus}]^{3/2}}$$

$$N_2(g) + 3H_2(g) \rightleftharpoons 2NH_3(g); \quad K_1^{\ominus} = \frac{[p^{eq}(NH_3)/p^{\ominus}]^2}{[p^{eq}(N_2)/p^{\ominus}][p^{eq}(H_2)/p^{\ominus}]^3}$$

显然,$K_2^{\ominus} = (K_1^{\ominus})^2$。若已知500 ℃时,$K_1^{\ominus} = 8.9 \times 10^{-3}$,则 $K_2^{\ominus} = 7.9 \times 10^{-5}$。可见,若不指明方程式,直接就说"合成氨反应在500 ℃时的标准平衡常数是 7.9×10^{-5}"是不科学的。

③$K^{\ominus}$ 只是温度 T 的函数,与浓度和分压无关。所以,在提及 $K^{\ominus}$ 时,应注明反应的温度(将在2.4.5节中作详细讨论)。若未注明,一般即指 $T = 298.15$ K。

3. 多重平衡规则

如果某个反应可以表示为两个或多个反应的总和,则总反应的平衡常数等于各反应平衡常数的乘积,这就是多重平衡规则。

例如,水煤气是将水蒸气通过装有灼热焦炭的气化炉内产生的,在某温度下水煤气的生产过程包括下列4个平衡:

$$①C(s)+H_2O(g)\rightleftharpoons CO(g)+H_2(g)\ ;\quad K_1^{\ominus}=\frac{[p^{eq}(CO)/p^{\ominus}]\cdot[p^{eq}(H_2)/p^{\ominus}]}{[p^{eq}(H_2O)/p^{\ominus}]}$$

$$②CO(g)+H_2O(g)\rightleftharpoons CO_2(g)+H_2(g)\ ;\quad K_2^{\ominus}=\frac{[p^{eq}(CO_2)/p^{\ominus}]\cdot[p^{eq}(H_2)/p^{\ominus}]}{[p^{eq}(CO)/p^{\ominus}]\cdot[p^{eq}(H_2O)/p^{\ominus}]}$$

$$③C(s)+2H_2O(g)\rightleftharpoons CO_2(g)+2H_2(g)\ ;\quad K_3^{\ominus}=\frac{[p^{eq}(CO_2)/p^{\ominus}]\cdot[p^{eq}(H_2)/p^{\ominus}]^2}{[p^{eq}(H_2O)/p^{\ominus}]^2}$$

$$④C(s)+CO_2(g)\rightleftharpoons 2CO(g)\ ;\quad K_4^{\ominus}=\frac{[p^{eq}(CO)/p^{\ominus}]^2}{[p^{eq}(CO_2)/p^{\ominus}]}$$

通过比较 4 个化学反应方程式,可看出③和④两个平衡可以通过①和②两个平衡的建立而成,即

$$反应③=反应①+反应②\ ;\quad 反应④=反应①-反应②$$

通过比较其标准平衡常数的表达式,可看出

$$K_3^{\ominus}=K_1^{\ominus}\cdot K_2^{\ominus}\ ;\quad K_4^{\ominus}=K_1^{\ominus}/K_2^{\ominus}$$

利用多重平衡规则可从一些已知反应的平衡常数推求许多未知反应的平衡常数。这对于尝试设计某种新产品的合成路线,而又缺乏相关试验数据或原料比较难得的情况,往往具有很大的指导意义。

2.4.3　标准平衡常数与化学反应进行的程度

标准平衡常数 $K^{\ominus}$ 的数值取决于化学反应的本性,$K^{\ominus}$ 值越大,正向反应可能进行的程度越大,即反应进行的越"彻底";$K^{\ominus}$ 值越小,正向反应进行得越不完全。因此,标准平衡常数 $K^{\ominus}$ 是在一定温度下,化学反应可能进行的最大限度的度量,其实质是化学反应达到平衡状态时的转化率,即平衡转化率。然而,反应达到平衡通常需要一定的时间和特定的条件,在实际生产过程中,往往系统还没有完全达到平衡状态,反应就被迫结束了。因此,工业生产中所说的转化率一般指实际转化率,而一般教材中提及的转化率通常是指平衡转化率。实际转化率一般都低于平衡转化率。习惯上,某反应物的实际转化率用 α 表示,即

$$\alpha=\frac{某反应物已转化的量}{某反应物的初始量}\times100\% \tag{2.42}$$

例 2.8　已知,在某温度下,8.0 mol SO_2 和 4.0 mol O_2 在密闭容器中进行反应生成 SO_3 气体,测得起始时和平衡时(等温过程)系统的总压力分别为 300 kPa 和 220 kPa。试用上述实验数据求给定条件下该反应的标准平衡常数 $K^{\ominus}$ 和 SO_2 的转化率 α。

分析　本题是利用反应从始态至终态各物质的变化量来计算反应物的转化率及利用各物质分压变化求反应的标准平衡常数 $K^{\ominus}$ 的题型。计算的关键在于搞清各物质的变化量之比,正确写出各反应物和生成物的初始量、变化量及平衡量。

解　设平衡时 SO_3 的物质的量为 x mol,则

$$2SO_2(g)+O_2(g)\rightleftharpoons 2SO_3(g)$$

	$2SO_2(g)$	$+O_2(g)$	$\rightleftharpoons 2SO_3(g)$
起始时物质的量/mol	8.0	4.0	0
反应中物质的量的变化/mol	$-x$	$-x/2$	$+x$

平衡时物质的量/mol   8.0-x   4.0-x/2   x

在恒温恒容条件下,系统的总压力与系统的总物质的量成正比,故

$$\frac{300\ kPa}{220\ kPa}=\frac{(8.0+4.0+0)\ mol}{[(8.0-x)+(4.0-x/2)+x]\ mol}$$

解得 $x=6.4\ mol$

所以平衡时系统的总物质的量为

$$[(8.0-6.4)+(4.0-6.4/2)+6.4]\ mol=8.8\ mol$$

代入式(2.42)得

$$\alpha(SO_2)=\frac{6.4\ mol}{8.0\ mol}\times100\%=80\%$$

根据分压定律,各气体平衡时的分压分别为

$$p^{eq}(SO_2)=\frac{(8.0-6.4)\ mol}{8.8\ mol}\times220\ kPa=40\ kPa$$

$$p^{eq}(O_2)=\frac{(4.0-6.4/2)\ mol}{8.8mol}\times220\ kPa=20\ kPa$$

$$p^{eq}(SO_3)=220\ kPa-40\ kPa-20\ kPa=160\ kPa$$

$$K^{\ominus}=\frac{[p^{eq}(SO_3)/p^{\ominus}]^2}{[p^{eq}(SO_2)/p^{\ominus}]^2\cdot[p^{eq}(O_2)/p^{\ominus}]}=\frac{(160/100)^2}{(40/100)^2\cdot(20/100)}=80$$

注 从解题过程可以看出反应物的转化率与反应标准平衡常数的意义是完全不同的。另外,计算结果显示,当 SO_2 和 O_2 以 2∶1 的比例进行反应时,SO_2 的转化率较低。鉴于此反应为气体分子数减小的反应,根据平衡移动原理,可通过提高系统总压力来提高反应中 SO_2 的转化率。但在接触法制造硫酸的生产实践中,由于直接增加反应压力的成本较高,所以一般都采用通入过量 O_2 的方法,在常压下就可将 SO_2 的转化率提高至 $96\%\sim98\%$。

2.4.4 平衡常数与标准摩尔吉布斯函数变的关系

通过前面的讨论,已得出利用实验数据求算反应的标准平衡常数 $K^{\ominus}$ 的方法。除此之外,还可以通过标准热力学函数求算反应的 $K^{\ominus}$。

当反应达到平衡时,$\Delta_r G_m(T)=0$,则热力学等温方程可写作

$$\Delta_r G_m(T)=\Delta_r G_m^{\ominus}(T)+RT\ln Q=0 \tag{2.43}$$

由于当化学反应达到平衡时,反应方程式中的各个物质的浓度和分压均为平衡态的浓度和分压,所以此时 $Q=K^{\ominus}$,则式(2.43)可改写为

$$\Delta_r G_m^{\ominus}(T)=-RT\ln K^{\ominus} \tag{2.44a}$$

或 $$\ln K^{\ominus}=\frac{-\Delta_r G_m^{\ominus}(T)}{RT} \tag{2.44b}$$

式(2.44)即为化学反应的标准平衡常数与标准摩尔吉布斯函数变之间的关系式。通过该式,就可不必依靠实验,只利用反应的温度 T 和 $\Delta_r G_m^{\ominus}(T)$,从理论上计算特定温度下反应的标准平衡常数。

将式(2.34)和式(2.44a)合并,可得

$$\Delta_r G_m(T) = -RT \ln K^{\ominus} + RT \ln Q \qquad (2.45a)$$

或

$$\Delta_r G_m(T) = RT \ln \frac{Q}{K^{\ominus}} \qquad (2.45b)$$

该式体现了在恒温恒压的条件下,化学反应的 $\Delta_r G_m(T)$ 与 $K^{\ominus}$ 及反应商 Q 之间的关系。根据此式,只需要比较指定状态下反应的 $K^{\ominus}$ 与 Q 的相对大小,就可判断反应进行的方向。具体分为以下 3 种情况:

$$\left.\begin{array}{l} \text{当 } Q < K^{\ominus} \text{ 时}, \Delta_r G_m(T) < 0, \text{反应正向自发进行} \\ \text{当 } Q = K^{\ominus} \text{ 时}, \Delta_r G_m(T) = 0, \text{反应达平衡状态} \\ \text{当 } Q > K^{\ominus} \text{ 时}, \Delta_r G_m(T) > 0, \text{反应逆向自发进行} \end{array}\right\} \qquad (2.46)$$

式(2.46)称为化学反应进行方向的反应商判据。

例 2.9　利用标准热力学函数,(1)估算反应 $CO_2(g) + H_2(g) \Longleftrightarrow CO(g) + H_2O(g)$;在 873 K 时的标准摩尔吉布斯函数变和标准平衡常数。(2)若此时系统中各组分气体的分压为 $p(CO_2) = p(H_2) = 127$ kPa,$p(CO) = p(H_2O) = 76$ kPa,试计算此条件下反应的摩尔吉布斯函数变,并判断反应进行的方向。

分析　标准状态要求系统中每个气体组分的分压均为 $p^{\ominus}$(100 kPa),本题第二问中各组分气体的分压均不是 $p^{\ominus}$,所以反应条件不是标准状态。

解

	$CO_2(g) + H_2(g)$	$\Longleftrightarrow$	$CO(g)$	+	$H_2O(g)$
$\Delta_f H_m^{\ominus}(298.15 \text{ K})/(\text{kJ} \cdot \text{mol}^{-1})$	$-393.509 \quad 0$		-110.525		-241.818
$S_m^{\ominus}(298.15 \text{ K})/(\text{kJ} \cdot \text{mol}^{-1})$	$213.74 \quad 130.684$		197.674		188.825

(1) $\Delta_r H_m^{\ominus}(298.15 \text{ K}) = \sum_B \upsilon_B \Delta_f H_{m,B}^{\ominus}(298.15 \text{ K}) = (-110.525 - 241.818 - 0 +$

$$393.509) \text{ kJ} \cdot \text{mol}^{-1} \approx 41.17 \text{ kJ} \cdot \text{mol}^{-1}$$

$\Delta_r S_m^{\ominus}(298.15 \text{ K}) = \sum_B \upsilon_B S_{m,B}^{\ominus}(298.15 \text{ K}) = (197.674 + 188.825 - 130.684 -$

$$213.74) \text{ J} \cdot \text{mol}^{-1} \cdot \text{K}^{-1} \approx 42.08 \text{ J} \cdot \text{mol}^{-1} \cdot \text{K}^{-1}$$

$\Delta_r G_m^{\ominus}(873 \text{ K}) \approx \Delta_r H_m^{\ominus}(298.15 \text{ K}) - T\Delta_r S_m^{\ominus}(298.15 \text{ K}) = 41.17 \text{ kJ} \cdot \text{mol}^{-1} - 873 \text{ K} \times$

$$42.08 \times 10^{-3} \text{ kJ} \cdot \text{mol}^{-1} \cdot \text{K}^{-1} = 4.43 \text{ kJ} \cdot \text{mol}^{-1}$$

$$\ln K^{\ominus}(873 \text{ K}) = \frac{-\Delta_r G_m^{\ominus}(873 \text{ K})}{RT} = -\frac{4.43 \text{ kJ} \cdot \text{mol}^{-1}}{8.314 \times 10^{-3} \text{ kJ} \cdot \text{mol}^{-1} \cdot \text{K}^{-1} \times 873 \text{ K}} \approx -0.610$$

$$K^{\ominus}(873 \text{ K}) = 0.54$$

(2)当反应条件不是标准状态时

$$Q = \prod_B (p_B/p^{\ominus})^{\upsilon_B} = \frac{(76 \text{ kPa}/100 \text{ kPa})^2}{(127 \text{ kPa}/100 \text{ kPa})^2} = \frac{76^2}{127^2} \approx 0.358$$

因为

$$Q < K^{\ominus}$$

$\Delta_r G_m(873 \text{ K}) = \Delta_r G_m^{\ominus}(873 \text{ K}) + RT \ln Q$

$$= 4.43 \text{ kJ} \cdot \text{mol}^{-1} + 8.314 \text{ J} \cdot \text{mol}^{-1} \cdot \text{K}^{-1} \times 873 \text{ K} \cdot \ln 0.358$$

$$= -3.03 \text{ kJ} \cdot \text{mol}^{-1}$$

所以此条件下反应向正方向进行。

2.4.5 影响化学平衡的因素及平衡的移动

一切平衡都只是相对的、暂时的。化学平衡只有在一定的条件下才能保持,一旦条件发生变化,原有的平衡就会被破坏,气体混合物中各物质的分压或溶液中各物质的浓度就会发生变化,直到 Q 重新等于 $K^{\ominus}$,系统又达到新的平衡。这种因条件的改变使化学反应从原来的平衡状态转变到新的平衡状态的过程叫做化学平衡的移动。

化学平衡移动的方向,可以用吕·查德里原理(A. L. LeChatelier)来判断:假如改变平衡系统的条件之一,如浓度、压力或温度,平衡就向着减弱这个改变的方向移动。下面分别讨论浓度、压力、温度对化学平衡的影响。

1. 浓度对化学平衡的影响

反应在一定温度下到达化学平衡时,其反应熵 Q 等于标准平衡常数 $K^{\ominus}$。根据式(2.35)和(2.36)可知,若在反应达到平衡后增加反应物浓度或降低产物浓度,则 Q 变小,导致 $Q<K^{\ominus}$,系统不再处于平衡状态,反应系统会进一步向正反应方向移动,生成更多的产物,在移动的过程中,Q 不断增大,直至重新等于 $K^{\ominus}$,系统建立起新的化学平衡;相反,若降低反应物浓度或增加产物浓度,则致使 $Q>K^{\ominus}$,反应将朝着逆反应方向移动,使反应物的浓度增加,Q 不断减小,直至重新等于 $K^{\ominus}$,达到新的化学平衡。新的平衡状态下各种物质的浓度与旧平衡状态下的浓度是不同的。这里的浓度是指反应中水合离子的浓度或气体物质的分压。

在实际生产过程中,人们为了尽可能利用某一反应物,常用过量的另一反应物与之作用,或不断地将产物从平衡系统中分离出来,以达到充分利用贵重原料、提高实际生产率的目的。

2. 压力对化学平衡的影响

系统总压力的变化对化学平衡的影响应视具体情况而确定。

①一般对于只有液体、固体参与的反应,压力变化对平衡的影响很小,可以认为改变总压力对平衡几乎无影响。

②对有气态物质参与,但反应前后气体分子数相等的反应,改变总压力对化学平衡没有影响。

③对有气态物质参与,且反应前后气体分子数不相等的反应,改变系统的总压力会对化学平衡产生影响,即等温条件下,增大总压力,平衡向气体分子数减少的方向移动;减小总压力,平衡向气体分子数增加的方向移动。

例 2.10 已知,下列可逆反应在 1 073 K 温度下到达平衡时,其标准平衡常数 $K^{\ominus}=1$。

$$CO(g) + H_2O(g) \Longleftrightarrow CO_2(g) + H_2(g)$$

(1)现将 1 mol CO 气体和 1 mol 水蒸气混合,放入体积为 1 L 的密闭容器中进行反应,求平衡时各种物质的浓度及 CO 的转化率。

(2)在已达平衡的系统内,再加入 4 mol 水蒸气,求重新平衡时各物质的浓度及 CO 的转化率。

(3)在同一温度下,把 1 mol CO 气体和 5 mol 水蒸气混合,放入体积为 1 L 的密闭容器中进行反应,求平衡时各物质的浓度。

(4)如果保持温度不变,将反应系统的体积压缩至原来的 1/2,试判断平衡能否移动。

分析　本题涉及的反应是反应前后气体分子数相等的气相反应,解题的关键在于准确判断不同状态下反应中各物质浓度的变化,进而判断平衡移动的情况。

解　(1)设平衡时 $H_2O(g)$ 的物质的量为 x_1 mol,系统的总压力为 p kPa。

$$CO(g) + H_2O(g) \rightleftharpoons CO_2(g) + H_2(g)$$

起始时物质的量/mol	1	1	0	0
平衡时物质的量/mol	x_1	x_1	$1-x_1$	$1-x_1$
平衡浓度/(mol·L^{-1})	$x_1/1$	$x_1/1$	$(1-x_1)/1$	$(1-x_1)/1$

将上述各物质的平衡分压和平衡浓度分别代入压力平衡常数和浓度平衡常数的表达式中,整理可得

$$K^\ominus = \frac{[p^{eq}(CO_2)/p^\ominus] \cdot [p^{eq}(H_2)/p^\ominus]}{[p^{eq}(CO)/p^\ominus] \cdot [p^{eq}(H_2O)/p^\ominus]} = \frac{[c^{eq}(CO_2)/c^\ominus] \cdot [c^{eq}(H_2)/c^\ominus]}{[c^{eq}(CO)/c^\ominus] \cdot [c^{eq}(H_2O)/c^\ominus]} = \frac{(1-x_1)^2}{x_1^2} = 1$$

解得

$$x_1 = 0.5 \text{ mol}$$

则平衡时各物质的浓度分别为

$$c^{eq}(CO) = c^{eq}(H_2O) = x_1 \text{ mol·L}^{-1} = 0.5 \text{ mol·L}^{-1}$$

$$c^{eq}(CO_2) = c^{eq}(H_2) = (1-x_1) \text{ mol·L}^{-1} = 0.5 \text{ mol·L}^{-1}$$

利用式(2.42)计算 CO 的转化率

$$\alpha_1(CO) = \frac{0.5 \text{ mol}}{1 \text{ mol}} \times 100\% = 50\%$$

(2)设重新达到平衡时,$H_2O(g)$ 的浓度为 x_2 mol·L^{-1},则

$$CO(g) + H_2O(g) \rightleftharpoons CO_2(g) + H_2(g)$$

起始浓度/(mol·L^{-1})	0.5	4.5	0.5	0.5
平衡浓度/(mol·L^{-1})	x_2-4	x_2	$5-x_2$	$5-x_2$

$$K^\ominus = \frac{(5-x_2)^2}{x_2 \cdot (x_2-4)} = 1$$

解得

$$x_2 \approx 4.17 \text{ mol·L}^{-1}$$

则重新平衡时各物质的浓度分别为

$$c^{eq}(CO) = (x_2-4) \text{ mol·L}^{-1} = 0.17 \text{ mol·L}^{-1};$$

$$c^{eq}(H_2O) = x_2 \text{ mol·L}^{-1} = 4.17 \text{ mol·L}^{-1}$$

$$c^{eq}(CO_2) = c^{eq}(H_2) = (5-x_2) \text{ mol·L}^{-1} = 0.83 \text{ mol·L}^{-1}$$

$$\alpha_2(CO) = \frac{(1-0.17) \text{ mol}}{1 \text{ mol}} \times 100\% = 83\%$$

注　比较(1)和(2)的计算结果,发现达到平衡后若继续增加反应物的浓度,则发应向生成物浓度增加、反应物浓度减少的方向移动,反应物的转化率增加。达到新的平衡后各物质的浓度与原平衡浓度均不相同,但它们的平衡常数是相同的,平衡常数不随浓度的变化而变化。

(3)设反应达到平衡时,$H_2O(g)$ 的浓度为 x_3 mol·L^{-1},则

$$CO(g)+H_2O(g) \Longleftrightarrow CO_2(g)+H_2(g)$$

起始浓度/$(mol \cdot L^{-1})$	1	5	0	0
平衡浓度/$(mol \cdot L^{-1})$	x_3-4	x_3	$5-x_3$	$5-x_3$

$$K^{\ominus} = \frac{(5-x_3)^2}{x_3 \cdot (x_3-4)} = 1$$

解得

$$x_3 \approx 4.17 \ mol \cdot L^{-1}$$

注 (1)和(2)两个过程,相当于将 5 mol 水蒸气分成 1 mol 和 4 mol 两次投入系统中,在过程(3)中,水蒸气的初始物质的量即为 5 mol。达平衡后,(2)和(3)的各物质的浓度是完全一样的。这说明,平衡浓度只与参与反应的物质的总浓度有关,而与过程无关。

(4)当系统体积压缩至原来的 1/2 时,总压力增大 1 倍,反应中 4 种气体组分的分压也相应地增加为原来的 2 倍,即

$$K_p = \frac{[2p^{eq}(CO_2)] \cdot [2p^{eq}(H_2)]}{[2p^{eq}(CO)] \cdot [2p^{eq}(H_2O)]} = \frac{[p^{eq}(CO_2)] \cdot [p^{eq}(H_2)]}{[p^{eq}(CO)] \cdot [p^{eq}(H_2O)]} = K^{\ominus}$$

注 比较(1)和(4)的计算结果可知,对于反应前后气体分子数变化值为零的反应,体系的总压力的改变不能影响平衡的移动。

3. 温度对化学平衡的影响

温度对化学平衡的影响与浓度或压力对化学平衡的影响有本质的区别。改变浓度或压力只引起平衡时各物质浓度的变化,即只引起 Q 值的改变,而不改变反应的标准平衡常数 $K^{\ominus}$。但是温度的变化将直接导致 $K^{\ominus}$ 值的变化,从而使化学平衡发生移动,引起平衡组分和反应物的平衡转化率的改变。

由前面所学内容可知,对一给定的平衡系统

$$\Delta_r G_m^{\ominus}(T) \approx \Delta_r H_m^{\ominus}(298.15 \ K) - T\Delta_r S_m^{\ominus}(298.15 \ K)$$

$$\Delta_r G_m^{\ominus}(T) = -RT \ln K^{\ominus}$$

合并两式,可得

$$\ln K^{\ominus}(T) = -\frac{\Delta_r H_m^{\ominus}}{RT} + \frac{\Delta_r S_m^{\ominus}}{R} \tag{2.47}$$

假定某一可逆反应在温度 T_1 和 T_2 时的标准平衡常数分别为 $K_1^{\ominus}$ 和 $K_2^{\ominus}$,则由式(2.47)可推导出著名的范特霍夫等压方程式,即

$$\ln \frac{K_2^{\ominus}(T_2)}{K_1^{\ominus}(T_1)} = \frac{\Delta_r H_m^{\ominus}}{R}\left(\frac{T_2-T_1}{T_1 T_2}\right) \tag{2.48}$$

该式沟通了量热数据与平衡常数,是说明温度对平衡常数有影响的重要公式。显然,$K^{\ominus}$ 值随温度的变化情况,与标准摩尔反应焓变的正、负有关。如果是放热反应,则反应的 $\Delta_r H_m^{\ominus} < 0$,提高反应温度 T,$K^{\ominus}$ 将随反应温度的升高而减小,平衡向逆反应方向移动;若是吸热反应,即 $\Delta_r H_m^{\ominus} > 0$,提高反应温度 T,$K^{\ominus}$ 将随反应温度升高而增大,平衡向正反应方向移动。因此,在其他条件不变的前提下,升高系统的温度,平衡将向吸热反应方向移动;降低温度,平衡将向放热反应方向移动。

例 2.11 合成氨反应 $N_2(g) + 3H_2(g) \Longleftrightarrow 2NH_3(g)$ 在 298 K 时的平衡常数为 $K^{\ominus}(298 \ K) = 5.97 \times 10^5$,反应的热效应 $\Delta_r H_m^{\ominus} = -92.22 \ kJ \cdot mol^{-1}$,计算该反应在 773 K 时

的 $K^{\ominus}$ 是多少,并判断升温是否有利于正反应进行。

解　因为

$$\ln \frac{K^{\ominus}(T_2)}{K^{\ominus}(T_1)} = \frac{\Delta_r H_m^{\ominus}}{R}\left(\frac{T_2-T_1}{T_1 T_2}\right)$$

$$\ln \frac{K^{\ominus}(773\ \text{K})}{K^{\ominus}(298\ \text{K})} = \frac{-92.22\ \text{kJ} \cdot \text{mol}^{-1}}{8.314\times10^{-3}\ \text{kJ} \cdot \text{mol}^{-1} \cdot \text{K}^{-1}} \times \left(\frac{773\ \text{K}-298\ \text{K}}{773\ \text{K}\times298\ \text{K}}\right) = -22.87$$

$$\frac{K^{\ominus}(773\ \text{K})}{K^{\ominus}(298\ \text{K})} = 1.17\times10^{-10}$$

所以　　　　　$K^{\ominus}(773\ \text{K}) = 1.17\times10^{-10}\times5.97\times10^5 = 6.98\times10^{-5}$

计算结果显示 $K^{\ominus}(773\ \text{K}) \ll K^{\ominus}(298\ \text{K})$,可见升温不利于正反应的进行。

本 章 小 结

基本概念　系统与环境;广度性质与强度性质;状态与状态函数;过程与热力学可逆过程;热与功;相与界面;化学计量数与反应进度;热力学能与热力学能变;反应热与摩尔反应热;热化学方程式与热力学标准状态;盖斯定律;自发反应;焓与焓变;熵与熵变;吉布斯函数与吉布斯函数变;熵增加原理与最小自由能原理;反应熵与标准平衡常数;吕·查德里原理。

1. 对于化学反应

$$0 = \sum_B \nu_B B$$

其反应进度的定义为

$$\xi = [n_B(\xi) - n_B(0)]/\nu_B$$

式中　ν_B——化学计量数,量纲为1,反应物的 ν_B 取负值,产物的 ν_B 取正值。

2. 封闭系统热力学第一定律的数学表达式为

$$\Delta U = U(终) - U(始) = Q + W$$

式中　Q——反应热;

W——功;

Q——可分为恒容反应热 Q_V 和恒压反应热 Q_p。

本书规定系统吸热则 Q 取正值,系统放热则 Q 取负值;系统得功 W 取正值,系统做功 W 取负值。

可用弹式热量计精确测量反应的恒容热效应,即

$$Q_V = -[C(H_2O) \cdot \Delta T + C_B \cdot \Delta T] = -\sum C \cdot \Delta T$$

式中　$C(H_2O)$——水的热容;

C_B——钢弹组件的总热容。

反应热与反应进度之比称为摩尔反应热,即

$$Q_m = \frac{Q}{\xi}$$

(1) 对不做非体积功的封闭系统

① 恒容时　　　　　$Q_V = \Delta U$

② 恒压时 $Q_p = \Delta H$

③ 焓 H 的定义式 $H = U + pV$

（2）气体为理想气体时

$$Q_p - Q_V = p\Delta V$$

$$Q_{p,m} - Q_{V,m} = \sum_B v(Bg) \cdot RT$$

$$\Delta_r H_m - \Delta_r U_m = \sum_B v(Bg) \cdot RT$$

3. 在热力学主要讨论的封闭系统中,影响反应进行方向的主要因素有焓、熵和温度 3 个因素,可通过吉布斯等温方程将三者统一起来。

熵是系统混乱度的度量,其值与温度、聚集状态等因素有关。隔离系统中的过程自发性判据 —— 熵增加原理的内容为

$$\Delta S \geqslant 0 \quad \left.\begin{matrix} 自发过程 \\ 平衡状态 \end{matrix}\right\}$$

对于恒温恒压不做非体积功的封闭系统,可用最小自由能原理判断反应的自发性,即

$$\begin{aligned} \Delta G &< 0 \quad &&自发过程,过程能向正方向进行 \\ \Delta G &= 0 \quad &&平衡状态 \\ \Delta G &> 0 \quad &&非自发过程,过程能向逆方向进行 \end{aligned}\left.\begin{matrix} \\ \\ \\ \end{matrix}\right\}$$

298. 15 K 时, 物质的标准摩尔生成焓 $\Delta_f H_m^\ominus(298.15\ K)$ 和反应的标准摩尔焓变 $\Delta_r H_m^\ominus(298.15\ K)$、物质的标准摩尔熵 $S_m^\ominus(298.15\ K)$ 和反应的标准摩尔熵变 $\Delta_r S_m^\ominus(298.15\ K)$、物质的标准摩尔生成吉布斯函数 $\Delta_f G_m^\ominus(298.15\ K)$ 和反应的标准摩尔吉布斯函数变 $\Delta_r G_m^\ominus(298.15\ K)$ 以及反应在任意温度、任意状态时的吉布斯函数变 $\Delta_r G_m(T)$ 之间的关系如下图所示,即

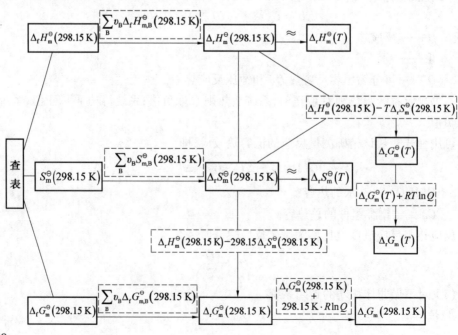

对于大多数反应,温度对反应的自发性有决定性的影响,反应自发进行的最低或最高温度称为转变温度

$$T_c \approx \frac{\Delta_r H_m^{\ominus}(298.15\ \text{K})}{\Delta_r S_m^{\ominus}(298.15\ \text{K})}$$

4. 化学平衡的热力学标志

$$\Delta_r G_m(T) = 0$$

5. 化学反应的标准平衡常数

$$K^{\ominus} = \prod_B \left(\frac{p_B^{eq}}{p^{\ominus}}\right)^{v_B}$$

$$\ln K^{\ominus} = \frac{-\Delta_r G_m^{\ominus}(T)}{RT}$$

当化学平衡的条件发生改变时,平衡遵循吕·查德里原理发生移动。浓度和压力的改变使反应熵 Q 发生改变,而 $K^{\ominus}$ 不变;温度的改变直接引起 $K^{\ominus}$ 的改变。

$$\left.\begin{array}{ll} 当 Q < K^{\ominus} \text{ 时}, \Delta_r G_m^{\ominus}(T) < 0 & 反应正向自发进行 \\ 当 Q = K^{\ominus} \text{ 时}, \Delta_r G_m^{\ominus}(T) = 0 & 反应达平衡状态 \\ 当 Q > K^{\ominus} \text{ 时}, \Delta_r G_m^{\ominus}(T) > 0 & 反应逆向自发进行 \end{array}\right\}$$

6. 范特霍夫等压方程表明了 $\Delta_r H_m^{\ominus}$, T 和 $K^{\ominus}$ 之间的相互关系,即

$$\ln \frac{K_2^{\ominus}(T_2)}{K_1^{\ominus}(T_1)} = \frac{\Delta_r H_m^{\ominus}}{R}\left(\frac{T_2 - T_1}{T_1 T_2}\right)$$

习　题

1. 判断题。

(1)聚集状态相同的物质混在一起,一定是单相系统。　　　　　　　　(　　)

(2)从下列过程的热化学方程式可以看出,在此温度时蒸发 1 mol $UF_6(l)$ 会放出 30.1 kJ热量。　　　　　　　　　　　　　　　　　　　　　　　　　　(　　)

$$UF_6(l) === UF_6(g)\ ;\quad \Delta_r H_m^{\ominus} = 30.1\ \text{kJ} \cdot \text{mol}^{-1}$$

(3)任何单质、化合物和水合离子,在298.15 K 时的标准摩尔熵均大于0。　(　　)

(4)空气中的 N_2 和 O_2 能长期共存而不化合,可见 N_2 和 O_2 生成 NO 的反应为非自发反应。　　　　　　　　　　　　　　　　　　　　　　　　　　　　(　　)

(5)反应的焓变和反应热是同一个概念。　　　　　　　　　　　　　　(　　)

(6)在恒温恒压条件下,下列两个化学方程式所表达的反应放出的热量是一相同的值。　　　　　　　　　　　　　　　　　　　　　　　　　　　　　　(　　)

$$2H_2(g)+O_2(g) === 2H_2O(l)\ ;\quad H_2(g)+1/2O_2(g) === H_2O(l)$$

(7)在标准状态下,单质的标准摩尔生成吉布斯函数变等于零。　　　　(　　)

(8)在一个封闭系统中进行的可逆反应达到平衡后,若外界条件保持不变,则系统中各组分的浓度或分压就保持不变。　　　　　　　　　　　　　　　　　(　　)

(9)真实气体行为接近理想气体性质的外部条件是高温低压。　　　　　(　　)

(10)热力学标准状态是指物质在273.15 K 及标准压力 $p^{\ominus}$ 或标准浓度 $c^{\ominus}$ 时的状态。

(　　)

（11）系统内相界面越多相越多。 （　　）

（12）当温度接近 0 K 时，所有的放热反应都可以认为是自发进行的反应。 （　　）

（13）既放热又熵增的反应在任何温度下都能自发进行。 （　　）

（14）对于一个反应，如果 $\Delta H > \Delta G$，则该反应必定是熵增的反应。 （　　）

（15）放热反应通常是自发反应，那么自发反应必定是放热反应。 （　　）

（16）因为 $\Delta S_m^{\ominus}(T) \approx \Delta S_m^{\ominus}(298.15\ \text{K})$，$\Delta H_m^{\ominus}(T) \approx \Delta H_m^{\ominus}(298.15\ \text{K})$，所以 $\Delta G_m^{\ominus}(T) \approx \Delta G_m^{\ominus}(298.15\ \text{K})$。 （　　）

（17）在一定条件下，某可逆反应的转化率增大，则在该条件下平衡常数 K 值也一定增大。 （　　）

2. 选择题。

（1）下列说法正确的是 （　　）

　A. 凡是放热反应都是自发的　　　　　B. 铁在潮湿空气中生锈是自发反应

　C. 熵增大的反应都是自发反应　　　　D. 电解池的反应属于自发反应

（2）恒温恒压下反应自发性的判据是 （　　）

　A. $\Delta_r H_m^{\ominus} < 0$　　　B. $\Delta_r S_m^{\ominus} > 0$　　　C. $\Delta_r G_m^{\ominus} < 0$　　　D. $\Delta_r G_m < 0$

（3）将固体 NH_4NO_3 溶于水中，溶液变冷，则该过程的 ΔG、ΔH、ΔS 的符号依次是 （　　）

　A. $-,+,+$　　　　　B. $+,-,-$　　　　　C. $-,+,-$　　　　　D. $+,-,+$

（4）反应 $FeO(s) + C(s) \Longrightarrow Fe(s) + CO(g)$ 的 $\Delta H > 0$，$\Delta S > 0$，则下列说法正确的是 （　　）

　A. 低温下自发进行，高温下非自发进行　　B. 高温下自发进行，低温下非自发进行

　C. 任何温度下均为非自发进行　　　　　　D. 任何温度下均为自发进行

（5）某温度时反应 $SO_2(g) + 1/2O_2(g) \Longrightarrow SO_3(g)$ 的平衡常数为 $K_1^{\ominus}$，如果反应方程式改写为 $2SO_2(g) + O_2(g) \Longrightarrow 2SO_3(g)$，则其平衡常数 $K_2^{\ominus}$ 为 （　　）

　A. $(K_1^{\ominus})^2$　　　　B. $1/K_1^{\ominus}$　　　　C. $K_1^{\ominus}$　　　　D. $(K_1^{\ominus})^{1/2}$

（6）下列对于功和热的描述，正确的是 （　　）

　A. 都是途经函数，其变化值只决定于系统的始态和终态

　B. 都是状态函数，变化量与途经无关

　C. 都是途经函数，无确定的变化途径就无确定的数值

　D. 都是状态函数，状态一定，其值一定

（7）下列说法正确的是 （　　）

　A. 可逆反应的特征是正反应速率和逆反应速率相等

　B. 在其他条件不变时，使用催化剂只能改变反应的速率，而不能改变化学平衡状态

　C. 在其他条件不变时，升高温度可以使平衡向放热反应的方向移动

　D. 在其他条件不变时，增大压强一定会破坏气体反应的平衡状态

（8）下列关于平衡常数的说法中，正确的是 （　　）

　A. 在任何条件下，化学平衡常数是一个恒定值

　B. 改变反应物浓度或生成物浓度都会改变平衡常数

　C. 平衡常数只与温度有关，而与反应浓度和压强无关

D. 从平衡常数的大小不能推断一个反应进行的程度

(9)为了减少汽车尾气中的 NO 和 CO 污染大气,可按照下列反应进行催化转化

$NO(g) + CO(g) === 1/2 N_2(g) + CO_2(g)$; $\Delta_r H_m^{\ominus}(298.15\ K) = -374\ kJ \cdot mol^{-1}$

从化学原理考虑,下列措施中有利于提高反应转化率的是 （   ）

    A. 高温低压   B. 低温高压   C. 低温低压   D. 高温高压

(10)某温度时,已知下列反应:①$N_2(g) + O_2(g) === 2NO(g)$;②$2NO(g) + O_2(g) === 2NO_2(g)$的标准摩尔吉布斯函数变分别为 $\Delta_r G_{m,1}^{\ominus}(T)$ 和 $\Delta_r G_{m,2}^{\ominus}(T)$,求反应③$N_2(g) + 2O_2(g) === 2NO_2(g)$ 的 $\Delta_r G_{m,3}^{\ominus}(T)$ 等于 （   ）

    A. $\Delta_r G_{m,1}^{\ominus}(T) + \Delta_r G_{m,2}^{\ominus}(T)$ B. $\Delta_r G_{m,1}^{\ominus}(T) \cdot \Delta_r G_{m,2}^{\ominus}(T)$

    C. $\Delta_r G_{m,1}^{\ominus}(T) - \Delta_r G_{m,2}^{\ominus}(T)$ D. $\Delta_r G_{m,1}^{\ominus}(T) / \Delta_r G_{m,2}^{\ominus}(T)$

(11)下列反应达成平衡后,不会因容器体积的改变而破坏平衡状态的是 （   ）

    A. $2NO(g) + O_2(g) === 2NO_2(g)$ B. $Fe(s) + CuSO_4(aq) === FeSO_4(aq) + Cu(s)$

    C. $CO_2(g) + H_2(g) === CO(g) + H_2O(g)$ D. $CaCO_3(s) === CaO(s) + CO_2(g)$

(12)平衡系统 $H_2O(l) === H_2O(g)$ 的平衡常数 $K^{\ominus}$ 表达式为 （   ）

    A. $p^{eq}(H_2O,l)/p^{\ominus}$ B. $p(H_2O)$

    C. $p^{eq}(H_2O,g)/p^{\ominus}$ D. $p^{eq}(H_2O,g)/c^{eq}(H_2O)$

(13)在等温等压条件下,某反应的 $\Delta G_m^{\ominus} = 10\ kJ \cdot mol^{-1}$,这表明该反应正方向 （   ）

    A. 一定能自发进行   B. 一定不能自发进行

    C. 需要进行具体分析方能判断   D. 不能判断

(14)下列各式中不能用来表示反应或过程处于平衡态的是 （   ）

    A. $\Delta G = 0$ B. $\Delta H - T\Delta S = 0$

    C. $\Delta H = T\Delta S$ D. $\Delta G \neq 0$

(15)对于一个 $\Delta H^{\ominus} > 0, \Delta S^{\ominus} > 0$ 的反应,欲使该反应能够进行,其温度条件应当是 （   ）

    A. $T = \dfrac{\Delta H^{\ominus}}{\Delta S^{\ominus}}$ B. $T > \dfrac{\Delta H^{\ominus}}{\Delta S^{\ominus}}$

    C. $T < \dfrac{\Delta H^{\ominus}}{\Delta S^{\ominus}}$ D. 任何温度下都能进行

(16)某反应的 $\Delta H^{\ominus} < 0, \Delta S^{\ominus} < 0$,该反应进行的温度条件是 （   ）

    A. $T = \dfrac{\Delta H^{\ominus}}{\Delta S^{\ominus}}$ B. $T > \dfrac{\Delta H^{\ominus}}{\Delta S^{\ominus}}$

    C. $T < \dfrac{\Delta H^{\ominus}}{\Delta S^{\ominus}}$ D. 任何温度下都能进行

(17)已知反应 $C(s) + O_2(g) === CO_2(g)$ 在任何温度下都能自发进行,那么该反应的 $\Delta H^{\ominus}$ 和 $\Delta S^{\ominus}$ 应当满足 （   ）

    A. $\Delta H^{\ominus} > 0, \Delta S^{\ominus} > 0$ B. $\Delta H^{\ominus} < 0, \Delta S^{\ominus} < 0$

    C. $\Delta H^{\ominus} < 0, \Delta S^{\ominus} > 0$ D. $\Delta H^{\ominus} > 0, \Delta S^{\ominus} < 0$

(18)反应 $CaO(s) + H_2O(l) === Ca(OH)_2(s)$,在 25 ℃是自发反应,但在高温下逆反

应自发,这意味着正反应的 $\Delta H^{\ominus}$ 和 $\Delta S^{\ominus}$ 应当满足 （　　）

  A. $\Delta H^{\ominus} > 0, \Delta S^{\ominus} > 0$ B. $\Delta H^{\ominus} < 0, \Delta S^{\ominus} < 0$

  C. $\Delta H^{\ominus} < 0, \Delta S^{\ominus} > 0$ D. $\Delta H^{\ominus} > 0, \Delta S^{\ominus} < 0$

3.填空题。

(1)甲烷是一种高效清洁的新能源,0.25 mol 甲烷完全燃烧生成液态水时放出 222.5 kJ热量,则甲烷燃烧的热化学方程式为_____。

(2)对于反应: $N_2(g) + 3H_2(g) \Longrightarrow 2NH_3(g)$; $\Delta_r H_m^{\ominus}(298.15\ K) < 0$

当反应达到平衡后,再升高温度,则下列各项将如何变化(填写"不变"、"基本不变"、"增大"或"减小"): $\Delta_r H_m^{\ominus}$ _____; $\Delta_r S_m^{\ominus}$ _____; $\Delta_r G_m^{\ominus}$ _____; $K^{\ominus}$ _____。

(3)将下列物质按 $S_m^{\ominus}(298.15\ K)$ 减小的顺序排列: $Ag(s)$、$AgCl(s)$、$Cu(s)$、$C_6H_6(l)$、$C_6H_6(g)$,正确顺序为_____>_____>_____>_____>_____。

(4)由下列热化学方程式可知 $\Delta_f H_m^{\ominus}(H_2O, g, 298\ K) =$ _____。

    $2H_2O(g) \Longrightarrow 2H_2(g) + O_2(g)$; $\Delta_r H_m^{\ominus}(298\ K) = +484\ kJ \cdot mol^{-1}$

(5)当反应 $I_2(g) \Longrightarrow 2I(g)$ 达到平衡时:

①升高温度,平衡常数_____,原因是_____

_____;

②压缩气体时, $I_2(g)$ 的解离度_____,原因是_____

_____;

③恒容时充入 $N_2(g)$, $I_2(g)$ 的解离度_____,原因是_____

_____;

④恒压时充入 $N_2(g)$, $I_2(g)$ 的解离度_____,原因是_____

_____。

(6)由 $\Delta_f G_m^{\ominus}(Al_2O_3, s, 298.15\ K) = -1\ 675.7\ kJ \cdot mol^{-1}$, $\Delta_f G_m^{\ominus}(Fe_2O_3, s, 298.15\ K) = -742.2\ kJ \cdot mol^{-1}$ 可知,在标准状态,298.15 K 时, Al_2O_3 的稳定性较 Fe_2O_3 的稳定性_____,由参考状态单质生成_____的反应较生成_____的反应自发进行的趋势更大。

(7)高温下能自发进行,而低温下非自发进行的反应,通常是 ΔH _____ 0, ΔS _____ 0 的反应。

(8)反应 $CaCO_3(s) \Longrightarrow CaO(s) + CO_2(g)$, $\Delta_r H_m^{\ominus}(298.15\ K) = 178.3\ kJ \cdot mol^{-1}$, $\Delta_r S_m^{\ominus}(298.15\ K) = 160.6\ J \cdot mol^{-1} \cdot K^{-1}$,则该反应的自发转变温度为_____。

(9)已知某条件下反应中的某种反应物的转化率为30%,若加入一定量的催化剂,其他条件不变,则该反应的转化率为_____。

4.定性判断下列反应或过程中的熵变是增加还是减少。

(1)少量食盐溶解在水中;

(2)利用活性炭吸附空气中的污染物气体;

(3)碳与氧气反应生成二氧化碳。

5.有450 g水蒸气在101.325 kPa和100 ℃的条件下凝结成水,已知水的蒸发热为 2.26 kJ·g^{-1},试计算此过程的:(1)W 和 Q;(2)$\Delta_r H_m^{\ominus}$ 和 $\Delta_r U_m^{\ominus}$ 之间的差值。

6.查阅附表数据,计算下列反应的 $\Delta_r H_m^{\ominus}(298.15\ K)$ 及 $\Delta_r S_m^{\ominus}(298.15\ K)$ 。

(1)$4NH_3(g)+7O_2(g)\!=\!\!=\!\!=\!4NO_2(g)+6H_2O(l)$；

(2)$C_2H_4(g)\!=\!\!=\!\!=\!C_2H_2(g)+H_2(g)$；

7. 工业上用 CO 和 H_2 合成甲醇：$CO(g)+2H_2(g)\!=\!\!=\!\!=\!CH_3OH(l)$，试根据下列反应的标准摩尔焓变，计算甲醇合成反应的标准摩尔焓变。

$$CH_3OH(l)+1/2O_2(g)\!=\!\!=\!\!=\!C(石墨)+2H_2O(l)；\Delta_rH_m^{\ominus}(298.15\ K)=-333.56\ kJ\cdot mol^{-1}$$
$$C(石墨)+1/2O_2(g)\!=\!\!=\!\!=\!CO(g)；\Delta_rH_m^{\ominus}(298.15\ K)=-110.52\ kJ\cdot mol^{-1}$$
$$H_2(g)+1/2O_2(g)\!=\!\!=\!\!=\!H_2O(l)；\Delta_rH_m^{\ominus}(298.15\ K)=-285.83\ kJ\cdot mol^{-1}$$

8. 将液体苯试样 1.00 g，与适量的氧气一起放入弹式热量计中进行反应。水浴中盛水 4 147.0 g，反应后，水温升高 2.17 ℃。已知热量计热容为 1 840 J·℃$^{-1}$，如忽略温度计、搅拌器等吸收的少量热，试计算 1 mol 液苯燃烧反应的恒容热效应，并写出液苯燃烧反应的热化学方程式。

9. 用计算说明为什么常温下 $HCl(g)$ 遇到 $NH_3(g)$ 就会产生白烟；高温时 NH_4Cl 为什么会分解成 HCl 和 NH_3 两种气体？

10. 已知 298 K 时，反应 $2Fe_2O_3(s)+3C(石墨)\!=\!\!=\!\!=\!4Fe(s)+3CO_2(g)$ 的 $\Delta_rG_m^{\ominus}(298.15\ K)$ 是 301.32 kJ·mol^{-1}，$\Delta_rH_m^{\ominus}(298.15\ K)$ 是 467.87 kJ·mol^{-1}。请根据已知条件填写下表中的其他数据。

	$Fe_2O_3(s)$	C(s,石墨)	Fe(s)	$CO_2(g)$
$\Delta_fH_m^{\ominus}(298.15\ K)/(kJ\cdot mol^{-1})$	−824.2			
$S_m^{\ominus}(298.15\ K)/(J\cdot mol^{-1}\cdot K^{-1})$	87.40	5.740	27.3	
$\Delta_fG_m^{\ominus}(298.15\ K)/(kJ\cdot mol^{-1})$	−742.2			

11. 铝热剂的化学原理为 $2Al(s)+Fe_2O_3(s)\!=\!\!=\!\!=\!Al_2O_3(s)+2Fe(s)$，试利用附表 3 中各物质在标准态下的有关热力学数据，判断该反应在 298.15 K 时能否自发进行？

12. 写出下列反应的标准平衡常数 $K^{\ominus}(T)$ 的表达式。

(1)$NH_3(g)\!=\!\!=\!\!=\!1/2N_2(g)+3/2H_2(g)$；

(2)$CO_2(g)+2NH_3(aq)+H_2O(l)\!=\!\!=\!\!=\!2NH_4^+(aq)+CO_3^{2-}(aq)$；

(3)$Fe_3O_4(s)+4H_2(g)\!=\!\!=\!\!=\!3Fe(s)+4H_2O(g)$；

(4)$BaCO_3(s)\!=\!\!=\!\!=\!BaO(s)+CO_2(g)$。

13. 制取半导体材料硅的反应为

$$SiO_2(s)+2C(石墨)\!=\!\!=\!\!=\!Si(s)+2CO(g)$$

(1)通过计算判断在 298.15 K 标准状态下，上述反应能否自发进行？

(2)求标准状态下该反应能够自发进行的温度。

(3)求 $T=1\ 000$ K 时此反应的 $K^{\ominus}$。

14. 利用热力学数据，通过计算说明常温常压下合成氨的可行性。并估算在标准条件下自发进行的最高温度和 400 K 时合成氨反应的标准平衡常数。

15. 已知下列反应的标准平衡常数在不同温度时的值如下表所示。

(1)$Fe(s)+CO_2(g)\!=\!\!=\!\!=\!FeO(s)+CO(g)$，$K_1^{\ominus}(T)$

(2)$Fe(s)+H_2O(g)\!=\!\!=\!\!=\!FeO(s)+H_2(g)$，$K_2^{\ominus}(T)$

T/K	973	1 073	1 173	1 273
$K_1^{\ominus}(T)$	1.47	1.81	2.15	2.48
$K_2^{\ominus}(T)$	2.38	2.00	1.67	1.49

试计算在以上温度时反应 $CO_2(s) + H_2(g) = CO(s) + H_2O(g)$ 的标准平衡常数 $K_3^{\ominus}(T)$,并通过计算说明正反应是放热的还是吸热的。

16. 在某温度时,将 2 mol O_2、1 mol SO_2 和 8 mol SO_3 气体混合加入 10 L 的容器中,已知反应的平衡常数 $K^{\ominus} = 100$,试问下列反应进行的方向如何?

$$2SO_2(g) + O_2(g) = 2SO_3(g)$$

17. 乙苯($C_6H_5C_2H_5$)脱氢制苯乙烯有两个反应。

(1)氧化脱氢:$C_6H_5C_2H_5(g) + 1/2O_2(g) = C_6H_5CH = CH_2(g) + H_2O(l)$

(2)直接脱氢:$C_6H_5C_2H_5(g) = C_6H_5CH = CH_2(g) + H_2(g)$

若反应在 298.15 K 下进行,计算两个反应的标准平衡常数,试问哪一种方法可行?

18. 已知反应 $1/2H_2(g) + 1/2Cl_2(g) = HCl(g)$ 在 298 K 时 $\Delta_r H_m^{\ominus}(298 K) = -92.31$ kJ·mol^{-1}, $K_1^{\ominus}$ 为 4.9×10^{16},试计算当温度升高到 500 K 时 $K_2^{\ominus}$ 的值(近似计算,不查表),并判断平衡向什么方向移动?

19. 已知反应 $2Cl_2(g) + 2H_2O(g) = 4HCl(g) + O_2(g)$ 的 $\Delta_r H_m^{\ominus}(298 K) = 113$ kJ·mol^{-1},在 400 ℃时,反应达到平衡后,试估计下列变化将如何影响 $Cl_2(g)$ 的量。

(1)温度升至 500 ℃;

(2)加入氧气;

(3)除去容器中的水汽;

(4)增大容器的体积。

20. 用锡石(主要成分为 SnO_2)制取金属锡,有下列几种方法作为备选方案:

(1)直接加热矿石,使之分解;

(2)用碳(石墨)作还原剂,还原锡矿石(加热产生 CO_2);

(3)用氢气作还原剂,还原锡矿石(加热产生水蒸气)。

若希望实际反应温度尽可能低一些,试用标准热力学数据计算说明哪种方法最适宜?

21. 某温度下反应 $H_2(g) + I_2(g) = 2HI(g)$ 达到平衡时,测得系统中 $c^{eq}(H_2) = 0.5$ mol·L^{-1}, $c^{eq}(I_2) = 0.5$ mol·L^{-1}, $c^{eq}(HI) = 1.23$ mol·L^{-1}。如果此时从容器中迅速抽去 HI(g) 0.6 mol·L^{-1},平衡将向何方向移动?求再次平衡时各物质浓度。

22. 设汽车内燃机内温度因燃料燃烧反应可达到 1 300 ℃,试利用标准热力学函数估算此温度时反应 $1/2N_2(g) + 1/2O_2(g) = NO(g)$ 的 $\Delta_r G_m^{\ominus}$ 和 $K^{\ominus}$ 的数值。

23. 已知反应 $CaCO_3(s) = CaO(s) + CO_2(g)$,试判断 298 K 和 1 500 K 下正反应是否能自发进行,并求其转变温度?

24. 计算 320 K 时,反应 $2HI(g) = H_2(g) + I_2(g)$ 的 $\Delta_r G_m = ?$ 和 $\Delta_r G_m^{\ominus} = ?$ 并判断反应进行的方向?(已知 $p_{HI} = 0.040$ MPa, $p_{H_2} = 0.001$ MPa, $p_{I_2} = 0.001$ MPa。)

第3章

化学动力学

对于一个化学反应,总是存在两个方面的问题,一方面的问题是在某一条件下,该反应有没有进行的可能性,如果可能,反应达到平衡后,产物的产率是多少? 这就是反应的方向和限度问题。另一方面的问题是反应的快慢问题,由反应物到达产物需要多长时间,也就是反应速率问题。同时我们还要知道由反应物生成产物经过哪些具体步骤,即反应的机理问题。有关第一类问题的研究是属于化学热力学研究范畴,而第二类问题的研究是属于化学动力学研究范畴。并且其研究方法也是不同的,化学热力学只考虑系统的始态和终态,不考虑时间的因素和过程的细节,化学动力学要考虑时间因素、影响条件以及反应进行的具体步骤。一句话,化学热力学只回答化学反应的可能性问题;而化学动力学才回答化学反应的现实性问题。

化学热力学从宏观的角度研究化学反应进行的方向和限度,不涉及时间因素和物质的微观结构,我们也不能根据反应趋势的大小来预测反应进行的快慢。例如,当前,人们经常议论环境污染问题,特别是大城市汽车尾气中有害气体对环境的污染,汽车尾气的主要污染物有 CO 和 NO,它们之间的反应为

$$CO(g)+NO(g)\mathop{=\!=\!=}CO_2(g)+\frac{1}{2}N_2(g)$$

从热力学角度看,该反应在 298 K 的标准摩尔反应吉布斯函数变为 $-343.8 \; kJ \cdot mol^{-1}$,进而可算出此反应的标准平衡常数为 1.84×10^{60},表明这个反应在常温常压下,不仅能够自发进行,而且进行的程度很大,具有热力学上实现的可能性;但从动力学上看,其反应速率却很慢,没有实现的现实性。若要利用这个反应来治理汽车尾气的污染,必须从动力学方面找到提高反应速率的办法,从而将可能变为现实。

像以上这种热力学上可以自发进行,而实际上却以无限缓慢的速率进行反应的例子并非个别,例如,常温常压下氢气和氧气的反应,煤、石油及天然气在室温下与空气中氧的反应;甚至组成人体细胞的有机物与氧的反应等,从热力学观点来看,都是能够自发进行的反应,但它们都进行得非常缓慢,以致使人们有充分时间去利用这些物质,人体细胞的生命活力才能不断延续下去。

当然,并非所有热力学上自发的反应,都进行得很慢,像大家熟悉的酸碱中和反应、沉淀反应等,都进行得很快,在瞬间就可以完成。

因此,在研究一个化学反应时,不仅要从热力学上研究这个反应可能自发进行的方向与限度,而且也要从动力学上研究这个反应的速率及其影响因素的问题。

1.化学动力学的任务

化学动力学的任务是研究化学反应的速率和反应的机理以及温度、压力、催化剂、溶剂和光照等外界因素对反应速率的影响,把热力学的反应可能性变为现实性。

2.化学动力学的研究目的

研究化学反应速率的变化规律,了解影响反应速率的因素,掌握调节和改变反应速率的方法、手段,只有这样才能按照人们的需要控制反应速率,为人类造福。例如,对于工农业生产有利的反应,需采取措施来增大反应速率以缩短生成时间(如氨、树脂、橡胶的合成等),从而达到提高生产率的目的;而对另一些反应,则要设法抑制其进行(如金属的腐蚀、橡胶制品的老化、食品变质等)来延长产品的使用寿命。而这一切正是化学动力学所需研究解决的问题,本章将对此作一介绍。

3.化学动力学的研究方法

化学动力学的研究方法有:

(1)唯象动力学

在总反应层次上研究化学反应的速率,即研究温度、浓度、介质、催化剂、反应器等对反应速率的影响。本章重点介绍唯象动力学。

(2)基元反应动力学

研究基元反应的动力学规律和理论及从基元反应的角度去探索总反应的动力学行为。

(3)分子反应动力学

从分子反应层次上研究化学反应的动态行为,直至态-态反应研究一次具体的碰撞行为。这部分内容完全是微观性质的。

3.1 化学反应速率

3.1.1 化学反应动力学简介

化学动力学也称反应动力学、化学反应动力学,是物理化学的一个分支,是研究化学过程进行的速率和反应机理的物理化学分支学科。它的研究对象是性质随时间而变化的非平衡的动态体系。

3.1.2 化学反应速率的定义

化学反应速率是指在给定条件下反应物通过化学反应转化为产物的速率(转化率),通常是用单位时间内反应物浓度的减少或是生成物浓度的增加来表示的。它是一个用来表示化学反应进行快慢的量。

化学反应有快有慢,例如,石油的形成需要几十万年的时间,而炸药的爆炸能瞬间完成。即使是同一反应,条件不同,反应速率也不相同。例如,木材的氧化,点燃则反应极快,而在潮湿空气中的氧化则很慢。但要表征这种快慢,则要有速率的概念。化学反应的速率,是以单位时间内浓度的改变量为基础来研究的。

3.1.3　恒容反应速率

化学反应过程中,一般都认为系统的体积不变,即反应容器的体积是不变的,这一类反应称之为恒容反应。

当化学反应 $0 = \sum\limits_{B} \upsilon_B B$ 在定容条件下进行时,温度不变,物质 B 的物质的量浓度(以后简称为浓度) $c_B = n_B / V$,则定义

$$v = \frac{d\xi}{Vdt} = \frac{1}{\upsilon_B} \cdot \frac{dc_B}{dt} \qquad (3.1)$$

式中　　v —— 定容条件下的反应速率(简称反应速率), $mol \cdot L^{-1} \cdot s^{-1}$;

　　　　$\dfrac{dc_B}{dt}$ —— 物质 B 的浓度随时间的变化率。

从式(3.1)定义可知,反应速率与选取化学反应计量方程式中哪一物质无关,只与化学反应计量方程式的写法有关。

一般溶液中的化学反应常看做是定容反应,即

$$aA(aq) + bB(aq) = yY(aq) + zZ(aq)$$

$$v = -\frac{1}{a}\frac{dc_A}{dt} = -\frac{1}{b}\frac{dc_B}{dt} = \frac{1}{y}\frac{dc_Y}{dt} = \frac{1}{z}\frac{dc_Z}{dt}$$

对于定容的气相反应,反应速率也可以用反应系统中组分气体的分压对时间的变化率来定义,即

$$v = \frac{1}{\upsilon_B}\frac{dp_B}{dt}$$

对于大多数化学反应来说,反应开始后,各物种的浓度每时每刻都在变化着,化学反应速率随时间不断改变,反应速率可以通过计算法或作图法来测量。通常先测量某一反应物(或产物)在不同时间的浓度,然后绘制浓度随时间的变化曲线,从中求出某一时刻曲线的斜率(dc_B/dt),再除以该物质的化学计量数即可求出该反应在此时刻的反应速率。

注意　原则上讲,用任何一种反应物或生成物均可表示化学反应速率,但经常采用其浓度变化易于测量的那种物质来进行研究。

例如:对于合成氨的反应 $N_2(g) + 3H_2(g) = 2NH_3(g)$,其反应速率为

$$v = \frac{1}{3}\frac{dc(NH_3)}{dt} = -\frac{dc(N_2)}{dt} = -\frac{1}{3}\frac{dc(H_2)}{dt}$$

需要注意以下几点:

(1)为了避免反应速率出现负值,当用反应物浓度的减少来表示化学反应速率时,人为地添加一个负号。

(2)对同一个化学反应而言,如果用不同的化学计量数来表示,会出现不同的反应速率,容易让人产生误解,为了避免这种情况出现,将所得反应速率除以相应物质在反应中的计量数,从而达到统一反应速率的目的。

（3）用上述公式所得到的反应速率实际上是反应的平均速率,在反应过程中还有另外一种速率即反应的瞬时速率,这种速率更具有实际意义。

3.2 化学反应速率理论简介

实验结果证明,化学反应速率的大小,同自然中任何事物的变化规律一样,取决于两个方面,即内因和外因。

（1）内因

即反应物的本性。如无机物间的反应一般比有机物的反应快得多;对无机反应来说,分子之间进行的反应一般较慢,而溶液中离子之间进行的反应一般较快。

（2）外因

即外界条件,如浓度、温度、催化剂等外界条件。

为了说明"内因"和"外因"对化学反应速率影响的实质,提出了碰撞理论和过渡状态理论。

3.2.1 碰撞理论

化学反应的发生总是伴随着电子的转移或重新分配,这种转移或重新分配似乎只有通过相关原子的接触才可能实现。

1918 年,路易斯根据气体分子运动论,提出了碰撞理论。其理论要点如下:

①原子、分子或离子只有相互碰撞才能发生反应,或者说碰撞是反应发生的先决条件。

②只有少部分碰撞能导致化学反应,大多数反应物微粒之间的碰撞是弹性碰撞。

根据气体分子运动论的理论计算,每秒钟每升体积内分子间的碰撞可达 10^{32} 次或者更多,如果每次碰撞都能够发生反应,任何气体反应都将在瞬间完成,这与实验事实不符。

能发生化学反应的碰撞叫有效碰撞(Effect Collision),反之则为无效碰撞。单位时间内有效碰撞的频率越高,反应速率越大。只有能量足够大的分子才能发生有效碰撞,这样的分子称为活化分子(Activated Molecule)。活化分子与普通分子的主要区别是它们所具有的能量不同,活化分子所具有的最低能量(或平均能量)与反应系统中分子的平均能量之差叫做反应的活化能(Activation Energy),用 E_a 表示,单位是 $kJ \cdot mol^{-1}$。

活化能的大小对反应速率的影响很大,在一定温度下,反应的活化能越大,活化分子所占的比例就越小,反应就越慢;反之,若反应的活化能越小,活化分子所占的比例就越大,反应就越快。对于一定的反应,温度越高,活化分子所占的比例就越大,反应就越快;反之,温度越低,活化分子所占的比例就越小,反应就越慢。

活化能的大小可通过实验测定。实验表明,一般化学反应的活化能在 42 ~ 400 $kJ \cdot mol^{-1}$ 范围内,其中大多数在 63 ~ 250 $kJ \cdot mol^{-1}$ 之间。活化能大于 400 $kJ \cdot mol^{-1}$ 的反应速率通常很小,而活化能小于 40 $kJ \cdot mol^{-1}$ 的反应速率通常很大,可瞬间完成,例如,电解质溶液中正、负离子相互作用的许多离子反应。

根据气体分子运动论,在任何给定的温度下,分子的运动速度不同,也就是其所具有的能量不同,如图 3.1 所示。

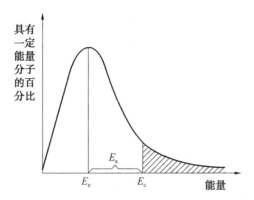

图 3.1　玻耳兹曼能量分布曲线

E_e—分子的平均能量；E_c—活化分子所具有的最低能量；E_a—活化能，即活化分子所具有的最低能量与分子的平均能量的差值

从图 3.1 可以看出，活化能越大，活化分子越少，则反应速率就越小。要发生有效碰撞必须具备以下两个条件：

①反应物分子必须具有足够大的能量。由于相互碰撞的分子的周围负电荷电子之间存在着强烈的电性排斥力，因此，只有能量足够大的分子在碰撞时，才能以足够大的动能去克服上述的电性排斥力，而导致原有化学键的断裂和新化学键的形成。

②反应物分子要有适当的空间取向（或方位）。由于反应物分子有一定的几何构型，分子内原子的排列有一定的方位。如果分子碰撞时的几何方位不适宜，尽管碰撞的分子有足够的能量，反应也不能发生。

碰撞理论的优缺点如下。

①优点：直观、明了，易为初学者所接受。

②缺点：模型过于简单。把分子简单地看成没有内部结构的刚性球体，要么碰撞发生反应，要么发生弹性碰撞。"活化分子"本身的物理图像模糊。因而对一些分子结构比较复杂的反应则不能予以很好的解释。

3.2.2　过渡状态理论

碰撞理论比较直观，应用于简单反应中较为成功。但对于涉及结构复杂的分子的反应，这个理论适应性较差。随着原子结构和分子结构理论的发展，20 世纪 30 年代艾林在量子力学和统计学的基础上提出了化学反应速率的过渡态理论。过度状态理论也叫活化络合物理论。它以量子力学的方法对反应的"分子对"相互作用过程中的势能变化进行了推算。认为从反应物到生成物之间形成了势能较高的络合物，活化络合物所处的状态叫过渡态。

1. 过渡状态理论的要点

（1）由反应物分子变为产物分子的化学反应并不完全是简单的几何碰撞，而是旧键的破坏与新键的生成的连续过程。

（2）当具有足够能量的分子以适当的空间取向靠近时，要进行化学键重排，能量重新分配，形成一个过渡状态的活化络合物。如

$$A+B\text{-}C \longrightarrow [\,A\cdots B\cdots C\,]^+ \longrightarrow A\text{-}B+C$$
活化络合物

在活化络合物中，原有化学键被削弱但未完全断裂，新的化学键开始形成但尚未完全形成（均用虚线表示）。

（3）过渡状态的活化络合物是一种不稳定状态。反应物分子的动能暂时变为活化络合物的势能，因此，活化络合物很不稳定，它可以分解为生成物，也可以分解为反应物。

（4）过渡状态理论认为，反应速率与下列 3 个因素有关：

①活化络合物的浓度。活化络合物的浓度越大，反应速率越大。

②活化络合物分解成产物的几率。分解成产物的几率越大，反应速率越大。

③活化络合物分解成产物的速率。分解成产物的速率越大，反应速率越大。

过渡态理论，将反应中涉及的物质的微观结构和反应速率结合起来，这是比碰撞理论先进的一面。然而，在该理论中，许多反应的活化络合物的结构尚无法从实验上加以确定，加上计算方法过于复杂，致使这一理论的应用受到限制。

2. 反应历程——势能图

以反应 $NO_2+CO \Longrightarrow NO+CO_2$ 为例说明反应过程中能量变化。当 NO_2 和 CO 彼此靠近时，它们分子中的价电子云就发生了互相影响，一方面彼此互相排斥，另一方面分子的键长开始发生变化，形成过渡状态的活化络合物 $N\cdots O\cdots C\text{-}O$（上方带 O），大部分动能暂时转变成势能。

当活化络合物中的 $N\cdots O$ 键完全断裂，新形成的 $C\cdots O$ 键进一步缩短至完全形成时，便产生了 NO 和 CO_2，使整个体系的势能降低。在整个反应过程中，势能的变化如图 3.2 所示。

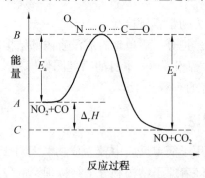

图 3.2 反应过程中的能量变化图

A 点—反应物 NO_2 和 CO 分子的平均能量；B 点—活化络合物的能量；C 点—生成物 NO 和 CO_2 分子的平均能量；E_a—反应物与活化络合物之间的能量差，称为正反应活化能；E_a'—生成物与活化络合物之间的能量差，称为逆反应的活化能

由图 3.2 可以看出：

①反应热与正、逆反应活化能之间的关系。

②不论是放热反应还是吸热反应，反应物分子必须先爬过一个能垒反应才能进行。

③如果正反应是经过一步即完成的反应,则其逆反应也可以经过一步完成,而且正、逆两个反应经过同一活化络合物中间体,这就是微观可逆性原理。

很明显,如果反应的活化能越大,B 点就越高,能达到该能量的反应物分子的比例就越小,反应速率也就越慢;如果反应的活化能越小,B 点就越低,能达到该能量的反应物分子的比例就越大,反应速率也就越快。

3. 过渡态理论的优缺点

(1)优点

碰撞理论与过渡状态理论是互相补充的两种理论。过渡状态理论吸收了碰撞理论中合理的部分;给活化能一个明确的模型;将反应中涉及的物质的微观结构与反应速率理论结合起来,这是比碰撞理论先进的一面;能从分子内部结构及内部运动的角度讨论反应速率。

(2)缺点

许多反应的活化络合物的结构无法从实验上加以确定,加上计算方法过于复杂,致使这一理论的应用受到限制。

3.3 影响化学反应速率的因素

这节主要是在反应速率理论的基础上,讨论浓度(或压力)、温度和催化剂等外部条件的改变对化学反应速率的影响。

3.3.1 浓度对化学反应速率的影响

大量实验结果表明:在一定温度下,增加反应物的浓度可以加快反应速率。这个结论可以用活化分子概念加以解释。在一定温度下,对某一化学反应来说,单位体积内反应物的活化分子数与反应物分子总数(即该反应物的浓度)成正比。所以增加反应物的浓度,单位体积内的活化分子数也必然相应地增多,从而增加了单位时间单位体积内反应物分子间的有效碰撞次数,故而使反应速率提高。

1. 反应物浓度与反应速率的定量关系

实验结果表明,对任一基元反应:$aA+bB \Longrightarrow cC+dD$(所谓基元反应是指反应物分子在有效碰撞中一步直接转化为产物的反应),则该反应的速率方程为 $v = kc_A^a c_B^b$,即基元反应的反应速率与反应物浓度以其计量数为指数的幂的连积成正比,称为质量作用定律(Law of Mass Action)。

但许多反应不是基元反应,而是由两个或多个基元反应组成的复杂反应(非基元反应),此类反应的速率方程的具体形式要通过实验测定。

对任一反应:$aA+bB \Longrightarrow cC+dD$,则该反应的速率方程一般形式为

$$v = kc_A^{n_A} c_B^{n_B} \tag{3.2}$$

式中　n_A, n_B——分别为反应组分 A 和 B 的反应分级数,量纲为 1;

　　　k——反应速率常数(Rate Constant),$(mol \cdot m^{-3})^{(1-n)} \cdot s^{-1}$,$n = n_A + n_B$,称为反应总级数,简称反应级数。

由式(3.2)可以看出,速率常数 k 的物理意义是反应物浓度为单位浓度时的反应速率。因此速率常数 k 是表明化学反应速率相对大小的物理量。速率常数 k 可通过实验测定,对于不同的反应,k 值通常各不相同。对于某一确定的反应来说,k 值与温度、催化剂等因素有关,而与浓度无关,即速率常数 k 不随浓度而变化。

2. 反应级数和反应分子数

反应级数是指反应速率方程式中所有浓度项指数的总和。反应的级数可以是零、正负整数、分数。

反应分子数是指基元反应或复杂反应的基元步骤中发生反应所需要的微粒(分子、原子、离子或自由基)的数目。反应的分子数恒为正整数,常为一、二分子反应,三分子反应为数不多,四分子或更多分子碰撞而发生的反应尚未发现。因为,多个微粒要在同一时间到达同一位置,并各自具备适当的取向和足够的能量是相当困难的。

注意 (1)简单反应总是基元反应,这时反应的级数与反应的分子数是等同的。

(2)在更多情况下,反应的级数与反应的分子数不一致,如从来没有零分子反应。

(3)反应级数是对宏观化学反应而言的;反应分子数是对微观上的基元步骤而言的。

(4)非基元反应不能谈反应分子数,不能认为反应方程式中反应物的计量数之和就是反应的分子数。

3. 浓度与时间的关系

速率方程式只告诉我们反应速率如何随浓度而变,而没有告诉我们在某一特定时间反应物或生成物的实际浓度。从实用的观点看,后面这种关系尤为重要。如化学工作者在研究反应时,总是希望知道在 10 min、1 h 或几天之后反应物还剩多少。这要利用速率方程的积分形式,而且反应级数不同,速率方程的积分形式也不同,这部分内容要用到数学微积分内容,我们这里不作介绍。

在这里我们向大家介绍一个常用的概念——半衰期。半衰期是指反应物消耗掉一半时所需要的时间,用符号 $t_{1/2}$ 表示,单位是时间单位。

例3.1 研究指出下列反应在一定温度范围内为基元反应

$$2NO(g)+Cl_2(g) \Longrightarrow 2NOCl(g)$$

(1)写出该反应的速率方程。

(2)该反应的级数是多少?

(3)其他条件不变,如果将容器的体积增加到原来的 2 倍,反应速率将如何变化?

(4)如果容器体积不变而将 NO 的浓度增加到原来的 3 倍,反应速率又将怎样变化?

解 $2NO(g)+Cl_2(g) \Longrightarrow 2NOCl(g)$

(1)由于上述反应为基元反应,根据质量作用定律有

$$v=k\{c(NO)\}^2 \cdot \{c(Cl_2)\}$$

(2)反应的总级数 $\qquad n=2+1=3$

(3)其他条件不变,容器的体积增加到原来的 2 倍时,反应物的浓度则降低为原来的 1/2。

$$v'=k\{\frac{1}{2}c(NO)\}^2 \cdot \{\frac{1}{2}c(Cl_2)\}=\frac{1}{8}k\{c(NO)\}^2 \cdot \{c(Cl_2)\}=\frac{1}{8}v$$

(4)若 No 的浓度增加为原来的 3 倍时,则

$$v'' = k\{3c(\text{NO})\}^2 \cdot \{c(\text{Cl}_2)\} = 9k\{c(\text{NO})\}^2 \cdot \{c(\text{Cl}_2)\} = 9v$$

即反应速率增加为原来的 9 倍。

3.3.2　温度对化学反应速率的影响

温度对化学反应速率的影响特别显著。以 H_2 与 O_2 化合生成 H_2O 的反应为例,在室温下 H_2 与 O_2 作用极慢,以致几年都观察不到反应发生。如果温度升高到 873 K,它们立即发生反应,甚至发生爆炸。这表明当反应物浓度一定时,温度升高,大多数化学反应的反应速率都随之增大。无论对吸热反应还是放热反应都是如此,只不过是加快的程度不同而已。

根据大量实验结果可以归纳一条经验规律:一般的化学反应,如果反应物的浓度或分压恒定,反应温度每升高 10 K,其反应速率增加 1 ~ 2 倍。

反应温度升高不仅可以使反应物分子的运动速率增大,从而使单位时间内反应物分子间的碰撞次数增加,而且更重要的是,温度升高,使较多的具有平均能量的普通分子获得能量而变成活化分子,从而使单位体积内活化分子的百分数增大,结果使单位时间有效碰撞次数增大,反应速率也就相应地增大。下面介绍反应速率常数与温度之间的定量关系。

温度对化学反应速率的影响通过速率常数 k 来体现。1899 年,瑞典化学家阿仑尼乌斯根据实验结果,提出在给定的温度变化范围内反应速率常数与温度之间的经验公式,称为阿仑尼乌斯公式,即

$$k = A\text{e}^{-E_a/(RT)} \tag{3.3}$$

或

$$\ln k = -\frac{E_a}{RT} + \ln A \tag{3.4}$$

式中　　k——反应速率常数;

A——给定反应的特征常数,称为"指前因子"或"频率因子",单位与 k 相同;

E_a—— 反应的活化能;

R—— 摩尔气体常数;

T—— 热力学温度。

若有一系列不同温度 T 下的速率常数 k 值,可作 $\ln k - \frac{1}{T}$ 图,应成一直线,由直线的斜率和截距即可求得活化能 E_a 及指前因子 A。

若温度变化范围不大,E_a 可作为常数,温度 T_1 时的速率常数为 k_1,温度 T_2 时的速率常数为 k_2,由式(3.4)可得阿仑尼乌斯的定积分公式

$$\ln \frac{k_2}{k_1} = -\frac{E_a}{R}\left(\frac{1}{T_2} - \frac{1}{T_1}\right) \tag{3.5}$$

利用式(3.5)可由已知数据求算所需的 E_a、R 或其他温度下的速率常数 k。

阿仑尼乌斯公式很好地反映了速率常数 k 随温度变化的情况。对于同一个反应,A 和 E_a 都可以看做常数,反应速率常数 k 仅取决于温度 T。由式(3.3)可知,反应速率常数 k

随温度的升高而增大。且活化能越大,k 随温度的变化率越大;反之,活化能越小,k 随温度的变化率越小。

对于不同的反应,由式(3.4)可知,当温度 T 一定时,活化能 E_a 越大,$\ln k$ 越小,反应速率就越小;反之,活化能 E_a 越小,$\ln k$ 越大,反应速率就越大。由式(3.5)可知,当 $(T_2 > T_1)$ 且 $(T_2 - T_1)/(T_1 T_2)$ 一定时,活化能 E_a 越大,$\ln(k_2/k_1)$ 数值越大,说明反应速率增大的倍数越多。即温度的变化对活化能大的反应速率影响大,而对活化能小的反应速率影响小。

由式(3.5)还可以看出,对应于同样的温升 $(T_2 - T_1)$,在温度较低 $(T_2, T_1$ 均较小)的情况下,速率常数 k 增大的倍数比在温度较高 $(T_2, T_1$ 均较大)的情况下大得多,即在较低温度下对化学反应速率的影响较大,而在较高温度下对化学反应速率的影响较小。

例 3.2 某反应,350 K 时,$k_1 = 9.3 \times 10^{-6} \, \text{s}^{-1}$,400 K 时,$k_2 = 6.9 \times 10^{-4} \, \text{s}^{-1}$,计算该反应的活化能 E_a 以及 450 K 的 k_3。

解 由 $\ln \dfrac{k_2}{k_1} = \dfrac{E_a}{R} \left(\dfrac{1}{T_1} - \dfrac{1}{T_2} \right)$ 得

$$E_a = \frac{RT_1 T_2}{(T_2 - T_1)} \ln \frac{k_2}{k_1} = \frac{8.314 \, \text{J} \cdot \text{mol}^{-1} \cdot \text{K}^{-1} \cdot 350 \, \text{K} \cdot 400 \, \text{K}}{(400 - 350) \, \text{K}} \ln \frac{6.9 \times 10^{-4}}{9.3 \times 10^{-6}} =$$

$$100 \, \text{kJ} \cdot \text{mol}^{-1}$$

$$\ln \frac{k_3}{k_1} = \frac{E_a}{R} \left(\frac{1}{T_1} - \frac{1}{T_3} \right) = \frac{100 \times 10^3 \, \text{J} \cdot \text{mol}^{-1}}{8.314 \, \text{J} \cdot \text{mol}^{-1} \cdot \text{K}^{-1}} \left(\frac{1}{350 \, \text{K}} - \frac{1}{450 \, \text{K}} \right) = 7.64$$

$$\frac{k_3}{k_1} = 2.07 \times 10^3$$

$$k_3 = 2.07 \times 10^3 \times 9.3 \times 10^{-6} \text{s}^{-1} = 1.9 \times 10^{-2} \text{s}^{-1}$$

注意 并不是所有的反应都符合上述规律。例如,对于爆炸类型的反应,当温度升高到某一点时,速率会突然增大。某些反应的速率还会随温度的升高而降低,这主要是因为许多反应的过程较复杂,不是一步完成的反应。

3.3.3 催化剂对反应速率的影响

1. 概念

①催化剂(Catalyst)。催化剂又称为触媒,是一种存在少量就能显著改变化学反应速率,而本身的组成、质量和化学性质在反应前后保持不变的物质。

②正催化剂(Positive Catalyst)。凡能提高反应速率的催化剂叫正催化剂,简称催化剂。

③负催化剂(Negative Catalyst)。凡能减慢反应速率的催化剂叫负催化剂,或阻化剂、抑制剂。

注意 若不特别说明,一般提到的催化剂都是指正催化剂。

催化剂是通过参加化学反应来加快反应速率的,但反应后本身却能够复原。催化剂的这种作用叫做催化作用。有时,某些反应产物也具有加速反应的作用,则叫做自动催化作用。通常的化学反应,都是开始时反应最大,随着反应物的降低,以后逐渐变慢,而自动催化反应,却随着产物的增加而加快,以后由于反应物太少,才逐渐慢下来。例如,在有硫酸时,高锰酸钾和草酸反应时,产物 $MnSO_4$ 即起到自动催化作用。

催化作用是很普遍的现象,不但有意加入的催化剂可以改变反应速率,有时一些偶然的杂质、尘埃、甚至容器的表面等,也可能产生催化作用。

在近代的化工生产中,多数化学反应是催化反应。催化作用已成为许多化学反应得以工业化的重要手段之一。许多基本化学工业的形成与发展,都与催化的研究成果密切相关。

2. 催化剂的特点

(1)反应前后催化剂的组成、化学性质和数量均保持不变

虽然在反应前后原则上催化剂的组成、化学性质不发生变化,但实际上它是参与了化学反应,改变了反应历程,降低了反应的活化能,只是在后来又被"复原"了。

(2)催化剂能同时加快正、逆反应速率,而且加快的倍数也相同

催化剂不仅加快正反应的速率,同时也加快逆反应的速率。因此,催化剂只能缩短反应达到平衡的时间,而不能改变化学平衡状态。

(3)催化剂只能加速热力学认为可能进行的反应,即 $\Delta_r G<0$ 的反应

催化剂的存在并不能改变即反应系统的始态和终态,但反应的具体途径发生变化,故催化剂并没有改变反应的 $\Delta_r H$ 和 $\Delta_r G$。热力学上不能进行的反应使用催化剂都是徒劳的。

(4)催化剂对反应的加速作用具有选择性

对于不同的化学反应往往采用不同的催化剂。如果相同的反应物选用不同的催化剂,则可能得到不同的产物。

3. 催化反应

有催化剂参加的反应叫催化反应。催化反应的种类很多,就催化剂和反应物的存在状态来划分,分为均相催化反应和多相催化反应。

(1)均相催化反应

催化剂与反应物同处一相的催化反应叫单相催化反应或均相催化反应。其中最重要、最普通的一种是酸碱催化反应。例如,酯类的水解加入酸或碱则反应速率加快,就是单相催化反应。

近年来,超临界流体中的催化反应已受到广泛关注,尤其是超临界二氧化碳用于均相催化反应的研究更是其中的一个热点。

与多相催化反应相比,均相催化反应中催化剂具有活性高、选择性好、可以从分子水平上对催化剂机理进行明确的阐述、催化剂的制备可按化学计量进行等特点。近年来,随着有机金属化学及配位化学的发展,提供了制备大量过渡金属络合物的方法和手段,可以有目的地设计出具有高活性和高选择性的催化剂。还可通过配体修饰和添加助溶剂的方法提高催化剂的溶解性,以促进均相络合催化研究的进展。但均相催化反应中催化剂与产物分离困难,不能反复利用,不易于实现大规模工业化生产,这一难题一直制约着均相催化反应的应用研究进展。而将超临界流体作为均相催化反应介质,可以解决产物、反应物、催化剂和副产物之间分离的问题。另外,超临界流体应用于均相催化反应还有以下特

点：

①超临界流体具有高溶解能力，能溶解大多数有机化合物，可使反应在均相中进行。尤其是对 H_2 等气体具有很高的溶解度，可提高氢的浓度，有利于加快加氢反应速率。

②超临界流体中压力对反应速率常数有较大影响。

③超临界流体独特的溶剂性能（高溶解能力，高扩散系数）有可能提高反应活性和选择性。

超临界流体中均相催化反应的研究在 20 世纪 90 年代就已得到广泛关注，目前常用的超临界流体有二氧化碳和水，尤其是超临界二氧化碳低毒、不燃，广泛应用于多种领域。

超临界二氧化碳由于惰性、无毒、安全性好，可代替对环境有严重污染的有机溶剂，并且在超临界状态下，其流体密度、介电常数和溶解性能等对压力、温度变化很敏感，可大幅度提高反应速率和目的产物的选择性，并能减少或避免副产物的生成，减少反应物循环，减少或去除后续分离单元，在资源和能量的有效利用以及减少排放等方面都有重要意义。

近年来，超临界流体中的催化反应已受到广泛关注，超临界技术在均相催化研究中具有诱人的实际应用前景，但仍有大量的研究开发工作需要进行，诸如建立超临界反应动力学方程、寻找经济效益更大的反应体系等。

（2）多相催化反应

若催化剂在反应体系中自成一相，则为多相催化或非均相催化，主要是用固体催化剂加速气相反应或液相反应。多相催化中，尤以气-固相催化应用最广。这里主要讨论气-固相催化反应。

多相催化作用是现代化学工业中一个极其重要的问题。其中气-固相的催化作用应用得尤为广泛。例如，催化裂化、催化重整、催化加氢、脱氢、氨的合成、接触法制造 H_2SO_4 等都是气-固相的催化反应。

在多相系统中，只有在相界面上的反应物粒子才有可能相互碰撞并进而发生化学反应。因此当这类固体反应物没有作用完之前，反应速率与固体反应物或浓度无关，仅决定于固体物表面积（即相界面）的大小。如果生成物集聚在固体表面不能及时离开该相界面，就将阻碍反应的继续进行。因此，对于多相反应系统，除反应物浓度、反应温度、催化剂等因素外，不同相的接触界面的大小和连续相内部的扩散作用对反应速率也有很大的影响。

多相催化反应是在固体催化剂的表面上进行的，即反应物分子必须吸附在催化剂的表面上，然后才能在表面上发生反应。反应产物也是吸附在催化剂表面上的，要是反应继续在表面上发生，则产物必须能从催化剂表面上不断地解吸下来。由于催化剂颗粒是多孔的，所以催化剂的大量表面是催化剂的微孔内的表面。所以，气体分子要在固体催化剂表面上发生反应，必须经过以下 7 个步骤：

①反应物由气相主体向催化剂的外表面扩散（外扩散）。

②反应物由催化剂的外表面向内表面扩散（内扩散）。

③反应物吸附在催化剂表面上。

④反应物在催化剂表面上进行化学反应，生成产物。

⑤产物从表面上解吸。

⑥产物从催化剂的内表面向外表面扩散(内扩散)。

⑦产物从催化剂的外表面向气相主体扩散(外扩散)。

在稳态多相催化反应过程中,上述 7 个串联反应步骤的速率是相等的,速率的大小受其中阻力最大的慢步骤所控制,如果能设法减少慢步骤的阻力,就能加快整个反应过程的速率。

由于超临界流体特殊的性质,使得传统的液相和气相反应转变成了一种完全新的化学过程,结果大大提高了反应的速度和选择性。近年来,人们又发现超临界流体能够改善多相催化反应的扩散、吸附和脱附过程,从而引起了许多科研工作者的兴趣。超临界多相催化反应具有以下特点:

①加快反应速度:在多相催化反应中,由于存在相界面,就会存在传质和传热阻力。对于液体,超临界流体的扩散系数大、黏度小、张力也小,因此有利于反应物的扩散;超临界流体的溶解度比气体大,又具有液体所不具有的溶解选择性,因此可以提高反应物的浓度,加速反应。特别是超临界流体可以与一些气体如 O_2、H_2 等得到任意浓度的混合,使得氧化和氢化反应加快,并易于控制。另外,超临界流相对气体而言,又具有很高的热导率。因此,对于放热的气相反应来说,在超临界流体系中,将有利于及时排除热量。

②提高反应的选择性:超临界流体允许人为地控制相行为。反应物的溶解、产物和催化剂的析出以及反应速率和反应的选择性,都可以通过微小地改变温度和压力得以实现。

③延长催化剂寿命:多相催化剂失活的主要原因是催化剂表面积炭、结焦,活性中心中毒,活性组分、载体烧结等。利用超临界流体优异的溶解能力可抽提出催化剂表面上的积炭、结焦和毒物,使催化剂恢复活性,从而延长催化剂的使用寿命。

④简化产物分离过程:在临界点附近,超临界流体对溶质的溶解性随压力和温度的变化十分敏感,因此可适当调节压力和温度使反应产物及时地从反应相中移走,或者使产物和反应物分别从超临界流体中分离出来。如在超临界流体丙烯催化聚合生成聚丙烯的反应中,调节压力、温度,使得聚丙烯的相对分子质量达到一定值时,其在超临界流体中的溶解度就会发生变化,于是就会从超临界流体中析出,从而简化了产物的分离过程。

(3)酶催化反应

酶催化反应可以看做是介于均相与非均相催化反应之间的一种催化反应。既可以看成是反应物与酶形成了中间化合物,也可以看成是在酶的表面上首先吸附了反应物,然后再进行反应。

酶是动植物和微生物产生的具有催化能力的蛋白质。生物体内的化学反应,几乎都在酶的催化下进行的。例如,蛋白质、脂肪、碳水化合物的合成、分解等基本上都是酶催化的反应。通过酶可以合成和转化自然界中大量的有机物质。

酶的活性极高,约为一般酸碱催化剂的 $10^8 \sim 10^{11}$ 倍,选择性也极高。酶的催化功能非常专一,作用条件温和。酶催化已被利用在发酵、石油脱蜡、脱硫以及"三废"处理等方面。

化工生产中,催化剂的使用占有很重要的地位。许多缓慢的反应在工业生产上没有实用价值。由于使用了催化剂,反应速率大大加快,在生产上就变得切实可行了。

（4）超临界酶催化

酶是一种生物催化剂,生物制品取代化学品是社会可持续发展的主要动力之一。传统上,酶被用作水溶液中的均相催化剂。随着酶催化过程的发展,非水溶剂的使用逐渐增多。尽管酶在超临界流体中的溶解度很小,但是用超临界流体作为酶催化反应介质的最大好处是它的可调性。超临界流体的密度随压力、温度的改变而变化,从而与密度有关的一些常数,比如介电常数、溶解性、分配系数等就会随压力、温度的调节而发生变化。并且这种参数的改变是可预测的,从而使得酶反应可以人为控制。

目前,将酶催化反应应用到超临界体系中的实例很多,主要集中在酯化反应、转酯化反应、水解反应、聚合反应和氧化反应中。研究重点主要集中在如何将超临界流体技术应用到酶催化反应中,也就是说在超临界流体条件下如何保持酶活性的问题。

作为一种非水溶剂,超临界 CO_2 应用于酶催化反应具有许多优点:

①可加速传质控制的反应;

②可简化产品的分离和回收;

③温和的反应温度适合酶催化反应,产物不会分解;

④不存在反应产物中溶剂残留的问题。

生物催化剂酶在超临界 CO_2 中的稳定性和有机溶剂类似,但当使用超临界 CO_2 作为溶剂时,酶催化反应的速率往往比使用有机溶剂高。

超临界 CO_2 中进行的酶催化反应的用途非常广泛,如用淀粉酶和糖化酶水解淀粉、酶法合成 Aspartame（1-天冬酰-1-苯丙氨酸甲基）的前体等。目前超临界酶化反应研究较多的是脂肪酶,它可用于生物分子的合成和修饰,且应用前景广阔。此外,通过手性合成来生产纯的旋光异构体也是超临界酶催化反应一个诱人的应用。

（5）分子催化

高选择催化技术是 21 世纪节约资源、能源和与环境协调技术的核心。人们正在探索实现完全化学反应（选择性和产率均为 100%）的方法,分子催化反应就是其中之一。

分子催化是指在分子水平上进行催化剂的结构-功能设计和合成。如有机金属配合物分子催化剂在均匀的液相反应体系中,不仅具有官能团或位置选择性,而且还可得到严格的相对绝对立体的选择性。

有机金属配合物在分子催化剂中最具代表性,它具有催化作用的金属离子或原子和有机配位体组成,可在分子水平上设计结构赋予其特定功能。理性的有机金属配合物应在非常温和的条件下,高效率高选择性促进化学反应。

分子催化反应通常均在溶剂中进行,溶剂使催化剂与反应物充分溶解呈单分子型,并且使反应体系保持均匀性,物质传递容易进行。

3.3.4 链化学反应和光化学反应

1.链化学反应

链化学反应又称为连锁反应,是一种具有特殊规律的常见的复合反应,它主要是通过在反应过程中交替和重复产生的活性中间体（自由基或自由原子）而使反应持续进行的一类化学反应,在化工生产中具有重要的意义。例如,高聚物的合成,石油的裂解,碳氢化合物的氧化和卤化,一些有机物的热分解、爆炸反应都与链反应有关。实验表明,在一定条件下,$H_2+Cl_2 =\!=\!= 2HCl$ 的反应机理如下

$$Cl_2+M =\!=\!= 2Cl+M \qquad\qquad (1)$$

$$Cl+H_2 =\!=\!= HCl+H \qquad\qquad (2)$$

$$H+Cl_2 =\!=\!= HCl+Cl \qquad\qquad (3)$$

$$\vdots$$

$$2Cl+M =\!=\!= Cl_2+M \qquad\qquad (4)$$

在反应(1)中,靠热、光、电或化学作用产生活性组分——氯原子,随之在反应(2)、(3)中活性组分与反应物分子作用而交替重复产生新的活性组分——氯原子和氢原子,使反应能持续不断地循环进行下去,直到活性组分消失,此即链反应。反应中的活性组分称为链载体。

链化学反应的机理一般包括 3 个步骤:

(1)链的开始(或链引发)。是依靠热、光、电,加入引发剂等作用在反应系统中产生第一个链载体的反应,一般为稳定分子分解为自由基的反应,如反应(1)。

(2)链的传递(或链的增长)。由链载体与饱和分子作用产生新的链载体和新的饱和分子的反应,如反应(2)、(3),链的传递是链反应的主体。

(3)链终止(或链的销毁)。链载体的消亡过程,如反应(4)。式中 M 为接受链终止所释放出能量的第三体(其他分子或反应器壁等)。

在链传递阶段,若一个旧的链载体消失只导致产生一个新的链载体,则称为直链反应(或单链反应);若一个旧的链载体消失而导致产生两个或两个以上的新的链载体,则称为支链反应。在链的支化过程中生成了比链载体更为稳定的活泼分子(如有机过氧化物),而这种活泼性分子又能分解出多于一个的支链载体,使支化过程得以进行。但这种分子分解产生链载体的过程,比链载体所进行的反应要缓慢得多,这就是退化支链反应,某些有机物的液相氧化反应属于此类反应。

2. 光化学反应

光化学反应又称光化反应,是指物质在可见光或紫外线的照射下而产生的化学反应。如绿色植物的光合作用、胶片的感光作用、染料的褪色等。

如光化学烟雾形成的起始反应是二氧化氮(NO_2)在阳光照射下,吸收紫外线(波长 $290 \sim 430$ nm)而分解为一氧化氮(NO)和原子态氧(O,三重态)的光化学反应,其反应式为 $NO_2+h_\nu \longrightarrow NO+O(3P)$ 由此开始了链反应,导致臭氧及与其他有机烃化合物的一系列反应而最终生成光化学烟雾的有毒产物,如过氧乙酰硝酸酯等。

光化学反应可引起化合、分解、电离、氧化还原等过程。主要可分为两类:一类是光合作用,如绿色植物使二氧化碳和水在日光照射下,通过植物叶绿素的帮助,吸收光能,合成碳水化合物。另一类是光分解作用,如高层大气中分子氧吸收紫外线分解为原子氧,染料在空气中的褪色,胶片的感光作用等。

热化学反应的发生依靠热活化,热活化的能量来自热运动,故反应速率受温度的影响很大。光化学反应的发生依靠光活化,光活化的能量来自光子,取决于光的波长,由于光活化分子的数目比例于光的强度,因此在足够强的光源下常温时就能达到热活化在高温

时的反应速率。反应温度的降低,通常能有效地抑制副反应的发生,如再选用合适波长的光,则可进一步提高反应的选择性。

近年来在扩大激光波长范围,发展激光辐射频率的可调、可控和稳定性方面进展很快,这样为系统地进行激光化学研究创造了必要的条件。在激光的作用下,选择性地进行光化学反应,研究得最多、最有成效的是用激光分离同位素。

激光化学的应用非常广泛。如,制药工业应用激光化学技术,不仅能加速药物的合成,而又可把不需要的副产品剔在一旁,使得某些药物变得更安全可靠,价格也可降低一些。又如,利用激光控制半导体,就可改进新的光学开关,从而改进电脑和通讯系统。

本 章 小 结

基本概念 反应速率;活化能与活化分子;基元反应与非基元反应;反应级数与反应分子数;速率常数;催化剂;链化学反应与光化学反应。

1. 对于反应 $0 = \sum_B \upsilon_B B$ 在定容条件下进行时,温度不变,速率定义为

$$v = \frac{d\xi}{Vdt} = \frac{1}{\upsilon_B} \cdot \frac{dc_B}{dt}$$

注意 上式定义的反应速率与选取化学反应计量方程式中哪一种物质无关,只与化学反应计量方程式的写法有关。

2. 浓度(或压力)对化学反应速率的影响,由速率方程来描述

$$v = kc_A^{n_A} c_B^{n_B}$$

3. 温度对化学反应速率的影响,由阿仑尼乌斯的定积分公式来描述

$$k = Ae^{-E_a/(RT)}$$

$$\ln k = -\frac{E_a}{RT} + \ln A$$

$$\ln \frac{k_2}{k_1} = -\frac{E_a}{R}\left(\frac{1}{T_2} - \frac{1}{T_1}\right)$$

4. 催化剂对化学反应速率的影响,主要是通过改变反应途径,降低反应的活化能,从而使速率常数变大,最终使化学反应速率提高。

注意 (1)催化剂同时加快正、逆反应速率,而且加快的倍数也相同。催化剂不仅加快正反应的速率,同时也加快逆反应的速率。因此,催化剂只能缩短反应达到平衡的时间,而不能改变化学平衡状态。

(2)催化剂只能加速热力学认为可能进行的反应,即 $\Delta_r G < 0$ 的反应。

5. 从活化能和活化分子的观点来看,增加单位体积内活化分子总数可以加快反应速率。

6. 链化学反应由链引发、链的传递和链终止 3 个阶段组成。许多重要的反应都是链化学反应。

7. 光化学反应有不同于一般热化学反应的特点。大气环境化学中许多重要的反应都是光化学反应。

习　题

1. 判断题。

(1) 反应的级数取决于反应方程式中反应物的化学计量数。　　　　　(　　)

(2) 使用催化剂可以提高反应速率而不致影响化学平衡。　　　　　(　　)

(3) 升高温度,反应速率加快。　　　　　(　　)

(4) 一般情况下,降低温度,反应速率减慢。　　　　　(　　)

(5) 加入催化剂,可以使反应物的平衡转化率增大。　　　　　(　　)

(6) 反应活化能越大,反应速率也越大。　　　　　(　　)

(7) 若反应速率方程式中浓度的指数等于反应方程式中反应物的系数,则该反应是基元反应。　　　　　(　　)

(8) 在一定温度下,对于某化学反应,随着化学反应的进行,反应速率逐渐减慢,反应速率常数逐渐变小。　　　　　(　　)

(9) 根据分子碰撞理论,具有一定能量的分子在一定方位上发生有效碰撞,才可能生成产物。　　　　　(　　)

(10) 根据质量作用定律,反应物浓度增大,则反应速率加快,所以反应速率常数增大。　　　　　(　　)

(11) 对于 A+3B ══2C 的反应,在同一时刻,用不同的反应物或产物(A 或 B 或 C)的浓度变化来表示该反应的反应速率时,其数值是不同的。但对于 A+B ══C 这类反应,在同一时刻用不同的反应物或产物的浓度变化来表示反应速率,其数值是相同的。
　　　　　(　　)

(12) 摩尔反应吉布斯函数变越大,则说明反应趋势越小,所以反应速率越小。
　　　　　(　　)

(13) 活化能是指能够发生有效碰撞的分子所具有的平均能量。　　　　　(　　)

(14) 某一反应是一个放热反应,升高温度不利于反应的进行,因此反应速率会大大减慢。　　　　　(　　)

(15) 催化剂能极大地改变化学反应速率,而其本身并不参加化学反应。　　(　　)

(16) 根据化学反应速率的表达式,某些反应的速率与反应物的浓度无关。　(　　)

2. 选择题。

(1) 升高温度可以增加化学反应速率,主要是因为　　　　　(　　)

　　A. 增加了分子总数　　　　　　　　B. 增加了活化分子百分数

　　C. 降低了反应的活化能　　　　　　D. 增加了反应的活化能

(2) 决定化学反应速率的根本因素是　　　　　(　　)

　　A. 温度和压强　　　　　　　　　　B. 反应物的浓度

　　C. 参加反应的各物质的性质　　　　D. 催化剂的加入

(3) 升高温度时,化学反应速率加快,主要是由于　　　　　(　　)

　　A. 分子运动速率加快,使反应物分子间的碰撞机会增多

　　B. 反应物分子的能量增加,活化分子百分数增大,有效碰撞次数增多,化学反应速

率加快

   C. 该化学反应的过程是放热的

   D. 该化学反应的过程是吸热的

(4)下列关于催化剂的说法,正确的是   (   )

   A. 催化剂能使不起反应的物质发生反应

   B. 催化剂在化学反应前后,化学性质和质量都不变

   C. 催化剂能改变化学反应速率

   D. 任何化学反应,都需要催化剂

(5)某具有简单级数反应的速率常数的单位是 $mol \cdot L^{-1} \cdot s^{-1}$,该化学反应的级数为

                                                               (   )

   A. 3 级   B. 2 级   C. 1 级   D. 0 级

(6)对于一定条件下进行的化学反应:$2SO_2(g) + O_2(g) \rightleftharpoons 2SO_3(g)$,改变下列条件,可以提高反应物中的活化分子百分数的是   (   )

   A. 升高温度   B. 增大压强   C. 使用催化剂   D. 增大反应物浓度

(7)对于反应:$NO + CO_2 \rightleftharpoons NO_2 + CO$ 在密闭容器中进行,下列哪些条件可加快该反应的速率   (   )

   A. 缩小体积使压强增大   B. 体积不变,充入 CO_2 使压强增大

   C. 体积不变,充入 He 气使压强增大   D. 压强不变,充入 N_2 使体积增大

(8)NO 和 CO 都是汽车尾气里的有害物质,它们能缓慢地起反应生成 N_2 和 CO_2 气体:$2NO + 2CO \rightleftharpoons N_2 + 2CO_2$,对此反应,下列叙述正确的是   (   )

   A. 使用催化剂能加快反应速率

   B. 改变压强对反应速率没有影响

   C. 冬天气温低,反应速率降低,对人体危害更大

   D. 无论外界条件怎样改变,均对此化学反应的速率无影响

(9)下列说法不正确的是   (   )

   A. 化学反应速率是通过实验测定的

   B. 升高温度,只能增大吸热反应速率,不能增大放热反应速率

   C. 对于任何反应,增大压强,相当于增大反应物的浓度,反应速率都加快

   D. 催化剂可降低反应所需的活化能,提高活化分子百分数,从而提高反应速率

(10)反应 $C(s) + H_2O(g) \rightleftharpoons CO(g) + H_2(g)$ 在一可变容积的密闭容器中进行,下列条件的改变对其反应速率几乎无影响的是   (   )

   A. 增加 C 的量

   B. 将容器的体积缩小一半

   C. 保持体积不变,充入 N_2 使体系压强增大

   D. 保持压强不变,充入 N_2 使容器体积变大

(11)下列论述正确的是   (   )

   A. 活化能的大小不一定能表示一个反应的快慢,但可以表示一反应受温度的影响

      是显著还是不显著

B.任意一种化学反应的反应速率都与反应物浓度的乘积成正比

C.任意两个反应相比,反应速率常数较大的反应,其反应速率必较大

D.根据阿累尼乌斯公式,两个不同反应只要活化能相同,在一定的温度下,其反应速率常数一定相同

(12)对于反应速率常数,以下说法正确的是　　　　　　　　　　　　　　(　　)

　A.某反应的标准摩尔吉布斯函数变越小,表明反应的反应速率常数越大

　B.一个反应的反应速率常数可通过改变温度、浓度、总压力和催化剂来改变

　C.反应速率常数在任何条件下都是常数

　D.以上说法都不对

(13)质量作用定律适用于　　　　　　　　　　　　　　　　　　　　　　(　　)

　A.化学反应方程式中反应物和产物的系数均为 1 的反应

　B.一步完成的简单反应

　C.复杂反应中的某一步基元反应,而不是总反应

　D.以上说法都不对

(14)在恒温下仅增加反应物浓度,化学反应速率加快的原因是　　　　　(　　)

　A.化学反应速率常数增大

　B.反应物的活化分子百分数增加

　C.反应的活化能下降

　D.反应物的活化分子数目增加

　E.反应物分子间有效碰撞频率增加

(15)对于一个化学反应而言,下列说法正确的是　　　　　　　　　　　(　　)

　A.标准摩尔函数变的负值越大,其反应速率越快

　B.标准摩尔吉布斯函数变的负值越大,其反向速率越快

　C.活化能越大,其反应速率越快

　D.活化能越小,其反应速率越快

(16)关于速率常数的单位,下列说法正确的是　　　　　　　　　　　　(　　)

　A. 无量纲参数　　　　　　　　　　B. $mol \cdot L^{-1} \cdot s^{-1}$

　C. s^{-1}　　　　　　　　　　　　　D.由具体反应而定

(17)以最慢速度进行的反应是　　　　　　　　　　　　　　　　　　　(　　)

　A. 小的反应物浓度和大的速率常数

　B. 小的反应物浓度和小的速率常数

　C. 大的反应物浓度和大的速率常数

　D. 大的反应物浓度和小的速率常数

(18)在体积相同的密闭容器中,反应 $2SO_2 + O_2 \Longrightarrow 2S_2O_3$ 在下列 4 种条件下开始反应,反应速率最快的是　　　　　　　　　　　　　　　　　　　　　　(　　)

　A. 在 1 000 K,5 mol SO_2 和 5 mol O_2

　B. 在 1 000 K,10 mol SO_2 和 5 mol O_2

　C. 在 1 000 K,15 mol SO_2 和 5 mol O_2

D. 在 1 000 K,20 mol SO_2 和 5 mol O_2

(19)升高相同温度,反应速率增加幅度较大的是 （ ）

A. 双分子反应   B. 三分子反应

C. 活化能大的反应   D. 活化能小的反应

(20)对于反应 A ══产物,当 A 的浓度为 0.5 mol·L^{-1}时,反应速率为 0.15 mol·L^{-1}·s^{-1}; 当 A 的浓度为 0.1 mol·L^{-1} 时,反应速率为 0.03 mol·L^{-1}·s^{-1};当 A 的浓度为 2.5 mol·L^{-1}时,则反应速率为 （ ）

A. 0.3 mol·L^{-1}·s^{-1} B. 0.75 mol·L^{-1}·s^{-1}

C. 0.45 mol·L^{-1}·s^{-1} D. 0.5 mol·L^{-1}·s^{-1}

(21)对于反应 B ══产物的反应速率常数为 8 L^2·mol^{-2}·s^{-1},若浓度消耗掉一半时的速率为 8 mol·L^{-1}·s^{-1},则起始浓度为 （ ）

A. 2 mol·L^{-1} B. 4 mol·L^{-1}

C. 8 mol·L^{-1} D. 16 mol·L^{-1}

(22)反应 A+B ══C 的速率方程为 $v=kc_A c_B^x$,若速率常数的单位为 L·mol^{-1}·s^{-1},则 x 的值为 （ ）

A. 0   B. 1   C. 2   D. 3

(23)某反应 A ══产物,其速率常数的单位为 1.5 L·mol^{-1}·s^{-1},若起始浓度为 6 mol·L^{-1},当浓度消耗掉一半时的速率为 （ ）

A. 4.5 mol·L^{-1}·s^{-1} B. 13.5 mol·L^{-1}·s^{-1}

C. 9 mol·L^{-1}·s^{-1} D. 121.5 mol·L^{-1}·s^{-1}

(24)某反应在 333 K 时的速率常数是 303 K 时的 3 倍,则反应的活化能为 （ ）

A. 3.07 kJ·mol^{-1} B. 30.7 kJ·mol^{-1}

C. 307 kJ·mol^{-1} D. 3 070 kJ·mol^{-1}

(25)对于基元反应 2A+B ══C,将 1 mol A 和 0.5 mol B 放在一只 1 L 的容器中混合,下列说法正确的是 （ ）

A. 该反应的初始速率与 2 mol A 和 1 mol B 在 1 L 的容器中反应速率之比为 0.5

B. 该反应的初始速率与 1 mol A 和 1 mol B 在 1 L 的容器中反应速率之比为 0.5

C. 该反应的初始速率与 A 用掉二分之一时的反应速率之比为 8

D. 该反应的初始速率与 A 用掉三分之二时的反应速率之比为 9

3.填空题。

(1)对于一个确定的化学反应,化学反应速率常数只与 _____ 有关,而与 _____ 无关。

(2)在化学反应中凡(一步)直接完成的反应称为 _____,而分步进行的反应称为 _____。

(3)在一定温度下,某反应从起始至达到平衡的过程中,正反应的速率将 _____,逆反应的速率将 _____,反应的平衡常数将 _____。

(4)某化学反应的速率方程表达式为 $v=k\{c(A)\}^{0.5}·\{c(B)\}^2$,若将反应物 A 的浓度增加到原来的 4 倍,则反应速率为原来的 _____ 倍;若反应的总体积增加到原来的

4 倍,则反应速率为原来的_____倍。

（5）化学动力学研究化学反应的_____、_____以及_____。

（6）在具有浓度幂乘积形式的速率方程中,比例系数 k 称为_____,它的意义是_____,其数值与_____、_____、_____等有关。

（7）一定温度下,反应的活化能越小,反应的速率常数越_____。

（8）在一定条件下,某反应的转化率为 34.6%,如果加入催化剂,则该反应的转化率将会_____（增大、不变、减小）。

（9）放射性 ^{201}Pb 的半衰期为 8 h,1 g 放射性 ^{201}Pb 在 24 h 后,还剩下_____g。

4. 某反应 298 K 时,$k_1 = 3.4 \times 10^{-5} s^{-1}$,328 K 时,$k_2 = 1.5 \times 10^{-3} s^{-1}$,计算该反应的活化能 E_a。

5. 假设某反应的指前因子 $A = 1.6 \times 10^{14} s^{-1}$,$E_a = 246.9$ kJ·mol^{-1},求其 700 K 时的速率常数 k。

6. 在 600 K 时,反应 $2NO + O_2 \Longrightarrow 2NO_2$ 的实验数据如下表所示。

$c(NO)/(mol \cdot L^{-1})$	$c(O_2)/(mol \cdot L^{-1})$	$v(NO)/[mol \cdot (L \cdot s)^{-1}]$
0.010	0.010	2.5×10^{-3}
0.010	0.020	5.0×10^{-3}
0.030	0.020	4.5×10^{-3}

（1）写出上述反应的速率方程式。

（2）试计算速率常数?

（3）当 $c(NO) = 0.015$ mol/L,$c(O_2) = 0.025$ mol/L,时,反应速率是多少?

7. 某城市位于海拔高度较高的地理位置,水的沸点为 92 ℃。在海边城市 3 min 能煮熟的鸡蛋,在该城市却花了 4.5 min 才煮熟。计算煮熟鸡蛋这一“反应”的活化能。

8. 比较浓度、温度和催化剂对反应速率的影响,有何相同、不同之处?

9. 平衡常数大的化学反应是否一定比平衡常数小的化学反应速率快?

10. 说明催化剂能够使反应速率加快的原因?

11. 在基元反应中,应注意哪些相关的问题?

12. 什么样的反应既有反应级数又有反应分子数? 什么样的反应只有反应级数而无反应分子数? 什么样的反应既无反应级数又无反应分子数?

13. 从活化分子和活化能角度分析浓度、温度和催化剂对化学反应速率有何影响?

14. 有人认为:“温度对反应速率常数的影响关系式与湿度对平衡常数的影响关系式有着相似的形式,因此这两个关系式有类似的意义。”这个推论是否确切?

15. A(g)+B(g)⟺产物,总反应一定是二级反应吗?

16. 速率常数的大小取决于哪些因素?

17. 为什么反应物间所有的碰撞并不是全部都是有效的?

第 **4** 章

酸碱平衡与沉淀平衡

第 2 章已经介绍了化学平衡的基本规律,由于在化学反应中许多重要的化学反应及平衡存在于水溶液中,而水溶液中的化学反应及平衡具有一些特殊的规律,因此本章进一步讨论水溶液中的化学平衡。化学平衡的基本规律在这里都是适用的。

溶液中的化学平衡有几大类,本章着重讨论水溶液中的酸碱平衡与沉淀溶解平衡。讨论这类平衡问题,可以了解溶液中化学反应的热力学规律,利用溶液反应来指导生产和服务社会,并通过这些反应获取产物,以为人类所用。

4.1 溶液中的酸碱平衡

4.1.1 酸碱理论

1. 酸碱电离理论

人们对于酸和碱的认识经历了漫长的过程。最初把酸定义为具有酸味,使石蕊变红;碱定义为具有涩味,使石蕊变蓝,并且能够与酸中和等。1887 年,瑞典化学家阿伦尼乌斯(S. A. Arrhenius)提出了酸碱电离理论:凡是在水溶液中电离时电离出的阳离子全部为 H^+ 的物质叫做酸;电离出的阴离子全部为 OH^- 的物质叫做碱,酸碱中和反应的实质是 H^+ 和 OH^- 发生反应生成 H_2O。

酸碱电离理论提高了人们对酸碱本质的认识,对化学发展起了很大的作用,但这个理论仍有缺陷,因为它把碱限定为氢氧化物,并把酸和碱局限在以水为溶剂的体系。事实上并非只有含 OH^- 的物质才具有碱性,如氨、Na_2CO_3、Na_3PO_4 等的水溶液也呈碱性,可作为碱来中和酸。另外,随着科学和生产的进步,越来越多的反应在非水溶液中进行,此时酸碱电离理论就无法解释了。例如,氯化氢和氨在苯中均不电离,但它们能在苯中反应生成氯化铵,与水中所得到的氯化铵完全相同,即

$$H^+(aq) + NH_3(aq) \Longrightarrow NH_4^+(aq)$$

2. 酸碱质子理论

随着科学的发展,酸碱的范围越来越广泛,鉴于对酸碱物质的性质、组成与结构认识的不断深入,1923 年,丹麦化学家布朗斯特(J. N. Brönsted)和英国化学家劳莱(T. M. Lowry)各自独立地提出了酸碱质子理论,也叫 Brönsted–Lowry 质子理论,即凡能给出质子 (H^+)的物质都是酸,如 HCl、HNO_3、NH_4^+、$H_2PO_4^-$ 等;凡能与质子结合的物质都是碱,如 NH_3、CO_3^{2-}、HPO_4^{2-} 等。简单地说,酸是质子的给予体,碱是质子的接受体,酸碱质子理论对酸碱的区分只以 H^+ 为判据。

$$酸 \rightleftharpoons 碱 + 质子$$
$$HNO_3 \rightleftharpoons NO_3^- + H^+$$
$$NH_4^+ \rightleftharpoons NH_3 + H^+$$
$$H_2PO_4^- \rightleftharpoons HPO_4^{2-} + H^+$$
$$HAc \rightleftharpoons Ac^- + H^+$$
$$HClO \rightleftharpoons ClO^- + H^+$$
$$H_2CO_3 \rightleftharpoons HCO_3^- + H^+$$
$$H_2O \rightleftharpoons OH^- + H^+$$
$$H_3O^+ \rightleftharpoons H_2O + H^+$$

酸与碱之间这种相互依存、相互转化的关系被叫做酸碱的共轭关系,即酸失去质子后形成的碱叫做该酸的共轭碱,而碱结合质子后形成的酸叫做该碱的共轭酸。酸与它的共轭碱(或碱与它的共轭酸)一起叫做共轭酸碱对。表 4.1 列出了一些常见的共轭酸碱对。

表 4.1　一些常见的共轭酸碱对

	共轭酸		共轭碱		
酸性增强	高氯酸	$HClO_4$	ClO_4^-	高氯酸根离子	碱性增强
	硫酸	H_2SO_4	HSO_4^-	硫酸氢根离子	
	氢碘酸	HI	I^-	碘离子	
	氢溴酸	HBr	Br^-	溴离子	
	盐酸	HCl	Cl^-	氯离子	
	硝酸	HNO_3	NO_3^-	硝酸根离子	
	水合氢离子	H_3O^+	H_2O	水	
	三氯醋酸	Cl_3CCOOH	Cl_3COO^-	三氯醋酸根离子	
	氢硫酸根离子	HSO_4^-	SO_4^{2-}	硫酸根离子	
	磷酸	H_3PO_4	$H_2PO_4^-$	磷酸二氢根离子	
	亚硝酸	HNO_2	NO_2^-	亚硝酸根离子	
	氢氟酸	HF	F^-	氟离子	
	醋酸	CH_3COOH	CH_3COO^-	醋酸根离子	
	碳酸	H_2CO_3	HCO_3^-	碳酸氢根离子	
	氢硫酸	H_2S	HS^-	硫氢根离子	
	铵根离子	NH_4^+	NH_3	氨	
	氢氰酸	HCN	CN^-	氰根离子	
	硫氢根离子	HS^-	S^{2-}	硫离子	
	水	H_2O	OH^-	氢氧根离子	
	氨	NH_3	NH_2^-	酰胺根离子	

质子理论扩大了酸碱的范围,除了传统的分子酸碱之外,正负离子也可以是质子酸或质子碱。因此,含有正负离子的许多盐分子也表现出酸和碱的性质。例如,CO_3^{2-} 是一种质子碱,所以传统概念中的盐 Na_2CO_3 也是一种质子碱。有些物质如 H_2O、HCO_3^-、HS^-、$H_2PO_4^-$、HPO_4^{2-}、NH_3 等既能得到质子又能失去质子,所以它们既可以做酸,又可以做碱,这些物质常称为两性物质。

3. 酸碱电子理论

1923 年,在酸碱质子理论提出的同年,美国化学家路易斯(G. N. Lewis)根据大量酸碱反应的化学键变化,提出了一种适用范围更广的酸碱理论——酸碱电子理论,即凡能接受电子对的物质是酸;凡能给出电子对的物质是碱。酸碱电子理论的实质是形成配位键的过程,即酸的价电子层中的空轨道接受碱的孤对电子,形成具有配位键的酸碱配合物。

4.1.2 溶液中的酸碱平衡

1. 一元弱酸弱碱的解离平衡

(1)弱酸弱碱的解离常数

除少数强酸、强碱外,大多数弱酸弱碱的解离平衡亦即酸碱平衡,都可用一个相应的平衡常数 K 来表征其特征。K 称为弱酸弱碱的解离平衡的平衡常数,亦称酸碱解离常数。通常用下标"a"、"b"区别弱酸和弱碱,K_a 表示弱酸解离常数,K_b 表示弱碱解离常数,其值可用热力学数据算得,也可实验测定,若明确由热力学数据算得,则可用 $K^{\ominus}$($K_a^{\ominus}$ 或 $K_b^{\ominus}$)表示。

一些常见的弱酸弱碱的解离常数见附录 4。

和所有的平衡常数一样,解离常数与温度有关,而与浓度无关(表 4.2)。但因解离常数的温度效应比较小,在室温范围内通常忽略不计。

表 4.2 不同温度下 HAc 的 $K_a^{\ominus}$

温度/K	283	293	303	313	323	333
$K_a^{\ominus}$	1.73×10^{-5}	1.75×10^{-5}	1.75×10^{-5}	1.70×10^{-5}	1.63×10^{-5}	1.54×10^{-5}

(2)一元弱酸弱碱的解离平衡

一元弱酸弱碱等弱电解质在解离时,只存在一个解离平衡。一元弱酸如 HAc、HCN,一元弱碱有 $NH_3 \cdot H_2O$ 等。

一元弱酸的解离(以醋酸 HAc 为例):

$$HAc(aq) + H_2O(l) \rightleftharpoons H_3O^+(aq) + Ac^-(aq)$$

或简写为

$$HAc(aq) \rightleftharpoons H^+(aq) + Ac^-(aq)$$

根据式(2.41),可得

$$K_a^{\ominus}(HAc) = \frac{\{c^{eq}(H^+)/c^{\ominus}\} \cdot \{c^{eq}(Ac^-)/c^{\ominus}\}}{c^{eq}(HAc)/c^{\ominus}} \tag{4.1}$$

由于 $c^{\ominus} = 1\ mol \cdot L^{-1}$,一般在不考虑 $K_a^{\ominus}$ 的单位时,可将上式简化为

$$K_a^{\ominus}(HAc) = \frac{c^{eq}(H^+) \cdot c^{eq}(Ac^-)}{c^{eq}(HAc)} \tag{4.2}$$

但应注意浓度 c 是有量纲的,在表达 c 的具体数值时应当注明其单位 $mol \cdot L^{-1}$。

设一元酸的浓度为 c,解离度为 α,则

$$K_a^{\ominus} = \frac{c\alpha \cdot c\alpha}{c(1-\alpha)} = \frac{c\alpha^2}{1-\alpha} \qquad (4.3)$$

当 α 很小时,$1-\alpha \approx 1$,则

$$K_a^{\ominus} \approx c\alpha^2 \qquad (4.4)$$

$$\alpha \approx \sqrt{K_a^{\ominus}/c} \qquad (4.5)$$

$$c^{eq}(H^+) = c\alpha \approx \sqrt{K_a^{\ominus} \cdot c} \qquad (4.6)$$

式(4.5)标明,溶液的解离度近似与其浓度的平方根呈反比,即浓度越稀,解离度越大,这个关系式叫做稀释定律。

α 和 $K_a^{\ominus}$ 都可用来表示酸的强弱,但 α 随 c 而变;在一定温度时,$K_a^{\ominus}$ 不随 c 而变,是一个常数。

例 4.1　计算 $0.100\ mol \cdot L^{-1}$ HAc 溶液中的 H^+ 浓度及其 α。

分析　这是一个已知水溶液的浓度,求算溶液中 H^+ 浓度和解离度的题。解题过程中只要知道弱酸的解离常数,即可根据相应公式进行求解。

解　从附录 4 查得 HAc 的 $K_a^{\ominus} = 1.8 \times 10^{-5}$。

直接代入式(4.6)

$$c^{eq}(H^+) \approx \sqrt{K_a^{\ominus} \cdot c} = \sqrt{1.8 \times 10^{-5} \times 0.100}\ mol \cdot L^{-1} \approx 1.34 \times 10^{-3}\ mol \cdot L^{-1}$$

直接代入式(4.5)

$$\alpha \approx \sqrt{K_a^{\ominus}/c} = \sqrt{1.8 \times 10^{-5}/0.100} \approx 1.34\%$$

注　该类题型比较简单,只要掌握了公式的含义便可容易的算出结果。下面讲解的一元弱碱的计算方法,与此例题相似,可采用同样的解题思路。

一元弱碱的解离平衡与一元弱酸相仿。

$$NH_3(aq) + H_2O(l) \rightleftharpoons NH_4^+(aq) + OH^-(aq)$$

$$K_b^{\ominus}(NH_3) = \frac{c^{eq}(NH_4^+) \cdot c^{eq}(OH^-)}{c^{eq}(NH_3)} \qquad (4.7)$$

当 α 很小时,同理可得

$$K_b^{\ominus} \approx c\alpha^2 \qquad (4.8)$$

$$\alpha \approx \sqrt{K_b^{\ominus}/c} \qquad (4.9)$$

$$c^{eq}(OH^-) = c\alpha \approx \sqrt{K_b^{\ominus} \cdot c} \qquad (4.10)$$

2. 多元弱酸弱碱的解离平衡

在水溶液中能放出多于一个氢离子的酸叫做多元酸(能接受不止一个氢离子的碱称为多元碱)。例如,H_2CO_3、H_2S、H_2SO_4、H_3PO_4 等是多元酸。

多元弱酸弱碱的解离是分步进行的,每一步的解离都构成一级解离平衡,具有一个平衡常数。只有当所有各分步解离都完全达到平衡后,该多元弱酸弱碱在水溶液中的总体解离才算达到平衡。

以二元弱酸 H_2S 的解离平衡为例,其解离是分两步进行的。

（1）一级解离

$$H_2S(aq) \Longrightarrow H^+(aq) + HS^-(aq), \quad K_{a1}^{\ominus} = \frac{c^{eq}(H^+) \cdot c^{eq}(HS^-)}{c^{eq}(H_2S)} \quad (4.11)$$

（2）二级解离

$$HS^-(aq) \Longrightarrow H^+(aq) + S^{2-}(aq), \quad K_{a2}^{\ominus} = \frac{c^{eq}(H^+) \cdot c^{eq}(S^{2-})}{c^{eq}(HS^-)} \quad (4.12)$$

式中 $K_{a1}^{\ominus}$，$K_{a2}^{\ominus}$——分别称为二元弱酸 H_2S 的一级解离常数和二级解离常数。

一般情况下，二元酸的 $K_{a1}^{\ominus} \gg K_{a2}^{\ominus}$。$H_2S$ 的二级解离使 HS^- 进一步给出 H^+，这比一级解离要困难得多，因为带有两个负电荷的 S^{2-} 对 H^+ 的吸引比带一个负电荷的 HS^- 对 H^+ 的吸引要强得多。又由于一级解离所生成的 H^+ 能促使二级解离的平衡强烈地偏向左方，所以二级解离的解离度比一级解离的解离度要小得多。计算多元酸的 H^+ 浓度时，若 $K_{a1}^{\ominus} \gg K_{a2}^{\ominus}$，则可忽略二级解离平衡，与计算一元酸 H^+ 浓度的方法相同。

例 4.2 已知 H_2S 的 $K_{a1}^{\ominus} = 1.0 \times 10^{-7}$，$K_{a2}^{\ominus} = 7.1 \times 10^{-18}$。计算在 $0.10 \ mol \cdot L^{-1} H_2S$ 溶液中 H^+ 的浓度。

分析 这是一个多元弱酸的解离平衡。H_2S 为二元酸，根据已知条件 $K_{a1}^{\ominus} \gg K_{a2}^{\ominus}$，计算该溶液中 H^+ 浓度时可忽略 $K_{a2}^{\ominus}$。已知酸的浓度，根据公式可直接求得溶液中的 H^+ 浓度。

解 根据式（4.6）得

$$c^{eq}(H^+) \approx \sqrt{K_{a1}^{\ominus} \cdot c} = \sqrt{1.0 \times 10^{-7} \times 0.10} \ mol \cdot L^{-1} \approx 1.0 \times 10^{-4} \ mol \cdot L^{-1}$$

注 对于 H_2CO_3 和 H_3PO_4 等多元酸可用类似的方法计算，多元碱与之相似。

4.1.3 水的离子积

水是最常用的重要溶剂，纯水是弱电解质，在水溶液中总存在 H_2O 本身的电离平衡，这可看作酸碱平衡的一个特例

$$H_2O(l) \Longrightarrow H^+(aq) + OH^-(aq)$$

298 K 时，实验测得在纯水中电离平衡可用一个平衡常数 K_w 来表示，即

$$K_w = c^{eq}(H^+) \cdot c^{eq}(OH^-) = 1.0 \times 10^{-14} \quad (4.13)$$

式中 K_w——水的离子积常数，简称为水的离子积。温度越高，K_w 值越大，表 4.3 列出了不同温度下水的离子积。可见，K_w 随温度的变化不明显。为了方便起见，一般在室温条件下采用 $K_w = 1.0 \times 10^{-14}$ 进行计算。该数据均在标准状态下测得。

表 4.3 不同温度下水的离子积

T/K	K_w	T/K	K_w	T/K	K_w
273	1.138×10^{-15}	298	1.009×10^{-14}	363	3.802×10^{-13}
283	2.917×10^{-15}	313	2.917×10^{-14}	373	5.495×10^{-13}
293	6.808×10^{-15}	323	5.470×10^{-14}		

4.1.4　水溶液中的 pH 值计算

溶液酸碱性的相对强弱习惯上用 pH 值表示。水溶液的酸碱性是由水溶液中的酸、碱电离造成 H^+ 和 OH^- 浓度变化的结果。因此,通过酸碱解离平衡及相应的平衡常数,可以求算溶液的 pH 值。

例 4.3　试计算浓度为 0.10 mol·L^{-1} NH_4Cl 溶液中的 H^+ 浓度及 pH 值。

分析　这个题目是根据弱酸的解离常数和浓度求算 H^+ 浓度及 pH 值的题型,题目中 NH_4^+ 为弱酸,因此根据式(4.6)即可直接求出结果。

解　　　　　　　　　　$NH_4^+(aq) + H_2O(l) \Longrightarrow NH_3(aq) + H_3O^+(aq)$

简写为　　　　　　　　　　$NH_4^+(aq) \Longrightarrow NH_3(aq) + H^+(aq)$

由于 NH_4^+ 的 $K_a^{\ominus} = 5.65 \times 10^{-10}$,则

$$c^{eq}(H^+) \approx \sqrt{K_a^{\ominus} \cdot c} = \sqrt{5.65 \times 10^{-10} \times 0.10} \ \text{mol} \cdot L^{-1} \approx 7.5 \times 10^{-6} \text{mol} \cdot L^{-1}$$

$$pH = -\lg[c^{eq}(H^+)] = -\lg(7.5 \times 10^{-6}) = 5.12$$

注　该题目比较简单,只要掌握了溶液中酸碱平衡的计算,即可求出水溶液中弱酸盐的 H^+ 浓度及 pH 值,并依此计算弱碱盐的氢氧根离子浓度及 pH 值。

顺便指出,pH 值还可以用实验方法进行测定,如用 pH 试纸或用 pH 计等。测定得知,一些常见的液体都具有一定范围的 pH 值,见表 4.4。

表 4.4　一些常见液体的 pH 值

液体	pH 值	液体	pH 值
柠檬汁	2.2~2.4	牛奶	6.3~6.6
酒	2.8~3.8	人的唾液	6.6~7.5
醋	约 3.0	饮用水	6.5~8.0
番茄汁	约 3.5	人的血液	7.3~7.5
人尿	4.8~8.4	海水	约 8.3

4.1.5　同离子效应和盐效应

1. 同离子效应

弱电解质的电离平衡和其他化学平衡一样,当溶液的浓度、温度等条件改变时,弱酸、弱碱的解离平衡会发生移动。加入与弱电解质具有相同离子的强电解质,可使弱电解质的电离受到抑制,电离度降低。例如,往 HAc 溶液中加入 NaAc,由于 Ac^- 浓度增大,使平衡向生成 HAc 的一方移动,结果就降低了 HAc 的解离度。又如,往 HF 溶液中加入 NaF(F^- 浓度增大),往 NH_3 水溶液中加入 $NH_4Cl(NH_4^+$ 浓度增大),也都会降低 HF、NH_3 等在水中的解离度。由此可见,在弱酸溶液中加入该酸的共轭碱,或在弱碱溶液中加入该碱的共轭酸,可使这些弱酸或弱碱的解离度降低。这种现象叫同离子效应。

例 4.4　向浓度为 0.10 mol·L^{-1} 的 HAc 溶液中加入固体 NaAc,使 NaAc 的浓度达 0.10 mol·L^{-1}(假设溶液的体积变化可以忽略不计),求该溶液的 H^+ 浓度和 HAc 的解离度。

分析 这是一个根据溶液中酸碱平衡的原理计算离子浓度及酸碱解离度的题型。与前面所讲的单纯酸碱溶液相比,由于同离子的加入引起原溶液离子浓度的变化,因此在求算过程中要注意把握平衡时的各物质浓度,以确保计算的准确性。

解 设加入 NaAc 后,溶液中的 H^+ 浓度为 x mol $\cdot$ L^{-1}

由 HAc 的解离平衡 $HAc(aq) \rightleftharpoons H^+(aq) + Ac^-(aq)$

起始浓度/(mol $\cdot$ L^{-1})   0.10   0   0.10(NaAc 的浓度)

平衡浓度/(mol $\cdot$ L^{-1})   0.10$-x$ x 0.10$+x$

则 $K_a^\ominus = \dfrac{\{c^{eq}(H^+)/c^\ominus\} \cdot \{c^{eq}(Ac^-)/c^\ominus\}}{c^{eq}(HAc)/c^\ominus} = \dfrac{x \cdot (0.10+x)}{0.10-x} = 1.8 \times 10^{-5}$

因为 $K_a^\ominus$ 很小,$x \ll 0.10$,则

$$0.10+x \approx 0.10 \approx 0.10-x$$

所以

$$K_a^\ominus \approx \frac{x \cdot (0.10)}{0.10} = 1.8 \times 10^{-5}$$

$$x = 1.8 \times 10^{-5} \text{mol} \cdot L^{-1}$$

即溶液中 H^+ 浓度为 1.8×10^{-5} mol $\cdot$ L^{-1}。

HAc 的解离度为

$$\alpha = 1.8 \times 10^{-5} \text{ mol} \cdot L^{-1}/(0.10 \text{ mol} \cdot L^{-1}) = 0.018\%$$

注 由于水溶液中同离子效应的存在,溶液中 H^+ 浓度及弱酸的解离度与未加同离子之前有所变化,求算此类题目时注意水溶液中同离子效应的重要性。

与例 4.1 相比,由于向浓度为 0.10 mol $\cdot$ L^{-1} 的 HAc 溶液中加入 NaAc,抑制了 HAc 的解离,使溶液中 H^+ 浓度减少,由 1.34×10^{-3} mol $\cdot$ L^{-1} 降低到 1.8×10^{-5} mol $\cdot$ L^{-1}。同时,HAc 的解离度也由原来的 1.34% 降低到 0.018%,显示出强烈的同离子效应。

2. 盐效应

在弱电解质溶液中,若加入其他强电解质盐,则该弱电解质的解离度将略有增大,这种现象称盐效应。例如,在 0.1 mol $\cdot$ L^{-1} HAc 溶液中,加入 0.1 mol $\cdot$ L^{-1} NaCl,HAc 的解离度将从 1.34% 增大到 1.68%。

盐效应的产生,是由于强电解质的加入,增大了溶液中的离子浓度,使溶液中离子间的相互牵制作用增强,即活度降低,离子结合为分子的机会减少,降低了分子化速率,因此,达到平衡时,HAc 的解离度要比未加 NaCl 时大。

可以想象,在同离子效应发生的同时,必定伴随有盐效应的发生。盐效应虽然可使弱酸或弱碱解离度增大,但是数量级一般不会改变,而同离子效应的影响要大得多。对于很稀的溶液,倘若不考虑盐效应,并不会因此引起严重误差。

4.1.6 缓冲溶液及其计算

1. 缓冲溶液

由弱酸与它们的共轭碱或弱碱与它们的共轭酸所组成的溶液,其 pH 值相对稳定,即 pH 值能在一定范围内不因稀释或外加少量酸或碱而发生显著变化。也就是说,对外加的酸和碱具有缓冲的能力。具有这种缓冲能力或缓冲作用的溶液叫缓冲溶液。

缓冲溶液为什么能抵抗少量外加酸、碱或稀释的影响,我们以 HAc-NaAc 的混合溶液为例。在 HAc-NaAc 混合溶液中,HAc 是弱电解质,解离度较小;NaAc 是强电解质,完全解离,因此溶液中含有大量的 HAc 和 Ac^-。并存在如下平衡,即

$$HAc(aq) \Longrightarrow H^+(aq) + Ac^-(aq)$$
（大量）　（少量）　（大量）

由于同离子效应,抑制了 HAc 的解离,而使 H^+ 浓度较小。当往该溶液中加入少量强酸时,H^+ 与 Ac^- 结合形成 HAc,则平衡向左移动,使溶液中 Ac^- 浓度略有减少,HAc 浓度略有增加,但溶液中 H^+ 浓度不会有显著变化。如果加入少量强碱,强碱会与 H^+ 结合,则平衡向右移动,使 HAc 浓度略有减少,Ac^- 浓度略有增加,H^+ 浓度仍不会有显著变化。

组成缓冲溶液的弱酸(或弱碱)与它们的共轭碱(或共轭酸),称为缓冲对,例如 HAc-Ac^-、NH_4^+-NH_3、$H_2PO_4^-$-HPO_4^{2-} 等,缓冲对实际就是一对共轭酸碱。可用通式来表示这种共轭酸碱之间存在的平衡,即

$$共轭酸 \Longrightarrow H^+ + 共轭碱$$

缓冲溶液的应用十分广泛,不同的用途对缓冲溶液有不同的要求,为满足这些不同的要求,需选用不同成分和不同配比的共轭酸碱组成缓冲对。根据组成缓冲对的共轭酸碱间的解离平衡,可通过计算确定符合特定要求的缓冲对的组成和配比。

2. 缓冲溶液的 pH 值及缓冲范围

调节溶液中共轭酸碱对的浓度比值以控制溶液酸(碱)度,其应用实例就是缓冲溶液。许多化学反应必须在一定酸度范围内才能进行。例如,人体血液的 pH 值要保持在 7.35 ~ 7.45 左右才能维护机体的酸碱平衡,如果酸碱度突然发生改变,就会引起"酸中毒"或"碱中毒",当 pH 值的改变超过 0.5 时,就可能会导致生命危险。

每种组成确定的缓冲溶液,都只能在某个特定的 pH 值范围内起缓冲作用,即保持 pH 值在一定范围内稳定。这个 pH 值范围即称为缓冲溶液的缓冲范围。从组成缓冲对的共轭酸碱间的解离平衡可以求算指定缓冲溶液的 pH 值及其缓冲范围。根据共轭酸碱之间的平衡,可得

$$K_a^\ominus = \frac{c^{eq}(H^+) \cdot c^{eq}(共轭碱)}{c^{eq}(共轭酸)} \tag{4.14}$$

$$c^{eq}(H^+) = K_a^\ominus \times \frac{c^{eq}(共轭酸)}{c^{eq}(共轭碱)} \tag{4.15}$$

$$pH = pK_a^\ominus - \lg \frac{c^{eq}(共轭酸)}{c^{eq}(共轭碱)} \tag{4.16}$$

例 4.5　(1)计算含有 $0.10\ mol \cdot L^{-1}$ HAc 与 $0.10\ mol \cdot L^{-1}$ NaAc 的缓冲溶液的 H^+ 浓度、pH 值和 HAc 的解离度。(2)若往 $100\ cm^3$ 上述缓冲溶液中加入 $1.00\ cm^3$ $1.00\ mol \cdot L^{-1}$ 的 HCl 溶液后,则溶液的 pH 值变为多少?

分析　这是一个求算缓冲溶液的 pH 值及酸碱解离度的题型,只要知道共轭酸碱的浓度与解离常数,即可根据公式计算出溶液中的 H^+ 浓度及溶液的 pH 值。当溶液浓度发生变化时,注意相应的离子浓度同时变化,此时再重新进行 pH 值的求解,并对比前后的变化程度。

解 （1）设溶液中 H^+ 浓度为 x，根据式（4.14），可得

$$c^{eq}(H^+) = K_a^\ominus \times \frac{c^{eq}(共轭酸)}{c^{eq}(共轭碱)} = K_a^\ominus \times \frac{c^{eq}(HAc)}{c^{eq}(Ac^-)}$$

由于 $K_a^\ominus = 1.8 \times 10^{-5}$，则

$$c^{eq}(HAc) = c(HAc) - x \approx c(HAc) = 0.10 \text{ mol} \cdot L^{-1}$$

$$c^{eq}(Ac^-) = c(Ac^-) + x \approx c(Ac^-) = 0.10 \text{ mol} \cdot L^{-1}$$

所以 $\qquad c^{eq}(H^+) \approx (1.8 \times 10^{-5} \times 0.10/0.10) \text{ mol} \cdot L^{-1} = 1.8 \times 10^{-5} \text{ mol} \cdot L^{-1}$

根据式（4.16）可得

$$pH = pK_a^\ominus - \lg \frac{c^{eq}(共轭酸)}{c^{eq}(共轭碱)} = pK_a^\ominus - \lg \frac{c^{eq}(HAc)}{c^{eq}(Ac^-)} \approx 4.74 - \lg(0.1/0.1) = 4.74$$

由于 $c = c^{eq}(HAc) \approx 0.10 \text{ mol} \cdot L^{-1}$，所以 HAc 的解离度为

$$\alpha \approx \frac{1.8 \times 10^{-5} \text{ mol} \cdot L^{-1}}{0.10 \text{ mol} \cdot L^{-1}} \times 100\% = 0.018\%$$

（2）加入的 $1.00 \text{ mol} \cdot L^{-1}$ HCl 由于稀释，浓度变为

$$\frac{1.00 \text{ cm}^3}{(100 + 1.00) \text{ cm}^3} \times 1.00 \text{ mol} \cdot L^{-1} \approx 0.01 \text{ mol} \cdot L^{-1}$$

因 HCl 在溶液中完全解离，加入的 $c(H^+) = 0.01 \text{ mol} \cdot L^{-1}$，由于加入的 H^+ 的量相对于缓冲溶液中 Ac^- 的量来说是较小的，可以认为这些加入的 H^+ 可与 Ac^- 完全结合成 HAc 分子，从而使溶液中 Ac^- 浓度减小，HAc 浓度增大。若忽略体积改变的微小影响，则

$$c^{eq}(HAc) \approx (0.10 + 0.01 - x) \text{ mol} \cdot L^{-1} = (0.11 - x) \text{ mol} \cdot L^{-1}$$

$$c^{eq}(Ac^-) \approx (0.10 - 0.01 + x) \text{ mol} \cdot L^{-1} = (0.09 + x) \text{ mol} \cdot L^{-1}$$

$$pH \approx 4.74 - \lg \frac{0.11 - x}{0.09 + x} \approx 4.74 - \lg \frac{0.11}{0.09} = 4.65$$

注 上述缓冲溶液不加盐酸时，pH 值为 4.74；加入 1.00 cm^3 $1.00 \text{ mol} \cdot L^{-1}$ HCl 后，pH 值为 4.65，两者相差 0.09，说明 pH 值基本不变。若加入 1.00 cm^3 $1.00 \text{ mol} \cdot L^{-1}$ NaOH 溶液后，则 pH 值为 4.83（读者可自行计算），也基本不变。

显然，当加入大量的强酸或强碱，溶液中的弱酸及其共轭碱或弱碱及其共轭酸中的一种消耗将尽时，就失去缓冲能力了。所以，任何一种缓冲溶液能保持缓冲作用的能力是有一定限度的。

缓冲溶液的应用十分广泛。例如，金属器件进行电镀时的电镀液中，常用缓冲溶液来控制一定的 pH 值。在制革、染料等工业以及化学分析中也需应用缓冲溶液。在土壤中，由于含有 H_2CO_3-$NaHCO_3$ 和 NaH_2PO_4-Na_2HPO_4 以及其他有机弱酸及其共轭碱所组成的复杂的缓冲系统，能使土壤维持一定的 pH 值，从而保证了植物的正常生长。

在实际工作中常会遇到缓冲溶液的选择的问题。从式（4.16）可以看出，缓冲溶液的 pH 值取决于缓冲对或共轭酸碱对中的 K_a 值以及缓冲对的两种物质浓度之比值。缓冲对中任意一种物质的浓度过小都会使溶液丧失缓冲能力。因此两者浓度之比值最好趋近于 1。如果此比值为 1，则

$$c^{eq}(H^+) = K_a^\ominus$$

$$pH = pK_a^{\ominus}$$

所以,在选择具有一定 pH 值的缓冲溶液时,应当选用 $pK_a^{\ominus}$ 接近或等于该 pH 值的弱酸与其共轭碱的混合溶液。例如,如果需要 pH = 5 左右的缓冲溶液,选用 HAc – Ac⁻(HAc–NaAc)的混合溶液比较适宜,因为 HAc 的 $pK_a^{\ominus}$ 等于 4.74,与所需的 pH 值接近。同样,如果需要 pH=9、pH=7 左右的缓冲溶液,则可以分别选用 NH_3 – NH_4^+(NH_3 – NH_4Cl)、$H_2PO_4^-$ – HPO_4^{2-} (KH_2PO_4 – Na_2HPO_4)的混合溶液。

4.1.7　盐的水解

某些盐类溶于水中会呈现出一定的酸碱性,见表 4.5。

表 4.5　一些典型盐溶液的 pH 值

盐的类型	0.1 mol·L⁻¹ 溶液	pH 值
强酸强碱盐	NaCl	7
弱酸强碱盐	NaAc	8.88
弱碱强酸盐	(NH_4)₂SO_4	4.96
弱酸弱碱盐	NH_4Ac	7
	NH_4CO_2H	6.5
	NH_4CN	9.3

其中,弱酸弱碱盐的 pH 值由弱酸和弱碱的离子强度决定。盐本身不具有 H⁺ 或 OH⁻,但呈现一定酸碱性,说明发生了盐的水解作用,即盐的阳离子或阴离子和水电离出来的 H⁺ 或 OH⁻ 结合生成弱酸或弱碱,使水的解离平衡发生移动。

盐类的水解反应是酸碱中和反应的逆反应。按酸碱质子理论,无论水解还是中和反应,其实都是质子转移过程,是两对共轭酸碱之间争夺质子的平衡,应属酸碱平衡之列,因此处理这类溶液的计算方法与弱酸弱碱溶液的方法类似。水解平衡和一切酸碱平衡一样,可用平衡常数来表征其平衡特征,$K_h^{\ominus}$ 称为盐类的水解常数。我们按照形成的酸、碱的强弱情况,分别进行讨论。

1. 弱酸强碱盐

以 NaAc 为例(显碱性)。

$$NaAc(aq) \Longrightarrow Na^+(aq) + Ac^-(aq)$$
$$H_2O(l) \Longrightarrow OH^-(aq) + H^+(aq)$$
$$Ac^-(aq) + H^+(aq) \Longrightarrow HAc(aq)$$

NaAc 在水中完全电离为 Na⁺ 和 Ac⁻,水也微弱地电离出 H⁺ 和 OH⁻。由于 H⁺ 和 Ac⁻ 结合成弱电解质 HAc,使得溶液中的 H⁺ 浓度下降,平衡时溶液中 H⁺ 浓度小于 OH⁻ 浓度,溶液显碱性。

水解度 h、水解常数 $K_h^{\ominus}$ 和盐浓度 c 之间的关系为

$$Ac^-(aq) + H_2O(l) \Longrightarrow HAc(aq) + OH^-(aq)$$

起始浓度　　　　　　c　　　　　　　　　　0　　　　　　0

平衡浓度 $\qquad c(1-h) \qquad\qquad ch \qquad\qquad ch$

$h = \dfrac{\text{已水解的浓度}}{\text{盐的起始浓度}} \times 100\%$， $\quad K_h^{\ominus} = \dfrac{c^{eq}(\text{HAc}) \cdot c^{eq}(\text{OH}^-)}{c^{eq}(\text{Ac}^-)} = \dfrac{ch \cdot ch}{c(1-h)}$

当 $K_h^{\ominus}$ 较小时，$1-h \approx 1$，则有

$$K_h^{\ominus} = ch^2$$

因为 NaAc 的水解平衡是 HAc 和 H_2O 的解离平衡的共同结果，因此水解平衡中同时存在以下平衡，即

$$K_w = c^{eq}(\text{H}^+) \cdot c^{eq}(\text{OH}^-) = 1.0 \times 10^{-14}$$

$$K_a^{\ominus} = \dfrac{c^{eq}(\text{H}^+) \cdot c^{eq}(\text{Ac}^-)}{c^{eq}(\text{HAc})}$$

溶液中 H^+ 浓度必然同时满足两个平衡的要求，故有

$$K_h^{\ominus} = \dfrac{K_w}{K_a^{\ominus}} = \dfrac{c^{eq}(\text{HAc}) \cdot c^{eq}(\text{OH}^-)}{c^{eq}(\text{Ac}^-)} \tag{4.17}$$

$$c^{eq}(\text{OH}^-) = \sqrt{K_h^{\ominus} \cdot c_{\text{盐}}} = \sqrt{\dfrac{K_w}{K_a^{\ominus}} c_{\text{盐}}} \tag{4.18}$$

例 4.6 求 $0.10 \ \text{mol} \cdot \text{L}^{-1}$ 的 NaAc 溶液的 pH 值和水解度 h，已知 $K_a^{\ominus}(\text{HAc}) = 1.8 \times 10^{-5}$。

解 $\quad c^{eq}(\text{OH}^-) = \sqrt{\dfrac{K_w}{K_a^{\ominus}} c_{\text{盐}}} = \sqrt{\dfrac{0.10 \times 10^{-14}}{1.8 \times 10^{-5}}} \ \text{mol} \cdot \text{L}^{-1} \approx 7.5 \times 10^{-6} \text{mol} \cdot \text{L}^{-1}$

$\text{pOH} = -\lg[c^{eq}(\text{OH}^-)] = -\lg(7.5 \times 10^{-6}) = 5.1, \quad \text{pH} = 14 - 5.1 = 8.9$

$$h = \dfrac{c^{eq}(\text{OH}^-)}{c} \times 100\% = \dfrac{7.5 \times 10^{-6}}{0.10} \times 100\% = 0.007 \ 5\%$$

2. 弱碱强酸盐

以 NH_4Cl 为例（显酸性）。

$$\text{NH}_4\text{Cl}(\text{aq}) \Longrightarrow \text{NH}_4^+(\text{aq}) + \text{Cl}^-(\text{aq})$$

$$\text{H}_2\text{O}(\text{l}) \Longrightarrow \text{OH}^-(\text{aq}) + \text{H}^+(\text{aq})$$

$$\text{NH}_4^+(\text{aq}) + \text{OH}^-(\text{aq}) \Longrightarrow \text{NH}_3 \cdot \text{H}_2\text{O}(\text{aq})$$

NH_4^+ 和 OH^- 结合成弱电解质 $NH_3 \cdot H_2O$，使得溶液中 OH^- 浓度下降。这样，水的电离平衡向右移动，溶液中的 H^+ 浓度增大。平衡时溶液中 H^+ 浓度大于 OH^- 浓度，溶液显酸性。

与上述弱酸强碱盐类似，因为 NH_4Cl 的水解平衡是 NH_3 和 H_2O 的解离平衡的共同结果，因此水解平衡中同时存在以下平衡，即

$$K_w = c^{eq}(\text{H}^+) \cdot c^{eq}(\text{OH}^-) = 1.0 \times 10^{-14}$$

$$K_b^{\ominus} = \dfrac{c^{eq}(\text{NH}_4^+) \cdot c^{eq}(\text{OH}^-)}{c^{eq}(\text{NH}_3)}$$

溶液中 OH^- 浓度必然同时满足两个平衡的要求，故有

$$K_h^{\ominus} = \dfrac{K_w}{K_b^{\ominus}} = \dfrac{c^{eq}(\text{NH}_3) \cdot c^{eq}(\text{H}^+)}{c^{eq}(\text{NH}_4^+)} \tag{4.19}$$

$$c^{eq}(H^+) = \sqrt{K_h^{\ominus} \cdot c_{\text{盐}}} = \sqrt{\frac{K_w}{K_b^{\ominus}} c_{\text{盐}}} \qquad (4.20)$$

例 4.7 求 $0.10\ \text{mol} \cdot \text{L}^{-1}$ 的 NH_4Cl 溶液的 pH 值，已知 $K_b^{\ominus}(\text{NH}_3) = 1.8 \times 10^{-5}$。

解 $c^{eq}(H^+) = \sqrt{\dfrac{K_w}{K_b^{\ominus}} c_{\text{盐}}} = \sqrt{\dfrac{0.10 \times 10^{-14}}{1.8 \times 10^{-5}}}\ \text{mol} \cdot \text{L}^{-1} \approx 7.5 \times 10^{-6}\ \text{mol} \cdot \text{L}^{-1}$

$$\text{pH} = -\lg(7.5 \times 10^{-6}) = 5.1$$

3. 弱酸弱碱盐

以 NH_4Ac 为例。

$$\text{NH}_4\text{Ac}(aq) \Longrightarrow \text{NH}_4^+(aq) + \text{Ac}^-(aq)$$

$$\text{H}_2\text{O}(l) \Longrightarrow \text{OH}^-(aq) + \text{H}^+(aq)$$

$$\text{NH}_4^+(aq) + \text{OH}^-(aq) \Longrightarrow \text{NH}_3 \cdot \text{H}_2\text{O}(aq)$$

$$\text{Ac}^-(aq) + \text{H}^+(aq) \Longrightarrow \text{HAc}(aq)$$

这一过程可写成

$$\text{NH}_4^+(aq) + \text{Ac}^-(aq) \Longrightarrow \text{NH}_3(aq) + \text{HAc}(aq)$$

$$K_h^{\ominus} = \frac{c^{eq}(\text{NH}_3) \cdot c^{eq}(\text{HAc})}{c^{eq}(\text{NH}_4^+) \cdot c^{eq}(\text{Ac}^-)}$$

当弱酸弱碱盐水解平衡时，体系中同时存在以下 3 个解离平衡，即

$$K_w = c^{eq}(H^+) \cdot c^{eq}(OH^-) = 1.0 \times 10^{-14}$$

$$K_a^{\ominus} = \frac{c^{eq}(H^+) \cdot c^{eq}(\text{Ac}^-)}{c^{eq}(\text{HAc})}$$

$$K_b^{\ominus} = \frac{c^{eq}(\text{NH}_4^+) \cdot c^{eq}(OH^-)}{c^{eq}(\text{NH}_3)}$$

将 $K_a^{\ominus}$ 与 $K_b^{\ominus}$ 相乘，得

$$K_a^{\ominus} \cdot K_b^{\ominus} = \frac{c^{eq}(H^+) \cdot c^{eq}(\text{Ac}^-)}{c^{eq}(\text{HAc})} \cdot \frac{c^{eq}(\text{NH}_4^+) \cdot c^{eq}(OH^-)}{c^{eq}(\text{NH}_3)} = \frac{K_w}{K_h^{\ominus}}$$

即

$$K_h^{\ominus} = \frac{K_w}{K_a^{\ominus} \cdot K_b^{\ominus}} \qquad (4.21)$$

$$c^{eq}(H^+) = \sqrt{\frac{K_w \cdot K_a^{\ominus}}{K_b^{\ominus}}} \qquad (4.22)$$

弱酸弱碱盐的水解能相互促进，使水解进行得更彻底。而溶液的酸碱性要根据两种离子与 OH^- 和 H^+ 的结合能力来决定。应该注意的是，这种酸碱性的判断是在解离常数相差不大的条件下导出的。如果 $K_a^{\ominus}$ 与 $K_b^{\ominus}$ 相差较大，则情况要复杂得多。

上述公式使用的条件如下：

(1) $c \gg K_a^{\ominus}$，表面上看，H^+ 浓度似与浓度无关，实际上要求 c 不能太低。

(2) 要求 $K_h^{\ominus}$ 很小，即 $K_a^{\ominus} \cdot K_b^{\ominus} \gg K_w$。

例 4.8 求 $0.10\ \text{mol} \cdot \text{L}^{-1}$ 的 NH_4Ac 溶液的 pH 值和水解度 h，已知 $K_a^{\ominus}(\text{HAc}) = 1.8 \times 10^{-5}$，$K_b^{\ominus}(\text{NH}_3) = 1.8 \times 10^{-5}$。

解 因为 $c \gg K_a^\ominus$,$K_a^\ominus \cdot K_b^\ominus \to K_w$,符合使用公式的条件,所以

$$c^{eq}(H^+) = \sqrt{\frac{K_w \cdot K_a^\ominus}{K_b^\ominus}} = \sqrt{\frac{1.0 \times 10^{-14} \times 1.8 \times 10^{-5}}{1.8 \times 10^{-5}}} = 1.0 \times 10^{-7}, \quad pH = 7$$

由于 $K_a^\ominus = K_b^\ominus$,故 NH_4^+ 和 Ac^- 的水解程度相同,所以溶液呈中性。

求 Ac^- 的水解度,其关键是找出已水解的 Ac^- 浓度的代表,不能用 OH^- 浓度来代表,因为这里的 OH^- 浓度是双水解的结果,和例4.6的情形不同,应当用 HAc 浓度进行计算。

$$Ac^-(aq) + H_2O(l) \Longleftrightarrow HAc(aq) + OH^-(aq)$$

平衡时 $c/(mol \cdot L^{-1})$ 0.10 1.0×10^{-7}

$$K_h^\ominus = \frac{c^{eq}(HAc) \cdot c^{eq}(OH^-)}{c^{eq}(Ac^-)} = \frac{10^{-7} \cdot c^{eq}(HAc)}{0.10} = 5.6 \times 10^{-10}$$

$$c^{eq}(HAc) = 5.6 \times 10^{-4} mol \cdot L^{-1}$$

$$h = \frac{c^{eq}(HAc)}{c} \times 100\% = \frac{5.6 \times 10^{-4}}{0.10} \times 100\% = 0.56\%$$

可见,和例4.6中的 Ac^- 的水解度 $h = 0.007\ 5\%$ 相比较,要大得多。

例4.9 求 $0.10\ mol \cdot L^{-1}$ 的 NH_4F 溶液的 H^+ 浓度,已知 $K_a^\ominus(HF) = 6.9 \times 10^{-4}$,$K_b^\ominus(NH_3) = 1.8 \times 10^{-5}$。

解 因为 $c \gg K_a^\ominus$,$K_a^\ominus \cdot K_b^\ominus \gg K_w$,符合使用公式的条件,所以

$$c^{eq}(H^+) = \sqrt{\frac{K_w \cdot K_a^\ominus}{K_b^\ominus}} = \sqrt{\frac{1.0 \times 10^{-14} \times 6.9 \times 10^{-4}}{1.8 \times 10^{-5}}}\ mol \cdot L^{-1} = 6 \times 10^{-7} mol \cdot L^{-1}$$

可见,$c^{eq}(H^+) \neq c^{eq}(OH^-)$,说明 F^- 和 NH_4^+ 的水解程度不相同。

4. 多元弱酸(碱)盐

多元弱酸盐或多元弱碱盐的水解,是分步进行的。每步水解都独立构成一级水解平衡,可用相应的分级水解常数来表征。这和多元弱酸弱碱分步解离的道理是一样的,而每一步水解平衡的水解常数,可由相应的弱酸弱碱的分步解离常数及水的离子积常数求得。例如碳酸钠的水解:

第一步:$CO_3^{2-}(aq) + H_2O(l) \Longleftrightarrow HCO_3^-(aq) + OH^-(aq)$, $K_{h1}^\ominus = K_w/K_{a1}$

第二步:$HCO_3^-(aq) + H_2O(l) \Longleftrightarrow H_2CO_3(aq) + OH^-(aq)$, $K_{h2}^\ominus = K_w/K_{a2}$

在多元弱酸盐(或多元弱碱盐)的分步水解中,第一级水解总是最强的。一般而言,$K_{h1}^\ominus > K_{h2}^\ominus > K_{h3}^\ominus, \cdots$。因此,若要估计盐类水解对溶液 pH 值的影响,通常只需考虑盐类的第一级水解就可以了。

4.2 沉淀溶解平衡

在科学研究和工业生产中,经常要利用沉淀反应来制备材料、分离杂质、处理污水以及鉴定离子等。怎样判断沉淀能否生成? 如何使沉淀析出更趋完全? 又如何使沉淀溶解? 为了解决这些问题,就需要研究在含有难溶电解质和水的系统中所存在的固体和液体中离子之间的平衡。

所谓沉淀溶解平衡,是指某种难溶的强电解质固体在水溶液中与其组分离子间建立的平衡。如 AgCl 晶体与溶解在水溶液中的 Ag^+ 及 Cl^- 间的平衡为

$$AgCl(s) \Longrightarrow Ag^+(aq) + Cl^-(aq)$$

这种平衡必须是建立在未溶解的固体(离子晶体)与其组分离子的溶液间的平衡,平衡涉及固相和溶液相,因而这种平衡又称为多相离子平衡。而作为沉淀溶解平衡中的固相物质(沉淀),是离子晶体,属强电解质,尽管其在水中溶解度可大可小,但凡是已溶解的部分,完全是以离子的形式存在于溶液中,在溶液中不存在未电离的盐分子。

4.2.1 溶度积常数与溶度积规则

1. 溶度积

对于一个一般的难溶电解质 A_nB_m,有

$$A_nB_m(s) \Longrightarrow nA^{m+}(aq) + mB^{n-}(aq)$$

平衡时体系服从化学平衡定律,即

$$K_{sp}^{\ominus}(A_nB_m) = \{c^{eq}(A^{m+})/c^{\ominus}\}^n \{c^{eq}(B^{n-})/c^{\ominus}\}^m$$

$K_{sp}^{\ominus}$ 是难溶电解质的沉淀溶解平衡常数,称溶度积常数(简称溶度积)。它反映了物质的溶解能力。与其他平衡常数一样,$K_{sp}^{\ominus}$ 的数值既可由实验测得,也可以应用热力学数据来计算,后者需用 $K_{sp}^{\ominus}$ 表示。

溶度积常数的意义是:一定温度下,难溶电解质饱和溶液中离子浓度(严格说应为活度)的系数次方之积为一常数。

$K_{sp}^{\ominus}$ 是随温度而变化的条件常数,当温度一定时,每种固体强电解质都有确定的溶度积常数。若不特别指明温度,则是指室温,通常可用 298 K 时的常数值代替。表 4.6 列出某些常见盐的溶度积常数值,其他溶度积常数见附录 5。

表 4.6 某些物质的溶度积常数(298 K)

化学式	$K_{sp}^{\ominus}$	化学式	$K_{sp}^{\ominus}$	化学式	$K_{sp}^{\ominus}$
AgCl	1.8×10^{-10}	$CaSO_4$	1.1×10^{-4}	HgS	7.5×10^{-53}
AgBr	5.3×10^{-13}	$CaCO_3$	4.9×10^{-9}	$Mg(OH)_2$	5.1×10^{-12}
AgI	8.3×10^{-17}	CdS	1.4×10^{-29}	PbI_2	8.4×10^{-9}
Ag_2S	6.3×10^{-50}	CuS	1.2×10^{-36}	PbS	9.0×10^{-29}
Ag_2CrO_4	1.1×10^{-12}	FeS	1.6×10^{-19}	$PbSO_4$	1.8×10^{-8}
$BaSO_4$	1.1×10^{-10}	$HgCl_2$	1.4×10^{-18}	ZnS	2.9×10^{-25}

2. 溶度积与溶解度的关系

某些难溶电解质的 $K_{sp}^{\ominus}$ 可以通过其溶解度来求算,显然,通过溶度积关系式也可以确定某些难溶电解质的溶解度。它们之间可以相互换算。

所谓溶解度 s 指的是一定温度下某物质饱和溶液的浓度。

对于像 AgCl、$BaSO_4$、FeS 一类的 AB 型难溶物质 $K_{sp}^{\ominus}$ 与 s 的关系

$$K_{sp}^{\ominus} = s^2, \quad s = \sqrt{K_{sp}^{\ominus}}$$

对于像 Ag_2CrO_4、PbI_2、$Mn(OH)_2$ 一类的 A_2B 型或 AB_2 型难溶物质,$K_{sp}^{\ominus}$ 与 s 的关系是

$$K_{sp}^{\ominus} = 4s^3, \quad s = \sqrt[3]{K_{sp}^{\ominus}/4}$$

例 4.10 在 25 ℃时,AgCl 的溶度积为 1.8×10^{-10},Ag_2CrO_4 的溶度积为 1.1×10^{-12},试求 AgCl 和 Ag_2CrO_4 的溶解度(以 $mol \cdot L^{-1}$ 表示)。

分析 这是一个溶度积与溶解度关系的题型,只要掌握了不同类型难溶物质的溶度积与溶解度的关系式,知道两者中的一个即可准确求出另外一个。

解 (1)设 AgCl 的溶解度为 s_1(以 $mol \cdot L^{-1}$ 表示),则根据

$$AgCl(s) \Longrightarrow Ag^+(aq) + Cl^-(aq)$$

可得

$$s_1 = \sqrt{K_{sp}^{\ominus}} = \sqrt{1.8 \times 10^{-10}} \ mol \cdot L^{-1} \approx 1.34 \times 10^{-5} \ mol \cdot L^{-1}$$

(2)设 Ag_2CrO_4 的溶解度为 s_2(以 $mol \cdot L^{-1}$ 表示),则根据

$$Ag_2CrO_4(s) \Longrightarrow 2Ag^+(aq) + CrO_4^{2-}(aq)$$

可得

$$s_2 = \sqrt[3]{K_{sp}^{\ominus}/4} = \sqrt[3]{\frac{1.1 \times 10^{-12}}{4}} \ mol \cdot L^{-1} \approx 6.50 \times 10^{-5} \ mol \cdot L^{-1}$$

注 由例题可以看出,对于不同类型的难溶电解质,其溶解度与溶度积之间的关系是不同的。如 AgCl 和 Ag_2CrO_4 就不能直接根据它们的 $K_{sp}^{\ominus}$ 来比较它们的溶解度的大小,这时两者常常是不一致的。而对于相同类型的难溶电解质,在相同的温度下,$K_{sp}^{\ominus}$ 越大,溶解度亦越大,反之也成立。

此外,难溶电解质的溶解度与弱电解质的解离度相似,受到溶液中共同离子的影响。但溶度积 $K_{sp}^{\ominus}$ 是平衡常数,不受浓度及溶液中其他离子的影响。

3. 溶度积规则

对于任意难溶强电解质的多相离子平衡体系

$$A_nB_m(s) \Longrightarrow nA^{m+}(aq) + mB^{n-}(aq)$$

在任意情况下离子浓度幂的乘积为反应浓度熵 Q(又称"离子积"),即

$$Q = \{c(A^{m+})\}^n \cdot \{c(B^{n-})\}^m$$

则上述分析可以表示为:

(1)$Q = \{c(A^{m+})\}^n \cdot \{c(B^{n-})\}^m > K_{sp}^{\ominus}$,生成沉淀,为过饱和溶液。

(2)$Q = \{c(A^{m+})\}^n \cdot \{c(B^{n-})\}^m = K_{sp}^{\ominus}$,无沉淀生成,为饱和溶液(动态平衡)。

(3)$Q = \{c(A^{m+})\}^n \cdot \{c(B^{n-})\}^m < K_{sp}^{\ominus}$,无沉淀生成或沉淀溶解,为不饱和溶液。

这就是溶度积规则,经常用来判断沉淀的生成和溶解。实际上它是难溶电解质多相离子平衡移动规律的总结。我们可以依据这一规则,采取控制离子浓度的办法,使沉淀溶解或使溶液中的某种离子生成沉淀。

4.2.2 沉淀的生成与分步沉淀

1. 沉淀的生成

根据溶度积规则,$Q > K_{sp}^{\ominus}$ 时,沉淀生成,由此可以根据溶液中有关离子的浓度来判断是否有沉淀生成。

例 4.11　将等体积的 $0.004\ mol \cdot L^{-1}\ AgNO_3$ 和 $0.004\ mol \cdot L^{-1}\ K_2CrO_4$ 溶液混合时,判断有无 Ag_2CrO_4 沉淀析出? $K_{sp}^{\ominus}(Ag_2CrO_4) = 1.1 \times 10^{-12}$。

分析　这是一个根据溶度积规则判断有无沉淀生成的题型,通过计算难溶电解质中的反应熵 Q 与已知的溶度积 $K_{sp}^{\ominus}$ 的比较即可得出结论。

解　两溶液等体积混合,体积增加一倍,浓度各减小一半。

$$c(Ag^+) = 0.002\ mol \cdot L^{-1},\ c(Cr_2O_4^{2-}) = 0.002\ mol \cdot L^{-1}$$

$$Q = \{c(Ag^+)\}^2 \cdot \{c(Cr_2O_4^{2-})\} = 0.002^2 \times 0.002 = 8 \times 10 > K_{sp}^{\ominus}(Ag_2CrO_4) = 1.1 \times 10^{-12}$$

因此,上述混合溶液中将有 Ag_2CrO_4 沉淀生成。

注　只要准确掌握难溶电解质中各离子的浓度,计算出 Q 值,则不难判断是否有沉淀生成。

根据溶度积规则,在难溶电解质的饱和溶液中,加入含有相同离子的电解质,会使 $Q > K_{sp}^{\ominus}$,继续生成沉淀,从而使难溶电解质的溶解度降低,这种现象亦称同离子效应。

2. 分步沉淀

溶液中往往同时含有几种离子,当加入某种试剂,可能与溶液中几种离子都能反应而生成沉淀,在这种情况下沉淀反应将按什么顺序进行,可以根据溶度积规则来判断。溶液中离子浓度乘积先达到溶度积的先沉淀,后达到的后沉淀。这种由于溶度积常数的不同和溶液中实际离子浓度不同而先后沉淀的现象叫做分步沉淀。

例 4.12　向含 Cl^- 和 CrO_4^{2-} 浓度各为 $0.05\ mol \cdot L^{-1}$ 的溶液中,缓慢滴加 $AgNO_3$ 溶液。假定溶液体积的变化可忽略不计。

问:(1)先生成 AgCl 还是 Ag_2CrO_4 沉淀?

(2)当 AgCl 和 Ag_2CrO_4 开始共同沉淀时,溶液中的 Cl^- 浓度为多少?

分析　与例题 4.11 相似,这也是一个根据溶度积规则判断沉淀生成的题型。所不同的是,这个例题要分别算出每一种沉淀的生成条件,然后通过比较分析沉淀的先后次序。

解　(1)查附录 5 得 AgCl 与 Ag_2CrO_4 的溶度积常数分别为

$$Ag^+(aq) + Cl^-(aq) =\!=\!= AgCl(s),\quad K_{sp}^{\ominus} = c^{eq}(Ag^+) \cdot c^{eq}(Cl^-) = 1.8 \times 10^{-10}$$

$$2Ag^+(aq) + CrO_4^{2-}(aq) =\!=\!= Ag_2CrO_4(s),\quad K_{sp}^{\ominus} = \{c^{eq}(Ag^+)\}^2 \cdot c^{eq}(Cr_2O_4^{2-}) = 1.1 \times 10^{-12}$$

由此可求出,欲使溶液中的 Cl^- 生成 AgCl 沉淀析出,所需的 Ag^+ 浓度至少为

$$c^{eq}(Ag^+) = K_{sp}^{\ominus}(AgCl)/c^{eq}(Cl^-) = (1.8 \times 10^{-10}/0.05)\ mol \cdot L^{-1} = 3.6 \times 10^{-9}\ mol \cdot L^{-1}$$

即 $c^{eq}(Ag^+) = 3.6 \times 10^{-9}\ mol \cdot L^{-1}$ 时,溶液中的 Cl^- 即会生成 AgCl 沉淀析出。

而欲使溶液中的 CrO_4^{2-} 成 Ag_2CrO_4 沉淀析出,所需的 Ag^+ 浓度亦可同样求得

$$c^{eq}(Ag^+)' = \sqrt{K_{sp}^{\ominus}(Ag_2CrO_4)/c^{eq}(CrO_4^{2-})} = \sqrt{1.1 \times 10^{-12}/0.05}\ mol \cdot L^{-1} =$$
$$4.7 \times 10^{-6}\ mol \cdot L^{-1}$$

即 $c^{eq}(Ag^+)' = 4.7 \times 10^{-6}\ mol \cdot L^{-1}$ 时,溶液中 Ag^+ 才会生成 Ag_2CrO_4 沉淀析出。

因为 $c^{eq}(Ag^+) \ll c^{eq}(Ag^+)'$,所以向溶液中滴加 $AgNO_3$,首先沉淀析出的应是 AgCl。

(2)随 AgCl 的不断沉淀析出,溶液中剩余的 Cl^- 浓度不断降低。欲使剩下的 Cl^- 继续以 AgCl 沉淀析出,就需不断提高外加 Ag^+ 浓度。当 Ag^+ 浓度不断增加,达到满足 Ag_2CrO_4 沉淀析出的要求时,Ag_2CrO_4 就会与 AgCl 同时沉淀析出。因此,使 Ag_2CrO_4 开始沉淀析出

所需的 Ag^+ 浓度所对应的 Cl^- 浓度,也就是 $AgCl$ 与 Ag_2CrO_4 同时沉淀析出时的 Cl^- 浓度。按照溶度积规则可以求算此 Cl^- 浓度,即

$$c^{eq}(Cl^-) = K_{sp}^{\ominus}(AgCl)/c^{eq}(Ag^+)' = 1.8 \times 10^{-10}/(4.7 \times 10^{-6})\ mol \cdot L^{-1} \approx 3.8 \times 10^{-5}\ mol \cdot L^{-1}$$

即
$$c^{eq}(Cl^-) = 3.8 \times 10^{-5} mol \cdot L^{-1}$$

注 此题考查的是分步沉淀的条件,掌握了溶度积规则就不难算出题目中的答案。此类题目关键要将溶液中的离子浓度计算准确。

从此例可以看出,当上述溶液中 Ag_2CrO_4 开始沉淀析出(即 Ag_2CrO_4 与 $AgCl$ 同时沉淀析出)时,溶液中残余的 Cl^- 浓度已远小于其原始浓度,只剩 $10^{-5}\ mol \cdot L^{-1}$ 数量级了。通常可以认为这时溶液中的 Cl^- 实际上已被沉淀完全了(当然理论计算时不能认为此时 Cl^- 浓度为 0)。也就是说,在上例的情况下,当溶液中 CrO_4^{2-} 开始以 Ag_2CrO_4 沉淀析出时,Cl^- 浓度已降到很低,可以认为 Cl^- 实际上已被沉淀完全了。因此通过分步沉淀,可以很好地将同样浓度的 Cl^- 与 CrO_4^{2-} 分离。

4.2.3 沉淀的溶解与转化

1. 沉淀的溶解

在实际工作中,经常会遇到要使难溶电解质溶解的问题。根据溶度积规则,只要设法降低难溶电解质饱和溶液中有关离子的浓度,使离子浓度乘积小于它的溶度积,就有可能使难溶电解质溶解。常用的方法有下列几种。

(1)酸碱溶解法

众所周知,如果往含有 $CaCO_3$ 的饱和溶液中加入稀盐酸,能使 $CaCO_3$ 溶解,生成 CO_2 气体。这一反应的实质是利用酸碱反应使 CO_3^{2-}(碱)的浓度不断降低,难溶电解质 $CaCO_3$ 的多相离子平衡发生移动,因而使沉淀溶解。

$$CaCO_3(s) \rightleftharpoons Ca^{2+}(aq) + CO_3^{2-}(aq)$$
$$2HCl \rightleftharpoons 2Cl^-(aq) + 2H^+(aq)$$
$$CO_3^{2-}(aq) + 2H^+(aq) \rightleftharpoons H_2CO_3(aq)$$
$$H_2CO_3(aq) \rightleftharpoons H_2O(l) + CO_2(g)$$

上述过程用离子方程式表示为

$$CaCO_3(s) + 2H^+(aq) \rightleftharpoons Ca^{2+}(aq) + CO_2(g) + H_2O(l)$$

同理,对其他难溶的碱,也可用加酸的办法使之溶解。反之亦然。

(2)生成配合物使沉淀溶解

加入配位剂后,能够与难溶电解质电离出来的金属离子发生配位反应,形成稳定的配离子,从而降低溶液中金属离子的浓度,使难溶电解质不断溶解。例如,照相底片上未曝光的 $AgBr$ 可用 $Na_2S_2O_3$ 溶液($Na_2S_2O_3 \cdot 5H_2O$,俗称海波)溶解,反应式为

$$AgBr(s) + 2S_2O_3^{2-}(aq) \rightleftharpoons [Ag(S_2O_3)_2]^{3-}(aq) + Br^-(aq)$$

但 $AgBr$ 难溶于氨水溶液中,这是因为 $[Ag(S_2O_3)_2]^{3-}$ 的不稳定平衡常数 K_i(3.46×10^{-14})比 $[Ag(NH_3)_2]^+$ 的不稳定平衡常数 K_i(8.93×10^{-8})小得多,即 $[Ag(S_2O_3)_2]^{3-}$ 是更难解离的物质。

（3）发生氧化还原反应使沉淀溶解

有一些难溶于酸的硫化物，如 Ag_2S、CuS、PbS 等，它们的溶度积太小，不能像 FeS 那样溶解于非氧化性酸，但可以加入氧化性酸使之溶解。例如，加入 HNO_3 作氧化剂，使之发生下列反应，即

$$3CuS(s) \Longrightarrow 3Cu^{2+}(aq) + 3S^{2-}(aq)$$
$$8HNO_3 \Longrightarrow 8H^+(aq) + 8NO_3^-(aq)$$
$$8H^+(aq) + 3CuS(s) + 2NO_3^-(aq) \Longrightarrow 3S(s) + 2NO(g) + 4H_2O(l) + 3Cu^{2+}(aq)$$

由于 HNO_3 能将 S^{2-} 氧化为 S，从而大大降低了 S^{2-} 的浓度，使 $c(Cu^{2+}) \cdot c(S^{2-}) < K_{sp}^{\ominus}(CuS)$，从而使 CuS 溶解。

2. 沉淀的转化

在实践中，有时需要将一种沉淀转化为另一种沉淀，例如，锅炉中的锅垢的主要组分为 $CaSO_4$。由于锅垢的导热能力很小（导热系数只有钢铁的 1/50～1/30），阻碍传热，浪费燃料，还可能引起锅炉或蒸气管的爆裂，造成事故。但 $CaSO_4$ 既不溶于水也不溶于酸，因而难以除去。若用 Na_2CO_3 溶液处理，则可使 $CaSO_4$ 转化为疏松而可溶于酸的 $CaCO_3$ 沉淀，便于锅垢的清除，其反应式为

$$CaSO_4(s) \Longrightarrow SO_4^{2-}(aq) + Ca^{2+}(aq)$$
$$Na_2CO_3(s) \Longrightarrow 2Na^+(aq) + CO_3^{2-}(aq)$$
$$Ca^{2+}(aq) + CO_3^{2-}(aq) \Longrightarrow CaCO_3(s)$$

由于 $CaSO_4$ 的溶度积（$K_{sp}^{\ominus} = 1.1\times10^{-4}$）大于 $CaCO_3$ 的溶度积（$K_{sp}^{\ominus} = 4.9\times10^{-9}$），在溶液中与 $CaSO_4$ 平衡的 Ca^{2+} 与加入的 CO_3^{2-} 结合生成溶度积更小的 $CaCO_3$ 沉淀。从而降低了溶液中 Ca^{2+} 浓度，破坏了 $CaSO_4$ 的溶解平衡，使 $CaSO_4$ 不断溶解或转化。

一般来说，由一种难溶的电解质转化为更难溶的电解质的过程是很容易实现的；而反过来，由一种很难溶解的电解质转化为不太难溶解的电解质就比较困难。但应指出，沉淀的生成或转化除与溶解度或溶度积有关外，还与离子浓度有关。因此，当涉及两种溶解度或溶度积相差不大的难溶物质的转化，尤其有关离子的浓度有较大差别时，必须进行具体分析或计算，才能明确反应进行的方向。

本 章 小 结

基本概念 共轭酸碱对；弱酸解离常数 $K_a^{\ominus}$；弱碱解离常数 $K_b^{\ominus}$；同离子效应；盐效应；缓冲溶液；溶度积常数 $K_{sp}^{\ominus}$；溶度积规则。

1. 酸碱质子理论：凡能给出质子（H^+）的物质都是酸；凡能与质子结合的物质都是碱。酸碱质子理论对酸碱的区分只以 H^+ 为判据。

酸与它的共轭碱（或碱与它的共轭酸）一起叫做共轭酸碱对。

酸碱电子理论：凡能接受电子对的物质是酸；凡能给出电子对的物质是碱。

2. $K_a^{\ominus}$ 表示弱酸解离常数，$K_b^{\ominus}$ 表示弱碱解离常数，其值可用热力学数据算得，也可实验测定。弱酸弱碱的解离平衡计算如下：

（1）一元弱酸

设一元酸的浓度为 c，解离度为 α，则

$$K_a^{\ominus} = \frac{c\alpha \cdot c\alpha}{c(1-\alpha)} = \frac{c\alpha^2}{1-\alpha}$$

当 α 很小时，$1-\alpha \approx 1$，则

$$K_a^{\ominus} \approx c\alpha^2$$

$$\alpha \approx \sqrt{K_a^{\ominus}/c}$$

$$c^{eq}(H^+) = c\alpha \approx \sqrt{K_a^{\ominus} \cdot c}$$

（2）一元弱碱

$$K_b^{\ominus} \approx c\alpha^2$$

$$\alpha \approx \sqrt{K_b^{\ominus}/c}$$

$$c^{eq}(OH^-) = c\alpha \approx \sqrt{K_b^{\ominus} \cdot c}$$

（3）多元弱酸（碱）

多元弱酸（碱）是分级解离的。计算多元弱酸的 H^+ 浓度或多元弱碱的 OH^- 浓度时，以一级解离为主，因此与上述计算一元酸 H^+ 浓度或一元碱 OH^- 浓度的方法相同。

3. 同离子效应，可使弱酸或弱碱的解离度降低；盐效应，可使弱电解质的解离度略有增大。注意区分同离子效应与盐效应。

4. 缓冲溶液是由弱酸和它们的共轭碱或弱碱与它们的共轭酸所组成的溶液，其 pH 值能在一定范围内不因稀释或外加少量酸或碱而发生显著变化，即对外加的酸和碱具有缓冲的能力。缓冲溶液的 pH 值计算及 H^+ 浓度的计算如下：

$$K_a^{\ominus} = \frac{c^{eq}(H^+) \cdot c^{eq}(\text{共轭碱})}{c^{eq}(\text{共轭酸})}$$

$$c^{eq}(H^+) = K_a^{\ominus} \times \frac{c^{eq}(\text{共轭酸})}{c^{eq}(\text{共轭碱})}$$

$$pH = pK_a^{\ominus} - \lg \frac{c^{eq}(\text{共轭酸})}{c^{eq}(\text{共轭碱})}$$

当缓冲溶液中 $c^{eq}(H^+) = K_a^{\ominus}$，$pH = pK_a^{\ominus}$。所以，在选择具有一定 pH 值的缓冲溶液时，应当选用 $pK_a^{\ominus}$ 接近或等于该 pH 值的弱酸与其共轭碱的混合溶液。

5. 盐类的水解反应是酸碱中和反应的逆反应。处理这类溶液的计算方法与弱酸弱碱溶液的方法类似。$K_h^{\ominus}$ 为盐类的水解常数。

（1）弱酸强碱盐

$$K_h^{\ominus} = \frac{K_w}{K_a^{\ominus}} = \frac{c^{eq}(HAc) \cdot c^{eq}(OH^-)}{c^{eq}(Ac^-)}$$

$$c^{eq}(OH^-) = \sqrt{K_h^{\ominus} \cdot c_{\text{盐}}} = \sqrt{\frac{K_w}{K_a^{\ominus}} c_{\text{盐}}}$$

（2）弱碱强酸盐

$$K_h = \frac{K_w}{K_b^{\ominus}} = \frac{c^{eq}(NH_3) \cdot c^{eq}(H^+)}{c^{eq}(NH_4^+)}$$

$$c^{eq}(H^+) = \sqrt{K_h^\ominus \cdot c_{盐}} = \sqrt{\dfrac{K_w}{K_b^\ominus} c_{盐}}$$

（3）弱碱弱酸盐

$$K_h^\ominus = \dfrac{K_w}{K_a^\ominus \cdot K_b^\ominus}$$

$$c^{eq}(H^+) = \sqrt{\dfrac{K_w \cdot K_a^\ominus}{K_b^\ominus}}$$

（4）多元弱酸（碱）盐

多元弱酸盐或多元弱碱盐的水解是分步进行的,第一级水解总是最强的。一般而言,若要估计盐类水解对溶液 pH 值的影响,通常只需考虑盐类的第一级水解就可以了。

6. 难溶的强电解质固体在水溶液中的解离平衡即沉淀溶解平衡。

（1）溶度积 $K_{sp}^\ominus$

对于一个一般的难溶电解质 $A_n B_m$

$$A_n B_m(s) \xrightleftharpoons{} nA^{m+}(aq) + mB^{n-}(aq)$$

平衡时体系服从化学平衡定律

$$K_{sp}^\ominus(A_n B_m) = \{c^{eq}(A^{m+})/c^\ominus\}^n \{c^{eq}(B^{n-})/c^\ominus\}^m$$

（2）溶度积 $K_{sp}^\ominus$ 与溶解度 s 的关系

AB 型难溶物质: $s = \sqrt{K_{sp}^\ominus}$

$A_2 B$ 型或 AB_2 型难溶物质: $s = \sqrt[3]{K_{sp}^\ominus / 4}$

（3）溶度积规则

$Q = \{c(A^{m+})\}^n \cdot \{c(B^{n-})\}^m > K_{sp}^\ominus$,生成沉淀,为过饱和溶液。

$Q = \{c(A^{m+})\}^n \cdot \{c(B^{n-})\}^m = K_{sp}^\ominus$,无沉淀生成,为饱和溶液(动态平衡)。

$Q = \{c(A^{m+})\}^n \cdot \{c(B^{n-})\}^m < K_{sp}^\ominus$,无沉淀生成或沉淀溶解,为不饱和溶液。

溶度积规则经常用来判断沉淀的生成和溶解。依据这一规则,我们可以采取控制离子浓度的办法,使沉淀溶解或使溶液中的某种离子生成沉淀。

习　　题

1. 判断题。

（1）有一由 HAc-Ac⁻ 组成的缓冲溶液,若溶液中 $c(HAc) > c(Ac^-)$,则该缓冲溶液抵抗外来酸的能力大于抵抗外来碱的能力。　　　　　　　　　　　　　　　（　　）

（2）在混合离子溶液中,加入一种沉淀剂时,常常是溶度积小的盐首先沉淀出来。
　　　　　　　　　　　　　　　　　　　　　　　　　　　　　　　　（　　）

（3）两种分子酸 HX 溶液和 HY 溶液有同样的 pH 值,则这两种酸的浓度（mol·L⁻¹）相同。　　　　　　　　　　　　　　　　　　　　　　　　　　　（　　）

（4）强酸弱碱盐的水溶液,实际上是一种弱酸的水溶液;强碱弱酸盐的水溶液,实际上是一种弱碱的水溶液。　　　　　　　　　　　　　　　　　　　　（　　）

（5）已知 AgCl 和 Ag_2CrO_4 的溶度积分别为 1.8×10^{-10} 和 1.1×10^{-12},则 AgCl 的溶解度

大于 Ag_2CrO_4 的溶解度。 （　　）

（6）缓冲溶液是一种能够消除外来酸碱影响的溶液。 （　　）

2. 选择题。

（1）设氨水的浓度为 c，若将其稀释 1 倍，则溶液中 $c(OH^-)$ 为 （　　）

    A. $1/2c$ B. $\sqrt{K_b^{\ominus} \cdot c/2}$ C. $1/2\sqrt{K_b^{\ominus} \cdot c}$ D. $2c$

（2）下列物质中，既是质子酸，又是质子碱的是 （　　）

    A. H_2O B. NH_4^+ C. S^{2-} D. PO_4^{3-}

（3）AgCl 在下列哪种溶液中的溶解度最小 （　　）

    A. 纯水   B. 0.010 mol $\cdot$ L^{-1} 的 $MgCl_2$ 溶液

    C. 0.010 mol $\cdot$ L^{-1} 的 NaCl 溶液   D. 0.060 mol $\cdot$ L^{-1} 的 $AgNO_3$ 溶液

（4）下列试剂中能使 $CaSO_4(s)$ 溶解度增大的是 （　　）

    A. $CaCl_2$ B. Na_2SO_4 C. NH_4Ac D. H_2O

（5）若有 A^{2+} 和 B^- 两种离子可以形成相应的难溶盐，则产生沉淀的条件是 （　　）

    A. $c(A^{2+}) \cdot c^2(B^-) > K_{sp}^{\ominus}$ B. $c(A^{2+}) \cdot c^2(B^-) < K_{sp}^{\ominus}$

    C. $c(A^{2+}) \cdot c(B^-) > K_{sp}^{\ominus}$ D. $c(A^{2+}) \cdot c(B^-) < K_{sp}^{\ominus}$

（6）往 1 L 0.1 mol $\cdot$ L^{-1} HAc 溶液中加入一些 NaAc 晶体并使之溶解，会发生的情况是 （　　）

    A. HAc 的解离度增大   B. HAc 的解离度减小

    C. 溶液的 pH 值减小   D. 溶液的 pH 值不变

3. 填空题。

（1）在 $BaSO_4$ 和 AgCl 的饱和溶液中加入 KNO_3，则 $BaSO_4$ 的溶解度会 _____，AgCl 的溶解度会 _____，这种现象称为 _____。

（2）某难溶电解质 A_3B_2 在水中的解离度 $s = 1.0 \times 10^{-6}$ mol $\cdot$ L^{-1}，则在饱和溶液中 $c(A^{2+}) =$ _____，$c(B^{3-}) =$ _____，$K_{sp}^{\ominus}(A_3B_2) =$ _____。（设 A_3B_2 溶解后完全溶解，且无副反应发生。）

（3）在下列各系统中，各加入约 1.00 g NH_4Cl 固体并使其溶解，对所指定的性质（定性地）影响如何？并简单指出原因。

①10.0 cm^3 0.100 mol $\cdot$ L^{-1} HCl 溶液（pH 值）_____。

②10.0 cm^3 0.100 mol $\cdot$ L^{-1} NH_3 水溶液（氨在水溶液中的溶解度）_____。

③10.0 cm^3 纯水（pH 值）_____。

④10.0 cm^3 带有 $PbCl_2$ 沉淀的饱和溶液（$PbCl_2$ 的溶解度）_____。

4. 根据酸碱质子理论，写出下列各物质的共轭酸或共轭碱。

（1）写出下列物质的共轭酸。

$$CO_3^{2-}, HS^-, H_2O, HPO_4^{2-}, NH_3, S^{2-}$$

（2）写出下列物质的共轭碱。

$$H_3PO_4, HAc, HS^-, HNO_2, HClO, H_2CO_3$$

5. 分别计算 298 K 时 0.100 mol $\cdot$ L^{-1} 盐酸和 0.100 mol $\cdot$ L^{-1} 醋酸的 H$^+$ 浓度，哪一种

溶液的酸度较大? pH 值分别为多少?

6. 设 0.010 mol·L^{-1}氢氰酸(HCN)溶液的解离度为 0.010%,试求该温度下 HCN 的解离常数。

7. 计算 0.050 mol·L^{-1}次氯酸(HClO)溶液中的 H$^+$浓度和次氯酸的解离度。

8. 已知氨水的浓度为 0.200 mol·L^{-1}。

(1)求该溶液中的 OH$^-$的浓度、pH 值和氨的解离度。

(2)在上述溶液中加入 NH$_4$Cl 晶体,使其溶解后 NH$_4$Cl 的浓度为 0.200 mol·L^{-1}。求所得溶液的 OH$^-$的浓度、pH 值和氨的解离度。

(3)比较上述(1)、(2)两小题的计算结果,说明了什么?

9. 今有一弱酸 HX 在 0.100 mol·L^{-1}溶液中有 2.0% 的弱酸解离,试计算:

(1)HX 的解离常数。

(2)0.100 mol·L^{-1}HX 溶液 50 cm^3 与 0.100 mol·L^{-1}NaOH 溶液 25 cm^{3}混合后,pH 值为多少?

(3)HX 在 0.050 mol·L^{-1}溶液中的解离度。

10. 取 50.0 cm^3 0.100 mol·L^{-1}某一元弱酸溶液,与 20.0 cm^3 0.100 mol·L^{-1}KOH 溶液混合,将混合溶液稀释至 100 cm^3,测得此溶液的 pH 值为 5.25。求此一元弱酸的解离常数。

11. 计算 0.100 mol·L^{-1}(NH$_4$)$_2$SO$_4$溶液的 pH 值和水解度,已知 $K_b^{\ominus}$(NH$_3$)=1.8×10^{-5}。

12. 在 100 cm^3 0.100 mol·L^{-1}氨水中加入 1.07 g NH$_4$Cl,溶液的 pH 值为多少? 在此溶液中再加入 100 cm^{3}水,pH 值有何变化?

13. 现有 125 cm^3 1.0 mol·L^{-1}NaAc 溶液,欲配制 250 cm^{3}pH 值为 5.0 的缓冲溶液,需加入 6.0 mol·L^{-1}HAc 溶液多少立方厘米?

14. 应用标准热力学数据计算 298.15 K 时 AgCl 的溶度积常数。

15. 回答下列问题:

(1)为什么 Al$_2$S$_3$在水溶液中不能存在?

(2)为什么 Al$_2$(SO$_4$)$_3$和 Na$_2$CO$_3$溶液混合立即产生 CO$_2$ 气体?

16. 计算 BaSO$_4$在 0.100 mol·L^{-1}Na$_2$SO$_4$溶液中的溶解度,并与其在水中的溶解度比较,已知 $K_{sp}^{\ominus}$(BaSO$_4$)=1.1×10^{-10}。

17. 已知在室温下 Mg(OH)$_2$的溶解度 1.12×10^{-4}mol·L^{-1},求室温下 Mg(OH)$_2$的溶度积常数 $K_{sp}^{\ominus}$。

18. 某溶液中含 Pb^{2+}和 Ba^{2+},它们的浓度分别为 0.010 mol·L^{-1}和 0.100 mol·L^{-1},向此溶液中滴加 K$_2$CrO$_4$溶液,已知 $K_{sp}^{\ominus}$(BaCrO$_4$)=1.2×10^{-10},$K_{sp}^{\ominus}$(PbCrO$_4$)=2.8×10^{-13}。问:

(1)哪种离子先沉淀?

(2)两者有无进行分离的可能?

19. 在 ZnSO$_4$溶液中通入 H$_2$S 气体只出现少量的白色沉淀,但若在通入 H$_2$S 之前,加入适量固体 NaAc 则可形成大量的沉淀,为什么?

20. 根据 PbI_2 的溶度积,计算(在 25 ℃时):

(1)PbI_2 在水中的溶解度($mol \cdot L^{-1}$)。

(2)PbI_2 饱和溶液中 Pb^{2+} 和 I^- 的浓度。

(3)PbI_2 在 0.010 $mol \cdot L^{-1}$ KI 的饱和溶液中 Pb^{2+} 的浓度。

(4)PbI_2 在 0.010 $mol \cdot L^{-1}$ $Pb(NO_3)_2$ 溶液中的溶解度($mol \cdot L^{-1}$)。

21. 工业废水的排放标准规定 Cd^{2+} 降到 0.100 $mg \cdot L^{-1}$ 以下即可排放。若用加消石灰中和沉淀法除去 Cd^{2+},按理论上计算,废水溶液中的 pH 值至少应为多少?

第5章

电化学基础

所有的化学反应均可被划分为两类:一类是氧化还原反应;另一类是非氧化还原反应。前面所学习的酸碱反应和沉淀反应都是非氧化还原反应。氧化还原反应中,电子从一种物质转移到另一种物质,相应某些元素的氧化值发生了改变。这是一类非常重要的反应。早在远古时代,"燃烧"这一最早被应用的氧化还原反应促进了人类的进化。地球上植物的光合作用也是氧化还原反应过程。据估计,每年通过光合作用储存了大约 10^{17} kJ 的能量。同时将 10^{10} t 的碳转换为碳水化合物和其他有机物。食物、天然纤维(如棉花)和矿物燃料等均来自于光合作用;光合作用还产生了人和动物呼吸以及燃料燃烧所需要的氧气。人体动脉血液中的血红蛋白(Hb)同氧气结合形成氧合血红蛋白(HbO_2),通过血液循环氧被输送到体内各部分,以氧合肌红蛋白(MbO_2)的形式将氧贮存起来,直到人劳动和工作需要氧的时候,氧合肌红蛋白(MbO_2)释放出氧将葡萄糖氧化,并放出能量。就是这种体内的缓慢"燃烧"反应使生命得以维持和生长。

在现代社会中,金属冶炼高能燃料和众多化工产品的合成都涉及氧化还原反应。电化学作为化学的一门重要分支学科,在化学电源、电解、电化学加工、金属腐蚀及防护等许多方面有广泛的应用;在工农业生产,国防建设,人们的日常生活和科学研究中也起着重要的作用。电化学是研究化学能与电能相互转化的过程及其规律的科学。在电池中自发的氧化还原反应的化学能转化为电能;相反,在电解池中电能将促使非自发的氧化还原反应发生,将电能转化为化学能。

本章将以原电池作为讨论氧化还原反应的物理模型,研究原电池和电解池原理。并根据原电池原理介绍金属的腐蚀与防护,依据电解池原理介绍电解在工程实际中的应用。主要阐述电极电势的概念及影响电极电势的因素,分析了电极电势在化学中的应用。

5.1 氧化还原反应

5.1.1 氧化还原反应的基本概念

1.氧化值

1970 年,国际纯化学和应用化学学会(IUPAC)定义氧化值(oxidation number)的概念为:氧化值(又称氧化数)是指某元素一个原子的表观电荷数。其数值取决于原子形成分子时的得失电子数或偏移的电子数。在化学反应中,当原子的价电子失去或偏离它时,此原子具有正氧化值。当原子获得电子或有电子偏向它时,此原子具有负氧化值。确定元素原子氧化值有下列原则:

(1)单质的氧化数为零。因同一元素的电负性相同,在形成化学键时不发生电子的转移或偏离。例如:S_8 中的 S,Cl_2 中的 Cl,H_2 中的 H,金属 Cu、Al 等,氧化值均为零。

(2)氢在化合物中的氧化数一般为+1,但在活泼金属的氢化物(如 NaH、CaH_2)中,氢的氧化值为 −1。

(3)氧在化合物中的氧化值一般为 −2,但在过氧化物(如 H_2O_2、BaO_2)中,氧的氧化值为 −1;在超氧化物(如 KO_2)中,氧的氧化值为 −1/2,;在氟的氧化物 O_2F_2 和 OF_2 中,氧的氧化值分别为+1 和+2。

(4)单原子离子元素的氧化数等于它所带的电荷数。如碱金属的氧化数为 +1,碱土金属的氧化值为+2。

(5)在所有的氟化物中,氟的氧化值为−1。

(6)在单原子离子中,元素的氧化值等于离子所带的电荷数。

(7)在多原子的分子中所有元素的原子氧化数的代数和等于零;在多原子的离子中所有元素的原子氧值数的代数和等于离子所带的电荷数。

根据以上规则,我们既可以计算化合物分子中各种组成元素原子的氧化值,亦可以计算多原子离子中各组成元素原子的氧化值。例如:

MnO_4^- 中 Mn 的氧化值为 x,则 $x+4\times(-2)=-1$,即 $x=7$。

$Cr_2O_7^{2-}$ 中 Cr 的氧化值为 x,则 $2x+7\times(-2)=-2$,即 $x=6$。

由于氧化值是在指定条件下的计算结果,所以氧化数不一定是整数。如在连四硫酸根离子($S_4O_6^{2-}$)中,S 的氧化数为 5/2。这是由于分子中同一元素的硫原子处于不同的氧化态,而按上法计算的是 S 元素氧化数的平均值,所以氧化值有非整数出现。

2. 氧化还原反应与氧化还原电对

氧化还原反应是有电子转移(或共用电子对偏移)的化学反应。在氧化还原反应中,氧化是失去电子的过程,氧化数升高;还原是得到电子的过程,氧化数降低;发生氧化反应的物质是还原剂,发生还原反应的物质是氧化剂。

例如:

$$Zn+Cu^{2+}\longrightarrow Zn^{2+}+Cu$$

失去 $2e^-$,氧化值升高(被氧化)

得到 $2e^-$,氧化值降低(被还原)

此反应可分为以下两个部分:

氧化反应: $\quad Zn-2e^- \rightleftharpoons Zn^{2+}$ (1)

还原反应: $\quad Cu^{2+}+2e^- \rightleftharpoons Cu$ (2)

反应式(1)和(2)都称为半反应,氧化还原反应是两个半反应之和,每个半反应包括同一种元素的两种不同氧化值形式。同一元素的不同氧化值物质,就组成了一个氧化还原电对,简称电对。电对中氧化值较大的物质价态称为氧化态(Ox),氧化值较小的物质价态称为还原态(Red),电对通常用氧化态/还原态表示,氧化态物质(即氧化值较高)在左,还原态物质在右,即 Zn^{2+}/Zn 和 Cu^{2+}/Cu。半反应式可写为:

$$氧化态(Ox) + ne^- \Longrightarrow 还原态(Red) \tag{3}$$

可见,每个半反应对应一个电对,每个电对中,氧化型物质与还原型物质之间的共轭关系:

电对 Fe^{3+}/Fe^{2+} 对应半反应为:

$$Fe^{3+} + e^- \Longrightarrow Fe^{2+}$$

电对 MnO_4^-/Mn^{2+} 对应半反应为:

$$MnO_4^- + 5e^- + 8H^+ \Longrightarrow Mn^{2+} + 4H_2O$$

5.1.2　氧化还原反应方程式的配平

氧化还原反应往往比较复杂,因为涉及电子的得失或公用电子对的偏移。参加反应的物质比较多,反应产物也因反应物和介质、反应条件的不同而不同,因此反应方程式也比较复杂。配平氧化还原反应方程式,常用的方法有氧化值法和离子电子法。

1. 氧化值法

氧化值法配平的原则是:还原剂氧化值升高的总数和氧化剂氧化值降低的总数相等,反应前后各元素的原子总数相等。其配平步骤如下:

(1)写出化学反应方程式;

(2)确定有关元素氧化态升高及降低的数值;

(3)确定氧化值升高及降低的数值的最小公倍数。找出氧化剂、还原剂的系数。核对,可用 H^+,OH^-,H_2O 配平。

例如:

$$HClO_3 + P_4 \longrightarrow HCl + H_3PO_4$$

$$Cl^{5+} \longrightarrow Cl^-(氧化值降低6)$$

$$P_4 \longrightarrow 4PO_4^{3-}(氧化值升高20)$$

$$10HClO_3 + 3P_4 \longrightarrow 10HCl + 12H_3PO_4$$

$$10HClO_3 + 3P_4 + 18H_2O \longrightarrow 10HCl + 12H_3PO_4$$

方程式左边比右边少 36 个 H 原子,少 18 个 O 原子,应在左边加 18 个 H_2O。

例如:

$$As_2S_3 + HNO_3 \longrightarrow H_3AsO_4 + H_2SO_4 + NO$$

氧化值升高的元素:

$$2As^{3+} \longrightarrow 2As^{5+}(升高4)$$

$$3S^{2-} \longrightarrow 3S^{6+}(升高24)$$

$$N^{5+} \longrightarrow N^{2+}(降低3)$$

$$3As_2S_3 + 28HNO_3 \longrightarrow 6H_3AsO_4 + 9H_2SO_4 + 28NO$$

左边 28 个 H,84 个 O;右边 36 个 H,88 个 O,左边比右边少 8 个 H,少 4 个 O。

$$3As_2S_3 + 28HNO_3 + 4H_2O \longrightarrow 6H_3AsO_4 + 9H_2SO_4 + 28NO$$

2. 离子电子法

离子电子法配平的原则是:反应过程中氧化剂得到的电子数必等于还原剂及失去的

电子数,反应前后各元素的原子总数相等。其配平步骤如下:

(1)用反应过程中氧化值出现变化的离子写成一个没有配平的离子方程式:

$$MnO_4^{2-} + SO_3^{2-} \longrightarrow Mn^{2+} + SO_4^{2-}$$

(2)将上面未配平的离子方程式分写为两个半反应式,一个代表氧化剂的还原反应;另一个代表还原剂的氧化反应。

$$MnO_4^{2-} \longrightarrow Mn^{2+}, \quad SO_3^{2-} \longrightarrow SO_4^{2-}$$

(3)分别配平两个半反应式。配平时首先配平原子数,然后在半反应的左边或右边加上适当电子数来配平电荷数。以使半反应式两侧各种原子的总数及净电荷数相等。

MnO_4^{2-} 还原为 Mn^{2+} 时,要减少 4 个氧原子,在酸性介质中,要与 8 个 H^+ 结合生成 4 个 H_2O 分子。

$$MnO_4^{2-}+8H^+ \longrightarrow Mn^{2+}+4H_2O$$

上式中左边的净电荷数为+7,右边的净电荷数为+2,所以需在左边加 5 个电子,使两边的电荷数相等:

$$MnO_4^{2-}+8H^++5e \Longrightarrow Mn^{2+}+4H_2O$$

SO_3^{2-} 氧化为 SO_4^{2-} 时,增加的 1 个氧原子可由溶液中的 H_2O 分子提供,同时生成 2 个 H^+:

$$SO_3^{2-}+H_2O \longrightarrow SO_4^{2-}+2H^+$$

上式中,左边的净电荷数为-2,右边的净电荷数为 0,所以右边应加上 2 个电子:

$$SO_3^{2-}+H_2O \Longrightarrow SO_4^{2-}+2H^++2e$$

(4)根据氧化剂和还原剂得失电子数必须相等的原则,在两个半反应式中乘上相应的系数(由得失电子的最小公倍数确定),然后两式相加得到配平的离子反应方程式。

$$2MnO_4^{2-}+6H^++5SO_3^{2-} \Longrightarrow 2Mn^{2+}+5SO_4^{2-}+3H_2O$$

氧化值法和离子电子法各有优缺点。氧化值法能较迅速地配平简单的氧化还原反应,它的适用范围较广,不只限于水溶液中的反应,特别对高温反应及熔融态物质间的反应更为适用。而离子电子法能反映出水溶液中反应的实质,特别对有介质参加的复杂反应配平比较方便。但是,离子电子法仅适用于配平水溶液中的反应。

练一练:

用离子电子法配平下列化学反应式:

$$MnO_4^-+SO_3^{2-}+H^+ \longrightarrow Mn^{2+}+SO_4^{2-}+\underline{\qquad} \quad (酸性介质)$$
$$MnO_4^-+SO_3^{2-}+\underline{\qquad} \longrightarrow MnO_4^{2-}+SO_4^{2-}+H_2O \quad (碱性介质)$$
$$MnO_4^-+SO_3^{2-}+\underline{\qquad} \longrightarrow MnO_2+SO_4^{2-}+\underline{\qquad} \quad (中性介质)$$
$$MnO_4^-+C_2O_4^{2-}+H^+ \longrightarrow Mn^{2+}+CO_2+H_2O$$

5.2 原电池

1800 年,意大利物理学家 A. Volta 设计并装配完成了第一个能产生持续电流的电堆(即电池)。他在一对圆盘状的锌板和银板之间,放了一层用盐水浸泡过的吸水纸;然后再接上另一对同样的锌板和银板,依此下去,堆置成由(30~40)对锌板和银板组成的电堆。把电堆的两极用导线连接起来,可产生持续的电流。很快用 Volta 电堆实现了电解水产生氢气和氧气,促进了电化学的发展。七年之后,Davy 用电分解氢氧化钠和氢氧化钾,从而获得了钠、钾两种元素。直到科学技术高度发达的现代社会,各种电池都是以 Volta 电堆的原理为基础的。

5.2.1　氧化还原反应与原电池

若直接把锌片放入 $CuSO_4$ 溶液中,则会看到锌片缓慢地溶解,红色的铜不断在锌片上析出,蓝色 $CuSO_4$ 溶液的颜色逐渐变浅,这说明 Zn 与 $CuSO_4$ 之间发生了氧化还原反应,其离子式为

$$Zn(s)+Cu^{2+}(aq)\Longrightarrow Zn^{2+}(aq)+Cu(s)$$

此反应发生了电子的转移,但由于 Zn 与 $CuSO_4$ 溶液接触,电子直接从 Zn 原子转移到 Cu^{2+} 上,此时电子的流动是无序的,因而得不到有序的电流。随着反应的进行,溶液的温度升高,反应过程中的化学能转变成为热能,反应只放出热而没有做功。若 $CuSO_4$ 溶液和 $ZnSO_4$ 溶液的浓度均为 $1.0\ mol \cdot L^{-1}$,则可计算热力学状态函数变化量($\Delta_r H_m^\ominus = -217.6\ kJ \cdot mol^{-1}$;$\Delta_r G_m^\ominus = -212.55\ kJ \cdot mol^{-1}$),可见该反应为自发的氧化还原反应。

如图 5.1 所示的装置中,锌片和铜片分别插在 $ZnSO_4$ 溶液和 $CuSO_4$ 溶液中,用一个装有用饱和 KCl 溶液与琼脂做成的凝胶的 U 形管把两溶液联系起来,这一 U 形管称为盐桥(Salt Bridge)。这时可以观察到串接在锌片和铜片之间的电流计指针发生偏转,说明连接锌片和铜片的导线中有电流从铜片流向锌片。

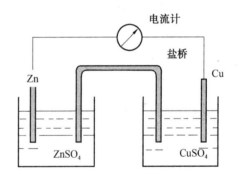

图 5.1　铜锌原电池示意图

该装置是如何通过化学反应产生电流的呢?

我们知道,锌片上 Zn 失去电子,发生氧化反应,形成 Zn^{2+} 进入溶液,即

$$Zn(s)\Longrightarrow Zn^{2+}(aq)+2e^-$$

锌片上多余的电子由连接锌片和铜片的导线转移到铜片,溶液中 Cu^{2+} 从铜片上得到电子,发生还原反应,变成金属 Cu 在铜片上析出,即

$$Cu^{2+}(aq)+2e^-\Longrightarrow Cu(s)$$

与此同时,盐桥的饱和 KCl 溶液中 Cl^- 和 K^+ 分别迁移到 $ZnSO_4$ 溶液和 $CuSO_4$ 溶液中,以平衡两溶液中过剩的离子电荷,维持两溶液的电中性,从而使 Zn 的氧化和 Cu^{2+} 的还原可以继续进行下去,电流得以不断地产生。

该装置中发生的总的化学反应为:

$$Zn(s)+Cu^{2+}(aq)\Longrightarrow Zn^{2+}(aq)+Cu(s)$$

上述装置里,由于 Zn 发生的氧化反应和 Cu^{2+} 发生的还原反应被分隔在两处进行,同

时又通过导线、盐桥保持着联系,因此,电子经导线连成的外电路、离子经溶液构成的内电路有序地、持续地发生定向转移,形成恒稳电流。这种利用氧化还原反应产生电流、使化学能转变为电能的装置,称为原电池(Galvanic Cell),简称电池。图 5.1 所示即为铜锌原电池。

5.2.2 原电池符号表达式

铜锌原电池中,铜片与硫酸铜溶液组成铜电极,从外电路获得电子,称为正极(Anode);锌片与硫酸锌溶液组成锌电极,向外电路供给电子,称为负极(Cathode)。

为研究方便,对电极和电池的组成表示规定了统一的方式。

例如铜锌原电池中,铜电极的组成式可写成 $Cu^{2+}(c_1) \mid Cu(s)$;锌电极的组成式可写成 $Zn^{2+}(c_2) \mid Zn(s)$。其中,竖线"$\mid$"表示两相之间的界面;c 表示溶液中金属离子浓度(严格的应用活度 a)。

铜锌原电池的组成式则写成

$$(-)Zn \mid Zn^{2+}(c_2) \parallel Cu^{2+}(c_1) \mid Cu(+)$$

原电池符号的书写规则如下:

$(-)$、$(+)$分别表示电池的负极和正极,习惯上把负极写在左边,正极写在右边。用竖线"$\mid$"表示物质间的相界面。用双竖线"$\parallel$"表示盐桥,盐桥左右分别为原电池的负极和正极。在原电池的组成式中,一般需要注明各物质的浓度、分压或物态,若未加注明则认为是处于各自的标准状态。

原电池产生电流的关键在于把氧化半反应和还原半反应分隔在两处进行,组成两个电极(Electrode),也称半电池(Half-Cell)。氧化剂在正极发生还原半反应;还原剂在负极发生氧化半反应。通常将电极中发生的氧化半反应或还原半反应,称为电极反应(Electrode Reaction)或半电池反应(Half-Cell Reaction)。正、负极分别发生的两个电极反应综合起来,则得到发生在电池中的完整的氧化还原反应,称为电池反应(Cell Reaction)。

在铜锌原电池中,氧化剂 Cu^{2+} 发生还原半反应,还原剂 Zn 发生氧化半反应,分别表示成:

(1)铜电极(正极)反应:$Cu^{2+}(aq)+2e^- =\!=\!= Cu(s)$(还原半反应)

(2)锌电极(负极)反应:$Zn(s) =\!=\!= Zn^{2+}(aq)+2e^-$(氧化半反应)

电子得失数相等,两反应相加,则得到电池反应:

$$Zn(s)+Cu^{2+}(aq) =\!=\!= Zn^{2+}(aq)+Cu(s)$$

从化学组成看,任一电极都对应着一个特定的氧化还原电对(Oxidation Reduction Pair),例如 Zn^{2+}/Zn 电对和 Cu^{2+}/Cu 电对,分别组成锌电极和铜电极。电极反应实际上就是同一电对中氧化型和还原型之间相互转化的过程。一个电对若组成正极,发生从氧化型转化为还原型的还原半反应(Reduction Half-Reaction);一个电对若组成负极,发生从还原型转化成氧化型的氧化半反应(Oxidation Half-Reaction)。电池反应是发生在两个电对之间的电子转移过程。

在铜锌原电池中,两个电极本身就是各自电对中的一个固相组分,但在某些情况下,组成电对的物质中没有固相,如 Fe^{3+}/Fe^{2+}、Sn^{4+}/Sn^{2+}、$Cr_2O_7^{2-}/Cr^{3+}$,或固相物质本身不导电,不能做电极,如 $HgCl_2/Hg$、MnO_2/Mn^{2+} 等,但组成电池时,必须另外加一个电极板起导电作用。因这种电极在电池中不参与氧化还原反应,只起导电作用,故称为惰性电极(Inert Electrode)。常用的惰性电极材料有石墨、铂等。例如:

$(-)Pt \mid H_2(100\ kPa) \mid H^+(1.0\ mol \cdot L^{-1}) \parallel Cu^{2+}(1.0\ mol \cdot L^{-1}) \mid Cu(+)$

$(-)Pt \mid Fe^{3+}(1.0\ mol \cdot L^{-1}), Fe^{2+}(1.0\ mol \cdot L^{-1}) \parallel Ag^+(0.1\ mol \cdot L^{-1}) \mid Ag(+)$

$(-)Zn \mid Zn^{2+}(0.1\ mol \cdot L^{-1}) \parallel H^+(0.1\ mol \cdot L^{-1}) \mid H_2(100\ kPa) \mid Pt(+)$

5.2.3 电极和电极反应

电极的种类很多,结构各异,根据组成电极电对的特点,通常把电极分成如下 4 类:

1. 金属-金属离子电极

金属-金属离子电极是由金属浸在含该金属阳离子的电解质溶液中组成的,如锌电极、铜电极、银电极等。以下给出表示金属电极的通式:

电对:$M^{n+}(aq)/M(s)$

电极组成式:$M \mid M^{n+}(c)$

电极反应:$M^{n+}(aq)+ne^- === M(s)$

组成金属电极的电对中,还原型的金属本身兼作电子导体。如铜锌原电池中铜电极 $Cu^{2+}(c_1) \mid Cu(s)$;锌电极 $Zn^{2+}(c_2) \mid Zn(s)$ 均属于此类电极。

2. 气体-离子电极

气体-离子电极是由气体单质及其相应的离子组成,例如氢电极、氧电极、氯电极等。它们相应的电对分别为 H^+/H_2,Cl_2/Cl^-,O_2/OH^- 等。由于组成该类电极的电对本身不含有作电子导体的固体物质,因此常常借助惰性电子导体,如铂或石墨等参与组成电极。

以上 3 个气体电极的组成式及相应的电极反应分别表示如下:

$Pt, H_2(p) \mid H^+(c) \quad 2H^+(aq)+2e^- === H_2(g)$

$Pt, Cl_2(p) \mid Cl^-(c) \quad Cl_2(g)+2e^- === 2Cl^-(aq)$

$Pt, O_2(p) \mid OH^-(c) \quad O_2(g)+2H_2O+4e^- === 4OH^-(aq)$

以上用逗号(也可以用竖线"$\mid$")表示气、固两相界面;括号内 p 表示气体物质的分压。此外,以上氧电极的电极反应中 H_2O 来自介质溶液。

卤素电极如溴电极、碘电极分别由固体或液体的非金属单质及其阴离子所组成,也属此类电极。它们的电对、电极组成式和电极反应分别表示如下:

$Br_2/Br^- \quad Pt, Br_2(l) \mid Br^-(c) \quad Br_2(l)+2e^- === 2Br^-(aq)$

$I_2/I^- \quad Pt, I_2(s) \mid I^-(c) \quad I_2(s)+2e^- === 2I^-(aq)$

3. 金属-金属难溶盐或氧化物-阴离子电极

金属-金属难溶盐或氧化物-阴离子电极是由某些金属在其表面涂该金属难溶盐(或难溶的氧化物、氢氧化物),浸在与难溶盐(或难溶的氧化物、氢氧化物)具有相同的阴离子的电解质溶液中组成的。如银-氯化银电极由金属银、氯化银及 KCl 溶液所组成的。

电对:$AgCl(s)/Ag(s)$

电极组成式:$Ag, AgCl \mid Cl^-(aq)$

电极反应:$AgCl(s)+e^- === Ag(s)+Cl^-(aq)$

以上用逗号(也可以用竖线"|")表示固、固两相的界面。

又如甘汞电极由金属汞、甘汞(Hg_2Cl_2)及 KCl 溶液所组成。

电对:$Hg_2Cl_2(s)/Hg(l)$

电极组成式:$Hg,Hg_2Cl_2 \mid KCl$

电极反应:$Hg_2Cl_2(s)+2e^- \!=\!=\!= 2Hg+2Cl^-(aq)$

4."氧化还原"电极

"氧化还原"电极是由惰性电子导体浸在含有同种元素两种不同氧化数的离子溶液中组成的。如将铂插在含有 Fe^{3+},Fe^{2+} 两种离子的溶液中,则

电对:$Fe^{3+}(aq)/Fe^{2+}(aq)$

电极组成式:$Pt \mid Fe^{3+}(c_1),Fe^{2+}(c_2)$

电极反应:$Fe^{3+}(aq)+e^- \!=\!=\!= Fe^{2+}(aq)$

以下讨论在氧化还原反应与原电池相互之间进行变换的两类应用题。

例 5.1 已知原电池组成式为 $(-)Pt \mid Sn^{2+},Sn^{4+} \parallel Fe^{3+},Fe^{2+} \mid Pt(+)$,试写出其电池反应方程式。

解 正极发生还原反应,电极反应式为

$$2Fe^{3+}+2e^- \!=\!=\!= 2Fe^{2+}$$

负极发生氧化反应,电极反应式为

$$Sn^{2+} \!=\!=\!= Sn^{4+}+2e^-$$

因为两电极反应中得失电子数目相等,因此将两个电极反应式相加即得电池反应式

$$2Fe^{3+}+Sn^{2+} \!=\!=\!= 2Fe^{2+}+Sn^{4+}$$

例 5.2 已知一自发进行的氧化还原反应:$MnO_4^-+5Fe^{2+}+8H^+ \!=\!=\!= Mn^{2+}+5Fe^{3+}+4H_2O$,试将该反应组成一原电池,写出电池组成式。

解 还原剂的氧化半反应为

$$Fe^{2+} \!=\!=\!= Fe^{3+}+e^-,\text{对应电对 } Fe^{3+}/Fe^{2+}$$

氧化剂的还原半反应为

$$MnO_4^-+8H^++5e^- \!=\!=\!= Mn^{2+}+4H_2O,\text{对应电对 } MnO_4^-/Mn^{2+}$$

因为,氧化半反应在负极发生,还原半反应在正极发生,所以,电对 Fe^{3+}/Fe^{2+} 组成负极,电对 MnO_4^-/Mn^{2+} 组成正极。电极组成式分别为

负极: $Pt \mid Fe^{3+},Fe^{2+}$;正极:$Pt \mid MnO_4^-,Mn^{2+},H^+$

于是,将已知反应组成如下电池

$$(-)Pt \mid Fe^{3+},Fe^{2+} \parallel MnO_4^-,Mn^{2+},H^+ \mid Pt(+)$$

5.2.4 电解池和 Faraday 定律

1.电解池

原电池放电时,发生的氧化还原反应是自发的。自发反应的逆反应是非自发的。例如,Daniell 电池中金属锌置换铜离子的反应是自发的,而金属铜置换锌离子的反应就不能自发进行。只有在环境的干预下,对其做功,非自发反应才能进行。如果将直流电源与 Daniell 电池相连接,电源的负极与锌电极相连,正极和铜电极相连,则在阴极(负极)上发

生了还原反应,有金属锌沉积出来:

$$Zn^{2+}(aq)+2e^- \longrightarrow Zn(s)$$

阳极(正极)上发生了氧化反应,金属铜溶解:

$$Cu(s) \longrightarrow Cu^{2+}(aq)+2e^-$$

与阴阳极反应进行的同时,盐桥(或溶液)中的阳离子向阴极迁移,阴离子向阳极迁移,以保持溶液的电中性,使放电作用能持续进行。

这种利用电能发生氧化还原反应的装置被称为电解池。在电解池中电能转变为化学能。原电池和电解池通称为电化学电池。

2. Faraday 定律

在原电池和电解池中,阳极释放的电子通过外电路被阴极获得,即阳极失去的电子数等于阴极得到的电子数(电荷守恒)。因此,在两极反应了的物质的量与通过外电路的电荷的总量之间必然有一定量关系。1834 年,英国科学家 M. Faraday 最早提出了电化学中的学说,按现代的科学术语可概括如下:

(1)在电化学电池中,两极所产生或者消耗的物质 B 的质量与通过电池的电荷量成正比。

(2)当给定的电荷量通过电池时,电极上所产生或者消耗的物质 B 的质量正比于它的摩尔质量,被对应于半反应每摩尔物质所转移的电子数除的商。这就是 Faraday 定律。

以下实例就可以说明 Faraday 定律的内容。

某电极上发生的半反应为

$$B^{n+}(aq)+ne^- \Longrightarrow B^{n+}(s)$$

根据 Faraday 定律:

第一,电极上沉积出或者消耗掉的物质 B 的质量 $m(B)$ 正比于通过电池的电荷量 Q。Q 越大,$m(B)$ 也越大。

第二,当通过电池的电荷量 Q 一定时,物质 B 的质量 $m(B)$ 正比于 $M(B)/n$;$M(B)$ 为物质 B 的摩尔质量($g \cdot mol^{-1}$)。如某一定电荷 Q 通过电池时,对于银电极析出或者消耗的质量 $m(Ag)$ 正比于 107.87 $g \cdot mol^{-1}/1$($n=1$);而对铜电极来说,$n=2$,则电极析出或者消耗的铜的质量 $m(Cu)$ 正比于 63.55 $g \cdot mol^{-1}/2$($=31.78$ $g \cdot mol^{-1}$)。

Faraday 定律的提出早于电子发现半个多世纪。直到 19 世纪末 20 世纪初,J. J. Thomson 等人发现电子并测定了荷质比,精确地测定了电子所带电荷量,才确定了 Faraday 常量。因为 $e=1.602 \times 10^{-19}$ C,C 为电荷量的单位库仑。

1 mol 电子所带电荷量为:

$$F=1.602 \times 10^{-19} C \times 6.022\ 137 \times 10^{23} mol^{-1} = 9.648\ 531 \times 10^4\ C \cdot mol^{-1}$$

F 被称为 Faraday 常量。

5.2.5　原电池电动势的测定

把原电池的两个电极用导线(一般用与电极材料相同的金属)连接起来时,在构成的电路中就有电流通过,这说明两个电极之间有一定的电势差存在。如同有水位差(或者压差)时的水会自动流动一样,原电池两极之间电势差的存在,说明构成原电池的两个电极各自具有不同的电极电势。也就是说,原电池中电流的产生是由于两个电极的电势不同所致。

当原电池放电时,两极之间的电势差将比该电池的最大电压要小。这是因为驱动电流通过电池需要消耗能量或者称其为要做功,产生电流时,电流电压的降低正反映了电池内所消耗的这种能量;而且电流越大,电压降低得越多。因此,只有电路中没有电流通过时,电池才具有最大电压(又称其为开路电压)。当通过原电池的电流趋于零时,两电极间的最大电势差被称为原电池的电动势,以 E_{MF} 表示。可用电压表来测定电池的电动势,测量时,电路中的电流很小,完全可以忽略不计。因此,由电压表上所显示的数字可以确定电池的电动势,又可以确定电池的正极和负极;也可以用电位差计来测定原电池的电动势。

原电池的电动势与系统组成有关。当电池中各物质均处于各自的标准态时,测定的电动势称为标准电动势,以 $E_{MF}^{\ominus}$ 表示。例如:Daniell 电池中 $c(Zn^{2+}) = c(Cu^{2+}) = 1\ mol \cdot L^{-1}$;又 $Zn(s)$,$Cu(s)$ 均为纯物质,在这种状态下,测定的电动势为 $E_{MF}^{\ominus}(= 1.1\ V)$。

5.2.6　原电池的热力学

1. 原电池电动势 E 与吉布斯自由能变 ΔG 的关系

在等温等压条件下,系统吉布斯自由能的减少值等于系统所做的最大非体积功。电池做了功,则系统吉布斯自由能减少。例如,铜锌原电池借氧化还原反应产生电流而做功。假定电池只对外界做电功,原电池所做的最大电功(W)等于电池反应吉布斯自由能减少值。而任意一个原电池所做的最大电功 W_{max} 等于两电极之间的电动势 E 与所通过的电量 q 的乘积,即

$$-\Delta G = W_{max} = E \cdot q \tag{5.1}$$

$$\Delta G = -E \cdot q \tag{5.2}$$

1 mol 电子的电量是 96 485 C(1 F = 96 485 C $\cdot$ mol^{-1},即 1 法拉第),当电池反应中有 n mol的电子流过外电路,则转移电量为 nF,因此

$$\Delta_r G_m = -nFE \tag{5.3}$$

若电池反应中所有相关物质都处于各自标准状态下,则该电池的电动势即为标准电动势(Standard Emf),而此时电池反应的摩尔吉布斯自由能变也就成了电池反应的标准摩尔吉布斯自由能变,这时式(5.3)就变成

$$\Delta_r G_m^{\ominus} = -nFE^{\ominus} \tag{5.4}$$

式中　$E^{\ominus}$——电池的标准电动势,V(伏特);

　　　$\Delta_r G_m^{\ominus}$——电池反应的标准摩尔吉布斯自由能变,J $\cdot$ mol^{-1};

　　　n——电池反应中氧化态物质与还原态物质间转移的电子的物质的量,mol。

由此我们可以将氧化还原反应的吉布斯自由能变与原电池的电动势联系起来,可以通过测定原电池的电动势来计算电池中反应的吉布斯自由能变化。

例 5.3　已知铜锌原电池的标准电动势为 1.103 V,试计算该原电池的标准吉布斯自由能变。

解　$Zn(s) + Cu^{2+}(aq) == Zn^{2+}(aq) + Cu(s)$

根据　$\Delta_r G_m^{\ominus} = -nFE^{\ominus}$

因为还原 1 mol Cu^{2+} 需转移 2 mol 电子,所以 $n = 2$,即

$$\Delta_r G_m^{\ominus} = -2 \text{ mol} \times 96\ 485 \text{ C} \cdot \text{mol}^{-1} \times 1.103 \text{ V} \approx -213 \text{ kJ} \cdot \text{mol}^{-1}$$

例 5.4　设下列反应：$Na(s) + H^+(aq) = Na^+(aq) + \frac{1}{2}H_2(g)$,若将该氧化还原反应设计成原电池,试求其标准电动势 $E^{\ominus}$。

解
$$Na(s) + H^+(aq) = Na^+(aq) + \frac{1}{2}H_2(g)$$

$\Delta_f G_m^{\ominus}(kJ \cdot mol^{-1})$　　　　0　　　0　　　−261.9　0

$\Delta_r G_m^{\ominus} = -261.9 \text{ kJ} \cdot \text{mol}^{-1} < 0$,反应可以正向自发进行。

因为　　　　　　　　　$\Delta_r G_m^{\ominus} = -nFE^{\ominus}$

所以　　　$E^{\ominus} = \dfrac{-\Delta_r G_m^{\ominus}}{nF} = \dfrac{-(-261.9) \times 1\ 000 \text{ J}}{1 \text{ mol} \times 96\ 485 \text{ C/mol}} \approx 2.71 \text{ V}$

2. 标准电动势与氧化还原反应的平衡常数

根据化学反应等温式,我们知道标准摩尔吉布斯自由能变与标准平衡常数的关系为

$$\Delta_r G_m^{\ominus} = -RT \ln K^{\ominus} \tag{5.5}$$

在原电池中

$$\Delta_r G_m^{\ominus} = -nFE^{\ominus} \tag{5.6}$$

因此

$$RT \ln K^{\ominus} = nFE^{\ominus} \tag{5.7}$$

$$\ln K^{\ominus} = \frac{nFE^{\ominus}}{RT} \tag{5.8}$$

在 298 K 时,将 F, R 值代入得

$$\lg K^{\ominus} = \frac{nE^{\ominus}}{0.059\ 2} \tag{5.9}$$

例 5.5　计算铜锌原电池反应在 298 K,标准状态下的标准电动势 $E^{\ominus}$ 为 1.1 V,试求此条件下该反应的标准平衡常数。

$$Zn(s) + Cu^{2+}(aq) = Zn^{2+}(aq) + Cu(s)$$

解　$\lg K^{\ominus} = \dfrac{nE^{\ominus}}{0.059\ 2} = \dfrac{2 \times 1.1}{0.059\ 2} \approx 37.16$

所以　　　　　　　　　$K^{\ominus} = 1.45 \times 10^{37}$

此方法为人们提供了用电化学原理,通过测量电池电动势来测求氧化还原反应的标准摩尔吉布斯自由能变 $\Delta_r G_m^{\ominus}$ 及标准平衡常数 $K^{\ominus}$ 的方法。由于测量电池的电动势不仅很方便,而且测量精度和准确性都很高,因而这种方法得到广泛的应用。

5.3　电极电势

当把金属 M 插入含有 M^{n+} 的水溶液中时,金属晶格中的原子受到极性水分子的作用,有离开金属成为水合离子而进入溶液中的倾向,金属越活泼、溶液越稀,这种倾向就越大;同时,M^{n+} 也有从金属表面获得电子而沉积在金属表面的倾向,金属越不活泼、溶液越浓,

这种倾向越大,这两种对立的倾向在某种条件下可以达到平衡,如图5.2所示。

$$M(s) \Longleftrightarrow M^{n+}(aq) + ne^-$$

如果前一倾向大于后一倾向,则金属带负电,金属附近的溶液带正电;相反,如后一倾向大于前一倾向,金属带正电,金属附近的溶液带负电。由于异性电荷相吸引,金属与金属离子溶液之间会形成双电层(Electric Double Layer),从而产生了电势差,这种电势差称为金属的电极电势(Electrode Potential,E)。不同金属其活泼性不同,其电极电势也不同,所以电极电势可以用来衡量金属失去电子能力的大小。电极电势还与金属离子的浓度和温度有关。

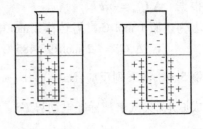

图5.2　金属的电极电势的产生

5.3.1　标准电极电势

原电池的电动势是构成原电池的两个半电池的电极电势之差,即正极的电极电势减去负极的电极电势。但是迄今人们尚无法测定电极电势的绝对值,所以只能选择某一电极作为"参照",以该电极与待测电极组成一个原电池,获得原电池的电动势,从中推算出待测电极相对于标准电极的相对的电极电势值。

1. 标准氢电极

按照 IUPAC 的规定,选择标准氢电极(Standard Hydrogen Electrode,SHE)作为比较的基准,来测定各种电极的电极电势,从而得到电极电势相对于标准氢电极的相对值。

氢电极属于气体-离子电极,是在铂片上镀一层疏松的铂黑,因为铂黑可以强烈地吸附 H_2,再把此铂片浸在含有 H^+ 的溶液中,通入 H_2,使铂黑吸附 H_2 至饱和而构成。如果 H_2 分压为 100 kPa,溶液中 H^+ 浓度为 1 mol·L^{-1},氢电极则处于标准状态,图5.3给出标准氢电极的示意图。

标准氢电极的组成式:$Pt, H_2(100\ kPa)\ |\ H^+(1mol \cdot L^{-1})$

电极反应:$2H^+(aq) + 2e^- \Longleftrightarrow H_2(g)$

人们将任意温度下的标准氢电极的电极电势规定为零,即 $E^{\ominus}(SHE) = 0$,或者记作 $E^{\ominus}(H^+/H_2) = 0$。

由于标准氢电极要求 H_2 纯度高、压力稳定,并且铂在溶液中易吸附其他组分而失去活性。因此,实际上常用易于制备、使用方便且电极电势稳定的甘汞电极或氯化银电极等作为电极电势的对比参考,称为参比电极(Reference Electrode)。

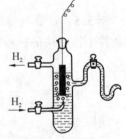

图5.3　标准氢电极

2. 甘汞电极(SCE)

氢电极的电极电势随温度变化改变很小,这是它的优点。但是它对使用条件却要求十分严格,既不能用在含有氧化剂的溶液中,也不能用在含有汞或者砷的溶液中。因此在实际应用中,往往采用其他电极作参比电极。参比电极最常用的是甘汞电极。

甘汞电极具有容易制备,使用方便,电极电势稳定的优点,在测量电池电动势时,常用甘汞电极作为参比电极。

构成:在金属表面上覆盖一层该金属难溶氧化物,浸入含 H^+ 或 OH^- 的溶液中。

甘汞电极的构造如图 5.4 所示。这是一类金属难溶盐电极。它由两个玻璃套管组成,内套管下部有一个多孔素瓷塞,并盛有汞和甘汞 Hg_2Cl_2 混合的糊状物,在期间插有作导体的铂丝。在其外管中盛有饱和 KCl 溶液和少量 KCl 晶体(以保证 KCl 溶液处于饱和状态),外玻璃管的最底部也有一个多孔素瓷塞(多孔素瓷允许溶液中的离子迁移)。甘汞电极的符号为

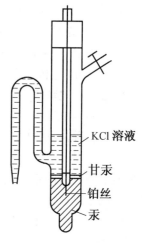

图 5.4 甘汞电极

$$Hg(l) \mid Hg_2Cl_2(s) \mid Cl^-(aq)$$

或者 $\qquad Cl^-(aq) \mid Hg_2Cl_2(s) \mid Hg(l)$

电池反应为

$$Hg_2Cl_2(s) + 2e^- \Longrightarrow 2Hg(l) + 2Cl^-(aq)$$

以标准氢电极的电极电势为基准,可以测定饱和甘汞电极(简写 SCE)的电极电势,其值为 0.241 5 V。

3. 标准电极电势的测定

如果原电池的两个电极均为标准电极,此时的电池称为标准电池,对应的电动势为标准电池电动势 $E^\ominus$,即

$$E^\ominus = E^\ominus_{(+)} - E^\ominus_{(-)} \qquad (5.10)$$

式中　$E^\ominus_{(+)}$——正极的标准电极电势,V;

$\qquad E^\ominus_{(-)}$——负极的标准电极电势,V。

为了测定任意电极相对于标准氢电极的电极电势,只要把待测电极与标准氢电极组成原电池,测定该电池的电动势,即可计算得到电极电势。

例如,要测定一个锌电极的电极电势,可以把它与标准氢电极组成原电池,该电池组成式为

$$Zn \mid Zn^{2+}(0.01 \ mol \cdot L^{-1}) \parallel H^+(1 \ mol \cdot L^{-1}) \mid H_2(100 \ kPa), Pt$$

然后在一定温度下测定电池电动势,根据电流的方向判断此电池中标准氢电极是正极,锌电极是负极。若测得电池电动势 $E = +0.822 \ V$,由于标准氢电极的电极电势规定为零,因此,待测锌电极的电极电势就等于 $(0 - E_测)$,即 $(Zn^{2+}/Zn) = -0.822 \ V$。

又如,当用 Cu^{2+}/Cu 电对与氢电极组成原电池,则该电池组成式为

$$(-)Pt \mid H_2(p) \mid HCl(1mol \cdot L^{-1}) \parallel CuSO_4(1 \ mol \cdot L^{-1}) \mid Cu(+)$$

测得电池的电动势为 0.34 V,电子从氢电极流到 Cu 电极,Cu 电极为正极,因此

$$E^\ominus(Cu^{2+}/Cu) = +0.34 \ V$$

任何一个电极的电势高低,不仅与组成电极的电对的本性有关,而且与电对组分的相对量的多少也有关。因此为了便于对不同电对组成的电极的电势进行比较,需对各电极组成的相对量做出统一的规定。

对任一电极而言,若与电极反应有关的所有物种都处于热力学规定的标准状态,则该电极就是标准电极,其电极电势即为标准电极电势,用符号 $E^\ominus$ 表示。

例如,将纯铜板浸在 $c(Cu^{2+})=1.0\ mol\cdot L^{-1}$ 的溶液中,组成的电极就是标准 Cu^{2+}/Cu 电极,其电极电势即为 Cu^{2+}/Cu 的标准电极电势 $E^{\ominus}(Cu^{2+}/Cu)$。由压力为 $100\ kPa$ 的氧气与浓度为 $c(OH^-)=1.0\ mol\cdot L^{-1}$ 的碱溶液组成的电极,即标准的 O_2/OH^- 电极,其电极电势即为 O_2/OH^- 电极的标准电极电势 $E^{\ominus}(O_2/OH^-)$。

4. 标准电极电势表

用各种标准电极与标准氢电极或其他参比电极相比较,即可求出各种电极的标准电极电势值。各种常见的电对组成的电极的标准电极电势都已测得,在一般理化手册中都能查到。

标准电极电势的定义规定了所有与电极反应有关的物种都应处于标准状态,即所有相关物种的浓度皆为 $1.0\ mol\cdot L^{-1}$(或其分压为标准压力 $100\ kPa$)。因此标准电极电势排除了电极反应物质浓度(或分压)的影响,反映了各种电对本身所固有的特征电势。

在使用标准电极电势表时应注意以下 3 点:

(1)对于同一电极而言,其标准电极电势值不随电极反应方程式中的化学计量数而变化。例如,对 Zn^{2+}/Zn 电极而言,无论其电极反应式为

$$Zn^{2+}(aq)+2e^-\!\!=\!\!=\!\!=Zn(s)\ \text{或者}\ 2Zn^{2+}(aq)+4e^-\!\!=\!\!=\!\!=2Zn(s)$$

其标准电极电势值 $E^{\ominus}(Zn^{2+}/Zn)$ 都是 $-0.76\ V$,不受反应系数影响。

(2)任一电极的标准电极电势值的正负号,不随电极反应的实际方向而变化。例如,Zn^{2+}/Zn 电极的标准电极电势总是 $E^{\ominus}(Zn^{2+}/Zn)=-0.76\ V$,而无论该电极上实际发生的电极反应是 $Zn\rightarrow Zn^{2+}+2e^-$(氧化),还是 $Zn^{2+}+2e^-\rightarrow Zn$(还原)。

(3)电极电势的数值与溶液的酸碱性有关。例如 Fe^{3+} 被还原时:

①酸性介质:$Fe^{3+}+e^-\!\!=\!\!=\!\!=Fe^{2+}$,$E^{\ominus}(Fe^{3+}/Fe^{2+})=0.77V$。

②碱性介质:$Fe(OH)_3+e^-\!\!=\!\!=\!\!=Fe(OH)_2+OH^-$,$E^{\ominus}(Fe(OH)_3/Fe(OH)_2)=-0.56\ V$。

例 5.6 计算由标准氢电极和标准镉电极组成原电池,求该反应的标准吉布斯函数变。

解
$$Cd+2H^+\!\!=\!\!=\!\!=Cd^{2+}+H_2\uparrow$$

查表可知,$E^{\ominus}(Cd^{2+}/Cd)=-0.403\ 0\ V$,$E^{\ominus}(H^+/H_2)=0$

$E=E_{(+)}-E_{(-)}=E^{\ominus}(H^+/H_2)-E^{\ominus}(Cd^{2+}/Cd)=0\ V-(-0.403\ 0\ V)=0.403\ 0\ V$

$\Delta G^{\ominus}=-nFE^{\ominus}=-2\ mol\times96\ 485\ C\cdot mol^{-1}\times0.403\ 0\ V\approx-77.77\ kJ\cdot mol^{-1}$

5.3.2 电极电势的能斯特方程

我们在附录中查到的电极电势均为标准电极电势,实际上电极电势不仅与电对中氧化态和还原态的本性有关,而且与温度和他们的浓度有关。在多数情况下,电极并非处于标准状态,因此能斯特(Nernst)从理论上导出了计算任何电极在指定状态时的实际电势值的公式,即能斯特方程。

对任一电极反应,氧化态物质 $+ne^-\!\!=\!\!=\!\!=$ 还原态物质。

能斯特方程表示为

$$E(M^{n+}/M)=E^{\ominus}+\frac{RT}{nF}\ln\frac{c(\text{氧化态})}{c(\text{还原态})} \tag{5.11}$$

式中　$E(M^{n+}/M)$——电极在指定状态下的电极电势；

$E^{\ominus}(M^{n+}/M)$——标准电极电势；

（氧化态）——指定状态下参与电极反应的氧化态物质的相对浓度；

（还原态）——指定状态下参与电极反应的还原态物质的相对浓度；

n——电极反应中得失电子数(按相应的电极反应方程式得出)；

F——法拉第常数，$F=96\ 485\ C\cdot mol^{-1}$；

T——电极反应的热力学温度。

在一般情况下，可用 $T=298\ K$ 近似代替。由此可得到能斯特方程的常用形式，即

$$E(M^{n+}/M)=E^{\ominus}+\frac{0.059\ 2\ V}{n}\lg\frac{c(氧化态)}{c(还原态)} \tag{5.12}$$

应用能斯特方程进行有关计算时，应注意下列几点：

(1)在电极反应中，若有固体或液体物质参与反应，则这些物质的相对浓度在反应中可看作不变，在能斯特方程中相应于该物质的浓度为 1。例如

$$Zn^{2+}(aq)+2e^-\Longrightarrow Zn(s)$$

$$E(Zn/Zn^{2+})=E^{\ominus}(Zn/Zn^{2+})+\frac{0.059\ 2\ V}{2}\lg\frac{c(Zn^{2+})}{1}$$

(2)电极反应方程式中，若某些物质的反应系数不为 1，则能斯特方程中，相应于该物质的相对浓度项，应以其相应的反应系数为指数的幂代入。例如

$$Br_2(l)+2e^-\Longrightarrow 2Br^-(aq)$$

$$E(Br_2/Br^-)=E^{\ominus}(Br_2/Br^-)+\frac{0.059\ 2\ V}{2}\lg\frac{1}{c(Br^-)}$$

(3)电极反应中若涉及气态物质，则能斯特方程中用气体的相对分压代入，例如

$$2H^++2e^-\Longrightarrow H_2(g)$$

$$E(H^+/H_2)=E^{\ominus}(H^+/H_2)+\frac{0.059\ 2\ V}{2}\lg\frac{\{c(H^+)/c^{\ominus}\}^2}{p(H_2)/p^{\ominus}}$$

(4)若电极反应中除了直接发生氧化还原的物质外，还涉及一些相关的离子(如 H^+，OH^-，Cl^- 等)，虽然这些离子本身在该电极反应中并不发生电子得失，但却与某种电极反应物质密切相关，从而对电极电势产生影响。这些物质的相对浓度也应在能斯特方程中有所体现，若该种离子出现在电极反应方程式的氧化态物质一边，就当氧化态物质处理；若在还原态物质一边出现，就当作还原态物质处理。例如

$$MnO_4^-+8H^++5e^-\Longrightarrow Mn^{2+}+4H_2O$$

$$E(MnO_4^-/Mn^{2+})=E^{\ominus}(MnO_4^-/Mn^{2+})+\frac{0.059\ 2\ V}{5}\lg\frac{\{c(MnO_4^-)/c^{\ominus}\}\{c(H^+)/c^{\ominus}\}^8}{\{c(Mn^{2+})/c^{\ominus}\}}$$

$$AgCl(s)+e^-\Longrightarrow Ag(s)+Cl^-(c)$$

$$E(AgCl/Ag)=E^{\ominus}(AgCl/Ag)+\frac{0.059\ 2\ V}{1}\lg\frac{1}{c(Cl^-)/c^{\ominus}}$$

例 5.7　将锌片浸入含有 $1.0\ mol\cdot L^{-1}$ 或 $0.001\ mol\cdot L^{-1}$ 浓度的 Zn^{2+} 溶液中，计算 25 ℃时锌电极的电极电势。

解　电极反应式为

$$Zn^{2+}+2e^-\Longrightarrow Zn$$

从附录7查表得

$$E^{\ominus} = -0.763 \text{ V}$$

当 $c(Zn^{2+}) = 1.0 \text{ mol} \cdot L^{-1}$ 时，应用 Nernst 方程式(5.12)得

$$E(Zn^{2+}/Zn) = E^{\ominus}(Zn^{2+}/Zn) + \frac{0.059\,2 \text{ V}}{2}\lg\frac{1}{1} = -0.763 \text{ V}$$

当 $c(Zn^{2+}) = 0.001 \text{ mol} \cdot L^{-1}$，应用 Nernst 方程(5.12)得

$$E(Zn^{2+}/Zn) = E^{\ominus}(Zn^{2+}/Zn) + \frac{0.059\,2 \text{ V}}{2}\lg\frac{c(Zn^{2+})/c^{\ominus}}{1} =$$

$$-0.763 \text{ V} + \frac{0.059\,2 \text{ V}}{2}\lg 0.001 = -0.852 \text{ V}$$

本例题的结果提示，氧化型或还原型物质的浓度变化对电极电势的影响，是在 Nernst 方程中通过其对数项并乘以一个 0.059 2/n 这样数值甚小的系数而起作用的。因此，浓度商即使改变了几百倍，电极电势只不过产生几十至 100 mV 的变化。

尽管电对中氧化型或还原型物质本身浓度的变化导致的影响不显著，然而，反应介质酸碱度的改变，氧化型或还原型生成沉淀、生成难解离物质(如弱酸、弱碱或配位化合物)这两类情况下，电极电势却会受到不容忽略的影响。

例 5.8 已知电极反应 $MnO_4^- + 8H^+ + 5e^- \rightleftharpoons Mn^{2+} + 4H_2O$，$E^{\ominus} = +1.507 \text{ V}$。若 MnO_4^- 和 Mn^{2+} 均处于标准态，即它们两者的浓度均为 $1 \text{ mol} \cdot L^{-1}$。求 298.15 K，pH = 6 时该电极的电极电势。

解 按公式(5.12)得

$$E(MnO_4^-/Mn^{2+}) = E^{\ominus}(MnO_4^-/Mn^{2+}) + \frac{0.059\,2 \text{ V}}{5}\lg\frac{\{c(MnO_4^-)/c^{\ominus}\}\{c(H^+)/c^{\ominus}\}^8}{\{c(Mn^{2+})/c^{\ominus}\}} =$$

$$1.507 + \frac{0.059\,2}{5}\lg(1\times10^{-6})^8 = 0.939 \text{ V}$$

所以，298.15 K、pH = 6 时电极的电极电势 $E = 0.939 \text{ V}$，与 $E^{\ominus} = 1.507 \text{ V}$ 相差将近 600 mV。

可见，电对 MnO_4^-/Mn^{2+} 的电极电势随 H^+ 浓度的减小而显著减小，随 H^+ 浓度增大而显著增大。不仅如此，MnO_4^- 的还原产物还会因介质酸度的不同而改变，它在强酸性、中性或碱性溶液中分别被还原成 Mn^{2+}、MnO_2、MnO_4^{2-}。

本例可以说明有 H^+ 或 OH^- 介质离子参与的电极反应，改变酸度对电极电势会产生显著的影响。由以上例题看出：

①离子浓度对 E 有影响，但影响不大。

②半反应式配平时，配平系数不同，求得的 E 值相同。

③介质的酸碱性对含氧酸盐的 E 影响很大，含氧酸盐在酸介质中表现出较强的氧化性。

例 5.9 已知 298.15 K 时的电极反应 $Ag^+ + e^- \rightleftharpoons Ag$，$E^{\ominus} = +0.7996 \text{ V}$；$AgCl(s)$ 的 $K_{sp}^{\ominus} = 1.77\times10^{-10}$，求电极反应 $AgCl + e^- \rightleftharpoons Ag + Cl^-$ 相应的 $E^{\ominus}$。

解 在银电极的溶液中加入 Cl^-，与 Ag^+ 可形成 $AgCl(s)$ 沉淀，若维持该溶液中 Cl^- 的浓度为 $1 \text{ mol} \cdot L^{-1}$，由于沉淀溶解平衡 $AgCl(s) \rightleftharpoons Ag^+ + Cl^-$ 的制约，Ag^+ 的浓度必然远小于 $1 \text{ mol} \cdot L^{-1}$，而根据以下平衡关系可以计算得到

$$c(\text{Ag}^+) \cdot c(\text{Cl}^-) = K_{sp}^{\ominus}(\text{AgCl}) = 1.77 \times 10^{-10}$$

以 $c(\text{Cl}^-) = 1 \text{ mol} \cdot \text{L}^{-1}$ 代入,得

$$c(\text{Ag}^+) = \frac{K_{sp}^{\ominus}}{c(\text{Cl}^-)} = \frac{1.77 \times 10^{-10}}{1} = 1.77 \times 10^{-10} \text{ mol} \cdot \text{L}^{-1}$$

这样小的 Ag^+ 浓度使得银电极不再处于标准状态,其电极电势可以通过 Nernst 方程式(5.12)求算,即

$$E(\text{Ag}/\text{Ag}^+) = E^{\ominus}(\text{Ag}/\text{Ag}^+) + 0.059\ 2 \lg K_{sp}^{\ominus} = 0.222\ 7 \text{ V}$$

这时,非标准状态的"银电极"实际上已转化为 AgCl/Ag 电对所组成的电极

$$\text{Ag, AgCl} \mid \text{Cl}^- (1 \text{ mol} \cdot \text{L}^{-1})$$

由于 Cl^- 的浓度为 $1 \text{ mol} \cdot \text{L}^{-1}$,该电极处于标准状态下,所以

$$\text{AgCl} + \text{e}^- =\!=\!= \text{Ag} + \text{Cl}^-, E^{\ominus} = +0.222\ 7 \text{ V}$$

本例题提示,金属电极的氧化型金属离子在形成难溶盐后,溶液中游离的金属离子浓度极大地降低,导致电极电势显著下降(表5.1),并实际上转化为金属-金属难溶盐电极。

表 5.1 银-卤化银电极的标准电极电势变化情况

电极反应	$K_{sp, \text{AgX}}$	$c(\text{Ag}^+)$	$E_{\text{AgX}/\text{Ag}}^{\ominus}/\text{V}$
$\text{AgI(s)} + \text{e}^- \longrightarrow \text{Ag} + \text{I}^-$			-0.151
$\text{AgBr(s)} + \text{e}^- \longrightarrow \text{Ag} + \text{Br}^-$	减 小 ↑	增 大 ↓	$+0.073$
$\text{AgCl(s)} + \text{e}^- \longrightarrow \text{Ag} + \text{Cl}^-$			$+0.219$
$\text{Ag}^+ + \text{e}^- \longrightarrow \text{Ag}$			$+0.779$

例 5.10 298.15 K 下,在标准氢电极溶液中加入 NaAc,达到平衡后 HAc 和 Ac^- 的浓度均为 $1 \text{ mol} \cdot \text{L}^{-1}$,若维持 H_2 的分压不变(100 kPa),计算这时氢电极的电极电势。

解 氢电极的电极反应:$2\text{H}^+(\text{aq}) + 2\text{e}^- =\!=\!= \text{H}_2(\text{g})$,$E^{\ominus} = 0$ V。

在含有 H^+ 溶液中加入 NaAc,Ac^- 与 H^+ 生成难解离的弱酸 HAc。由于平衡时,$c(\text{HAc}) = c(\text{Ac}^-) = 1 \text{ mol} \cdot \text{L}^{-1}$,含有 H^+ 的溶液是一缓冲溶液,则

$$c(\text{H}^+) = K_a^{\ominus} \frac{c(\text{HAc})}{c(\text{Ac}^-)} = K_a \text{ mol} \cdot \text{L}^{-1}$$

可见 H^+(氧化型)浓度大为减小,代入式(5.12)计算电极电势值的下降值。

$$E = E^{\ominus}(\text{H}^+/\text{H}_2) + \frac{0.059\ 2 \text{ V}}{2} \lg \frac{\{c(\text{H}^+)/c^{\ominus}\}^2}{p(\text{H}_2)/p^{\ominus}} = \frac{0.059\ 2 \text{ V}}{2} \lg (K_a^{\ominus})^2 = -0.282 \text{ V}$$

加入 Ac^- 生成难解离的弱酸使得标准氢电极处于非标准状态,但转化成另一个标准状态下电极:

电对:HAc/H_2

电极组成式:$\text{Pt}, \text{H}_2 (100 \text{ kPa}) \mid \text{HAc} (1 \text{ mol} \cdot \text{L}^{-1}), \text{Ac}^- (1 \text{ mol} \cdot \text{L}^{-1})$。

电极反应:$\text{HAc} + \text{e}^- =\!=\!= \text{H}^+ + \text{Ac}^-$。

标准电极电势:$E^{\ominus} = -0.282 \text{ V}$。

同样可以通过生成难解离的弱碱使电对的氧化型或还原型浓度改变而影响该电对的电极电势。

总之,Nernst 方程的计算,被广泛地用来讨论参加电极和电池反应的各物质在浓度改变或发生化学转化后所导致的电极电势和电池电动势的变化。如铜锌原电池,若在铜电极溶液中加入 S^{2-},由于 Cu^{2+} 形成 CuS 沉淀,铜电极的电极电势降低,即正极的电极电势降低,电池电动势会减小;反之,若在锌电极溶液中加入 S^{2-},由于 Zn^{2+} 离子形成 ZnS 沉淀,锌电极的电极电势降低,即负极的电极电势降低,电池电动势则增大。

5.4 电动势与电极电势在化学中的应用

理论来源于实践,反过来又为实践服务,电极电势也如此。标准电极电势或在指定状态下的电极电势,是一类十分重要的理化参数,是电对组分氧化还原能力高低的标志,是判别某一指定的氧化还原反应(或电池反应)能否自发进行,以及反应方向和反应程度的最主要判据,它有着广泛而重要的应用。下面讨论电极电势在化学中的应用。

5.4.1 氧化剂与还原剂相对强弱的比较

对若干组电对在指定状态下的电极电势进行比较,即可确定各电对组分物质在相应状态下的氧化还原能力的强弱。在所有电对中实际电极电势最高的电对中的氧化态物质是所有电对中氧化能力最强的氧化剂,它与其中任何一个电对组成电池时总是作为正极,发生还原反应。而在所有电对中实际电极电势最低的电对中的还原态物质,则是所有电对中还原能力最强的还原剂。它与其中任何一个电对组成电池时总是作为负极,发生氧化反应。而电对的标准电极电势,表征了在标准状态下电对的氧化还原性,即排除了电对组分物质浓度的影响,而直接表征了电对组分物质的氧化还原特性;标准电极电势 E 越高(越正),表明组成该电对的氧化态物质本身(不考虑浓度的影响)得电子能力越强,是愈强的氧化剂。而标准电极电势 E 越低(越负),则表明组成该电对的还原态物质本身失电子能力更强,是愈强的还原剂。所以若不考虑浓度因素的影响,一般说来,电极电势表中,电势值高的电对中的氧化态物质多为强氧化剂(如 F_2、$S_2O_8^{2-}$、MnO_4^-、$Cr_2O_7^{2-}$ 等)。而电势值低的电对中的还原态物质多为传统的强还原剂(如 K、Na、A1、Zn 等),见表5.2。

表 5.2 电对及其标准电极电势的大小趋势

电对	氧化型 $+ne^- \rightleftharpoons$ 还原型		$E^{\ominus}/V$
Li^+/Li			
...	氧化能力增强	还原能力增强	代数值增大
Zn^{2+}/Zn			
...			
H^+/H_2			
...			
Cl_2/Cl^-			
...	最强的氧化剂		
F_2/F^-			

例 5.11　根据标准电极电势值 $E^{\ominus}$。

(1)按照由弱到强的顺序排列以下氧化剂:Fe^{3+}、I_2、Sn^{4+}、Ce^{4+}。

(2)按照由弱到强的顺序排列以下还原剂:Cu、Fe^{2+}、Br^-、Hg。

解　(1)从本书附录查得

①Fe^{3+}/Fe^{2+},$Fe^{3+}+e^-$=====Fe^{2+},$E^{\ominus}=+0.771$ V;

②I_2/I^-,I_2+2e^-=====$2I^-$,$E^{\ominus}=+0.5355$ V;

③Sn^{4+}/Sn^{2+},$Sn^{4+}+2e^-$=====Sn^{2+},$E^{\ominus}=+0.151$ V;

④Ce^{4+}/Ce^{3+},$Ce^{4+}+e^-$=====Ce^{3+},$E^{\ominus}=+1.72$ V。

按照 $E^{\ominus}$ 代数值递增的顺序排列,得到氧化剂由弱到强的顺序:$Sn^{4+}<I_2<Fe^{3+}<Ce^{4+}$。

(2)从本书附录 7 查得

①Cu^{2+}/Cu,$Cu^{2+}+2e^-$=====Cu,$E^{\ominus}=+0.3419$ V;

②Fe^{3+}/Fe^{2+},$Fe^{3+}+e^-$=====Fe^{2+},$E^{\ominus}=+0.771$ V;

③Br^2/Br^-,$Br_2(l)+2e^-$=====$2Br^-$,$E^{\ominus}=+1.066$ V;

④Hg_2^{2+}/Hg,$Hg_2^{2+}+2e^-$=====2Hg,$E^{\ominus}=+0.7973$ V。

按照 $E^{\ominus}$ 代数值递减的顺序排列,得到还原剂由弱到强的顺序:$Br^-<Hg<Fe^{2+}<Cu$。

注意　有些涉及元素中间氧化数的物质,如 Fe^{2+},在它作氧化剂时对应用电对 Fe^{2+}/Fe 的 $E^{\ominus}$ 值(-0.447 V);作还原剂时对应用电对 Fe^{3+}/Fe^{2+} 的 $E^{\ominus}$ 值(+0.771 V)。另外,有时判断氧化剂或还原剂的强弱,还需要根据给定的还原产物或氧化产物来选择合适的电对。

例 5.12　已知 $E^{\ominus}(Fe^{3+}/Fe^{2+})=0.77$ V,$E^{\ominus}(Cr_2O_7^{2-}/Cr^{3+})=1.23$ V,$E^{\ominus}(MnO_4^-/Mn^{2+})=1.51$ V,试写出各电对中可作氧化剂的物质,并比较它们的氧化能力。

解　题述电对的组分中能在氧化还原反应中作为氧化剂的物质只能是其中的氧化态物质。它们是 Fe^{3+}、MnO_4^-、$Cr_2O_7^{2-}$。

而按相应电对的标准电极电势大小:$E^{\ominus}(MnO_4^-/Mn^{2+})>E^{\ominus}(Cr_2O_7^{2-}/Cr^{3+})>E^{\ominus}(Fe^{3+}/Fe^{2+})$。

可知上述电对组分中的氧化态物质本身(不考虑浓度因素)氧化能力的强弱:$MnO_4^->Cr_2O_7^{2-}>Fe^{3+}$。

因此,在这些电对中 MnO_4^- 是最强的氧化剂。

例 5.13　已知 $E^{\ominus}(I_2/I^-)=0.535$ V,$E^{\ominus}(MnO_4^-/Mn^{2+})=1.507$ V,$E^{\ominus}(Br_2/Br^-)=1.605$,在标准状态下和在 pH=5 的条件下,哪个是最强的氧化剂,哪个是最强的还原剂?

解　在标准状态下,氧化能力:$MnO_4^->Br_2>I_2$,还原能力:$I^->Br^->Mn^{2+}$。

pH=5 时,$E^{\ominus}(I_2/I^-)$、$E^{\ominus}(Br_2/Br^-)$ 值与 pH 值无关,而 $E^{\ominus}(MnO_4^-/Mn^{2+})$ 将发生变化,即

$$MnO_4^-+8H^++5e^-=====Mn^{2+}+4H_2O$$

$$E(MnO_4^-/Mn^{2+})=E^{\ominus}(MnO_4^-/Mn^{2+})+\frac{0.0592\text{ V}}{5}\lg\frac{\{c(MnO_4^-)/c^{\ominus}\}\{c(H^+)/c^{\ominus}\}^8}{\{c(Mn^{2+})/c^{\ominus}\}}=$$

$$1.507+\frac{0.0592}{5}\lg(1\times10^{-5})^8=1.034\text{ V}$$

所以,pH=5 时,氧化能力:$Br_2>MnO_4^->I_2$,还原能力:$I^->Mn^{2+}>Br^-$。

例 5.14 含有 Br^-、Cl^-、I^- 的混合液,欲氧化 I^-,不氧化 Br^-、Cl^-,应选择哪些氧化剂?

解 $E^{\ominus}(I_2/I^-)=0.54$ V,$E^{\ominus}(Br_2/Br^-)=1.07$,$E^{\ominus}(Cl_2/Cl^-)=1.36$ V,则所选氧化剂的 $E^{\ominus}$ 应大于 0.54 V,并且小于 1.07 V。

查附录 7 知 Fe^{3+} 和 HNO_2 满足。

5.4.2 氧化还原反应方向的判断

任何氧化还原反应都可看成是由一个氧化反应和一个还原反应组合而成的,因此可把任何一个氧化还原反应拆成氧化和还原两部分。通过比较相关两个电对的电极电势值的大小,判断氧化还原反应的方向,由电极电势高的一个电对中的氧化态物质做氧化剂,电极电势低的一个电对中的还原态物质做还原剂,进行氧化还原反应。

热力学指出,Gibbs 自由能的变化,即 $\Delta_r G_m$ 的正负,可以作为等温等压下化学反应能否自发进行的判据。$\Delta_r G_m<0$,化学反应正向自发;$\Delta_r G_m>0$,化学反应正向非自发,或逆向自发。根据公式(5.3),$-\Delta_r G_m=nFE$,将电池反应的 Gibbs 自由能变化($\Delta_r G_m$)与电池电动势联系起来,根据电池电动势 E,来判断电池反应的自发方向。

(1)当 $E>0$,即 $\Delta_r G_m<0$,正向自发进行。

(2)当 $E<0$,即 $\Delta_r G_m>0$,逆向反应自发。

首先,将待判断的反应设计组成原电池,再分别求算电池正极和负极的电极电势值,并根据公式 $E=E_{(+)}-E_{(-)}$,计算电池电动势 E,按照 E 值的正负就可以判断该反应的自发方向。如果计算出的 E 是负值,说明待判断的反应逆向才可以自发进行,也就是说,这种情况下按照逆向反应设计组成的才是自发电池。

例 5.15 制作印刷电路板,常用 $FeCl_3$ 溶液刻蚀铜箔,问该反应可否自发进行?

解 对于反应 $2FeCl_3(aq)+Cu(s)\!=\!\!=\!\!=\!2FeCl_2(aq)+CuCl_2(aq)$

或 $\qquad\qquad 2Fe^{3+}(aq)+Cu(s)\!=\!\!=\!\!=\!2Fe^{2+}(aq)+Cu^{2+}(aq)$

查附录 7 得 $\quad Fe^{3+}/Fe^{2+}$, $\quad Fe^{3+}+e^-\!=\!\!=\!\!=\!Fe^{2+}$, $\quad E^{\ominus}(Fe^{3+}/Fe^{2+})=+0.771$ V

$\qquad\qquad Cu^{2+}/Cu$, $\quad Cu^{2+}+2e^-\!=\!\!=\!\!=\!Cu$, $\quad E^{\ominus}(Cu^{2+}/Cu)=+0.3419$ V

$$E=E_{(+)}-E_{(-)}=E^{\ominus}(Fe^{3+}/Fe^{2+})-E^{\ominus}(Cu^{2+}/Cu)=0.771 \text{ V}-0.3419 \text{ V}>0$$

所以反应 $2Fe^{3+}(aq)+Cu(s)\!=\!\!=\!\!=\!2Fe^{2+}(aq)+Cu^{2+}(aq)$ 可自发进行,即该反应向右进行。

例 5.16 298.15 K 下,反应 $Fe(s)+2Ag^+(aq)\!=\!\!=\!\!=\!2Ag(s)+Fe^{2+}(aq)$,试分别判断:

(1)在标准状态下反应可否自发进行?

(2)当 $c(Ag^+)=1.0\times10^{-3}$ mol·L^{-1},$c(Fe^{2+})=1.0$ mol·L^{-1} 时该反应可否自发进行?

解 $Fe(s)+2Ag^+(aq)\!=\!\!=\!\!=\!2Ag(s)+Fe^{2+}(aq)$

(1)查附录 7 标准电极电势表

氧化剂 Ag^+ 相应电对 Ag^+/Ag 作正极

$$E^{\ominus}(Ag^+/Ag)=+0.7996 \text{ V}=E^{\ominus}_{(+)}$$

还原剂 Fe 相应电对 Fe^{2+}/Fe 作负极

$$E^{\ominus}(\mathrm{Fe}^{2+}/\mathrm{Fe}) = -0.447 \text{ V} = E^{\ominus}_{(-)}$$

在标准状态下

$$E^{\ominus} = E^{\ominus}_{(+)} - E^{\ominus}_{(-)} = 0.799\ 6 \text{ V} - (-0.447 \text{ V}) = +1.246\ 6 \text{ V} > 0$$

可见该反应在标准状态下可以自发进行，即此条件下 Ag^+ 可将 Fe 氧化。

（2）正极：电对 $\mathrm{Ag}^+/\mathrm{Ag}$，电极反应：$\mathrm{Ag}^+ + \mathrm{e}^- = \mathrm{Ag}$。

当 $c(\mathrm{Ag}^+) = 1.0 \times 10^{-3} \text{ mol} \cdot \mathrm{L}^{-1}$，正极处于非标准状态，按 Nernst 方程式（5.12）可得

$$E(\mathrm{Ag}^+/\mathrm{Ag}) = E^{\ominus}(\mathrm{Ag}^+/\mathrm{Ag}) + \frac{0.059\ 2 \text{ V}}{1}\lg c(\mathrm{Ag}^+) =$$

$$0.799\ 6 \text{ V} + 0.059\ 2 \text{ V} \lg(1 \times 10^{-3}) = 0.622\ 1 \text{ V}$$

负极仍处于标准状态，即

$$E^{\ominus}_{(-)} = -0.447 \text{ V}$$

$$E = E_{(+)} - E_{(-)} = 0.622\ 1 \text{ V} - (-0.447 \text{ V}) = +1.069\ 1 \text{ V} > 0$$

此时电池电动势 E 仍然大于零，因此该反应在给定的非标准状态下照样可以自发进行，即此条件下 Ag^+ 仍可将 Fe 氧化。

例 5.17　298.15 K 时，氧化还原反应：$\mathrm{Hg}^{2+} + 2\mathrm{Ag} = \mathrm{Hg} + 2\mathrm{Ag}^+$，以下两种情况下反应自发进行的方向有无变化？

（1）$c(\mathrm{Hg}^{2+}) = 0.10 \text{ mol} \cdot \mathrm{L}^{-1}$，$c(\mathrm{Ag}^+) = 1.0 \text{ mol} \cdot \mathrm{L}^{-1}$；

（2）$c(\mathrm{Hg}^{2+}) = 0.001 \text{ mol} \cdot \mathrm{L}^{-1}$，$c(\mathrm{Ag}^+) = 1.0 \text{ mol} \cdot \mathrm{L}^{-1}$。

解　反应　　　　　　　　　$\mathrm{Hg}^{2+} + 2\mathrm{Ag} = \mathrm{Hg} + 2\mathrm{Ag}^+$

氧化剂相应的电对组成正极：$\mathrm{Hg}^{2+} + 2\mathrm{e}^- = \mathrm{Hg}$

查附录 7 得　　　　　　　$E^{\ominus}(\mathrm{Hg}^{2+}/\mathrm{Hg}) = +0.851 \text{ V} = E^{\ominus}_{(+)}$

还原剂相应的电对组成负极，电极反应：$\mathrm{Ag} = \mathrm{Ag}^+ + \mathrm{e}^-$

查附录 7 得　　　　　　　　　$E^{\ominus} = +0.799\ 6 \text{ V}$

$$E^{\ominus} = E^{\ominus}_{(+)} - E^{\ominus}_{(-)} = (+0.851 \text{ V}) - (+0.799\ 6 \text{ V}) \approx +0.05 \text{ V}$$

（1）在 $c(\mathrm{Hg}^{2+}) = 0.10 \text{ mol} \cdot \mathrm{L}^{-1}$，$c(\mathrm{Ag}^+) = 1.0 \text{ mol} \cdot \mathrm{L}^{-1}$ 的条件下，正极处于非标准状态，按 Nernst 方程式（5.12）可得

$$E(\mathrm{Hg}^{2+}/\mathrm{Hg}) = E^{\ominus}(\mathrm{Hg}^{2+}/\mathrm{Hg}) + \frac{0.059\ 2 \text{ V}}{2}\lg\{c(\mathrm{Hg}^{2+})/c^{\ominus}\} =$$

$$0.851 \text{ V} + \frac{0.059\ 2 \text{ V}}{2}\lg 0.1 = 0.821\ 4 \text{ V}$$

但负极仍处于标准状态

$$E_{(-)} = E^{\ominus}_{(-)} = +0.799\ 6 \text{ V}$$

所以　　　　　$E = E_{(+)} - E_{(-)} = 0.821\ 4 \text{ V} - 0.799\ 6 \text{ V} = 0.021\ 8 \text{ V} > 0$

因此，在此条件下，该反应正向自发进行。

（2）在 $c(\mathrm{Hg}^{2+}) = 0.001 \text{ mol} \cdot \mathrm{L}^{-1}$，$c(\mathrm{Ag}^+) = 1.0 \text{ mol} \cdot \mathrm{L}^{-1}$ 的条件下，正极处于非标准状态，按 Nernst 方程式（5.12）可得

$$E(\mathrm{Hg}^{2+}/\mathrm{Hg}) = E^{\ominus}(\mathrm{Hg}^{2+}/\mathrm{Hg}) + \frac{0.059\ 2 \text{ V}}{2}\lg\{c(\mathrm{Hg}^{2+})/c^{\ominus}\} =$$

$$0.851 \text{ V} + \frac{0.059\ 2 \text{ V}}{2} \lg 0.001 = 0.762\ 2 \text{ V}$$

但负极仍处于标准状态,即

$$E_{(-)} = E_{(-)}^{\ominus} = +0.799\ 6 \text{ V}$$

所以 $\qquad E = E_{(+)} - E_{(-)} = 0.762\ 2 \text{ V} - 0.799\ 6 \text{ V} = -0.037\ 4 \text{ V} < 0$

故在此条件下,该反应正向非自发进行,或逆向自发进行。

通过上述数例可知,对于一个氧化还原反应,如果没有特别加以说明,可以认为它是在标准状态下进行,通过计算 $E^{\ominus}$ 值并根据其正负来判断反应的自发方向。如果已知该反应在非标准状态下进行,则需要应用 Nernst 方程计算 E 值并根据其正负来判断反应的自发方向。至于改变介质酸度,或生成难溶盐、配位化合物,则会导致电池电动势与标准状态下电池电动势发生显著差异,因此,此情况下应先用 Nernst 方程分别计算 $E_{(+)}$ 和 $E_{(-)}$,从而计算 E 值,再根据 E 值的正负来判断反应的自发方向。

5.4.3　氧化还原反应进行程度的衡量

我们用标准平衡常数 $K^{\ominus}(T)$ 的大小来表征氧化还原反应进行的程度。任一指定的氧化还原反应的标准平衡常数 $K^{\ominus}(T)$,或其标准摩尔吉布斯自由能变 $\Delta_r G_m^{\ominus}(T)$,与其相应电池的标准电动势 $E^{\ominus}$电池及标准电极电势 $E_{(+)}^{\ominus}$ 值与 $E_{(-)}^{\ominus}$ 间的关系。因此,可由电池标准电动势或标准电极电势计算出相应的反应标准平衡常数 $K^{\ominus}(T)$,进而估计出反应达到平衡时产物与生成物的浓度比,求出反应物的转化率(或产物的理论产率),由此可估算出反应的程度。

根据化学反应等温式,我们知道标准摩尔吉布斯自由能变与标准平衡常数的关系为

$$\Delta_r G_m^{\ominus} = -RT \ln K^{\ominus} \tag{5.13}$$

在原电池中

$$\Delta_r G_m^{\ominus} = -nFE^{\ominus} \tag{5.14}$$

因此

$$RT \ln K^{\ominus} = nFE^{\ominus} \tag{5.15}$$

$$\ln K^{\ominus} = \frac{nFE^{\ominus}}{RT} \tag{5.16}$$

在 298 K 时,将 F、R 值代入得

$$\lg K^{\ominus} = \frac{nE^{\ominus}}{0.059\ 2} \tag{5.17}$$

例 5.18　试比较下列反应进行的完全程度:

(1) $Cu^{2+} + Zn = Cu + Zn^{2+}$;

(2) $Sn + Pb^{2+} = Sn^{2+} + Pb$。

解　(1) $Cu^{2+} + Zn = Cu + Zn^{2+}$

查附录 7 的标准电极电势表得

$$Cu^{2+} + 2e^- = Cu, \qquad E^{\ominus} = +0.341\ 9 \text{ V}$$

$$Zn^{2+} + 2e^- = Zn, \qquad E^{\ominus} = -0.761\ 8 \text{ V}$$

$$E^{\ominus} = E^{\ominus}_{(+)} - E^{\ominus}_{(-)} = 0.341\ 9\ \text{V} - (-0.761\ 8\ \text{V}) = +1.103\ 7\ \text{V}$$

代入式(5.17),在 298 K 下

$$\lg K^{\ominus} = \frac{nE^{\ominus}}{0.059\ 2} = \frac{2 \times 1.103\ 7}{0.059\ 2} \approx 37.287$$

因此,该反应的 $K^{\ominus} = 2.053 \times 10^{37}$,反应进行得十分彻底。

(2) $Sn + Pb^{2+} =\!=\!= Sn^{2+} + Pb$

查附录 7 得

$$Pb^{2+} + 2e^- =\!=\!= Pb, \quad E^{\ominus} = -0.1262\ \text{V}$$

$$Sn^{2+} + 2e^- =\!=\!= Sn, \quad E^{\ominus} = -0.1375\ \text{V}$$

$$E^{\ominus} = E^{\ominus}_{(+)} - E^{\ominus}_{(-)} = (-0.126\ 2\ \text{V}) - (-0.137\ 5\ \text{V}) = +0.011\ 3\ \text{V}$$

代入式(5.17),在 298.15 K 下

$$\lg K^{\ominus} = \frac{nE^{\ominus}}{0.059\ 2} = \frac{2 \times 0.011\ 3}{0.059\ 2} \approx 0.382$$

因此,该反应的 $K^{\ominus} = 2.41$,反应进行得不彻底。

由以上结果可见,在(1)中,由于 $E^{\ominus}$ 值较大(达 1.1 V),因此反应的平衡常数很大,反应完全程度很高;而在(2)中,$E^{\ominus}$ 值仅 0.01 V,故反应进行的完全程度较低。

需要注意的是,以上讨论电极电势或电池电动势在判断氧化还原反应进行的方向和限度上的应用,均是从热力学角度分析其可能性,并未从动力学角度考虑其实际进行的快慢。因此判断氧化还原反应的方向和限度,或者区分不同的氧化还原反应进行的次序等问题时,还需结合速率因素考虑,才能得出完全符合事实的结论。

5.5　电　　解

任何一个自发的氧化还原反应理论上都可以设计成一个原电池,使自发反应的化学能直接转化为电能,这就是原电池变化过程的实质。其逆过程则是电解过程,即由电能转化为化学能,靠外加电能迫使自发反应逆向进行。例如,$2H_2 + O_2 \rightleftharpoons 2H_2O$,这是一个自发反应,可以设计成一个原电池即氢氧燃料电池,使其化学能直接转变为电能。而其逆反应(即水分解反应式为 $2H_2O =\!=\!= 2H_2 + O_2$)则不能自发进行,但人们可以外加电能迫使 H_2O 分解成 H_2 和 O_2,这就是水的电解过程。实现电解的装置称为电解池(或电解槽,Electrolyzer),其中与直流电源正极相连的电极称为阳极(Positive Electrode),与直流电源负极相连的电极称为阴极(Negative Electrode)。由外电源提供的直流电通过阳极流入电解池,再经过电解池中的电解质流向阴极,并由阴极流回电源的负极,同时引发并完成电解反应。

电解池的阳极与外电源正极相连,带正电压,是缺电子的。因而在电解池阳极上发生的总是氧化反应。而电解池的阴极与外电源负极相连,带负电压,是富电子的,因而在电解池阴极上发生的电极反应总是还原反应。以水的电解为例,水本身存在微弱的电离反应,即 $H_2O \rightleftharpoons H^+ + OH^-$,而在外电压作用下,电解池中 H^+ 和 OH^- 分别向阴极和阳极移动,并在两极上放电,发生电极反应:

阳极:$4OH^- \Longrightarrow O_2(g)+2H_2O+4e^-$($OH^-$氧化为$O_2$);

阴极:$4H^++4e^- \Longrightarrow 2H_2(g)$($H^+$还原为$H_2$);

总反应:$4OH^-+4H^+ \Longrightarrow 2H_2O+2H_2(g)+O_2(g)$;

可见,电解水的过程为$2H_2O \Longrightarrow 2OH^-+2H^+ \Longrightarrow 2H_2(g)+O_2(g)$。

5.5.1 分解电压与超电压

1. 分解电压和析出电势

向电解池的两个电极间加上电压,通常并不能使电解顺利开始,这时通过电解池的电流密度很小,接近于零。欲使电解开始,需要逐渐提高外加电压。当外加电压增加到某一阈值后,电解才能正常进行,表现在通过电解池的电流密度迅速增大。以电解池两极间的电压对流过电解池的电流密度作图5.5,可以看出随外加电压的增加,开始电流密度很小,表明电解并未开始,当外加电压达某一阈值(D)之后,电流密度迅速上升,曲线出现一个突跃,表明电解实际开始。这以后可以观察到电解引起的各种变化。我们把保证电解真正开始,并能顺利进行下去所需的最低外加电压称为分解电压(De-composition Voltage,$E_{分解}$)。分解电压的大小主要取决于被电解物质的本性,同时也与其浓度有关。当外加于两极间的电压为分解电压时,电解池两个电极上的电位分别称为阳极和阴极的析出电势(Precipitation Potential,$E_{析出}$),即

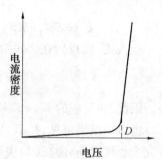

图 5.5　测定分解电压的电压-电流密度曲线

$$E_{分解}=(E_{析出})_阳-(E_{析出})_阴 \tag{5.18}$$

2. 超电压与电极的极化作用

既然电解反应是相应的原电池反应的逆过程,在电解池的两电极上发生的电极反应,也应是相应的原电池的电极反应的逆过程。例如,在电解水时,即$2H^++2e^- \Longrightarrow H_2(g)$为阴极上发生的反应,此反应的逆过程为$H_2(g) \Longrightarrow 2H^++2e^-$,正好就是氢氧原电池中负极上发生的电极反应。实际上每个指定电对的电极反应都是一个可逆平衡,只不过在原电池反应中和在电解反应中,电极反应的实际进行方向正好是相反的。因此对于任何电解反应而言,任一指定电极物质的析出电势的理论值,就应该等于相应电对电极电势 E。可以根据相应的标准电极电势及电极物质的浓度,用能斯特方程来计算。这种由理论计算得到的析出电势,称为理论析出电势,以$(E_{析出,t})$表示。例如,对于电解水而言,阴、阳极上的理论析出电势,可按相应的电极反应和能斯特方程式求出,即

阳极:　　　　　　$4OH^- \Longrightarrow O_2(g)+2H_2O+4e^-$(氧化)

$$(E_{析出,t})_阳=E(O_2/OH^-)=E^\ominus(O_2/OH^-)+\frac{0.059\ 2\ V}{4}\lg\frac{p(O_2)/p^\ominus}{\{c(OH^-)/c^\ominus\}^4} \tag{5.19}$$

阴极:　　　　　　$4H^++4e^- \Longrightarrow 2H_2(g)$(还原)

$$(E_{析出,t})_阴=E(H^+/H_2)=E^\ominus(H^+/H_2)+\frac{0.059\ 2\ V}{4}\lg\frac{\{c(H^+)/c^\ominus\}^4}{\{p(H_2)/p^\ominus\}^2} \tag{5.20}$$

当外加在电解池两极间的电压等于被电解物质的理论分解电压($E_{分解,t}$)时,电解池两

极板的电势应分别等于相应的放电离子在阴、阳极上的理论析出电势($E_{析出,t}$),这时两个电极反应正好都处在可逆反应的平衡点,从理论上讲,只要外加电压略大于分解电压,也就是使阴、阳两极的电极电势的绝对值略超过其相应的理论析出电势,电解反应就应该能顺利进行。但实际情况并非如此,往往需要外加比分解电压更大得多的电压,才能使电解进行,以 $E_{分解,r}$ 表示实际分解电压,$\Delta E_{超}$ 称为超电压(Overvoltage),表示实际分解电压比理论值超出的部分,则有

$$\Delta E_{超} = E_{分解,r} - E_{分解,t} \tag{5.21}$$

由于超电压的存在,在电解过程中,电解池两极的实际析出电势($E_{析出,r}$)都偏离了各自的理论析出电势($E_{析出,t}$),即

$$(E_{析出,r})_{阳} - (E_{析出,r})_{阴} = E_{分解,r} \tag{5.22}$$

$$(E_{析出,t})_{阳} - (E_{析出,t})_{阴} = E_{分解,t} \tag{5.23}$$

因为　　　　　　　　　　　　　$E_{分解,r} > E_{分解,t}$

所以　　　　　　　$(E_{析出,r})_{阳} > (E_{析出,t})_{阳},(E_{析出,r})_{阴} < (E_{析出,t})_{阴} \tag{5.24}$

也就是说,阳极上的实际析出电势要比理论析出电势更高(更正),而阴极上的实际析出电势要比理论析出电势位更低(更负)。

这种实际析出电势偏离理论析出电势值的现象称为电极的极化(Electrode Polarization),实际析出电势与理论析出电势值之差称为电极的超电势。电解池两电极上的超电势之和就是电解池的超电压。这表明,正是这个实际电解过程中两电极上存在极化作用,形成超电势,进而造成电解过程中的超电压,即

$$\left[(E_{析出,r})_{阳} - (E_{析出,t})_{阳}\right] + \left[(E_{析出,t})_{阴} - (E_{析出,r})_{阴}\right] = \Delta E_{超} \tag{5.25}$$

在电解过程中,由于离子在电极上放电,使电极附近该种离子浓度降低,而溶液本体中的该种离子却由于扩散速率较慢来不及及时补充,造成该类放电离子在电极附近的实际浓度低于溶液中的实际浓度,这样两种浓度差是不利于该离子进一步放电的,为此就必须消耗一定的能量来克服这种浓差所造成的障碍,这就导致了电极的极化,这种极化称为浓差极化(Concentration Polarization)。

在电解电极的放电过程中,由于其中某一环节(或几个环节),如离子放电变成原子,原子合并成分子或分子聚集成气泡,气泡长大,离开极板等受到阻滞,使整个放电过程变得更为困难,由此引起的极化称为电化学极化(Electrochemical Polarization)。

搅拌和升温可以使浓差极化降到最低,但电化学极化目前尚无法克服与消除。

电解产物不同,超电势数值也不同。例如,除 Fe、Co、Ni 以外,金属析出过程的超电势一般很小,多数可忽略不计。而生成气体的电极过程的超电势一般较大,特别是析出氢和氧的超电势更应受到重视。同一电解产物在不同材料的电极上析出的超电势也是不同的。此外,电流密度愈大,超电势愈大。温度升高则可以减低超电势的数值。表 5.3 列出了氢和氧在不同金属材料电极上析出时的超电势。

表5.3　氢和氧的超电势(温度 298 K,电流密度 0.01 A·m^{-2})

电极材料	超电势/V	
	氢(1mol·L^{-1} H$_2$SO$_4$)	氧(1mol·L^{-1} KOH)
Ag	0.13	0.73
Cd	1.13	—
Fe	0.56	—
Hg	0.93	—
Ni	0.3	0.52
Pb	0.4	—
Pt(光滑)	0.16	0.85
Pt(铂黑)	0.03	0.52
Sn	0.5	—
Zn	0.75	—

5.5.2　电解池中两极的电解产物

在讨论分解电压、超电压和析出电势的基础上,可以归纳出电解过程中在电极上放电的一般规律,由此可估计预测电解的产物。

在电解质溶液中,除了电解质的离子外,还有由水电离产生的 H$^+$和 OH$^-$。因此,可能在阴极上放电的正离子通常有金属离子和 H$^+$,而在阳极上可能放电的负离子通常有酸根离子和 OH$^-$。当用锌、镍、铜等金属做阳极板时,往往还会发生阳极板金属被氧化成相应的金属离子的反应,即所谓阳极溶解。

在这些可能发生的电极过程中,究竟哪一种电解反应会优先发生,这可以根据各种电解产物的实际析出电势高低来判断。因为在阳极上发生的是氧化反应,优先在阳极上放电的物质必然是电解液中最易于失去电子的物质,也就是体系中可能在阳极放电的电对中实际析出电势最低的电对中的还原态物质,将优先在阳极放电而被氧化。而在阴极上发生的是还原反应,体系中所有可能在阴极放电的电对中,实际析出电势最高的电对的氧化态物质是得电子能力最强的物质,必将优先在阴极放电,得到电子而被还原。而电解池中各种可能放电物质的实际析出电势,可由其理论析出电势及其在电极上放电时的超电势估算出来。据此可判断电解的实际产物。

1. 阳极产物

(1)当用石墨(或其他非金属惰性物质)做电极,电解卤化物、硫化物等盐类时,体系中可能在阳极放电的负离子主要是 OH$^-$及相应的卤素负离子(X$^-$)或硫负离子(S^{2-}),这种情况下阳极产物通常是卤素 X$_2$ 或硫 S(单质)析出。

(2)当用石墨或其他惰性物质做电极,电解含氧酸盐的水溶液时,体系中可能在阳极放电的负离子主要是 OH$^-$及相应的含氧酸根离子。此时阳极通常是 OH$^-$放电,析出氧气。

(3)当用一般金属(很不活泼的金属,如 Pt,及易钝化的金属,如铅,铁等除外)做阳极进行电解时,通常发生阳极溶解,即

$$M(s) \Longrightarrow M^{n+} + ne^-$$

2. 阴极产物

（1）当电解活泼金属（如 Na^+、K^+、Mg^{2+}、Al^{3+}）的盐溶液时，在阴极上总是 H^+ 优先放电，析出氢气。

（2）当电解不活泼金属（如 Fe^{2+}、Zn^{2+}）的盐溶液时，在阴极上发生金属离子放电，析出相应的金属。

（3）当电解不太活泼的金属（如铁、锌、镍、镉、锡、铅等）的盐溶液时，在阴极上究竟是 H^+ 还是金属离子优先被还原，受多方面因素影响，需要通过能斯特方程计算出理论析出电势并考虑到可能出现的超电势，估算出 H^+ 和相应金属离子的实际析出电势，通过进行比较，才能得出确定的结论。但是由于电解溶液中电解质的浓度通常要远大于 H^+ 浓度，而且析出氢的超电势较大，通常要比析出金属的超电势大得多。因此，往往是金属离子优先在阴极放电，得到相应的金属。

5.5.3 电解的应用

电解的应用很广，在机械工业和电子工业中广泛应用电解进行金属材料的加工和表面处理。最常见的是电镀、电解加工、阳极氧化等。

1. 电镀

应用电解原理在某些金属表面镀上一层其他金属或合金的过程叫做电镀（Electroplating）。电镀的目的主要是使金属增强抗腐蚀能力，增加美观及表面硬度。镀层金属通常是一些在空气或溶液中不易起变化的金属（如铬、锌、镍、银）或合金。

以电镀锌为例说明电镀的原理。它是将被镀的零件作为阴极材料，用金属锌作为阳极材料，在锌盐溶液中进行电解。电镀用的锌盐通常不能直接用简单锌离子的盐溶液。若用硫酸锌作电镀液，由于锌离子浓度较大，结果使镀层粗糙、厚薄不均匀，镀层与基体金属结合力差。若采用碱性锌酸盐溶液镀层，则镀层较细致光滑。这种电镀液是由氧化锌、氢氧化钠和添加剂等配制而成的。ZnO 在 NaOH 溶液中形成 $Na_2[Zn(OH)_4]$ 溶液，即

$$2NaOH + ZnO + H_2O \Longrightarrow Na_2[Zn(OH)_4]$$

$$[Zn(OH)_4]^{2-} \Longrightarrow Zn^{2+} + 4OH^-$$

随着电解的进行，Zn^{2+} 不断放电，同时 $[Zn(OH)_4]^{2-}$ 不断解离，能保证电镀液中 Zn^{2+} 的浓度基本稳定。两极主要反应为

阴极： $\qquad\qquad Zn^{2+} + 2e^- \Longrightarrow Zn$

阳极： $\qquad\qquad Zn \Longrightarrow Zn^{2+} + 2e^-$

2. 电化学工业

以电解的方法制取化工产品的工业，称为电化学工业（Electrochemical Industry）。如电解食盐溶液制取氯气和烧碱，电解水制氢气和氧气。

$$2NaCl + 2H_2O \xrightarrow{\text{电解}} 2NaOH + H_2\uparrow + Cl_2\uparrow$$

$$2H_2O \xrightarrow{\text{电解}} 2H_2\uparrow + O_2\uparrow$$

3.电冶金工业

利用电解原理从金属化合物制取金属的过程叫电冶(Electro Metallurgical)。一些活泼金属如钠、钙、镁、铝等的制取,就是利用电解原理。应注意的是,要电解的是它们的熔融化合物,不是水溶液。例如

$$2NaCl(熔融) \xrightarrow{电解} 2Na(阴极析出) + Cl_2 \uparrow (阳极析出)$$

工业上,还常用电解的方法提纯粗铜。电解槽的阳极是粗铜板(含有 Zn、Fe、Ni、Ag、Au 等杂质)做阳极,薄的纯铜片(预先经过提纯的紫铜片)做阴极。随电解的进行,阳极板的粗铜及其中夹杂的少量活泼金属杂质(如 Fe、Zn、Ni 等)都溶解(即阳极溶解)了,以离子形式进入溶液,而粗铜中所含的不活泼金属杂质(如 Au、Ag 等贵重金属)则不溶解,但也从阳极板上掉下来,以极细的微粒沉积在阳极附近的电解池底部,叫做阳极泥。从阳极泥中可以富集回收贵重金属。而进入溶液中的活泼金属离子如 Zn^{2+}、Ni^{2+}、Fe^{2+}、Fe^{3+} 等,由于其本身较 Cu^{2+} 更难被还原,相对浓度又低,则不会在阴极上放电析出,故在阴极上只有 Cu^{2+} 被还原成 Cu 析出,这样在阴极上沉积得到的是纯度很高的纯铜,用这种方法可将含铜98.5%的粗铜提炼为含铜达99.9%的精铜,达到电解提纯的目的。

5.6 金属的腐蚀及防治

金属在周围环境的作用下,由于发生化学作用或电化学作用而引起破坏,叫做金属腐蚀(Metal Corrosion)。金属腐蚀现象十分普遍,所造成的直接损失和间接伤害是十分严重的。因此,研究金属腐蚀的原因和机理,有效地防止和控制腐蚀,有十分重要的意义。

5.6.1 腐蚀的分类

金属腐蚀的类别很多,其中最为重要的有化学腐蚀和电化学腐蚀。

1.化学腐蚀

由一般化学作用而非电化学反应引起的腐蚀,称为化学腐蚀(Chemical Corrosion)。金属在高温下和干燥的气体接触,或与非电解质液体(如苯、石油)接触都会发生化学腐蚀。例如,在高温轧制、铸压过程中钢铁制品表面会产生氧化铁皮碎片。输油管道及盛装有机化合物的金属容器的腐蚀等都是化学腐蚀的结果。

2.电化学腐蚀

当金属和电解质溶液接触时,由电化学作用而引起的腐蚀叫做电化学腐蚀(Electrochemical Corrosion)。它和化学腐蚀不同,是由于形成原电池而引起的。

电化学腐蚀的主要形式有析氢腐蚀、吸氧腐蚀及浓差腐蚀等。

(1)析氢腐蚀

当钢铁暴露在潮湿的空气中时,在表面会形成一层极薄的水膜。空气中 CO_2、SO_2 等气体溶解在水膜中,使其呈酸性。而通常的钢铁并非纯金属,常含有不活泼的合金成分(如 Fe_3C)或能导电的杂质,这样就形成了许多微小的腐蚀电池。铁为阳极,Fe_3C 或杂质为阴极。由于阴、阳极彼此紧密接触,电化学腐蚀作用得以不断进行。阳极的铁被氧化成

Fe^{2+} 进入水膜,同时电子移向阴极,H^+ 在阴极(Fe_3C 或杂质)结合电子,被还原成氢气析出。水膜中的 Fe^{2+} 和由水解离出的 OH^- 结合,生成 $Fe(OH)_2$。其反应式为

$$\text{阳极(铁):} \qquad Fe =\!=\!= Fe^{2+}+2e^-$$
$$Fe^{2+}+2H_2O =\!=\!= Fe(OH)_2+2H^+$$
$$\text{阴极}(Fe_3C \text{ 等}): \qquad 2H^++2e^- =\!=\!= H_2\uparrow$$
$$\text{总反应:} \qquad Fe+2H_2O =\!=\!= Fe(OH)_2+H_2\uparrow$$

$Fe(OH)_2$ 进一步被空气中的氧气氧化成 $Fe(OH)_3$,即

$$4Fe(OH)_2+O_2+2H_2O =\!=\!= 4Fe(OH)_3$$

$Fe(OH)_3$ 及其脱水产物 Fe_2O_3 是红褐色铁锈的主要成分,这种腐蚀过程中有氢气析出,所以叫做析氢腐蚀。当介质的酸性较强时,钢铁发生析氢腐蚀。

(2)吸氧腐蚀与浓差腐蚀

当介质呈中性或酸性很弱时,则主要发生吸氧腐蚀。下面例子是一种"吸收"氧气的电化学腐蚀,此时溶解在水膜中的氧气是氧化剂。在阴极上,O_2 结合电子被还原成 OH^-;在阳极上,铁被氧化成 Fe^{2+}。其反应式为

$$\text{阳极:} \qquad Fe =\!=\!= Fe^{2+}+2e^-$$
$$\text{阴极:} \qquad O_2(g)+2H_2O+4e^- =\!=\!= 4OH^-$$
$$\text{总反应式:} \qquad 2Fe+O_2+2H_2O =\!=\!= 2Fe(OH)_2$$

$Fe(OH)_2$ 进一步被空气中的氧气氧化成 $Fe(OH)_3$,所得的产物与析氢腐蚀相似。

由于氧气的氧化能力比 H^+ 强,故在大气中金属的电化学腐蚀一般是以吸氧腐蚀为主。

吸氧腐蚀是电化学腐蚀的主要形式,几乎是无处不在。只要是处在天然的大气环境中,总会含有一定的水汽和氧气。而只要环境中有水汽和氧气,就可能发生吸氧腐蚀。而只有当环境中酸性较强时析氢腐蚀才会发生,而且在发生析氢腐蚀时,一般也同时伴有吸氧腐蚀,后者甚至比前者更甚。金属表面常因氧气分布不均匀而引起腐蚀。

由此可知,浸入水中的铁柱上的铁锈虽然在近水面处,然而腐蚀却在水下的一段。

由于氧浓度不同而造成的腐蚀,叫做浓差腐蚀。浓差腐蚀是金属腐蚀中常见的现象。如埋在地下的金属管道的腐蚀、海水对船坞的"水线腐蚀"等。其中孔蚀现象有它的特殊性,危害也较严重。

当一块钢板暴露在潮湿的空气中时,总会形成一层 Fe_2O_3 薄膜。如果该膜是致密的,则可以阻滞腐蚀过程。若在膜上有一小孔,则有小面积的金属裸露出来,这里的金属将被腐蚀。腐蚀产物(如 Fe_2O_3、$Fe(OH)_3$ 等)疏松地堆积在周围,把孔遮住。这样氧气难于进入孔内,又会发生浓差腐蚀,使小孔内的腐蚀不断加深,甚至穿孔。孔蚀是一种局部腐蚀现象。常常为表面的尘土或锈堆隐蔽,不易发现,因而危害性更大。

5.6.2　金属腐蚀的防治

了解金属腐蚀的原理之后,便能较有效地采取防治金属腐蚀的措施,下面介绍金属防腐的方法。

1. 制成耐腐蚀的合金

将不同物料与金属(如铬、铜、钛)组成合金,既可改变金属的使用性能,又可改善金属的耐腐蚀性能。例如,含质量分数为18%的铬的不锈钢能耐硝酸的腐蚀。根据我国资源的特点,目前正在研制加锰、硅、稀土元素等耐腐蚀合金钢,以满足各种工程的需要。

2. 隔离介质

由于在腐蚀过程中,介质总是参加反应的,因此在可能的情况下,设法将金属制品和介质隔离,便可起到防护作用。例如,油漆、搪瓷、塑料喷涂等。镀锌铁皮(白铁皮)有良好的耐腐蚀性能。锌的表面易形成致密的碱式碳酸锌($Zn_2(OH)_2CO_3$)薄膜,阻滞了腐蚀过程。当镀层有局部破裂时,因为锌比铁活泼,能起到"牺牲阳极"的作用,继续保护基体金属,即锌被腐蚀,而铁被保护了下来。但在空气中,破裂的镀锡铁皮(马口铁)却会加速铁的腐蚀。因此食用罐头盒一经打开,在断口附近很快就会出现锈斑。

对于枪支武器、刀片、发条等金属制品(既不宜涂漆,又不宜镀其他金属的制品),往往可在金属表面施行氧化处理(俗称发蓝或发黑)或磷化处理。这些处理的过程较复杂,其原理是在金属表面形成一层致密的、不溶于水的氧化物或磷酸盐薄膜,从而隔离介质,使金属不受腐蚀。另外,镀镍、镀铬的镀件抗腐蚀性能好,外形美观,镀层硬度高,常用于汽车零件、医疗器械、精密仪器及日常用品等方面。

3. 介质处理

介质处理方法的原理是改变介质的氧化还原性能。例如,用 Na_2SO_3 除去水中的溶解氧,反应式为

$$2Na_2SO_3+O_2 \rightarrow 2Na_2SO_4$$

在腐蚀性介质中,加入少量某些物质能显著减小腐蚀速率,这类物质称缓蚀剂。例如,在酸性介质中,可采用乌洛托品[六亚甲基胺$(CH_2)_6N_4$]作缓蚀剂。

4. 电化学防腐法

因为金属的电化学腐蚀是阳极(活泼金属)被腐蚀,所以借助于外加的阳极(较活泼的金属)或直流电源而将金属设备作为阴极保护起来,故称为阴极保护法。这种方法又可分为牺牲阳极法和外加电流法。

将较活泼的金属(如 Mg、Al、Zn 等)或其合金连接在被保护的金属设备上,形成腐蚀电池。这时较活泼的金属作为阳极而被腐蚀,金属设备则作为阴极而得到保护,这就称作牺牲阳极法,常用于保护海轮外壳、海底设备等金属制品。

牺牲阳极和被保护金属的表面积应有一定的比例,通常是被保护金属面积1% ~ 5%。

若将直流电源的负极接在被保护的金属设备上,正极接到另一导体上(如石墨、废钢铁等),控制适当的电流,可达到保护阴极的目的。这种外加电流法常用于防止土壤中金属设备的腐蚀。

虽然金属腐蚀有很大的危害性,但在有些情况下,可以利用金属腐蚀原理为生产服务。例如,在电子工业中,广泛采用印刷电路。在敷有铜箔的绝缘板上均匀地涂上一层感光胶薄膜,用照相复印的方法将电子线路印在感光胶膜上。没有感光的感光胶膜可用溶剂洗去,从而使铜箔裸露。已感光的感光胶膜仍附在铜箔上,具有保护铜箔的能力。用

$FeCl_3$ 溶液将裸露的铜箔腐蚀掉。最后设法除去已感光的胶膜,就可得到线条清晰的印刷线路板。$FeCl_3$ 之所以能腐蚀铜,可从它们的电极电势数值看出。

$E^{\ominus}(Fe^{3+}/Fe^{2+})=0.77V$,$E^{\ominus}(Cu^{2+}/Cu)=0.34V$。由于 $E^{\ominus}(Fe^{3+}/Fe^{2+})>E^{\ominus}(Cu^{2+}/Cu)$,使下列反应向右进行,即 $2FeCl_3+Cu =\!=\!= 2FeCl_2+CuCl_2$,即铜被 $FeCl_3$ 所腐蚀。

本 章 小 结

1. 原电池与电动势

原电池是将氧化还原反应的化学能转变为电能的装置。任一自发的氧化还原反应,原则上都可被设计成原电他。在原电池中,负极发生氧化反应,正极发生还原反应。因此,总的电池反应中,氧化剂相应的电极为正极,还原剂相应的电极为负极。

(1)原电池的电动势 E 等于没有电流通过时正极与负极的电极电势之差,即

$$E=E_{(+)}-E_{(-)}=E_{(氧)}-E_{(还)}$$

(2)电池反应的 Gibbs 函数变的减少等于相应可逆电池所做的最大电功,即

$$\Delta_r G_m = -nFE$$

(3)电动势与电极电势都受温度、压力、浓度及酸度等因素的影响。

(4)标准状态

$$E^{\ominus}=E^{\ominus}_{(+)}-E^{\ominus}_{(-)}$$

(5)电化学中可用电他符号表示原电池。

2. 能斯特方程式

对任一电极反应:

$$氧化态物质+ne^- =\!=\!= 还原态物质$$

能斯特方程表示为

$$E(M^{n+}/M)=E^{\ominus}+\frac{RT}{nF}\lg\frac{c(氧化态)}{c(还原态)}$$

$T=298.15$ K 时

$$E(M^{n+}/M)=E^{\ominus}+\frac{0.059\ 2\ V}{n}\lg\frac{c(氧化态)}{c(还原态)}$$

应用能斯特方程式计算电极电势时须注意以下几点:

(1)$c(还原型)$、$c(氧化型)$ 分别代表电极反应还原型一侧、氧化型一侧各物质的 $(c_B/c^{\ominus})^{\nu_B}$ 或 $(p_B/p^{\ominus})^{\nu_B}$(气体),其中 ν_B 为物质 B 的化学计量数。即若有介质参加反应(如 H^+ 或 OH^-),必须考虑其浓度的影响。

(2)电对的氧化型或还原型物质形成难溶电解质、配合物、弱酸或弱碱时都能影响电极电势的大小。

3. 电极电势的应用

(1)判断氧化剂、还原剂的相对强弱

$E^{\ominus}$ 越大,则电对中的氧化型物质的氧化能力越强。相应的其还原型物质的还原能力越强;$E^{\ominus}$ 越小,则电对中还原型物质的还原能力越强,相应的其氧化型物质的氧化能力越弱。

电对的氧化还原能力还受浓度、温度、酸度,即能斯特方程的影响。

(2)判断氧化还原反应进行的方向

$$\Delta G = -nFE$$

$$E = E_{(+)} - E_{(-)} = E_{(氧化剂电对)} - E_{(还原剂电对)}$$

所以 $E > 0$,反应正向进行;

$E < 0$,反应逆向进行;

$E = 0$,反应达平衡。

(3)确定氧化还原反应的限度,计算标准平衡常数:$\ln K^{\ominus} = \dfrac{nFE^{\ominus}}{RT}$

在 298 K 时,将 F、R 值代入得:$\lg K^{\ominus} = \dfrac{nE^{\ominus}}{0.0592}$。

设计不同的浓差电池,可求得电池反应的 $K^{\ominus}$,就可以求得 $K_{sp}^{\ominus}$、$K_f^{\ominus}$、$K_a^{\ominus}$ 等。

习　题

1.判断题。

(1)金属铁可以置换 Cu^{2+},因此 $FeCl_3$ 不能与金属铜发生反应。　　　　　(　　)

(2)电极电势的数值与电池反应中化学计量数的选择及电极反应方向无关。(　　)

(3)钢铁在大气的中性或弱酸性水膜中主要发生吸氧腐蚀,只有在酸性较强的水膜中才主要发生析氢腐蚀。　　　　　(　　)

(4)电镀工艺是将欲镀零件作为电解池的阳极。　　　　　(　　)

(5)电解含有 Na^+、K^+、Zn^{2+}、Ag^+ 金属离子的盐类水溶液,其中 Na^+、K^+ 能被还原成金属单质,Zn^{2+}、Ag^+ 不能被还原成金属单质。　　　　　(　　)

(6)在海上航行的轮船,为防止其发生电化学腐蚀,应在船尾和船壳的水线以下部分焊上一定数量的铅块。　　　　　(　　)

(7)氢电极的电极电势始终为零。　　　　　(　　)

(8)电动势 E 的数值与电池反应式的写法无关,而平衡常数的数值随反应式的写法不同而变。　　　　　(　　)

(9)当溶液中增加 H^+ 时,氧化剂 $Cr_2O_7^{2-}$ 氧化能力将增强。　　　　　(　　)

(10)电解烧杯中的食盐水时,其电解产物是钠、氯气。　　　　　(　　)

2.选择题。

(1)下列各组物质在标准状态下能够共存的是　　　　　(　　)

　A. Fe^{3+},Cu 　　　　　B. Fe^{3+},Br^- 　　　　　C. Sn^{2+},Fe^{3+} 　　　　　D. H_2O_2,Fe^{2+}

(2)今有一种 Cl^-、Br^-、I^- 的混合溶液,标准状态时能氧化 I^- 而不氧化 Cl^-、Br^- 的物质是　　　　　(　　)

　A. $KMnO_4$ 　　　　　B. MnO_2 　　　　　C. $Fe_2(SO_4)_3$ 　　　　　D. $Cu(SO_4)$

(3)$\Delta_r G_m^{\ominus}$ 是一个氧化还原反应的标准吉布斯函数变,$K^{\ominus}$ 是标准平衡常数,$E^{\ominus}$ 是标准电动势,下列哪组所表示的 $\Delta_r G_m^{\ominus}$,$K^{\ominus}$,$E^{\ominus}$ 的关系是一致的　　　　　(　　)

　A. $\Delta_r G_m^{\ominus} > 0$,$E^{\ominus} < 0$,$K^{\ominus} < 1$ 　　　　　B. $\Delta_r G_m^{\ominus} > 0$,$E^{\ominus} > 0$,$K^{\ominus} < 1$

C. $\Delta_r G_m^{\ominus}>0, E^{\ominus}<0, K^{\ominus}>1$ 　　　　　　　D. $\Delta_r G_m^{\ominus}<0, E^{\ominus}<0, K^{\ominus}>1$

(4)非金属碘在 0.01 mol·kg⁻¹ 的 I⁻ 溶液中,当加入少量 H_2O_2 时,碘的电极电势应该
(　　)

　A. 增大　　　　　B. 减小　　　　　C. 不变　　　　　D. 不能判断

(5)电池(-)Pt,H_2 ∣ HCl(aq) ‖ $CuSO_4$(aq) ∣ Cu(+)的电动势与下述情况无关的是
(　　)

　A. 温度　　　　　B. 盐酸浓度　　　　　C. 氢气体积　　　　　D. 氢气压力

(6)下列关于原电池说法错误的是　　　　　　　　　　　　　　　　　(　　)

　A. 给出电子的极叫负极,负极被氧化

　B. 电流从负极流向正极

　C. 盐桥使电池构成通路

　D. 原电池是借助于氧化还原反应使化学能转变成电能的装置

(7)根据下列反应设计的原电池,不需要惰性电极的反应是　　　　　(　　)

　A. H_2+Cl_2===2HCl(aq)　　　　　B. $Ce^{4+}+Fe^{2+}$===$Ce^{3+}+Fe^{3+}$

　C. $Zn+Ni^{2+}$===$Zn^{2+}+Ni$　　　　D. $2Hg^{2+}+Sn^{2+}+2Cl^-$===Hg_2Cl_2(s)+Sn^{4+}

(8)电解烧杯中的食盐水时,其电解产物是　　　　　　　　　　　　(　　)

　A. Na,H_2　　　　B. Cl_2,H_2　　　　C. Na,O_2　　　　D. NaOH,Cl_2

(9)在酸性介质中 MnO_4^- 与 Fe^{2+} 反应,其还原产物为　　　　　　(　　)

　A. MnO_2　　　　B. MnO_4^{2-}　　　　C. Mn^{2+}　　　　D. Fe

(10)有关标准氢电极的叙述,不正确的是　　　　　　　　　　　　(　　)

　A. 标准氢电极是指将吸附纯氢气($1.01×10^5$ Pa)达饱和的镀铂黑的铂片浸在 H^+ 浓
　　度为 1 mol·L⁻¹ 的酸性溶液中组成的电极

　B. 使用标准氢电极可以测定所有金属的标准电极电势

　C. H_2 分压为 $1.01×10^5$ Pa,H^+ 的浓度已知但不是 1 mol·L⁻¹ 的氢电极也可用来测定
　　其他电极电势

　D. 任何一个电极的电势绝对值都无法测得,电极电势是指定标准氢电极的电势为
　　0 而测出的相对电势

3. 填空题。

(1)由标准电极电势可知:在标准状态下,MnO_4^- 的氧化性_____ Fe^{3+} 的氧化性。已
知 $E^{\ominus}(MnO_4^-/Mn^{2+})=1.1491$ V;$E^{\ominus}(Fe^{3+}/Fe^{2+})=0.77$ V(填"大于","小于",或"相
等")。

(2)已知下列反应均按正方向进行:
$$2FeCl_3+SnCl_2===2FeCl_2+SnCl_4$$
$$2KMnO_4+10FeSO_4+8H_2SO_4===2MnSO_4+5Fe_2(SO_4)_3+K_2SO_4+8H_2O$$
在上述这些物质中,最强的氧化剂是_____,最强的还原剂是_____。

(3)电镀工艺是将欲镀零件作为电解池的_____。

(4)已知 $E^{\ominus}$(A/B)>$E^{\ominus}$(C/D),在标准状态下自发进行的反应为:_____。

（5）非金属碘在 $0.01\ mol\cdot kg^{-1}$ 的 I^- 溶液中,当加入少量 H_2O_2 时,碘的电极电势应该_____。

4. 判断氧化还原反应进行的方向。

（1）$Sn^{2+}(1.0\ mol\cdot L^{-1})+2Fe^{3+}(1.0\ mol\cdot L^{-1})=Sn^{4+}(1.0\ mol\cdot L^{-1})+2Fe^{2+}(1.0\ mol\cdot L^{-1})$

（2）$2Fe^{2+}(1.0\ mol\cdot L^{-1})+I_2=2Fe^{3+}(1.0\ mol\cdot L^{-1})+2I^-(1.0\ mol\cdot L^{-1})$

（3）$Sn^{2+}(1.0\ mol\cdot L^{-1})+Pb=Sn+Pb^{2+}(0.1\ mol\cdot L^{-1})$

（4）$Sn^{2+}(1.0\ mol\cdot L^{-1})+Pb=Sn+Pb^{2+}(1.0\ mol\cdot L^{-1})$

（5）$Ni^{2+}(1.0\ mol\cdot L^{-1})+Zn=Ni+Zn^{2+}(0.010\ mol\cdot L^{-1})$

5. 计算下列情况电极电势大小。

（1）$c(OH^-)=0.1\ mol\cdot L^{-1}$ 时,$E(O_2/OH^-)$ 是多少?

（2）$c(H^+)=1.0\times10^{-5}\ mol\cdot L^{-1}$ 时,$E(MnO_4^-/Mn^{2+})$ 是多少?

6. 由镍电极和标准氢电极组成原电池,若 $c(Ni^{2+})=0.01\ mol\cdot L^{-1}$,原电池的 $E=0.315\ V$,其中 Ni 为负极,计算 Ni 电极的标准电极电势?

7. 由两氢电极 $H_2(101.325\ kPa)\mid H^+(0.01\ mol\cdot L^{-1})\mid Pt$ 和 $H_2(101.325\ kPa)\mid H^+(x)\mid Pt$ 组成原电池。若测得该原电池的电动势为 0.016 V,若后一电极作为正极,问组成该电极溶液中的 H^+ 浓度是多少?

8. 将锡和铅的金属片分别插入含有该金属离子的溶液中,并组成原电池(用图式表示,注明溶液)。

（1）$c(Sn^{2+})=0.01\ mol\cdot L^{-1}$,$c(Pb^{2+})=1.0\ mol\cdot L^{-1}$;

（2）$c(Sn^{2+})=1.0\ mol\cdot L^{-1}$,$c(Pb^{2+})=0.01\ mol\cdot L^{-1}$。

分别计算原电池的电动势,写出原电池的两极反应和总反应式。

9. 已知 $Cr_2O_7^{2-}+14H^++6e^-=2Cr^{3+}+7H_2O$,若 $c(Cr_2O_7^{2-})$ 与 $c(Cr^{3+})$ 固定为 $1\ mol\cdot L^{-1}$。试比较 $c(H^+)$ 分别为 $2\ mol\cdot L^{-1}$ 和 $0.001\ mol\cdot L^{-1}$ 时,$Cr_2O_7^{2-}$ 氧化能力的大小。已知:$E^{\ominus}(Cr_2O_7^{2-}/Cr^{3+})=-1.33\ V$。

10. 已知电池 $(-)Zn\mid Zn^{2+}(x\ mol\cdot L^{-1})\parallel Ag^+(0.1\ mol\cdot L^-)\mid Ag(+)$,该电池的电动势 $E=1.51\ V$,求 Zn^{2+} 浓度 x 为多少?已知:$E^{\ominus}(Zn^{2+}/Zn)=-0.763\ V$;$E^{\ominus}(Ag^+/Ag)=0.799\ V$。

11. 根据标准电极电势,请将下列物质的氧化性从强到弱排列:Fe^{2+},Fe^{3+},Ni^{2+},Ag^+,S,Cu^{2+}。

12. 将氢电极插入含有 $0.50\ mol\cdot L^{-1}$ HA 和 $0.10\ mol\cdot L^{-1}A^-$ 的缓冲溶液中,作为原电池的负极;将银电极插入含有 AgCl 沉淀和 $1.0\ mol\cdot L^{-1}Cl^-$ 的 $AgNO_3$ 溶液中。已知 $p(H_2)=100\ kPa$ 时测得原电池的电动势为 0.450 V。

（1）写出电池符号和电池反应方程式;

（2）计算负极溶液中的 $c(H^+)$。

13. 已知 298 K 和 $p^{\ominus}$ 压力下,$Ag_2SO_4(s)+H_2(p^{\ominus})=2Ag(s)+H_2SO_4(0.100\ mol\cdot L^{-1})$。

（1）为该化学反应设计一可逆电池,并写出其两极反应和电池反应;

（2）计算电池的电动势 E;

（3）计算 Ag_2SO_4 的 $K_{sp}^{\ominus}$。

14. 根据标准电极电势,求 $Ag^++Cl^-=AgCl(s)$ 的平衡常数 K 和溶度积常数 $K_{sp}^{\ominus}$。

15. 已知 298 K 时,电极反应:$MnO_4^- + 8H^+ + 5e^- \Longrightarrow Mn^{2+} + 4H_2O$,$Cl_2 + 2e^- \Longrightarrow 2Cl^-$。

(1)把两个电极组成原电池时,计算其标准电动势;

(2)计算当 H^+ 浓度为 0.10 $mol \cdot L^{-1}$,其他各离子浓度为 1.0 $mol \cdot L^{-1}$,Cl_2 分压为 100 kPa 时原电池的电动势。已知:$E^{\ominus}(MnO_4^-/Mn^{2+}) = 1.507$ V;$E^{\ominus}(Cl_2/Cl^-) = 1.357$ V。

16. 已知:$E^{\ominus}(Cu^{2+}/Cu^+) = 0.17$ V,$E^{\ominus}(Cu^+/Cu) = 0.52$ V,$K_{sp}^{\ominus}(CuCl) = 1.02 \times 10^{-6}$,试计算在 298 K 时反应 $Cu + Cu^{2+} + 2Cl^- \Longrightarrow 2CuCl(s)$ 的平衡常数 K。

17. 已知 $E^{\ominus}(Ag^+/Ag) = 0.799\ 6$ V,$E^{\ominus}(AgBr/Ag) = 0.071\ 3$ V,求 AgBr 在 298 K 时的溶度积常数 $K_{sp}^{\ominus}(AgBr)$。

18. 298 K 时,在 Ag^+/Ag 电极中加入过量 I^-,设达到平衡时 $c(I^-) = 0.10$ $mol \cdot L^{-1}$。而另一个电极为 Cu^{2+}/Cu,$c(Cu^{2+}) = 0.01$ $mol \cdot L^{-1}$,现将两电极组成原电池,写出原电池的符号,电池反应,并计算电池反应的平衡常数。已知:$E^{\ominus}(Ag^+/Ag) = 0.80$ V,$E^{\ominus}(Cu^{2+}/Cu) = 0.34$ V,$K_{sp}^{\ominus}(AgI) = 1.0 \times 10^{-18}$。

19. 已知 $Zn^{2+} + 2e^- \Longrightarrow Zn$,$E^{\ominus} = -0.76$ V;$ZnO_2^{2-} + 2H_2O + 2e^- \Longrightarrow Zn + 4OH^-$,$E^{\ominus} = -1.22$ V。试通过计算说明锌在标准状况下,既能从酸中又能从碱中置换放出 H_2。

20. 有原电池 $(-)$ A $|$ A^{2+} $\|$ B^{2+} $|$ B $(+)$,当 $c(A^{2+}) = c(B^{2+})$ 时,其电动势为 $+0.360$ V,现若使 $c(A^{2+}) = 0.100$ $mol \cdot L^{-1}$,$c(B^{2+}) = 1.00 \times 10^{-4}$ $mol \cdot L^{-1}$,这时该电池的电动势是多少?

21. 为什么锌棒与铁制管道接触可以防止管道的腐蚀?

22. 已知电池符号,请写出电池的电极反应和电池反应。

Pt $|$ $Fe^{2+}(1.0$ mol/L$)$,$Fe^{3+}(0.1$ mol/L$)$ $\|$ $Cl^-(2.0$ mol/L$)$ $|$ $Cl_2(p^{\ominus})$ $|$ Pt

23. 根据标准电极电势,说明并讨论下列物质的氧化性由强到弱的次序:

Fe^{3+},H^+,Cu^{2+},Cl_2,Ni^{2+},$Cr_2O_7^{2-}$,Br_2,MnO_4^-,Fe^{2+}。

已知:$E^{\ominus}(Cl_2/Cl^-) = 1.360$ V;$E^{\ominus}(Br_2/Br^-) = 1.077\ 4$ V;$E^{\ominus}(Fe^{3+}/Fe^{2+}) = 0.769$ V;$E^{\ominus}(Cu^{2+}/Cu) = 0.339\ 4$ V;$E^{\ominus}(MnO_4^-/Mn^{2+}) = 1.512$ V;$E^{\ominus}(Ni^{2+}/Ni) = -0.236\ 3$ V;$E^{\ominus}(Fe^{2+}/Fe) = -0.408\ 9$ V;$E^{\ominus}(Cr_2O_7^{2-}/Cr^{3+}) = 1.33$ V。

24. 试计算 298 K 时,电极 Pt $|$ $Fe^{3+}(1$ $mol \cdot L^{-1})$,$Fe^{2+}(10^{-3}$ $mol \cdot L^{-1})$ 的电极电势的大小?已知:$E^{\ominus}(Fe^{3+}/Fe^{2+}) = 0.771$ V。

25. 解释说明下面反应进行的方向。

$$Sn^{2+} + 2Fe^{3+}(1.0\ mol \cdot L^{-1}) \longrightarrow Sn^{4+} + 2Fe^{2+}(10^{-3}\ mol \cdot L^{-1})$$

已知:$E^{\ominus}(Sn^{4+}/Sn^{2+}) = 0.154$ V;$E^{\ominus}(Fe^{3+}/Fe^{2+}) = 0.771$ V。

26. 计算下列原电池的电动势,写出相应的电池反应。

Zn $|$ $Zn^{2+}(0.01$ mol/L$)$ $\|$ $Fe^{2+}(0.001$ mol/L$)$ $|$ Fe

已知:$E^{\ominus}(Zn^{2+}/Zn) = -0.762\ 1$ V;$E^{\ominus}(Fe^{2+}/Fe) = -0.408\ 9$ V。

27. 写出电池 Pt,$H_2(p^{\ominus})$ $|$ NaOH(水溶液,$a = 1$) $|$ HgO+Hg 的电极反应和电池反应,已知 298 K 时,上述电池的 $E^{\ominus} = 0.962\ 5$ V,$\Delta_f G_m^{\ominus}[H_2O, l, 298\ K] = -237.2$ $kJ \cdot mol^{-1}$。计算反应 $HgO \Longrightarrow Hg + \frac{1}{2}O_2$ 平衡时 O_2 的压力 p_{O_2}。

第6章

原子结构与元素周期律

本章简单地介绍了人类认识原子结构的历史和实验基础。为了阐释氢原子光谱的规律性,波尔引进了量子化条件,提出原子结构模型;电子衍射实验和氢原子光谱的阐释,解释了电子的波粒二象性,所以电子的运动状态要用4个量子数确定的波函数来描述。波函数的物理意义可以通过电子的统计行为、几率密度来认识。在普通化学中,我们只简单了解原子结构,同时,还要知道元素周期表和元素周期律的关系,原子结构和元素性质的规律性联系。

通过本章的学习:(1)要求了解核外电子运动的特殊性;(2)能够运用轨道填充顺序图,按照核外电子排布原理,写出若干常见元素的电子构型;(3)掌握各类元素电子构型的特征;(4)了解电离势、电负性等概念的意义及它们与原子结构的关系。

6.1 人类认识原子结构的简单历史

希腊最卓越的唯物论者德默克里克(Democritus,公元前460—前370年)提出了万物由"原子"产生的思想。几乎世界各国的哲学家,均对物质可分与否争论不休,延续时间很久。1741年,俄国的罗蒙诺索夫(Ломоносов,1711—1763)曾提出了物质构造的粒子学说,但由于实验基础不够,未曾被世人重视。

18世纪末,欧洲已进入资本主义上升时代,生产的迅速发展推动了科学的发展,实验室里开始有了较精密的天平,使化学的研究由简单的定性进入到定量。从而陆续发现一些元素的基本定律,为化学的理论研究打下了基础。这些定律是:

(1)质量守恒定律:1756年,罗蒙诺索夫总结出第一个关于化学反应的质量定律,即参加化学反应的全部物质的质量,等于反应后的全部产物的质量。

(2)定组成定律:1779年,法国化学家普劳斯特(Proust)通过大量的实验证明一种纯净的化合物不论来源如何,各组分元素的质量间都有一定的比例。

(3)倍比定律:1803年,英国的道尔顿发现,当甲、乙两种元素相互化合生成两种以上化合物时,则在这些化合物中,与同一质量甲元素相化合的乙元素的质量间互成简单整数比。此结论称为倍比定律。

这些基本定律都是经验定律,是在对大量的实验数据进行分析和归纳的基础上得出的结论,形成这些规律的原因是什么? 这样的疑惑迫使科学家们不断地进行实验,探索新的理论阐明各个规律的本质。

1787 年,年轻的中学教师道尔顿首先对空气的物理性质进行了研究,当时,他继承了古希腊的原子论,认为空气中的氧气和氮气能够相互扩散且均匀混合,原因是它们都是由单个的原子构成的,因此,才能相互扩散。到了 19 世纪,为解释元素相互化合的质量关系,道尔顿把原子论的思想引入化学中,他认为物质都是由原子构成的,不同元素的化合就是不同原子的结合。

为了证明他的观点,精确区分不同元素的原子,他认为关键是区别不同原子的相对质量,即相对原子质量,于是他进行测定相对原子质量的实验工作。他把氢原子的相对原子质量定为 1,并假定了元素化合时需要不同的原子数目。初步测出了氢、氧、氮、碳、磷、硫等元素的相对原子质量,并形成了完整的理论体系。

道尔顿原子论的主要内容有三点:

(1)一切物质都是由不可再分的原子组成,原子不能自生自灭。

(2)同种类的原子在质量、形状和性质上都完全相同,不同种类的原子则不同。

(3)每一种物质都是由它自己的原子组成的。单质是由简单原子组成的,化合物是由复杂原子组成的,而复杂原子又是由少量的简单原子组成的。复杂原子的质量等于组成它的简单原子的质量的总和。

19 世纪初,法国化学家盖·吕萨克(Gay-Lussac,J. L)开始了对气体反应体积的研究。他通过不同气体反应实验发现,参加反应的气体和反应后产生的气体的体积都有简单的整数比关系。例如:1 体积氯气和 1 体积氢气化合生成 2 体积氯化氢。

他把实验结果概括总结成为气体反应体积简比定律:在同温同压下,气体反应中各气体体积间互成简单整数比。这个看法遇到了很多矛盾,根据这个看法会得出半个原子理论,例如,氯化氢的复杂原子至少是一个氢原子和一个氯原子组成的,那么 1 体积的氢气和 1 体积的氯气就不能生成多于 1 体积的氯化氢,但事实上却得到 2 体积的氯化氢。盖·吕萨克没能成功地解决这个问题。

1811 年,意大利化学家阿伏伽德罗(Avogadro)为了解决“半个原子”的矛盾,在盖·吕萨克的基础上引入了分子的概念。他认为,原子虽然是构成物质的最小微粒,但它并不能独立存在。原子只有相互结合在一起形成一个新的微粒即分子以后,才可能独立存在。如果是同种原子相结合,形成的是单质的分子;如果是不同种原子相结合,形成化合物的分子。他强调不应当把单质分子和简单分子混为一谈。为了解释气体反应简比定律,他还提出了著名的阿伏伽德罗学说:同温同压下,同体积气体含有相同分子数。

原子分子论的建立,阐明了原子和分子间的相互联系和差别,澄清了长期以来的问题,但此理论也只是一定历史阶段的相对真理。科学上的一系列发现打破了原子不可再分的观点,人们对物质的认识又进入了一个新的阶段。

19 世纪末,汤姆逊(Thomson)发现了电子,提出了原子结构的模型:原子是由带正电荷的连续体和在其内部运动的负电子构成。然而 1911 年英国的卢塞福(Rutherford)的 α散射实验证明原子中带正电的连续体实际上只能是一个非常小的核,而负电子则受这个核吸引在核的外围运动。

20 世纪初,普朗克(Planck)的量子论和爱因斯坦(Einstein)光子学说使对原子结构的认识发生了质的飞跃。1913 年,年轻的丹麦物理学家玻尔在牛顿引力的基础上,吸收了量子论和光子学说的思想,建立了玻尔原子模型,成功地解释了氢原子的线性光谱,但对波粒二象性产生的电子衍射实验结果及多电子体系的光谱却无法解释。微观粒子与宏观物体不同,不能用经典力学来正确描述,需要用量子力学来描述,原子结构的量子力学理论建立于 20 世纪 20 年代,是现今用来描述电子或其他微观粒子运动的基本理论,量子力学创始者之一是薛定谔,他建立了描述电子运动规律的波动方程。

6.2 核外电子的运动状态

6.2.1 微观粒子的运动特征

人们对微观粒子的运动规律的认识,经历了艰苦的探索与发展过程。以微观粒子的波粒二象性为基础发展起来的现代量子力学,正确地描述了电子、原子、分子等微观粒子的运动规律,奠定了现代物质结构理论的基础。

1. 黑体辐射

微观粒子运动遵循量子力学规律,与经典力学运动规律不同,其重要特征是"量子化"(Quantized)。

黑体是一种能全部吸收照射到它上面的各种波长辐射的物体。

一个金属球,带有一个微孔,非常接近于黑体,进入金属球小孔的辐射,经过多次吸收、反射,使射入的辐射实际上接近于全部被吸收。当然,受热时,空腔壁会发出辐射,极小部分通过小孔逸出。黑体也是一个理想的发射体,当把几种物体加热到同一温度,黑体放出的能量最多。黑体的能量分布曲线(E_ν-ν),如图 6.1 所示。

从黑体的能量分布曲线(E_ν-ν)中可以看出,随温度增加,黑体辐射能量的峰值频率向高频移动。

1900 年,普朗克(Planc K)假定黑体中的原子或分子辐射能量时作简谐振动,它只能吸收或发射频率为 ν、数值为 $\varepsilon = h\nu$ 的整数倍

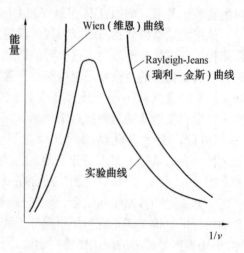

图 6.1 黑体辐射能量分布曲线

的电磁能,即频率为 ν 的振子发射能量可以等于 $nh\nu$(n 为整数),因此推导出频率为 ν 的振动的平均能量为

$$E_\nu = \frac{h\nu}{e^{\frac{h\nu}{kT}} - 1} \tag{6.1}$$

由此可得到频率为 ν 的光子在单位时间、单位面积上辐射的能量分布曲线公式为

$$E_\nu = \frac{2\pi h\nu^3}{c^2}(e^{\frac{h\nu}{kT}}-1)^{-1} \tag{6.2}$$

这个解析式与实验符合得非常好。$\varepsilon = h\nu$ 中，ν 为振动频率，h 为 Planck 常数，即 6.626×10^{-34} J·s。

因此黑体辐射频率为 ν 的能量，其值是不连续的，只能是 $h\nu$ 的整数倍，把它称为能量量子化，这个假设的提出标志着量子理论的诞生。

2. 光子学说

1905 年，Einstein 提出了光子学说，其要点如下：

(1)光是一束光子流，每一种频率的光的能量都有一个最小单位，称为光子，光子的能量与光子的频率成正比，即 $\varepsilon = h\nu$。

(2)光子不但有能量，还有质量(m)，但光子的静止质量为 0，按相对论的质能方程可得 $\varepsilon = mc^2$，结合 $\varepsilon = h\nu$，可知光子的质量为 $m = \dfrac{h\nu}{c^2}$，即不同频率的光子有不同的质量。

(3)光子具有一定的动量(p)

$p = mc = \dfrac{h\nu}{c} = \dfrac{h}{\lambda}$(这个公式实际上代表了波动性与粒子性的统一，即能量和动量由 Planck 常量联系起来)。

(4)光的强度取决于单位体积内光子的数目，即光子密度。

正如前述，光子具有波粒二象性，那么，其他实物粒子是否也具有波粒二象性？下面就讨论实物粒子的波动情况。

3. 实物粒子波及物理意义

对于光子，$p = mc$，$E = mc^2$，$\lambda = \dfrac{c}{\nu}$。

首先可以肯定的是波粒二象性是微观粒子的基本特性。微观粒子是指光子、电子、质子、原子等实物粒子(电子、质子等除光子以外的微观粒子)。具有波动性的假设是由德布罗伊(deBroglie)于 1924 年提出的，假如光具有二象性，那么微观粒子在某些情况下，也能呈现波动性。具有质量 m，运动速度 v 的粒子，相应的波长 λ 可以由下式求出：

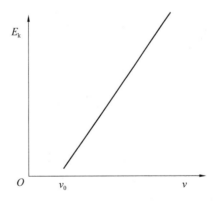

图 6.2　光电子动能与照射光频率的关系

$$E = h\nu, \quad p = h/\lambda$$

由于 $p = mv$，则 $mv = h/\lambda$，所以

$$\lambda = \frac{h}{mv} \tag{6.3}$$

1927 年，戴维森(Davisson C. J)和革末(Germer L. H)用已知能量的电子在晶体上的衍射实验证明了 deBroglie 的预言。

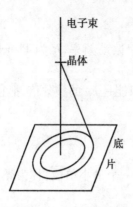

图6.3　电子衍射示意图　　　　　　　　图6.4　CsI箔电子衍射图

后来,多种粒子都被证实具有波动性。

1913年,Bohr综合了Planck的量子论、Einstein的光子说、卢赛福(Rutherford)的原子模型,提出两点假设:

(1)定态规则。原子有一系列定态,每一个定态有一相应的能量,电子在这些定态的能级上绕核做圆周运动,既不放出能量,也不吸收能量,而处于稳定状态;电子做圆周运动的角动量 M 必须为 $h/(2\pi)$ 的整数倍。

$$M = nh/(2\pi)(n=1,2,3,\cdots)$$

(2)频率规则。当电子由一个定态跃迁到另一定态时,就会吸收或发射频率为 $\nu = \Delta E/h$ 的光子。

Bohr半径的导出。电子稳定地绕核做圆周运动,其离心力与电子和核间的库仑引力大小相等,即 $mv^2/r = e^2/(4\pi\varepsilon_0 r^2)$,$\varepsilon_0 = 8.854 \times 10^{-12}$ C$^2 \cdot$ J$^{-1} \cdot$ m^{-1},电子轨道运动角动量 $M = mvr = nh/(2\pi)$,电子绕核运动的半径为

$$r = n^2 h^2 \varepsilon_0/(\pi m e^2), n=1 \text{ 时}, r=52.92 \text{ pm} \equiv a_0$$

1926年,波尔(Born)提出了实物粒子波的统计解释,即空间任何一点上波的强度(振幅绝对值的平方)和粒子出现的几率成正比。用较强的电子流可在短时间内得到电子衍射照片,但用很弱的电子流,让电子先后一个一个地到达底片,只要时间足够长,也能得到同样的电子衍射照片。电子衍射不是电子间相互作用的结果,而是电子本身运动所固有的规律性。

实物微粒的波性是和微粒行为的统计性联系在一起的,没有像机械(介质质点的振动)那样直接的物理意义,对实物微粒粒性的理解也要区别于服从Newton力学的粒子,实物微粒的运动没有可预测的轨迹。一个粒子不能形成一个波,但从大量粒子的衍射图像可揭示出粒子运动的波性和这种波的统计性。原子和分子中电子的运动可用波函数描述,而电子出现的几率密度可用电子云描述。

1926年薛定谔(Schrodinger)根据波粒二象性的概念,运用deBroglie关系式,联系光的波动方程,提出了描述电子运动状态的Schrodinger方程,即

$$\left(\frac{\partial^2 \psi}{\partial x^2} + \frac{\partial^2 \psi}{\partial y^2} + \frac{\partial^2 \psi}{\partial z^2}\right) + \frac{8\pi^2 m}{h^2}(E-V) = 0 \tag{6.4}$$

ψ 为波函数，E 是总能量，等于势能与动能之和，V 是势能，m 是电子的质量，h 是普朗克常数，x,y 和 z 是空间坐标。薛定谔方程是量子力学中最基本的方程式，只能对单电子精确求解。

6.2.2　测不准关系式

电子是具有波粒二象性的微观粒子，不能像经典力学中确定宏观物体的运动状态一样，同时用位置和速度的物理量来准确描述电子的运动状态。海森堡（Heisenberg）认为微观粒子的位置与动量之间应有以下的测不准关系：

$$\Delta p \cdot \Delta x \approx h \tag{6.5}$$

式中，x 为微观粒子在空间某一方向的位置坐标；Δx 为确定粒子位置时的不准量；Δp 为确定粒子动量的不准值；h 为普朗克常数。

测不准关系式指出，用经典力学中的物理量位置和动量来描述微观粒子的运动时，原则上不可能同时完全准确地测定电子的位置和动量。也就是说，粒子位置的准确度越大（Δx 越小），则相应的动量准确度就会越小（Δp 越大）；反之同理。位置不准确度和动量不准确程度的乘积约等于普朗克常数 h。

根据经典力学，物体的运动有确定的轨道，与之相联系的是物体任一瞬间对应的位置坐标和动量（或速度）。而对于具有波粒二象性的微观粒子，却不能同时得到准确的位置和动量，所以，经典力学的运动轨道的概念在微观世界也就不能存在了。只适用于宏观世界的经典物理的"波"或"粒子"的概念，给电子的行为以恰当的描述是不可能的。

注意　详细解释并举例说明测量精度与量子效应，特别是（宏观和微观）速度与位置的关系的确定问题。是否可以忽略粒子的波性，必须算出粒子位置的不确定度，而且必须有一个可以比较的对象，如子弹的位置不定度和子弹大小的比较；考查电视机（利用电子枪）成像时电子位置的不确定度不是和电子大小比较，而是和人眼的可分辨距离大小来比较；考查原子中的电子的运动，就可比较电子运动位置的不确定度和原子的大小或原子核与电子的距离。如 10.01 kg 的子弹，运动速度为 1 000 m/s，若速度的不确定度为运动速度的 1%，则其位置的不确定程度为

$$\Delta x = h/\Delta p = 6.6\times10^{-3}/(10.01\times1\,000\times0.01)\,\text{m} = 6.6\times10^{-33}\,\text{m}$$

6.3　原子轨道与电子云

6.3.1　原子轨道

量子力学用波函数（描述微观粒子空间运动的数学函数式，用 ψ 表示）来描述核外电子在空间的运动状态，并借用经典力学描述宏观物体运动的轨道概念，将波函数 ψ 称为原子轨道函数，简称原子轨道。因此，波函数 ψ 和原子轨道是同义词，但此处原子轨道绝无宏观物体固定轨道的含义，它只反映了核外电子运动状态所表现出的波动性和统计规律。原子轨道轮廓图如图 6.5 所示，曲线上一叶的波函数数值为正，下一叶为负，不能误解为正电荷和负电荷。

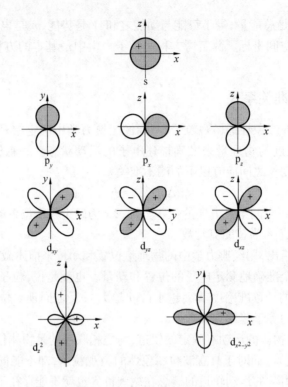

图 6.5　原子轨道轮廓图

6.3.2　电子云

正如前述,对于核外高速运转的电子,并不能肯定某一瞬间它在空间所处的位置,只能用统计的方法推算出它在空间各处出现的概率。我们将电子在空间单位体积内出现的概率,称为概率密度。为形象描述电子在原子核外所成的概率密度分布情况,常用密度不同的小黑点表示,这种图像的形象化表示称为电子云。

s 电子云是球形对称的,凡处于 s 状态的电子,在核外空间中半径相同的各个方向出现的概率密度都相同。

p 电子云的形状为无柄哑铃型,他在空间有 3 种不同取向,根据其极值的分布情况分别称为 p_x,p_y,p_z。

d 电子云为五朵花瓣形,在空间有 5 种取向,分别是 d_{xy},d_{xz},d_{yz} $d_{x^2-y^2}$,d_{z^2}(电子云的取向如图 6.6 所示。)

6.3.3　量子数

为了得到电子运动状态合理的解,必须引用只能取某些整数值的 3 个参数作为边界条件,此外电子还有自旋。因此确定核外电子的运动状态,必须使用 4 个量子数来描述。

1. 主量子数(n)

主量子数表示原子轨道离核的远近,又称电子层数,在确定电子运动的能量时起着头等重要的作用。在氢原子中电子的能量则完全由 n 决定。

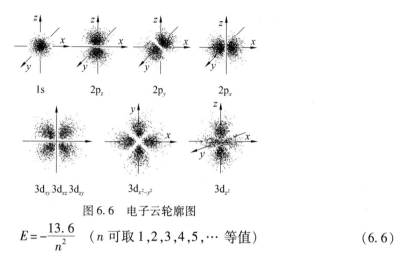

图 6.6 电子云轮廓图

$$E = -\frac{13.6}{n^2} \quad (n \text{ 可取 } 1,2,3,4,5,\cdots \text{ 等值}) \tag{6.6}$$

主量子数 n 的取值为正整数（$n=1,2,3,\cdots,n$），主量子数表示原子轨道离核的远近，又称电子层数。n 值越大，电子离核平均距离越远，n 相同的电子离核平均距离比较接近，即所谓电子处于同一个电子层。电子离核越近其能量越低，因此电子的能量随 n 值的增大而升高。主量子数是决定电子能量的主要量子数，又代表电子层数，不同电子层用不同的光谱符号表示，见表 6.1。

表 6.1 主量子数的取值、光谱符号及能量变化

主量子数	1	2	3	4	5	6	7
光谱符号	K	L	M	N	G	F	Q
能量变化	从左向右能量依次升高							

2. 角量子数（l）

根据光谱实验及理论推导得出：即使在统一电子层中电子能量也所差别，原子轨道（或电子云）的形状有所不同。角量子数（又称副量子数、电子亚层或亚层）就是描述核外电子运动所处原子轨道（或电子云）的形状的量子数，它是决定电子能量的次要因素。

角量子数的取值 $l \leq n-1$，每个 l 代表一个亚层，第一电子层只有一个亚层，第二电子层有 2 个亚层，以此类推。角量子数的取值光谱符号及能量变化，见表 6.2。

表 6.2 主量子数的取值光谱符号及能量变化

主量子数	0	1	2	3	4	5	6
光谱符号	s	p	d	f			
原子轨道或电子云形状	s	p	d	f			
能量变化	从左向右能量依次升高							

当电子层（n）相同时，l 越大原子轨道的能量越高，即 $E_{ns} < E_{np} < E_{nd}$，不同的 n 和 l 组成的各亚层（2s,2p,2d,$\cdots$），其能量必然不同。所以从能量角度来讲，每一个亚层有不同的

能量,称之为相应的能级。

多电子原子中电子的能级决定于主量子数 n 和角量子数 l。与主量子数决定的电子层间的能量差相比,角量子数决定的亚层间的能量差要小得多。

3. 磁量子数(m)

根据光谱线在磁场中会发生分裂的现象得出:原子轨道不仅有一定形状,而且还具有不同的空间伸展方向,磁量子数就是用来描述原子轨道在空间伸展方向的量子数。

M 的取值受 l 限制,其取值是从 $+l$ 到 $-l$(包括 0 在内)的任何数值,两者的关系为 $|m| \leqslant l$,即 $m = \pm1, \pm2, \cdots, \pm l$。

当 $l = 0, m = 0$ 时,即 s 亚层只有 1 个伸展方向(图 6.3);当 $l = 1, m = +1, 0, -1$ 时,即 p 亚层有 3 个伸展方向,分别沿直角坐标系的 x, y, z 轴方向伸展,依次称之为 p_x, p_y, p_z 轨道。当 $l = 2, m = \pm1, \pm2, 0, \cdots, \pm l = 0$ 时,即 d 亚层有 5 个伸展方向,同理 f 亚层有 7 个伸展方向。原子轨道与 3 个量子数之间的关系见表 6.3。

表 6.3　原子轨道与 3 个量子数之间的关系

n	1	2		3			n	电子层不同
l	0s	0	1	0	1	2	$0, \cdots, (n-1)$	亚层形状不同
m	0s	0	±1	0	$0, \pm1$	$0, \pm1 \pm2$	$0, \cdots, \pm l$	空间取向不同
轨道名称	1s	2s	2p	3s	3p	3d	$ns, np, nd, \cdots$	由 n 和 l 决定
轨道数	1	1	3	1	3	5	$1, 3, 5, \cdots$	$2l+1$
轨道总数	1	$1+3=4$		$1+3+5=9$			n^2	由 n 决定
电子总数	2	8		18			$2n^2$	每条轨道充满 2 个电子

4. 自旋量子数(m_s)

电子除绕核运动外,本身还有两种相反方向的自旋运动,描述电子自旋运动的量子数称为自旋量子数。取值为 $+1/2$ 或 $-1/2$,分别用符号"↑"和"↓"表示。它是根据后来的理论和实验的要求引入的。精密观察强磁场存在下的原子光谱,大多数谱线其实是由靠得很近的两条谱线组成的。

6.4　多电子原子结构

在氢原子中,核外只有一个电子,描述这个电子的运动状态的波函数可以用相应的 Schrodinger 方程得到。多电子原子中的每一个电子除了受到核吸引外,还要受到其他电子的排斥,相应的 Schrodinger 方程只能获得近似解。这种差异表现在,对于氢原子,其轨道能量与 n 有关,多电子原子轨道的能量与 n, l 有关。然而氢原子结构的大部分结论基本上都适用于多电子原子结构。

6.4.1　屏蔽效应与钻穿效应

1. 屏蔽效应

对于氢原子来说核电荷 $Z=1$，原子核外仅有 1 个电子，这个电子只受到原子核的作用而没有别的电子之间的相互作用。其电子运动的能级如式(6.6)所示，由 n 决定。

对于多电子原子而言，电子不仅受原子核的吸引，而且它们彼此间也存在着相互排斥作用，若不考虑其余电子对电子 i 的排斥，i 电子的能量仅与核电核 Z 和主量子数 n 有关。

$$E = -13.6\frac{Z^2}{n^2}(\text{eV}) \tag{6.7}$$

若考虑其余电子对电子 i 的排斥，假设电子的能量公式可以表示为

$$E = -13.6\frac{Z'^2}{n^2}(\text{eV}) \tag{6.8}$$

由于其余电子对电子 i 的排斥作用使电子 i 的能量升高，$Z'<Z$，$Z'=Z-\sigma$，则

$$E = -13.6\frac{(Z-\sigma)^2}{n^2}(\text{eV}) \tag{6.9}$$

对于多电子原子中电子的这种处理方法是认为在核电荷数为 Z 的多电子原子中的磁场与核电荷数为 Z' 的单电子原子中的磁场相同，即其他电子对电子 i 的排斥力相当于降低了原子核对电子 i 的吸引。我们把电子间的排斥相当于降低了部分抵消核对电子的吸引作用称为屏蔽效应，Z' 称为有效核电荷数，σ 称为屏蔽常数。σ 反映了电子间的排斥作用，由于电子是在原子核周围运动的，所以 $1<\sigma<(Z-1)$。我们在考虑屏蔽效应时通常仅考虑内层电子对外层电子和同层电子之间的屏蔽效应。屏蔽效应使电子能量升高，如利用公式计算可得锂原子的 2s 电子的能量是 -14.9×10^{-18} J。

2. 钻穿效应

电子云的径向分布图表明，除 1s, 2p, 3d, 4f 电子云外，其他电子云的径向分布图都有一些小峰，这些小峰远离主峰靠近原子核，可以认为这些电子穿过内层，钻到核附近，回避其他电子的屏蔽，这种效应称为钻穿效应，钻穿效应使轨道的能量降低。

6.4.2　多电子原子轨道能级

在多电子原子中，由于电子间的相互排斥作用，原子轨道能级关系较为复杂。原子中各原子轨道能级的高低主要根据光谱实验确定，常用美国化学家鲍林原子轨道近似能级图表示(见图 6.7)。

在图 6.7 中，原子轨道位置的高低表示能级的相对大小，等价轨道则并列在一起。按由低到高顺序，将能级相近的原子轨道划分为 7 个能级组，同一个能级组内的原子轨道能量差很小，不同级组的原子轨道能量差很大。原子轨道能量规律如下：

(1)当 n 不同 l 相同时，其能量关系为 $E_{1s}<E_{2s}<E_{3s}<E_{4s}$，既不同电子层的相同亚层，其能级随电子层数增大而升高。

(2)当 n 相同 l 不同时，其能量关系为 $E_{ns}<E_{np}<E_{nd}<E_{nf}$，既不同电子层的相同亚层，其能级随电子层数增大而升高。

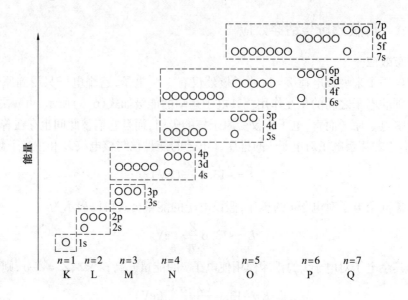

图 6.7　鲍林的原子轨道近似能级图

（3）当 n 和 l 均不同时由于多电子原子中电子间的互相作用,引起某些电子层较大的亚层,其能级反而低于某些电子层较小的亚层,这种现象称为能级交错。例如: $E_{4s} < E_{3d}$; $E_{5s} < E_{4d}$; $E_{6s} < E_{4f}$; $E_{7s} < E_{5f}$ 。

6.4.3　多电子原子核外电子排布

处于稳定状态的原子,核外电子将尽可能地按能量最低规则排布,但是,微观粒子的运动状态是受量子化条件限制的,电子不可能都挤在一起,根据原子光谱实验结果核对元素周期律分析、归纳和总结科学家提出基态原子核外电子分布规律遵循下列 3 个原则。

1. 最低能量原理

电子在原子核外排布时,要尽可能使电子的能量最低。怎样才能使电子的能量最低呢? 电子本身就是一种物质,即它在一般情况下总想处于一种较为安全(或稳定)的状态(基态),也就是能量最低时的状态。当有外加作用时,电子也是可以吸收能量到能量较高的状态(激发态),但是它总有时时刻刻想回到基态的趋势。

2. 泡利不相容原理

我们已经知道,一个电子的运动状态要从 4 个方面来进行描述,即它所处的电子层、电子亚层、电子云的伸展方向以及电子的自旋方向。在同一个原子中没有也不可能有运动状态完全相同的两个电子存在,这就是泡利不相容原理。根据这个原理,如果两个电子处于同一轨道,那么,这两个电子的自旋方向必定相反。也就是说,每一个轨道中只能容纳两个自旋方向相反的电子,根据泡利不相容原理,我们得知,s 亚层只有 1 个轨道,可以容纳两个自旋相反的电子;p 亚层有 3 个轨道,总共可以容纳 6 个电子;d 亚层有 5 个轨道,总共可以容纳 10 个电子。我们还得知,第一电子层(K 层)中只有 1s 亚层,最多容纳 2 个电子;第二电子层(L 层)中包括 2s 和 2p 两个亚层,总共可以容纳 8 个电子;第 3 电子层(M 层)中包括 3s,3p,3d 3 个亚层,总共可以容纳 18 个电子,……,第 n 层总共可以容

纳 $2n^2$ 个电子。电子填入能级的先后顺序如图 6.8 所示。

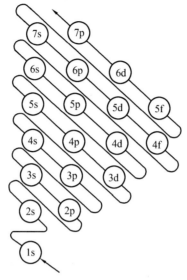

电子填入轨道的顺序

图 6.8　电子填入轨道示意图

3. 洪特规则

图 6.8 从光谱实验结果总结出来的洪特规则有两方面含义：一是电子在原子核外排布时,将尽可能分占不同的轨道,且自旋平行;而且是能量最低。例如碳原子有 6 个电子,$1s^2,2s^2,2p^2$,前面 4 个电子应填入 1s 及 2s 轨道中,余下的两个 p 电子按洪特规则应为如图 6.9 所示的排布方式。

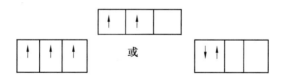

图 6.9　碳原子余下的两个 p 电子的排布方式

洪特规则的第二个含义是对于同一个电子亚层,当电子排布处于下列情况时比较稳定：

全满（s^2、p^6、d^{10}、f^{14}）、半满（s^1、p^3、d^5、f^7）、全空（s^0、p^0、d^0、f^0）。

还有少数元素（如某些原子序数较大的过渡元素和镧系、锕系中的某些元素）的电子排布更为复杂,既不符合鲍林能级图的排布顺序,也不符合全充满、半充满及全空的规律。而这些元素的核外电子排布是由光谱实验结构得出的,我们应该尊重光谱实验事实。表 6.4 为核外电子排布情况。

表6.4　核外电子排布分布

电子层主量子数 *n*	K	L		M			N			
	1	2		3			4			
电子亚层 电子亚层角量子数 *l* 电子亚层符号	s 0 1s	s 0 2s	p 1 2p	s 0 3s	p 1 3p	d 2 3d	s 0 4s	p 1 4p	d 2 4d	f 3 4f
磁量子数 *m*	0	0	−1 0 +1	0	−1 0 +1	−2 −1 0 +1 +2	0	−1 0 +1	−2 −1 0 +1 +2	−3 −2 −1 0 +1 +2 +3
电子亚层轨道数目	1	1	3	1	3	5	1	3	5	7
容纳电子数目	2	2	6	2	6	10	2	6	10	14
n 电子层最大容量 $2n^2$	2	8		18			32			

6.5　电子层结构与周期表

6.5.1　周期

核外电子有规律地排布,使得元素性质随着核电荷数的递增呈现周期性变化,这个规律叫做元素周期律。元素周期律的发现又使得自然界所有的元素集合成为一个完整的体系,叫做周期系。当把元素按原子序数(即核电荷)递增的顺序依次排列成周期表时,原子最外层上的电子数目由 1 到 8,呈现出明显的周期性变化,即电子结构重复 s^1 到 s^2p^6 的变化。所以,每一周期(除第一周期外)都是由碱金属开始,以稀有气体结尾。而每一次这样的重复,都意味着一个新周期的开始,一个旧周期的结束。同时,原子最外层电子数目的每一次重复出现,元素性质在发展变化中就重复呈现某些相似的性质。因为元素的化学性质,主要取决于它的最外电子层的构型;而最外电子层的构型,又是由核电荷数和核外电子排布规律所决定的。因此,元素周期律,正是原子内部结构周期性变化的反映,元素性质的周期性来源于原子电子层构型的周期性。

1.周期

周期表中共有 7 行,分别为 7 个周期:3 个短周期(1、2、3),3 个长周期(4、5、6),1 个不完全周期(7)。

2.族

原子的电子层结构相似的元素在同一列,称为族。长周期表共分 18 列,其中,铁、钌、锇、钴、铑、铱、镍、钯、铂 3 列合成一族,称为第Ⅷ族,其余每一列为一族。凡包括长短周期元素的各列,称为主族。从 I A 到 VⅡA,再加 0 族,共 8 个主族;仅包含长周期元素的各列,称为副族,有 I B 到 VⅡB 共 8 个副族。

3. 过渡元素

La 系和 Ac 系元素称为内过渡元素;ⅢB 族 ~ ⅡB 族的副族元素称为外过渡元素。

6.5.2　电子层结构与元素周期律

1. 电子层结构与周期

元素所在的周期数等于该元素原子的电子层数,即第一周期元素原子有一个电子层,主量子数 $n=1$;第三周期元素有三个电子层,最外层主量子数 $n=3$,其余类推。

因此,这种相互关系又可以表示为:周期数=最外电子层的主量子数 n。

周期表中同一周期中最外层电子组态从左向右,除第一周期外,总是起始于 ns^1,结束于 ns^2np^6 轨道,每个周期对应一个能级组。

各周期元素的数目等于相应能级组中原子轨道所能容纳的电子总数。各周期元素数与相应能级组的原子轨道的关系见表 6.5。

表 6.5　各周期的元素数目

周期	元素数目	相应能级组中原子轨道	电子最大容量
1	2	1s	2
2	8	2s 2p	8
3	8	3s 3p	8
4	18	4s 3d 4p	18
5	18	5s 4d 5p	18
6	32	6s 4f 5d 6p	32
7	20(未定)	7s 5f 6d(未定)	未满

为什么每周期元素的原子最外层电子数最多不超过 8 个,次外层电子数最多不超过 18 个,而不都是各个电子层电子最大容纳数为 $2s^2$?

很明显,这是多电子原子中原子轨道能级交错的自然结果。

每层填充的电子如要超过 8 个,除了填充 s、p 外,还应填充 d 轨道,而主量子数 ≥3 时,才有 d 轨道,但是,在第四周期里,由于 $E_{4s} < E_{3d}$,电子要填充 3d 时,根据能量最低原理,必须先填充 4s 轨道。然而,电子一进入 4s 轨道就增加了一个新的电子层,3d 就变成了次外层。

同理,对于其他周期来说,因为 $E_{ns} < E_{(n-1)d}$,电子数超过 8,需要填充 d 轨道,但是,根据能量最低原理,填充 d 轨道前,必须先填充更外层的 s 轨道,而填充了更外层的 s 轨道,则增加了一个新电子层,d 层就变成了次外层。因此,最外层电子数最多不超过 8 个。

与上述道理相似,次外层电子数要超过 18,必须填充 f 轨道。但是,由于多电子原子

中 $E_{ns}<E_{(n-2)f}$，在填充次外层的 f 轨道前，必须先填充比次外层还多两层的 s 轨道，这样，就又增加了一个新的电子层，原来的次外层变成了倒数第三层。因此，任何原子的次外电子层上最多不超过 18 个电子。

2. 价层电子构型与族

I A 的价层电子构型为 ns^1；II A 价层电子构型为 ns^2；III A 族价层电子构型为 ns^2np^1；IV A 族价电子构型为 ns^2np^2；V A 族价电子构型为 ns^2np^3，p 轨道上电子排布为半充满；VI A 族价电子构型为 ns^2np^4；VII A 族价电子构型为 ns^2np^5。

注 主族元素的族数是该族元素价层电子的总数。

0 族是稀有气体元素，包括 He、Ne、Ar、Kr、Xe、Rn 6 种元素。除 He 为 $2s^2$，其余价电子构型均为 ns^2np^6。由于稀有气体价层的 ns 轨道和 np 轨道是全充满的，因此在化学反应中一般都很不活泼。

副族元素主要是指第四周期以及之后 II A 族与 III A 族之间元素。

周期表上，在 II A 族与 III A 族之间依次排列了 III B、IV B、V B、VI B、VII B、VIII、I B 和 II B。III B 族至 IV B 族族数等于最外层 s 电子与次外层 d 电子的总数，即等于其价层电子数；VIII 族为 ns 和 $(n-1)d$ 电子总数等于 8、9、10 的元素；I B 族与 II B 族的族数为最外层的 s 电子的数目，且 $(n-1)d$ 电子数目为 10。主族元素的族数＝原子的最外电子层的电子数（$ns+np$）。主族元素的最高氧化数，恰好等于原子最外电子层上的电子数目。在同一族内，虽然不同元素的原子电子层数是不相同的，然而都有相同的外层电子数。例如，碱金属都是 ns^1，卤素都是 ns^2、np^5。因此，同一族元素的性质非常相似。而碱金属和卤素比较，两者的电子构型不同，性质也不相同。碱金属最外层仅有 1 个电子 ns^1，容易失去而形成正离子，因此碱金属显很强的金属性。而卤素的最外层有 7 个电子 ns^2np^5，有强烈的夺取一个电子的倾向，它夺取一个电子后就形成八电子构型的负离子；卤素也可以形成共价化合物，最高氧化数为 VII。因此，卤素显很强的非金属性。

副族元素的情况稍有不同。次外层电子数目多余 8 而少于 18 的一些元素，它们除了能失去最外层的电子外，还能失去次外层上的一部分 d 电子。例如，元素钪[Ar]$3d^14s^2$，总共可以失去三个电子，钪为 III B 族。所以，失去的（或参加反应的）电子总数就等于该元素所在的族次。除第 VIII 族元素外，大多数族次数等于 $(n-1)d+ns$ 的电子数。

3. 元素周期表中的分区

按照各元素原子价层电子的构型特征，周期表可划分为 5 个区：s 区、p 区、d 区、ds 区和 f 区，如图 6.10 所示。

s 区：由 I A 族碱金属和 II A 族碱土金属以及 0 族的 He 元素（组态为 $2s^2$）构成，它们的最后一个电子均填充在 s 能级上。价层结构为 ns^1 或 ns^2。s 区元素除 H、He、Li、Be 元素外均是活泼金属，易失去 1 个电子或 2 个电子，形成 +1 价或 +2 价离子。

p 区：包含了 III A 至 IV A 和 0 族（He 除外），该区元素最后一个电子填充于 p 轨道上，价层构型为 $ns^2np^{1\sim6}$（He 除外），大部分为非金属。p 区下方部分元素为金属。零族元素，除 He 原子最外层电子只有 2 个电子（$1s^2$）外，其余稀有气体原子最外电子层的 s 和 p 轨道都已布满，共有 8 个电子，这样的电子构型是比较稳定的。正是由于这个原因，人们曾经认为它们不会形成化合物，称之为惰性气体，化合价为零，故为零族。实际上，稳定构型是相对的。实验证明,某些惰性气体在一定条件下可以形成具有真正化学键的化合物,例如 XeF_2。所以有的周期表将"零族"改名为"ⅧA族",即第八主族,"惰性气体"改名为"稀有气体"。

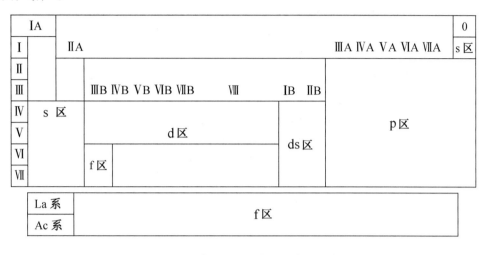

图 6.10　元素周期表的各区元素分布情况

d 区:该区元素最后一个电子填充于 d 轨道上,包括ⅢB～ⅦB 族和ⅧB 族元素。其价层结构为 $(n-1)d^{1\sim 9}ns^{1\sim 2}$。d 区元素的化学性质和原子核外 d 电子构型有较大的关系。由于最外层电子数为 1～2 个,这些元素的电子构型差别大都在次外层的 d 轨道上,因此,它们都是金属元素,性质比较相似,从左到右,性质变化比较缓慢。

ds 区:由ⅠB 族和ⅡB 族组成,价层的结构为 $(n-1)d^{10}ns^{1\sim 2}$。

f 区:本区元素的不同在于倒数第三层 $(n-2)f$ 轨道上电子数不同。由于最外层基本相同,故它们的化学性质非常相似,由 La 系元素和 Ac 系元素组成,该区元素最后一个电子填充在 f 轨道上。结构为 $(n-2)f^{1\sim 14}(n-1)d^{0\sim 2}ns^2$。

6.6　元素基本性质的周期性变化

6.6.1　元素基本性质的周期性变化规律

元素性质决定于原子的内部结构。既然原子的电子层结构具有周期性变化的规律,那么元素的基本性质,如原子半径、电离能、电子亲和能、电负性(通常把这些性质称为原子参数,atomic parameter)等也随之呈现明显的周期性。这些周期性规律是讨论元素化学性质的重要依据。

1. 有效核电荷 Z^*

元素原子序数增加时,原子的核电荷呈线性关系依次增加,电子层结构呈周期性变化,屏蔽常数亦呈周期性变化。导致有效核电荷 Z^* 呈周期性的变化。

在短周期中,元素从左到右,电子依次填充到最外层,由于同层电子间屏蔽作用弱,因此,有效核电荷显著增加。在长周期中的过渡元素部分,电子填充到次外层,所产生的屏蔽作用比这个电子进入最外层时要大一些,因此有效核电荷增大不多,当次外层电子半充满或全充满时,由于屏蔽作用较大,因此有效核电荷略有下降;但长周期的后半部,电子又填入到最外层,因此有效核电荷又显著增大。

同一族元素由上到下,虽然核电荷增加较多,但由于依次增加一个电子内层,因而屏蔽作用明显增大,结果有效核电荷增加不显著。

2. 原子半径 r

原子核的周围是电子云,它们没有确定的边界。我们通常所说的原子半径,是人为地规定的一种物理量。常用的有金属半径、共价半径、范德华半径 3 种。

金属单质的晶体中,相邻两金属原子核间距离的一半,称为该金属原子的金属半径。同种元素的两个原子以共价单键连接时,它们核间距离的一半称为该原子的共价半径(covalent radii)。在分子晶体中,分子之间是以范德华力(即分子间力)结合的,这时相邻的非键的两个同种原子核间距离的一半,称为范德华半径。

如果金属原子取金属半径,非金属原子取共价半径,其相对大小可用表 6.6 表示。

表 6.6　元素的原子半径 r/pm

ⅠA	ⅡA	ⅢB	ⅣB	ⅤB	ⅥB	ⅦB		Ⅷ		ⅠB	ⅡB	ⅢA	ⅣA	ⅤA	ⅥA	ⅦA	0
H																	He
37																	122
Li	Be											B	C	N	O	F	Ne
152	111											88	77	70	66	64	160
Na	Mg											Al	Si	P	S	Cl	Ar
186	160											143	117	110	104	99	191
K	Ca	Sc	Ti	V	Cr	Mn	Fe	Co	Ni	Cu	Zn	Ga	Ge	As	Se	Br	Kr
227	197	161	145	132	125	124	124	125	125	128	133	122	122	121	117	114	198
Rb	Sr	Y	Zr	Nb	Mo	Tc	Ru	Rh	Pd	Ag	Cd	In	Sn	Sb	Te	I	Xe
248	215	181	160	143	136	136	133	135	138	144	149	163	141	141	137	133	217
Cs	Ba	Lu	Hf	Ta	W	Re	Os	Ir	Pt	Au	Hg	Tl	Pb	Bi	Po	At	Rn
265	217	173	159	143	137	137	134	136	136	144	160	170	175	155	163		

La	Ce	Pr	Nd	Pm	Sm	Eu	Gd	Tb	Dy	Ho	Er	Tm	Yb	Lu
188	183	183	182	181	180	204	180	178	177	177	176	175		

原子半径的大小主要决定于原子的有效核电荷和核外电子的层数。在周期系的同一短周期中从碱金属到卤素,由于原子的有效核电荷逐渐增加,而电子层数保持不变,因此核对电子的吸引力逐渐增大,原子半径逐渐减小。在长周期中,从过渡元素开始,原子半径减小比较缓慢,而在后半部的元素(例如,第四周期从 Cu 开始),原子半径反而略为增大,但随即又逐渐减小。这是由于在长周期过渡元素的原子中,电子的增加是填充在($n-1$)d 层上,屏蔽作用大,使有效核电荷增加不多,核对外层电子的吸引力也增加比较少,因而原子半径减小较慢。而到了长周期的后半部,即自ⅠB开始,由于次外层已充满 18 个电子,新增加的电子要加在最外层,半径又略为增大。当电子继续填入最外层时,由于有效核电荷的增加,原子半径又逐渐减小。

长周期中的内过渡元素,如镧系元素,从左到右,原子半径大体也是逐渐减小的,只是幅度更小,这是由于新增加的电子填入($n-2$)f 层上,对外层电子的屏蔽效应更大,有效核电荷数增加更小,因此半径减小更慢。这种镧系元素整个系列的原子半径缩小的现象称为镧系收缩。

同一主族,从上到下由于同一族中电子层构型相同,尽管核电荷数增多,但电子层增加的因素占主导地位,所以原子半径显著增加。副族元素除钪分族外,从上到下原子半径从第四周期过渡到第五周期一般增大幅度较小,但第五周期和第六周期同一族中的过渡元素的原子半径非常相近。

3. 电离能 I

气态氢原子的 1s 电子,若能得到 13.6 eV 的能量,将从基态跃迁到 $n=\infty$ 的高能级,成为自由电子,氢原子失去电子变成为正一价的气态阳离子:

$$H(g) \longrightarrow H^+(g) + e^-, \quad \Delta E = 13.6 \text{ eV} = 电离能$$

氢原子的电离能就为 13.6 eV,电离能应该为正值,因为从原子取走电子需要消耗能量,电离能的单位为 eV 或 kJ·mol^{-1}。原子失去电子的难易可用电离能来衡量。对于多电子原子,处于基态气体原子失去一个电子成为带一个正电荷的气态正离子所消耗的能量称为该元素的第一电离能,用 I_1 表示。从一价气态正离子再失去一个电子成为二价正离子所需要的能量称为第二电离能 I_2,以此类推,还可以有第三电离能 I_3、第四电离能 I_4 等。随着原子逐步失去电子,所形成的离子正电荷越来越大,因而失去电子变得越来越难,需要能量越来越高,故第二电离能大于第一电离能,第三电离能大于第二电离能……即 $I_1 < I_2 < I_3 < \cdots$

例如:

$$Al(g) - e \rightarrow Al^+(g), \quad I_1 = 578 \text{ kJ·mol}^{-1}$$

$$Al^+(g) - e \rightarrow Al^{2+}(g), \quad I_2 = 1\ 817 \text{ kJ·mol}^{-1}$$

$$Al^{2+}(g) - e \rightarrow Al^{3+}(g), \quad I_3 = 2\ 745 \text{ kJ·mol}^{-1}$$

$$Al^{3+}(g) - e \rightarrow Al^{4+}(g), \quad I_4 = 11\ 578 \text{ kJ·mol}^{-1}$$

通常讲的电离能,如果不加标明,指的都是第一电离能。元素原子的电离能越大,其原子失去电子时吸收的能量越多,原子失去电子越难;反之,电离能越小,原子失去电子越容易。电离能的大小主要决定于原子的有效核电荷、原子半径和原子的电子层结构。

同一周期中,从左到右,元素的有效核电荷逐渐增加,原子半径逐渐减小,原子的最外层上的电子数逐渐增多,总的说来,元素的电离能逐渐增大。稀有气体由于具有稳定的电子层结构,故在同一周期元素中电离能最大。在长周期中部的过渡元素由于电子加到次外层,有效核电荷增加不多,原子半径减小较慢,电离能增加不显著,个别处变化还不大,十分有规律。第二周期中 Be 和 N 的电离能比后面的元素 B 和 O 的电离能反而增大,这是由于 Be 的外电子层结构为 $2s^2$,N 的外电子层结构为 $2s^2 2p^3$,都是比较稳定的结构,失去电子较难,因此电离能也大些。一般来说,具有 p^3、d^5、f^7 等半充满电子构型的元素都有较大的电离能,即比其前后元素的电离能都要大。而元素若具有全充满的构型,也将有较大的电离能,如ⅡB 族元素。

同一主族自上而下,最外层电子数相同,有效核电荷数增加不多,而原子半径的增大起主要作用,因此核对外层电子的引力逐渐减小,电子逐渐易于失去,电离能逐渐减小。金属元素的电离能一般低于非金属元素。电离能不仅能用来衡量元素的原子气态时失电子能力的强弱,还是元素通常价态易存在的能量因素之一。反过来,不同级电离能有突跃性的变化,又是核外电子分层排布的有力证明。层与层间的电离能相差较大,而同层电离能差别较小。电离能的实验测定可以用原子发射光谱和电子脉冲等方法,得到相当准确和完整的数据,所以电离能是原子的电子构型的最好的实验佐证。

4. 电子亲和能 E_A

原子结合电子的难易,可用电子亲合能来定性地比较。元素的气态原子在基态时获得一个电子成为一价气态负离子所放出的能量称为该元素的第Ⅰ电子亲合能,用 E_{A1} 表示。

目前元素的电子亲合能数据不如电离能的数据完整,不过从表中已有的数据可以看出,活泼的非金属一般具有较高的电子亲合能。电子亲合能越大,该元素越容易获得电子。金属的电子亲合能都比较小,说明金属在通常状况下难于获得电子形成负价的阴离子。

表中最大的电子亲合能不是出现在每族的第二周期的元素,而常常是第三周期以下的元素。这一反常现象可以这样解释:第二周期的非金属元素(如 F、O 等)因原子半径最小,电子的密度最大,电子间排斥力很强,以致当加合一个电子形成负离子时,放出的能量减小。电子亲合能的大小也主要取决于原子的有效核电荷、原子半径和原子的电子层结构。

元素的第二电子亲合能,相当于一个电子附加到一个负离子上,因为负离子和电子之间存在着静电斥力,所以这时需要消耗能量,而不是放出能量,因此,对于所有元素,第Ⅱ电子亲合能都是负值。

例如:

$$O(g)+e \rightarrow O^-(g), \quad E_{A1}=141 \ kJ \cdot mol^{-1}$$
$$O^-(g)+e \rightarrow O^{2-}(g), \quad E_{A2}=-780 \ kJ \cdot mol^{-1}$$

可见 O^{2-} 是极不稳定的,只能存在于晶体和溶液中。

元素的第一电离能 I_1,见表 6.7。

表 6.7　元素的第一电离能 $I_1/(\text{kJ}\cdot\text{mol}^{-1})$

ⅠA	ⅡA	ⅢB	ⅣB	ⅤB	ⅥB	ⅦB	Ⅷ			ⅠB	ⅡB	ⅢA	ⅣA	ⅤA	ⅥA	ⅦA	0
H																	He
1 312																	2 372.3
Li	Be											B	C	N	O	F	Ne
520.3	899.5											800.6	1 086	1 402	1 314	1 681	2 080.7
Na	Mg											Al	Si	P	S	Cl	Ar
495.8	737.7											577.6	786.5	1 012	1 000	1 251	1 520.5
K	Ca	Sc	Ti	V	Cr	Mn	Fe	Co	Ni	Cu	Zn	Ga	Ge	As	Se	Br	Kr
418.9	589.8	631	658	650	653	717	760	758	737	746	906	578.8	762.2	944	941	1140	1 350.7
Rb	Sr	Y	Zr	Nb	Mo	Tc	Ru	Rh	Pd	Ag	Cd	In	Sn	Sb	Te	I	Xe
403	549.5	616	669	664	685	702	711	720	805	731	868	588.3	708.6	832	870	1 008	1 170.4
Cs	Ba	Lu	Hf	Ta	W	Re	Os	Ir	Pt	Au	Hg	Tl	Pb	Bi	Po	At	Rn
375.7	502.9	524	654	761	770	760	840	880	870	891	1 007	589.3	715.5	703	812	917	1 037
Fr	Ra																
386	509																

La	Ce	Pr	Nd	Pm	Sm	Eu	Gd	Tb	Dy	Ho	Er	Tm	Yb
538.1	528	523	530	536	543	547	592	564	572	581	589	596.7	603.4
Ac	Th	Pa	U	Np	Pu	Am	Cm	Bk	Cf	Es	Fm	Md	No
490	590	570	590	600	585	578	581	601	608	619	627	635	642

元素原子的电子亲和能越大,其原子得到电子时放出的能量越多,因此越容易得到电子。反之亦然。电子亲和能的大小也主要决定于原子的有效核电荷、原子半径和原子的电子层结构。部分元素原子的电子亲和能见表6.8。

表 6.8　部分元素原子的电子亲和能 $E_A/(\text{kJ}\cdot\text{mol}^{-1})$

H							He
72.9							<0
Li	Be	B	C	N	O	F	Ne
59.8	<0	23	122	0±20	141	322	<0
Na	Mg	Al	Si	P	S	Cl	Ar
52.9	<0	44	120	74	200.4	348.7	<0
K	Ca	Ga	Ge	As	Se	Br	Kr
48.4	<0	36	116	77	195	324.5	<0
Rb		In	Sn	Sb	Te	I	Xe
46.9		34	121	101	190.1	295	<0
Cs	Ba	Tl	Pb	Bi	Po	At	Rn
45.5	<0	50	100	100	180	270	<0

同周期元素中,从左到右原子的有效核电荷数逐渐增大,原子半径逐渐减小,同时由于最外层电子数逐渐增多,易与电子结合成 8 个电子的稳定结构,因此元素的电子亲和能逐渐增大。同周期中以卤素的电子亲和能最大。氮族元素的 ns^2np^3 价电子层结构较稳定,电子亲和能反而较小。稀有气体 ns^2 和 ns^2np^6 的电子层结构稳定,使其电子亲和能非常小,为负值。

同一主族中,从上而下元素的电子亲和能一般逐渐减小,但第二周期一些元素,如 F、O、N 的电子亲和能反而比第三周期相应元素的要小,这是由于 F、O、N 的原子半径很小,电子云密度大,电子间相互斥力大,以致在增加一个电子形成负离子时放出的能量减小的缘故。

5. 电负性 χ

物质发生化学变化时,是原子的外层电子在发生变化。原子对电子吸引能力的不同,是造成元素化学性质有差别的本质原因。元素的电负性的概念,就是用来表示元素相互化合时,原子对电子吸引能力的大小的。由于定义和计算电负性有多种方法,电负性的数值也不尽相同,电负性的标度还正在发展中。

1932 年鲍林提出电负性的概念,他的定义是"电负性是元素的原子在分子中吸引电子的能力。"鲍林根据热化学的数据和分子的键能,指定 H 的电负性为 2.1,求出了其他元素的相对电负性如图 6.11 所示。需要注意的是,电负性是一个相对值,本身没有单位。1934 年,密立根(Mulliken R S),1956 年阿莱德(Allred A L)和罗周(Rochow E G)也分别提出一套电负性数据,因此使用数据时要注意出处,并尽量采用同一套电负性数据。

H 2.1																
Li 1.0	Be 1.5											B 2.0	C 2.5	N 3.0	O 3.5	F 4.0
Na 0.9	Mg 1.2											Al 1.5	Si 1.8	P 2.1	S 2.5	Cl 3.0
K 0.8	Ca 1.0	Sc 1.3	Ti 1.5	V 1.6	Cr 1.6	Mn 1.5	Fe 1.8	Co 1.9	Ni 1.9	Cu 1.9	Zn 1.6	Ga 1.6	Ge 1.8	As 2.0	Se 2.4	Br 2.8
Rb 0.8	Sr 1.0	Y 1.2	Zr 1.4	Nb 1.6	Mo 1.8	Tc 1.9	Ru 2.2	Rh 2.2	Pd 2.2	Ag 1.9	Cd 1.7	In 1.7	Sn 1.8	Sb 1.9	Te 2.1	I 2.5
Cs 0.7	Ba 0.9	La 1.1	Hf 1.3	Ta 1.5	W 1.7	Re 1.9	Os 2.2	Ir 2.2	Pt 2.2	Au 2.4	Hg 1.9	Tl 1.8	Pb 1.8	Bi 1.9	Po 2.0	At 2.2
Fr 0.7	Ra 0.9	Ac 1.1	Th 1.3	Pa 1.4	U 1.4	Np~No 1.4~1.3										

图 6.11　元素的电负性(值)

三套电负性数据,建立在不同的基础上,因此,它们的数据不完全相同。但是它们都反映了元素的原子在化合物中吸引电子的能力,有一定的内在联系,只在某些元素上略有差异。

在周期表中,电负性也呈有规律的递变。同一周期中,从左到右,原子的有效核电荷逐渐增大,原子半径逐渐减小,原子在分子中吸引电子的能力逐渐增加,因而元素的电负性逐渐增大。同一主族中,从上到下电子层构型相同,有效核电荷数相差不大,原子半径增加的影响占主导地位,因此元素的电负性依次减小。必须指出,同一元素所处氧化态不同,其电负性值也不同。电负性数据和其他的键参数联合起来,可以预计化合物中化学键的类型。当其他条件相同时,两个电负性差别很大的元素化合通常就形成离子键。例如,钠和氯的电负性相差 2.23,所以 NaCl 是一个离子型化合物。电负性相差不大的两种非金属元素化合物,通常形成共价键;如果电负性差等于 0 或非常小,则所形成的共价键是非极性键。电负性差别越大,共价键的记性也就越大,共用电子对偏向电负性大的原子越厉害。例如,我们可以推测,卤化氢中 HF 是极性最强的分子,而 HI 却是极性最弱的分子。

自从电负性的概念提出以来,经过半个世纪的发展,它成为化学中应用最广泛的概念之一。近年来,由于量子化学的影响,在已有原子电负性概念的基础上,又提出了价态电负性、基团电负性和轨道电负性等新概念。电负性概念的应用和研究尚在发展之中。

6. 元素的金属性和非金属性

元素的金属性(Metallic Behavior)是指其原子失去电子而变成正离子的倾向,元素的非金属性(Nonmetallic Behavior)是指其原子得到电子变成负离子的倾向。元素的原子越易失去电子,金属性越强;越易获得电子,非金属性越强。影响元素金属性和非金属性强弱的因素和影响电离能、电子亲和能大小的因素一样,因此常用电离能来衡量原子失去电子的难易,用电子亲和能来衡量原子获得电子的难易。

同一周期中,从左到右,元素的电离能逐渐增大,因此元素的金属性逐渐减弱;同一主族中,从上到下元素的电离能逐渐减小,因此元素的金属性逐渐增强。

同一周期中,从左到右,元素的电子亲和能逐渐增大,因此非金属性逐渐增强;同一主族中,从上到下电子亲和能逐渐减小,因此非金属性逐渐减弱。

元素的金属性和非金属性的强弱也可以用电负性来衡量。元素的电负性数值越大,原子在分子中吸引电子的能力越强,因而非金属性也越强。一般来讲,非金属的电负性大于 2.0,金属的电负性小于 2.0。但不能把电负性 2.0 作为划分金属和非金属的绝对界限,如非金属元素硅的电负性为 1.8。

7. 元素的氧化数

元素的氧化数(或称氧化值)是指某一原子的形式电荷数,这种电荷数是假设化学键中的电负性较大的原子而求得的。

氧化数反映了元素的氧化钛,有正、负、零之分,也可以是分数。元素周期表中元素的最高氧化属于原子的价电子构型密切相关(见表 6.9),呈周期新变化。

由表 6.9 可见,ⅠA ~ ⅦA 族(F 除外),ⅡB ~ ⅦB 族元素的最高氧化数等于价电子总数,也等于其族数;族元素的最高氧化数变化没有规律。例如,ⅠB 族元素的最高氧化数,Cu 为+2,Ag 为+3,Au 为+3;ⅧA、ⅧB 族元素中,至今只有少数元素(如 Xe,Kr 和 Ru,Os 等)有氧化数为+8 的化合物。

非金属元素的最高氧化数与负氧化数的绝对值之和等于 8。

表 6.9　元素的最高氧化数与原子的价电子构型关系

主族	I A	II A	III A	IV A	V A	VI A	VII A	VIII A
价电子构型	ns^1	ns^2	ns^2p^1	ns^2p^2	ns^2p^3	ns^2p^4	ns^2p^5	ns^2p^6
最高氧化数	+1	+2	+3	+4	+5	+6	+7	+8
副族	I B	II B	III B	IV B	V B	VI B	VII B	VIII B
价电子构型	$(n-1)d^{10}$ ns^1	$(n-1)d^{10}$ ns^2	$(n-1)d^1$ ns^2	$(n-1)d^2$ ns^2	$(n-1)d^3$ ns^2	$(n-1)d^{4\sim5}$ ns^2	$(n-1)d^5$ ns^2	$(n-1)d^{6\sim10}$ ns^2
最高氧化数	+3 部分元素	+2	+3	+4	+5	+6	+7	+8 部分元素

元素氧化数通常按如下方法确定：

①任何形态的单质中,元素的氧化数都等于零。

②H 与比其电负性大的元素化合时,氧化数为+1,如 H_2O;反之为+1,如 LiH。

③在氧化物中,O 的氧化数为-2;但在过氧化物中,如 H_2O_2,Na_2O_2 中 O 的氧化数是-1;在氟氧化物中是+2。

④氟在化合物中的氧化数均为-1。

⑤化合物中各元素原子氧化数的代数和等于零。

本 章 小 结

本章属于原子结构与周期律的基础知识,通过本章的学习,注重所讨论的问题是怎样提出的,指出了研究这些问题的基本思路,以及得出的重要结论和应用。重点学习了基本原理与实验事实的关联,还侧重学习了物质的微观结构与宏观物质的内在联系。其内容小结如下:

1.原子结构的近代概念

围绕原子和运动的电子具有能量量子化、波粒二象性和统计性特征,其运动规律用波函数(原子轨道)描述。波函数由 3 个量子数来确定,主量子数 n、角量子数 l、磁量子数 m 分别确定原子轨道的能量、基本形状和空间去向等特征。此外,自旋量子数 m_s,有两个分值分别代表两种不同的所谓状态。

波函数的平方表示电子云在和外空间某单位体积内出现的概率大小,即概率密度,用小黑点疏密的程度描述原子核外电子的概率密度分布规律的图形叫电子云。

2.多电子原子的电子分布方式和周期系

多电子原子的轨道能量由 n,l 决定,并随 n,l 值的增大而升高。n,l 都不同的轨道能级可能出现交错。

多电子原子核外电子分布一般遵循 3 个原则,以使系统能量最低。元素原子核外电子构型按周期系可分割 5 个区,各区原子核外电子构型具有明显特征。

元素性质随原子外层电子数周期性变化,主要表现在:

(1)元素的氧化值

主族元素:同周期从左向右最高氧化值逐渐升高,并等于最外层电子数,即等于所属族的族数。

副族元素:第Ⅲ副族至第Ⅶ副族同周期从左向右最高氧化值也逐渐升高。一般等于最外层 s 电子和次外层 d 电子之和,等于所属族的族数。第Ⅰ、第Ⅱ和第Ⅷ副族有例外。

(2)原子的电离能

主族元素的原子电离能按周期表呈周期性变化。同一周期中的元素,从左到右原子的电离能逐渐变大,元素的金属性逐渐减弱。同一主族元素,从上到下,原子的电离能逐渐变小,元素的金属性逐渐增大。

(3)元素的电负性

主族元素的电负性值具有明显的周期性变化规律。而副族的电负性的值彼此比较接近。元素的电负性数值越大,表明原子在分子中吸引电子的能力越强。

习　　题

1. 判断题。

(1)原子核外电子运动具有波粒二象性特征,其运动规律要用量子力学来描述。

（　　）

(2) s 电子是球型对称分布的,凡处于 s 状态的电子,在核外空间中半径相同的各个方向上出现的概率相同。　　　　　　　　　　　　　　　　　　　　　（　　）

(3) 3p 亚层又可称为 3p 能级。　　　　　　　　　　　　　　　　　　　（　　）

(4)磁量子数为 1 的轨道都是 p 电子。　　　　　　　　　　　　　　　　（　　）

(5)每个电子层中最多只能容纳两个自旋相反的电子。　　　　　　　　　　（　　）

(6)每个原子轨道必须同时用 n,l,m,m_s 4 个量子数来描述。　　　　　　　（　　）

(7)ⅠB ~ ⅧB 族元素统称为过渡元素。　　　　　　　　　　　　　　　　（　　）

(8)元素第一电离能 (I_1) 越小,其金属性越强,非金属性越弱。　　　　　　（　　）

(9) $^{26}Fe^{2+}$ 的核外电子分布是 $[Ar]3d^6$ 而不是 $[Ar]3d^44s^2$。　　　　　　　（　　）

(10)根据元素在元素周期表的位置,可以断定 $Mg(OH)_2$ 的碱性比 $Al(OH)_3$ 强。

（　　）

2. 选择题。

(1)下列个符号中,表示第 2 电子层沿 x 轴方向伸展 p 轨道的是　　　　　（　　）

　　A. p　　　　　B. 2p　　　　　C. $2p_x$　　　　　D. $2p_x^1$

(2)下列原子轨道中,属于等价轨道的一组是　　　　　　　　　　　　　（　　）

　　A. 2s,3s　　　　　B. $2p_x,3p_x$　　　　　C. $2p_x,2p_y$　　　　　D. 3d,4s

(3)核外某一电子的运动状态可用一套量子数来描述,下列表示正确的是　（　　）

　　A. 3,1,2,+1/2　　　B. 3,−2,−1,+1/2　　　C. 3,2,0,−1/2　　　D. 3,2,1/2,0

(4)基态多电子原子中,$E_{3d}>E_{4s}$ 的现象称为　　　　　　　　　　　　（　　）

　　A. 能级交错　　　　B. 镧系收缩　　　　C. 洪特规则　　　　D. 洪特规则特例

(5)下列能级中不可能存在的是　　　　　　　　　　　　　　　　　　　（　　）

　　A. 4s　　　　　B. 2d　　　　　C. 3p　　　　　D. 4f

(6)在连二硫酸钠 $Na_2S_4O_6$ 中,S 的氧化数是　　　　　　　　　　　　（　　）

A. +6   B. +4   C. +2   D. +5/2

(7)根据元素在周期表中的位置,下列气态氢化物最稳定的是 （   ）

A. CH_4 B. H_2S C. HF   D. NH_3

(8)根据元素在周期表中的位置,下列酸中最强的酸是 （   ）

A. HNO_3 B. $HClO_3$ C. H_3PO_4 D. $HBrO_4$

3.填空题。

(1)根据现代结构理论,核外电子运动状态可用_____来描述,习惯上被称之为_____。_____用$|\varphi^2|$表示,它的形象化表示是_____。

(2)4p 亚层中轨道主量子数为_____,角量子数为_____,该亚层的轨道最多可以有_____种,空间取向最多可容纳_____个电子。

(3)写出下列元素的原子核外电子排布式 W _____,Nb _____,RU _____,Rh _____,Pd _____,Pt _____。

(4)比较原子轨道的能量高低,用">"、"<"或"="填空。

氢原子中 E_{3s}_____E_{3p},E_{3d}_____E_{4s};

钾原子中 E_{3s}_____E_{3p},E_{3d}_____E_{4s};

铁原子中 E_{3s}_____E_{3p},E_{3d}_____E_{4s}。

(5)42 号元素 Mo 的电子构型为_____;其最外层的 4 个量子数为_____;价层轨道的符号为_____。

4.问答题。

(1)试用斯莱脱规则计算说明原子序数为 13、17、27 三个元素中 4s 和 3d 哪一个能极高?

(2)用 s,p,d,f 等符号表示^{20}Ca、^{27}Co、^{32}Ge、^{48}Cd、^{83}B 的电子结构(原子的电子构型)?判断它们是第几周期,第几主族或副族?

(3)写出 K^+,Ti^{3+},Sc^{3+},Br^- 离子半径从大到小的顺序?

(4)下列元素中何者第一电离能最大? 何者第一电离能最小?

①B;②Ca;③N;④Mg;⑤Si;⑥S;⑦Se

(5)s,p,d 各轨道最多能容纳多少个电子? 为什么?

(6)将氢原子荷外的 1s 电子激发到 2s 和 2p 哪种情况所需能量最大? 若是氢原子情况又如何?

(7)在氢原子中 4s 和 3d 哪一个状态能量高? 19 号元素 K 哪一个状态能量高? 试说明理由。

(8)某元素的原子序数为 24,试问:

①此元素的原子的电子总数是多少?

②他有多少电子层? 有多少个亚层?

③它的外围电子构型是怎样的? 价电子是多少?

④它属于第几周期? 第几族? 主族还是副族?

⑤它有多少个成单电子?

第 7 章

化学键与分子结构

物质的化学性质是由分子来决定的,而分子的性质又取决于分子内部的结构。在分子内部,分子结构并不是原子的简单堆砌,而是遵循着一定的规律进行排列或结合。因此,研究分子内部结构有助于我们更好地了解物质的性质及其变化规律。

本章主要介绍共价键的本质、特性、类型及键参数,此外还简单介绍了离子键和金属键。同时本章还介绍了分子间作用力和氢键。为更好地解释分子的空间构型,在价键理论的基础上介绍了杂化轨道理论。本章最后介绍了晶体结构的一些基本知识,主要讨论了4种基本晶体类型即离子晶体、原子晶体、分子晶体、金属晶体;简单介绍了两种混合型晶体及晶体缺陷的基本知识。

7.1 化学键理论

7.1.1 化学键

化学键是指分子或晶体中相邻两个或多个原子(或离子)之间的强烈作用力。

化学键的主要类型有:离子键、共价键、金属键。

1. 离子键

20 世纪初期,德国化学家柯塞尔(W. Kossel)提出了离子键理论,用来解释电负性差别较大的元素之间所形成的化学键。当电负性相差较大的两种元素相互靠近时,会发生电子转移,即在电负性较小的元素中原子易失去电子形成正离子,在电负性较大的元素中原子易得到电子形成负离子,正负离子相结合形成离子型化合物或离子晶体。由正负离子之间的静电引力所形成的化学键称之为离子键。

(1)离子键的强度

离子键的强弱通常用晶格能的大小来进行衡量。晶格能是指 1 mol 的离子化合物中由相互远离的气态正离子和气态负离子形成晶体时所释放的能量。晶格能的数据可以用来解释或是说明很多典型的离子型晶体物质的物理性质和化学性质的变化规律。通常情况是晶格能大的离子晶体,离子键的强度就大,离子晶体的熔沸点高,硬度也大。

（2）离子键的特点

①无方向性。这是由于离子电场是呈球形对称分部，一个离子可以从各个方向吸引带相反电荷的离子，并且在各个方向吸引带相反电荷离子的能力都相等，所以没有方向性。

②无饱和性。同一个离子可以吸引带相反电荷的离子数取决于相互作用的正负离子的相对大小，只要周围的空间允许，每个离子都尽可能多地吸引带相反电荷的离子。

（3）影响离子键强弱的主要因素

①离子电荷数。是指原子在形成离子的过程中失去或得到的电子数。按照物理原理，离子电荷数（绝对值）越大，其静电作用越强。当所带电荷数相等时，离子半径越小，其静电作用越强。一般情况下，对于同种构型的离子晶体，离子电荷数越大，半径越小，正负离子间引力越大，晶格能越大，化合物的熔沸点越高。

②离子半径。从严格意义上来说，离子半径是不能确定的。但是在离子晶体中正负离子被视为相互接触的两个球，故将实验测得的正负离子中心的平均距离（核间距 d）认为是正负离子的半径之和，亦 $d = r_+ + r_-$，如图 7.1 所示。

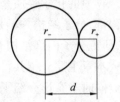

图 7.1　离子半径的测算示意图

对同族元素而言，其离子半径从上而下是递增的，例如：$r_{Li^+} < r_{Na^+} < r_{K^+} < r_{Rb^+} < r_{Cs^+}$；而对于同周期元素而言，当离子构型相同时，其离子半径随电荷数的增加而减小，例如：$r_{Na^+} > r_{Mg^{2+}} > r_{Al^{3+}}$。就同一元素不同价态而言，高价阳离子的半径小于低价阳离子的半径，例如：$r_{Fe^{3+}} < r_{Fe^{2+}}$。通常离子所带的电荷数越多，离子半径越小，所形成的离子键就越强。

③离子的电子构型。是指由原子失去或得到电子所形成的离子外层电子构型。对于简单的负离子而言，其电子构型与稀有气体的外层电子构型相同，是稳定的 8 电子构型（即最外层电子数为 8）。例如，O^{2-}：$2s^2 2p^6$；F^-：$2s^2 2p^6$。

相对于负离子而言，正离子的电子构型则要复杂一些，共分为 5 种构型，如下所示：

a. 2 电子构型 $1s^2$。例如：Li^+、Be^{2+} 等。

b. 8 电子构型 $ns^2 np^6$。例如：Na^+、K^+、Ca^{2+} 等。

c. 9 ～ 17 电子构型（最外层不饱和结构离子电子）$ns^2 np^6 nd^{1\sim9}$。例如：Fe^{2+}、Fe^{3+}、Co^{2+}、Ni^{2+} 等。

d. 18 电子构型 $ns^2 np^6 nd^{10}$。例如：Ag^+，Hg^{2+}，Zn^{2+} 等。

e. 18+2 电子构型 $(n-1)s^2(n-1)p^6(n-1)d^{10}ns^2$。例如：$Pb^{2+}$、$Sn^{2+}$ 等。

2. 共价键

虽然离子键理论可以说明离子化合物的形成和特性，但是不能说明相同原子如何形成单质和电负性相近的元素如何形成化合物。

在柯塞尔提出离子键理论的同时，美国化学家路易斯（L. N. Lewis）提出了共价键学说，建立了经典的共价键理论，但是这种理论是将电子看成是静止不动的，从而出现了一些无法解释的现象。直到 20 世纪 20 年代末期，英国物理学家海特勒（W. Heitler）和德国物理学家（F. London）首次将量子力学理论应用到分子结构中，这些问题才得以解决。随后,在此基础上共价键理论得到了不断的完善和发展,由于在量子化学上近似处理方法不同,目前的现代共价键理论主要包括价键理论和分子轨道理论两种理论。价键理论(Valence-Bondtheory)是由美国化学家鲍林(L. Pawly)和斯莱脱(J. S. Slater)提出的,这种理论又叫电子配对法;而分子轨道理论(Molecular Orbitaltheory)是由美国化学家莫立根(R. S. Mulliken)和德国化学家洪特(F. Hund)提出的。价键理论主要是以相邻原子间的电子相互配对为主来说明共价键的形成;而分子轨道理论则是着眼于成键的结果,即强调分子的整体性。两种理论在解释分子形成的过程中所出现的问题各有其优缺点,并且得到了广泛的应用。本章主要介绍价键理论。

(1)价键理论

①价键理论对共价键形成与本质的说明。以氢分子的形成来说明共价键的形成,如图 7.2 所示。当氢原子中电子的自旋方向相同时,两个氢原子靠近的过程中,两个原子的轨道发生叠加,两个原子核间的电子云减小,系统的能量增高,此时处于不稳定的排斥态,因此不可能形成氢分子。若两个电子自旋方向相反,则在它们相互靠近的过程中,两个原子核间的电子云密度增大,当两个氢原子的核间距达到 74 pm 时,系统能量最低。价键理论认为共价键的本质是由于成键原子

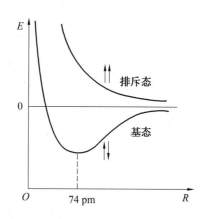

图 7.2　氢分子形成过程能量随核间距变化示意图

的价层轨道发生了部分重叠,导致系统的能量降低,使成键原子互相结合形成了稳定的新体系即形成了分子。

②价键理论的基本要点。

a. 组成分子的两个原子必须具有未成对的电子,并且自旋方向相反。

b. 原子轨道相互重叠形成共价键时,原子轨道重叠越大,两个原子间电子出现的概率密度越大。

③共价键的特点

a. 饱和性。所谓共价键的饱和性是指共价键的数目与未成对电子的数目有关,即一个原子中有几个未成对电子,就可以和几个自旋相反的电子配对形成共价键。

b. 方向性。所谓共价键的方向性是指一个原子与周围原子形成的共价键有一定的方向或角度。这是由于在成键时总是尽可能沿着原子轨道最大重叠方向形成,而原子中 p, d, f 原子轨道在空间有一定的取向。因此,为了形成稳定的共价键,原子轨道的重叠只有沿着一定的方向进行。

④共价键的类型。由于原子轨道的重叠方式不同,共价键可分为 σ 键和 π 键两大类共价键。σ 键成键的特点是成键的原子轨道沿两核连线方向"头碰头"的重叠,如图 7.3(a)所示;而 π 键成键的特点则是成键的原子轨道沿两核连线方向"肩并肩"的重叠,如图 7.3(b)所示。

⑤键参数。键参数指的是用来表征共价键特性的物理量。共价键的键参数主要包括

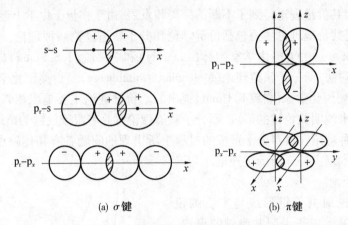

(a) σ 键   (b) π 键

图 7.3   σ 键和 π 键重叠方式示意图

键长、键角、键能。

a. 键长:分子中两个成键原子的核间距离称之为键长。键长与键的强度(键能)有关,通常情况下,两个原子之间所形成的键长越短,键能越大,分子就越稳定。

b. 键角:分子中相邻两个键之间的夹角。键角的单位是度(°),键角是反应分子空间构型的重要因素之一。

c. 键能:通常规定,在标准状态下气态分子断开 1 mol 化学键的焓变叫做键能,用符号 E 表示。而我们经常用到的是键的解离能,键的解离能是指在标准状态下气态分子断开 1 mol 化学键而生成气态原子所需要的能量,用符号 D 表示。两者之间存在着如下关系。

在双原子分子中,键能等于键的解离能。例如:

$$H—Cl(g) \longrightarrow H(g) + Cl(g)\ ; E(H—Cl) = D(H—Cl) = 432\ kJ \cdot mol^{-1}$$

对多原子分子而言,可将键的解离能的平均值作为键能。例如:

$$H_2O(g) \longrightarrow H(g) + OH(g)\ ; D_1 = 498\ kJ \cdot mol^{-1}$$

$$OH(g) \longrightarrow H(g) + O(g)\ ; D_2 = 428\ kJ \cdot mol^{-1}$$

则 O—H 的键能 $E(O—H) = (D_1 + D_2)/2 = (498 + 428)/2\ kJ \cdot mol^{-1} = 463\ kJ \cdot mol^{-1}$

(2)分子轨道理论

价键理论模型直观,易于理解和阐明共价键的本质。但是,在一些解释上还存在一定的局限性。因此,1932 年,美国化学家莫立根(R. S. Mulliken)和德国化学家洪特(F. Hund)提出了一种新的共价键理论即分子轨道理论。分子轨道理论目前发展的较快,该理论认为原子在形成分子时,所有电子均有贡献,不在局限某个原子,而是从属于整个分子的分子轨道。

分子轨道可以近似地由原子轨道线性组合得到。几个原子轨道就可以组成几个分子轨道。组合时,如果分子轨道是由两个原子轨道(即波函数)以相加的形式组合时,这样形成的轨道称为成键分子轨道,用 σ 或 π 来表示。在成键分子轨道中重叠部分波函数数值增大,两核间电子出现的概率密度增大,这就使电子获得了附加的稳定性。分子轨道较原来的原子轨道能量低。如果分子轨道是由两个原子轨道(即波函数)以相减的形式组合时,这样形成的轨道称为反键分子轨道,用 σ* 或 π* 来表示。在反键分子轨道中由于重叠的部分相互抵消,使两核间电子出现的概率密度减小,分子轨道较原来的原子轨道能量高。

组合时遵循着三个原则,即:对称性匹配原则、最大重叠原则、能量近似原则。

①对称性匹配原则:只有对称性相同的原子轨道才可以组成分子轨道。所谓的对称性相同,可以从原子轨道的波函数的角度来解释。波函数有正负值之分,只有正值部分和正值部分组合,负值部分和负值部分组合,才为对称性相符。

②能量相近原则:只有能量接近且对称性匹配的两个原子轨道才能有效地组合成分子轨道,且两原子轨道能量越接近越好。这一原则对于确定两种不同类型的原子轨道是否能有效地组合成分子轨道非常重要。

③最大重叠原则:能量相近、对称性匹配的两个原子轨道线性组合成分子轨道时,应尽可能使原子轨道重叠程度最大,以便成键分子轨道的能量尽可能的地降低,使体系趋于稳定。

下面就分子轨道中的电子排布及相应的分子轨道表示式的书写作一定的介绍。分子轨道中的电子排布同样遵循三大原则,即:泡利不相容原则、能量最低原则和洪特规则。这里就不再重复讲解,下面主要介绍一下分子轨道表示式的书写。书写要同排布保持一致。这里我们主要介绍同核双原子分子的轨道能级图。

每个分子都有相应的能量,把分子中各分子轨道按能级高低排列起来可得到分子轨道能级示意图。以第二周期的元素为例,由于它们的 2s 和 2p 轨道能量之差不同,所以形成的同核双原子分子的分子轨道能级顺序有两种。一种是组成时由于 2s 和 2p 的轨道能量相差较大,在组合时不会发生 2s、2p 轨道间的相互作用,只是 s–s 和 p–p 轨道组合,由此所形成的同核双原子分子的轨道能级顺序为:

$$\sigma_{1s}<\sigma_{1s}{}^{*}<\sigma_{2s}<\sigma_{2s}{}^{*}<\sigma_{2Px}<\pi_{2Py}=\pi_{2Pz}<\pi_{2Py}{}^{*}=\pi_{2Pz}{}^{*}<\sigma_{2Px}{}^{*}$$

O_2、F_2 等分子的分子轨道能级排列就符合此分子轨道的能级顺序。

另一种是组成时由于 2s 和 2p 的轨道能量相差不大,在组合时一个原子的 2s 轨道除了与另外一个原子的 2s 轨道形成组合之外,还可能与其 2p 轨道形成组合,其结果是使得轨道能量高于 2s、2p 轨道间的相互作用,由此所形成的同核双原子分子的轨道能级顺序为:

$$\sigma_{1s}<\sigma_{1s}{}^{*}<\sigma_{2s}<\sigma_{2s}{}^{*}<\pi_{2Py}=\pi_{2Pz}<\sigma_{2Px}<\pi_{2Py}{}^{*}=\pi_{2Pz}{}^{*}<\sigma_{2Px}{}^{*}$$

Li_2、N_2 等分子的分子轨道能级排列就符合此分子轨道的能级顺序。

应用举例:

(1)试用分子轨道理论分析是否存在 $H_2{}^{+}$ 离子。

解:分析即可知氢分子离子是由一个氢原子和一个氢离子组成的。分子中只有一个电子,键级是 0.5。所以,可以存在,但稳定性小。

(2)试用分子轨道理论分析 N_2 和 O_2 的稳定性。

解:N_2 有 14 的能级顺序排列,电子依次进入分子轨道,分子轨道排布式为:

$$N_2:(\sigma_{1s})^2(\sigma_{1s}{}^{*})^2(\sigma_{2s})^2(\sigma_{2s}{}^{*})^2(\pi_{2Py})^2(\pi_{2Pz})^2(\sigma_{2Px})^2$$

从 N_2 的分子轨道排布式中可以看出对成键有贡献的为一个 σ 键和两个 π 键,且键级为 3,而且 π 键的能量小于 σ 键,所以分子比较稳定。

O_2有 16 个电子与 N_2不同,分子轨道的能级顺序也不同,电子依次进入分子轨道,分子轨道排布式为:

$$O_2:(\sigma_{1s})^2(\sigma_{1s}^*)^2(\sigma_{2s})^2(\sigma_{2s}^*)^2(\sigma_{2Px})^2(\pi_{2Py})^2(\pi_{2Pz})^2(\pi_{2Py}^*)^1(\pi_{2Pz}^*)^1$$

从 O_2分子轨道排布式中可以看出,O_2有一个 σ 键和两个三电子的 π 键,键级为 2。在三电子 π 键中有两个电子在成键轨道,一个电子在反键轨道,键能只有单键的一半。三电子 π 键比 π 键弱得多,由于 O_2分子中含有这种结合力弱的 π 键,所以 O_2的化学性质比较活泼,而且还可以失去电子变成 O_2^+。

3. 金属键

金属中间自由电子与原子(或正离子)之间的作用力称之为金属键。目前对金属键的本质有两种解释理论:一种是自由电子理论,另一种是能带理论。自由电子理论认为金属的特性与金属中存在着的自由电子有关。正是由于自由电子的存在,因此在外电场的作用下可以形成电流,使金属具有导电性;在受热时不断碰撞的电子和金属正离子交换能量,所以金属具有很好的导热性;由于电子的胶合作用,金属正离子键容易滑动而不易断裂,所以金属具有好的延展性。经典的自由电子理论虽然能解释金属的某些特性,但关于金属键本质更加确切的阐述则需要能带理论。能带理论是现代金属键理论之一,它把整个金属晶体看成一个大分子,由于原子之间的相互作用使原子中每一能级可以分裂成等于金属晶体中原子数目的许多小能级,这些能级连成一片这就是能带。根据能带理论又将能带分为满带、导带、禁带。满带是指充满电子的能带;导带是指未充满电子的能带;而禁带则是满带和导带间的能量间隔。金属之所以能够导电是由于导带中的电子在外电场作用下的结果。以锂原子为例,当两个锂原子相互靠近时,由于原子之间相互作用可形成两个相应的分子轨道。锂原子的外层轨道上有一个 2s 电子,成键电子进入成键轨道 σ_{2s}中,反键轨道 σ_{2s}^* 则空着,如图 7.4 所示。若有 n 个锂原子形成一个金属晶体大分子

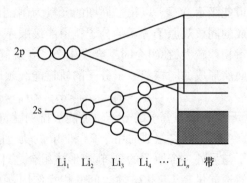

图 7.4 金属锂的能带

Li_n 则有 n 分子轨道,而只有 $n/2$ 个分子轨道被成键电子占据,另外 $n/2$ 个轨道则是空着的。分子轨道之间的能级差很小,电子在能带中很容易跃迁。而 2p 轨道又是全空的,与半充满的 2s 轨道部分重叠,形成一个未充满的导带,在外电场的作用下,锂原子的价电子在导带内自由移动形成电流。

7.1.2 分子极性与分子的空间构型

1. 分子的极性

在以共价键相结合的双原子分子中,共价键可分为极性共价键和非极性共价键。极性共价键是指两个不同原子之间所形成的共价键;非极性共价键是指两个相同原子之间所形成的共价键。因此,以极性共价键相结合的双原子分子称之为极性分子;而以非极性共价键相结合的双原子分子称之为非极性分子。由此可知,在双原子分子中分子的极性

与共价键的极性相一致。而在以共价键相结合的多原子分子中,分子的极性与共价键的极性并不完全一致。如何判断多原子分子是否具有极性?为此引入偶极矩这一概念,为了更好地理解偶极矩的概念。先介绍偶极的概念,就整体而言分子是呈电中性的,这是因为原子核所带的电量与电子所带的电量大小相等,电性相反。假设分子中的正负电荷分别集中于一点,这两点叫做正负电荷的中心。这两个中心又被称为分子的两个极,又称偶极。

偶极矩用公式表示为

$$\mu = q \cdot d \tag{7.1}$$

式中 q——偶极上一端所带的电量;

d——正负电荷中心之间的距离。

偶极矩是衡量分子极性大小的物理量。偶极矩是一矢量,具有方向性,是从正极指向负极。非极性分子的 $\mu = 0$,极性分子的 $\mu > 0$,并且 μ 值越大分子的极性就越大。

2. 杂化轨道理论与分子的空间构型

分子的空间构型是指共价型分子中各原子在空间排列构成的分子几何形状。对单原子分子和双原分子而言空间构型相对简单,而多原子分子的空间构型则要复杂一些。为了更好地解释和预测共价型分子的几何形状,美国化学家鲍林在价键理论的基础上提出了分子杂化轨道理论。这种观点认为同一原子中某些能量相近的轨道在成键的过程中,相互混合,重新组合形成一系列能量相等的新轨道,从而改变了原有轨道的状态,这一过程被称之为杂化。经杂化后得到的新的原子轨道称之为杂化轨道。本章着重介绍 s 轨道与 p 轨道间的几种杂化类型。

(1)sp 杂化

sp 杂化是指原子中的 1 个 ns 轨道与 1 个 np 轨道杂化,形成 2 个 sp 杂化轨道。其中每个杂化轨道中含有 1/2s 和 1/2p 成分,两个杂化轨道之间的夹角为 180°。以气态的 $BeCl_2$ 分子为例,如图 7.5 所示。Be 原子的电子层结构为 $1s^2 2s^2$,在成键时有 1 个 2s 电子被激发到 1 个 2p 空轨道中,同时 1 个 2s 轨道与 1 个 2p 轨道进行杂化,形成了两个能量相同且夹角为 180° 的 sp 杂化轨道。所形成的两个 sp 杂化轨道与两个 Cl 原子的 3p 轨道重叠,形成的 $BeCl_2$ 分子构型为直线型。

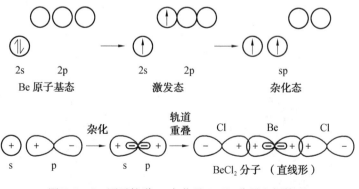

图 7.5 Be 原子轨道 sp 杂化及 $BeCl_2$ 分子空间构型

（2）sp² 杂化

sp² 杂化是指原子中的一个 ns 轨道与两个 np 轨道杂化,形成 3 个 sp² 杂化轨道。其中每个杂化轨道中含有 1/3s 和 2/3p 成分,3 个杂化轨道之间的夹角为120°。以 BF_3 分子为例,如图 7.6 所示。在成键时有一个 2s 电子被激发到一个空的 2p 轨道上,同时,一个 2s 轨道与两个 2p 轨道进行杂化,形成了 3 个能量相同且夹角互为 120° 的 sp² 杂化轨道。所形成的 3 个 sp² 杂化轨道与 3 个 F 原子的 2p 轨道重叠,形成的 BF_3 分子构型为平面三角形。

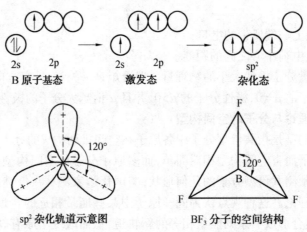

图 7.6 B 原子轨道 sp² 杂化及 BF_3 分子空间构型

（3）sp³ 杂化

sp³ 等性杂化是指原子中的 1 个 ns 轨道与 3 个 np 轨道杂化,形成 4 个 sp³ 杂化轨道。其中每个杂化轨道中含有 1/4s 和 3/4p 成分。以 CH_4 分子为例,如图 7.7 所示,在成键时有 1 个 2s 电子被激发到 1 个空的 2p 轨道中,同时,1 个 2s 轨道与 3 个 2p 轨道进行杂化,形成了 4 个能量相同且空间夹角互为 109°28′ 的 sp³ 杂化轨道。所形成的 4 个 sp³ 杂化轨道与 3 个 H 原子的单电子成键,形成的 CH_4 分子构型为正四面体。

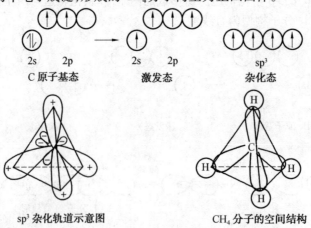

图 7.7 C 原子轨道 sp³ 杂化及 CH_4 分子的空间构型

CH₄ 为 sp³ 等性杂化的典型实例,除此之外还有 sp³ 不等性杂化。NH₃ 和 H₂O 分子就是 sp³ 不等性杂化的典型实例。以 NH₃ 分子为例,NH₃ 中的 N 原子在成键时发生了 sp³ 杂化,形成了 4 个 sp³ 杂化轨道。这其中 3 个 sp³ 杂化轨道有单电子可以分别与 3 个氢原子成键,而另外一个杂化轨道含有一对孤对电子,已不能成键。由于在 NH₃ 中有一个不参与成键的 sp³ 杂化轨道,因此 NH₃ 中 N 原子价层轨道发生的是 sp³ 不等性杂化。孤对电子所占据的杂化轨道中含有的是 s 成分较多,而成键轨道含有的 s 成分较少,p 成分较多,所以成键轨道的夹角小于 109°28′,故 NH₃ 分子的空间构型为三角锥形,如图 7.8 所示。

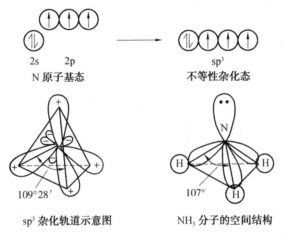

图 7.8　N 原子轨道 sp³ 杂化及 NH₃ 分子的空间构型

在 H₂O 分子中,O 原子也是以 sp³ 杂化轨道与 H 原子成键。由于 O 中是有两对孤对电子各占据一个 sp³ 杂化轨道,成键的轨道中 s 成分更少,p 成分更多,所以成键轨道间的夹角更小,所以分子的空间构型是 V 字形,如图 7.9 所示。

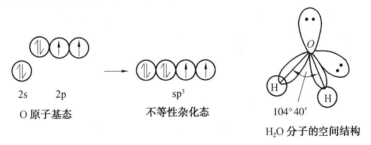

图 7.9　O 原子轨道 sp³ 杂化及 H₂O 分子的空间构型

为了使大家能够更好地了解轨道杂化、轨道类型与空间构型的关系,表 7.1 归纳了 s 轨道与 p 轨道之间的杂化类型及相关特性。

表 7.1　s 和 p 杂化轨道的类型与分子空间构型

杂化轨道的类型	sp	sp^2	sp^3 等性杂化	sp^3 不等性杂化
杂化轨道的数目	1 个 s,1 个 p	1 个 s,2 个 p	1 个 s,3 个 p	1 个 s,3 个 p
形成杂化轨道数	2	3	4	4
成键轨道的夹角	180°	120°	109°28′	小于 109°28′
实　　例	$BeCl_2$	BF_3	CH_4	NH_3/H_2O
空间构型	直线型	平面三角形	正四面体型	三角锥/V 型

3. 价层电子对互斥原理

虽然杂化轨道理论成功地解释了一些共价化合物的空间构型,但是在预测分子的空间构型方面存在一些局限性。因此,为了更方便地预测以共价键形成的多原子分子或多原子离子的空间构型,1940 年英国化学家西奇威克(Sidgwick)等人提出了价层电子对互斥原理(Valence Shell Electron Pair Repulsion theory),简称 VSEPR 法,该理论的基本要点如下:

(1)价层电子对互斥理论认为在一个共价分子或是离子中,中心原子的周围所配置的配位原子的几何构型,取决于中心原子的价层电子对数。中心原子的价层电子对数是指 σ 键的电子对和未成键的孤电子对,这些电子对总是倾向于离得相对远一些,使它们相互之间的斥力最小。

(2)价层电子对中的相互排斥力的大小排序为:孤电子对—孤电子对>孤电子对—成键电子对>成键电子对—成键电子对。

斥力的大小主要由电子对之间所相距的键角和电对的成键情况来决定,相距键角越小排斥力越大。

(3)如果分子中存在重键时,例如双键和三键时,上述理论依然适用,只需将双键和三键的电子对看做单键处理即可。由于双键和三键比单键成键的电子数多,排斥力较大,排斥的大小顺序为:三键>双键>单键。

利用价层电子对互斥原理预测多原子分子或多原子离子的空间构型一般步骤如下:

(1)确定中心原子价层电子数。可由下式计算:

$$价层电子对数 = \frac{1}{2}(中心原子的价电子数+配位原子提供的价电子数±离子电荷数)$$

公式中对离子电荷数做相应的处理,对阳离子,在计算中心原子的价层电子总数时应减去相应的电荷数;对于阴离子,则应加上相应的电荷数。此外,氢原子和卤族原子在作为配体时,均提供一个电子;氧原子和硫原子作为配体时不提供电子,但是作为中心原子时提供 6 个电子。例如:NH_4^+ 中的 N 的价层电子对数应为 $(5+4-1)/2=4$;而 SO_4^{2-} 中的 S 的价层电子对数 $(6+2)/2=4$。

(2)根据中心原子的价电子数,从表 7.2 找到相应的电子对排布和空间构型。

(3)将配位原子排布在中心原子周围,每一个电子对连接一个配位原子,剩余的电子对称为孤电子对。孤电子对之间相互排斥作用的大小来确定排斥力最小的稳定构型。

下面我们看一下价层电子对互斥原理的应用实例。

（1）CCl_4 的空间构型：在 CCl_4 的中心 C 原子有 4 个价电子，Cl 各提供 1 个电子，C 的价层电子对数为 4。由表 7.2 可知，C 的价层电子对的构型为正四面体，由于价层电子对全都是成键电子对，因此，CCl_4 的空间构型为正四面体。

（2）ClO_3^- 的空间构型：在 ClO_3^- 的中心 Cl 原子有 7 个价电子，O 不提供电子，再加上得到的 1 个电子，价层电子总数为 8，价层电子对数为 4。由表 7.2 可知，Cl 的价层电子对的构型为四面体，由于 Cl 的 1 个孤对电子占据四面体的一个顶点，因此，ClO_3^- 的空间构型为三角锥形。

以上就是价层电子互斥原理的应用。中心原子的价层电子对排布与分子的空间构型的关系见表 7.2。

表 7.2　价层电子对与分子或离子的空间构型

价层电子对数	电子对排布方式	成键电子对数	孤对电子对数	空间构型	实例
2	直线形	2	0	直线形	$HgCl_2$
3	平面三角形	3	0	正三角形	BF_3
		2	1	V 字形	$PbCl_2$
4	正四面体	4	0	正四面体	CH_4
		3	1	三角锥形	NH_3
		2	2	V 字形	H_2O
5	三角双锥	5	0	三角双锥	PCl_5
		4	1	变形四面体	SF_4
		3	2	T 形	ClF_3
		2	3	直线形	I_3^-
6	八面体	6	0	八面体	SF_6
		5	1	四方锥	IF_5
		4	2	平面正方形	ICl_4^-

7.1.3　分子间相互作用力

1.分子间作用力

分子间作用力是分子与分子之间的一种相互作用力。它一般分为色散力、诱导力、取向力。一般把这 3 种分子间作用力称为范德华力。

（1）色散力

在两个非极性分子之间相互靠近时，不断运动的电子与原子核的正负电荷的中心不是总保持重合，在某个瞬间会出现瞬间偶极。这种由瞬间偶极之间的异极相吸而产生的分子间作用力就叫做色散力。具体过程如图 7.10 所示。色散力不仅存在于非极性分子中，也存在于极性分子中，只不过在非极性分子中色散力是唯一的作用力。

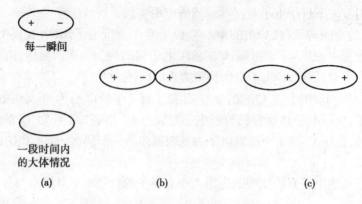

每一瞬间

一段时间内
的大体情况

(a)　　　　　　　　　(b)　　　　　　　　(c)

图 7.10　非极性分子间的相互作用

（2）诱导力

在非极性分子和极性分子相互靠近的过程中,非极性分子由于受到极性分子的影响,产生诱导偶极。这种在非极性分子的诱导偶极和极性分子中的固有偶极之间产生的吸引力被称之为诱导力。极性分子在相互靠近的过程中,在偶极相互影响下,分子发生变形,也会有诱导偶极产生。因此,诱导力也存在于极性分子之间,如图 7.11 所示。

(a) 分子离得较远　　　　　　　　　　**(b) 分子靠近时**

图 7.11　极性分子与非极性分子的作用

（3）取向力

在极性分子之间相互靠近时,除了色散力和诱导力之外还存在一种分子间作用力。由于固有偶极之间的作用,使极性分子之间在空间按异极相吸的状态取向,这种由固有偶极之间产生的作用力就叫做取向力,如图 7.12 所示。

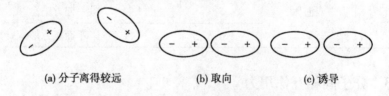

(a) 分子离得较远　　　　　　(b) 取向　　　　　(c) 诱导

图 7.12　极性分子间的相互作用

综上所述,可以得知不同分子之间分子间力的类型和大小不同。色散力存在于所有分子之间;诱导力存在于极性分子之间或极性分子与非极性分子之间;取向力存在于极性分子之间。一般情况下,色散力是主要的分子间作用力。

2. 氢键

在某些分子之间或分子内除了上述的分子间力之外,还存在着另外一种作用力——氢键。氢键是由氢原子与电负性较大的原子以极性共价键结合的同时,还能吸引另一个电负性较大的原子。氢键通常以如下形式表现:X–H⋯Y。其中 X 与 Y 可以相同,也可以不同。能够形成氢键的物质相当广泛,例如水、水合物、醇、胺、羧酸等。氢键还能存在于静态、液态、甚至是气态之中。氢键与分子间力的不同之处在于氢键具有饱和性和方向性。氢键的形式有两种:一种是分子间氢键,如图 7.13 所示;一种是分子内氢键,如图7.14所示。

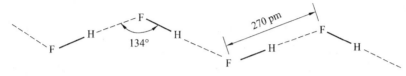

图 7.13　HF 分子间氢键

分子间力和氢键对物质性质的影响主要体现在物质的熔点、沸点、溶解性等物理性质方面。例如,由于分子间色散力随相对分子量的增加而增强的缘故,同一类型的单质和化合物,其熔沸点一般随相对分子质量的增加而升高。含有氢键的物质,其熔沸点要高于无氢键的同类型物质。

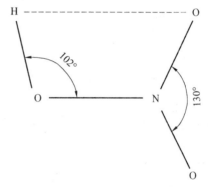

图 7.14　HNO_3分子中氢键

7.2　晶体结构

固体物质分为晶体和非晶体。晶体一般是指那些具有一定几何外形,内部粒子按一定规律呈周期性排列的,具有一定熔点,而光学、力学、导电、导热等各向异性的固态物质。为了更好研究晶体的相关知识还要介绍几个与晶体有关的概念。晶格是指组成晶体的粒子在空间按一定方式,有规则、周期性的排列,所形成的几何构型的物质。而在晶格中排有物质粒子的点,称为晶格结点(或晶格点)。此外,晶格中构成晶体的最小重复单元叫做晶胞。晶胞是晶体的最小结构单元,但不是最基本的实体。下面就来介绍一下晶体的基本结构及相关特性。

7.2.1　晶体的基本类型

按照晶体中作用力的不同,可将晶体分为 4 种基本类型,分别是离子晶体、原子晶体、分子晶体、金属晶体。

1. 离子晶体

离子晶体是由正负离子交替排列在晶格结点上,相互间以离子键结合构成的晶体。常见的离子晶体有强碱、活泼金属氧化物、大多数盐类,例如:NaOH、KOH、Na_2O、Na_2O_2、NaCl、KBr。由于离子键没有饱和性和方向性,所以在离子晶体中,正负离子采取的是紧密堆积方式。每个离子都尽可能多的接触异号离子,使系统处于能量最低状态,从而形成稳定结构。因此在离子晶体中,每个离子都具有较高的配位数。以 NaCl 为例,在其晶体中,每个离子的配位数都是 6,即每个 Na^+或 Cl^-周围都有 6 个异号电荷离子,整个晶体呈电中性。离子晶体有较高的熔点和较大的硬度,离子晶体易溶于水等极性溶液,并且它们的水溶液或熔融液易导电。在离子晶体中用晶格能来反映离子键的强弱。晶格能是指在标准状态下,由气态的正负离子结合成离子晶体时所释放的能量。通常是晶格能越大,其相应的离子晶体的熔、沸点越高,硬度也越大。

2. 原子晶体

原子晶体是由原子排列在晶格结点上,相互间以共价键结合构成的晶体。常见的原子晶体包括 C、Si、Ge 等单质,SiC、SiO_2 等化合物。由于共价键具有饱和性和方向性,故原子晶体的排列方式不能像离子晶体那样紧密,只能是低配位数,低密度。以金刚石为例,每个碳原子的配位数只有 4。原子晶体一般硬度大、熔点高,但是不能导电,晶体中没有独立的分子。

3. 分子晶体

分子晶体是由分子排列在晶格结点上,相互间以分子力(范德华力)结合成构成的晶体。常见的分子晶体包括大多数以共价键结合的单质和化合物。由于分子间力没有饱和性和方向性,因此分子晶体可以采取紧密堆积方式排列,配位数最大可达 12。但是由于共价键分子本身有一定的几何构型,故分子晶体通常不如离子晶体堆积的紧密。分子晶体一般是熔沸点及硬度较低,无论是固态还是熔化态都不导电,只有某些极性分子的水溶液能导电。

4. 金属晶体

金属晶体是由金属原子或金属正离子排列在晶格结点上,相互间以金属键结合构成的晶体。常见的金属晶体包括绝大多数的金属单质和合金化合物。由于金属键没有饱和性和方向性,金属晶体中金属原子也采取紧密堆积方式。主要有 3 种形式:立方密堆积、六方密堆积、体心立方堆积。在金属晶体中配位数最高可达 12,少数为 8。金属晶体具有良好的导电性、导热性、有光泽。

以上 4 种晶体基本类型的特征概括在表 7.3 中。

表 7.3　晶体的基本类型

晶体类型	实例	分子间作用力	熔沸点	硬度	导电性
离子晶体	NaCl	离子键	较高	较大	水溶液或熔融液易导电
原子晶体	SiO_2	共价键	高	大	绝缘体或半导体
分子晶体	CO_2	分子间力	低	小	一般不导电
金属晶体	Cu	金属键	一般较高,部分低	一般较大,部分小	良导体

7.2.2　过渡型晶体(混合型晶体)

前面提到 4 种晶体类型是最基本的晶体类型,而许多物质的晶体结构是由不同的键型混合组成的,这就是我们即将介绍的过渡型晶体(混合型晶体)。过渡型晶体主要包括链状结构和层状结构。

链状结构晶体的典型代表是硅酸盐。天然硅酸盐晶体中其基本结构的单位是由 1 个硅原子和 4 个氢原子组成的四面体。其中,硅原子和氧原子以共价键形结合。硅氧四面体之间相连,便构成了链状结构的硅酸盐负离子,链与链之间填充金属正离子。带负电的长链与金属正离子之间的静电作用要比链内共价键的作用要弱,故沿平行于链的方向作用力,晶体往往容易裂成柱状或纤维状,如图 7.15 所示。

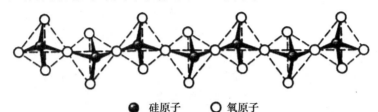

● 硅原子　○ 氧原子

图 7.15　硅酸盐负离子的单链结构

　　层状结构晶体的典型代表是石墨。在石墨中,同一层的碳原子以 sp^2 杂化,每个碳原子以 120° 的键角与相邻的 3 个碳原子相结合,从而形成许多正六边形构成的平面结构。而平面层中的每个碳原子还有一个 2p 轨道垂直于六元环,其中每个碳原子中的 2p 轨道中各有一个电子,这些相互平行的 2p 轨道"肩并肩"的形成离域大 π 键。由于大 π 键的离域性,使电子可在同一层面内自由移动,所以石墨有良好的导电性和传热性。

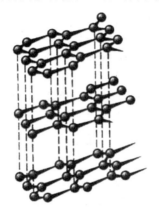

图 7.16　石墨的层状结构

7.2.3　晶体的缺陷与非整比化合物

1. 晶体的缺陷

　　前面所讲的晶体都是理想的完美晶体,实际上晶体都存在着结构缺陷。晶体中一切偏离理想的晶体结构都称为晶体缺陷。晶体缺陷按其几何特征可分为点缺陷、线缺陷、面缺陷和体缺陷。点缺陷主要是指晶体中有杂原子置换或空位或间隙粒子的现象;线缺陷主要是指晶体中有位错现象;将点缺陷和线缺陷推及到平面和空间即构成面缺陷和体缺陷;面缺陷主要是指晶体中有堆垛层错或晶粒边界的现象;体缺陷主要是指晶体中有空洞或包裹物的现象。

　　晶体缺陷导致的直接结果就是使晶体的某些性质发生改变。由于晶体存在缺陷会降低晶体的机械强度,同时也影响到晶体的韧性、脆性等性能。除此之外晶体的缺陷与晶体导电性有一定的联系。对离子晶体而言,缺陷会提高离子晶体的电导率;而对金属晶体而言缺陷会降低金属晶体的导电性。

2. 非整比化合物

在前面的化合物中,其原子个数都是简单的整数比,但是随着科研的逐步深入,人们发现在一系列无机化合物中其原子数目之比不是整数比,这一类化合物被称为非整比化合物。非整比化合物与晶体缺陷有一定的关系,以 FeO 为例,由于少量 Fe^{3+} 的存在,2 个 Fe^{3+} 可以替代 3 个 Fe^{2+},由于电中性的缘故造成晶体中出现了 Fe^{2+} 的空位缺陷,致使晶体的实际组成为 $Fe_{0.89}O \sim Fe_{0.96}O$。在化学性质方面,非整比化合物与相同元素组成的整比化合物差别不大。只是在一些物理性质方面(例如电学磁学光学等)有较大的差异。这些差异使非整比化合物具有重要的工业技术应用价值。

本 章 小 结

基本概念 化学键;键长、键角和键能(键解离能);分子轨道;分子轨道理论;极性分子与分子偶极矩;杂化与杂化轨道;价层电子对互斥原理;分子间力与氢键;离子晶体、原子晶体、分子晶体、金属晶体以及链状结构晶体与层状结构晶体;晶体缺陷与非整比化合物。

1. 化学键

(1)离子键是正负离子之间的静电引力所形成的化学键。负离子外层结构相对简单,一般是 8 电子构型。正离子外层结构较复杂,有 2 电子、8 电子、9 ~ 17 电子等电子构型。

(2)共价键可用价键理论来说明。价键理论认为共价键的形成是由于相邻的两个原子之间自旋状态不同的未成对电子互相配对形成的。在成键时,原子轨道要对称性匹配,并且实现最大限度的重叠,所以共价键具有饱和性和方向性。

(3)分子轨道理论认为原子在形成分子时,所有电子均有贡献,不在局限某个原子,而是从属于整个分子的分子轨道。分子轨道可以近似地由原子轨道线性组合得到。几个原子轨道就可以组成几个分子轨道。组合时,如果分子轨道是由两个原子轨道(即波函数)以相加的形式组合时,这样形成的轨道称为成键分子轨道,用 σ 或 π 来表示。如果分子轨道是由两个原子轨道(即波函数)以相减的形式组合时,这样形成的轨道称为反键分子轨道,用 σ^* 或 π^* 来表示。组合时遵循对称性匹配原则、最大重叠原则、能量近似原则。分子轨道中的电子排布同样遵循三大原则,即:泡利不相容原则、能量最低原则和洪特规则。

(4)键长、键角和键能是表明共价键性质的主要参数。

(5)分子的极性与偶极矩用偶极矩 μ 值来判断分子的极性。极性分子的 $\mu>0$;非极性分子的 $\mu=0$。

(6)分子的空间构型与杂化轨道理论。杂化轨道理论能够解释分子空间构型,它强调在成键时能级相近的原子轨道相互杂化以增强成键的能力。它主要包括 sp、sp^2、sp^3 等性杂化和 sp^3 不等性杂化。典型的分子间的空间构型是直线型(例如 $BeCl_2$)、平面三角形(例如 BF_3)、正四面体形(例如 CH_4)分别对应上述 sp、sp^2、sp^3 等性杂化类型。对于 sp^3 不等性杂化其典型的分子空间构型有三角锥形(例如 NH_3)、V 字形(例如 H_2O)。

（7）价层电子对互斥原理。该理论认为在一个共价分子或是离子中，中心原子的周围所配置的配位原子的几何构型取决于中心原子的价层电子对数。中心原子的价层电子对数是指 σ 键的电子对和未成键的孤电子对，这些电子对总是倾向于离得相对远一些，使它们相互之间的斥力最小。

（8）分子间作用力有范德华力和氢键两种。分子间普遍存在的是范德华力；氢键只存在于氢原子与电负性较大的原子之间。

2. 晶体结构

（1）晶体一般是指那些具有一定几何外形，内部粒子按一定规律呈周期性排列的，具有一定熔点，而光学、力学、导电导、热等各向异性的固态物质。晶格是指组成晶体的粒子在空间按一定方式，有规则、周期性的排列，所形成的几何构型的物质。晶格中构成晶体的最小重复单元叫做晶胞。晶胞是晶体的最小结构单元，但不是最基本的实体。

（2）根据晶体构成的微粒间作用力的不同将晶体分为离子晶体、原子晶体、分子晶体和金属晶体这 4 种基本类型。不同类型的晶体其熔沸点导电性等物理性质也不同。

（3）链状结构晶体和层状结构晶体。链状结构晶体中链内的原子以共价键相结合形成长链；层状结构晶体中层内各原子以共价键相结合形成层片。

（4）晶体存在一定的缺陷。这些缺陷包括点缺陷、线缺陷、面缺陷和体缺陷。晶体的缺陷对晶体的物理性质有明显的影响。

（5）二组分非整比化合物的组成可用化学式 $A_a B_{b+\delta}$ 表示，δ 是一个小的正值或负值。形成非整比化合物的原因是元素的混合价及晶体的结构。

习　题

1. 判断题。

（1）色散力是主要的分子间力。　　　　　　　　　　　　　　　　　　　（　　）

（2）共价键的类型有 σ 键和 π 键两种。　　　　　　　　　　　　　　　（　　）

（3）$\mu=0$ 的分子中化学键一定是非极性键。　　　　　　　　　　　　　（　　）

（4）NH_3 和 BF_3 都是 4 个原子的分子，所以它们的空间构型相同。　　（　　）

（5）由于 C 和 Si 是同族元素，所以 CO_2 和 SiO_2 属于同一类型晶体。　（　　）

（6）NCl_3 的中心原子是等性杂化。　　　　　　　　　　　　　　　　　（　　）

（7）一般晶格能越大的离子晶体，熔沸点越高，硬度也越大。　　　　　　（　　）

（8）晶体缺陷在常温下几乎不可避免。　　　　　　　　　　　　　　　　（　　）

（9）形成离子晶体的化合物中不可能有共价键。　　　　　　　　　　　　（　　）

（10）σ 键的键能一定大于 π 键的键能。　　　　　　　　　　　　　　　（　　）

2. 选择题。

（1）下列分子构型中以 sp^3 等性杂化轨道成键的是　　　　　　　　　　（　　）

　A. 直线型　　　　　　B. 平面三角形　　　　C. 八面体型　　　　　D. 正四面体型

（2）下列物质中，分子间不含有氢键的是　　　　　　　　　　　　　　　（　　）

　A. HCl　　　　　　　B. NH_3　　　　　　　C. HF　　　　　　　　D. H_2O

（3）下列物质属于分子晶体的是 （　　）

　　A. KCl　　　　　　　B. Fe　　　　　　　C. SiO_2　　　　　　D. CO_2

（4）有关共价键的说法，错误的是 （　　）

　　A. 两个原子间键长越短，键越牢固

　　B. 两个原子半径之和约等于所形成的共价键键长

　　C. 双原子分子中化学键增加，键长变短

　　D. 两个原子间键越长，键越牢固

（5）下列分子中是极性分子的 （　　）

　　A. CCl_4　　　　　　B. BCl_3　　　　　　C. CH_3OCH_3　　　　D. PCl_5

（6）下列化合物中含有极性共价键的是 （　　）

　　A. $KClO_3$　　　　　B. Na_2O_2　　　　　C. Na_2O　　　　　D. KI

（7）中心原子是 sp^2 杂化的分子是 （　　）

　　A. NH_3　　　　　　B. BCl_3　　　　　　C. PCl_3　　　　　D. H_2O

（8）下列分子中，属于非极性分子的是 （　　）

　　A. SO_2　　　　　　B. CO_2　　　　　　C. NO_2　　　　　D. ClO_2

（9）下列化合物中含有非极性共价键的离子化合物是 （　　）

　　A. H_2O_2　　　　　B. Na_2CO_3　　　　C. Na_2O_2　　　　D. KO_3

（10）下列分子或离子中，构型不为直线形的是 （　　）

　　A. I_3^+　　　　　　B. I_3^-　　　　　　C. CS_2　　　　　D. $BeCl_2$

3. 填空题。

（1）s 轨道和 p 轨道的杂化类型有_____、_____、_____、_____。

（2）晶体的基本类型包括：_____、_____、_____、_____。

（3）共价键具有_____性和_____性。

（4）范德华力包括：_____、_____、_____。

（5）氢键有_____和_____两种。

（6）晶体缺陷包括：_____、_____、_____、_____。

（7）排列键角大小顺序（从大到小）_____。

①BCl_3　　　②NH_3　　　③H_2O　　　④CH_4　　　⑤$BeCl_2$

（8）下列分子中能形成分子内氢键的是_____；不能形成分子间氢键的是
_____。

①HNO_3　　　②NH_3　　　③H_2O　　　④NH_4^+　　　⑤HF_2^-

（9）分子轨道是由_____线性组合而成的，这种组合必须满足的三个条件是
_____、_____、_____。

（10）用价层电子对互斥原理判断下列分子或离子的几何构型：ICl_2^-_____、
BrF_3_____、ICl_4^-_____、NO_2^+_____。

4. 简答题。

（1）双原子分子中能否存在两个以上 σ 键，为什么？

（2）下列化合物晶体中既存在有离子键又有共价键的是哪些？

①NaOH；②Na$_2$S；③CaCl$_2$；④Na$_2$SO$_4$；⑤MgO

（3）试解释为什么 C$_2$H$_4$ 中键角均接近 120°？

（4）CO$_2$ 和 SiO$_2$ 是化学式相似的两种共价化合物，为什么干冰和 SiO$_2$ 物理性质差异很大？

（5）下列化合物中分子间有氢键的是哪些？

①C$_2$H$_6$；②NH$_3$；③C$_2$H$_5$OH；④H$_3$BO$_3$；⑤CH$_4$。

（6）写出下列物质的晶体类型：SO$_2$、SiC、HF、KCl、MgO。

（7）下列物质中存在何种分子间力：①Cl$_2$；②CCl$_4$；③HCl；④NH$_3$。

（8）用分子轨道理论解释为何 Ne$_2$ 分子不存在？

（9）试用价层电子对互斥原理预测下列分子或离子的空间构型：ClF$_3$、SO$_2$Cl$_2$、PCl$_5$、O$_3$、SF$_6$、BeCl$_2$。

（10）今有下列分子或离子：Li$_2$、Be$_2$、N$_2$、CO$^+$、CN$^-$，试回答下列问题：

①写出它们的分子轨道表示式；②通过键级判断哪种物质最稳定，哪种物质最不稳定。

第 *8* 章

滴定分析法

定量分析是分析化学中重要的组成部分,在实际工作中的应用非常广泛,可以说是渗透到工业、农业、国防及科学技术的各个领域。在定量分析中,以滴定分析的应用最为广泛,如工业生产中的原料、中间体、成品分析;农业生产中的土壤、肥料、粮食、农药分析和各种矿物质的矿物分析等,都离不开滴定分析。为了更好地学习和掌握滴定分析中的滴定分析法,确保滴定分析结果的准确性,因此,本章介绍了滴定分析法的基本知识,并以滴定分析法中的酸碱滴定为例,讨论了酸碱滴定过程中指示剂的选择和应用。

8.1 滴定分析法概述

8.1.1 基本概念

滴定分析法又称容量分析法,是化学分析中的一种重要分析方法,它是将一种已知准确浓度的试剂溶液(标准溶液)滴加到待测物质溶液(试液)中,直到化学反应定量完成为止,然后根据所加试剂溶液的浓度和体积计算待测组分含量的一种方法。已知准确浓度的溶液称为标准溶液。将标准溶液通过滴定管逐滴加入到待测溶液中的操作过程称为滴定。当滴入的标准溶液与被测定的物质定量反应时,也就是两者的物质的量正好符合化学式所表示的化学计量点时,称为理论终点或化学计量点。而许多的滴定反应达到化学计量点时无外观变化,为了较准确地确定理论终点,需要加入指示剂,即用来确定理论终点的试剂,指示剂恰好发生颜色变化的转变点称为滴定终点,由于化学计量点与实验中实际测得的滴定终点不一定完全相符,造成的分析误差叫做终点误差,也称滴定误差。终点误差是滴定分析误差的主要来源之一,它的大小取决于指示剂的选择,指示剂的性能及用量等。

滴定分析法通常用于常量组分(一般质量分数大于 1%)的测定,不适合微量和痕量组分的测定。它的特点是:操作简便,仪器简单,速度快,准确度高。一般情况下,滴定的相对误差为 0.1% ~0.2% 之间。

8.1.2 滴定分析的反应条件

滴定分析根据化学反应类型的不同分为酸碱滴定法、氧化还原滴定法、沉淀滴定法和配位滴定法,上述滴定分析法是以水作溶剂的分析方法。另外,还有在非水溶剂中进行的滴定分析法,称为非水滴定法,主要用来测定在水中较难进行滴定的酸、碱等物质。

滴定分析法是以化学反应为基础的,但并非所有的化学反应都可以用于滴定分析。作为滴定分析的反应,必须具备下列条件:

(1)反应必须定量完成。被测物质与标准溶液之间的反应要按一定的化学方程式进行,而且反应必须接近完全,通常要达到 99.9% 以上,这是滴定分析进行定量计算的基础。

(2)反应速率快。速率较慢的反应,可加热或加催化剂使之加速进行。

(3)要有简便可靠的方法确定滴定终点,如有合适的指示剂可以选择等。

(4)反应必须无干扰杂质存在,否则应进行掩蔽或除去。

8.1.3　滴定分析法的主要方式

1. 直接滴定法

凡是待测物质与标准溶液之间的反应能满足滴定分析对化学反应的要求,都可以用标准溶液直接滴定,此种滴定方法称为直接滴定法。如用盐酸标准溶液来滴定氢氧化钠,用氢氧化钠标准溶液滴定醋酸等。

2. 返滴定法

返滴定法也称为回滴法或剩余滴定法,以下几种情况可以用返滴定法:

①被测物质与标准溶液反应速率很慢;

②被测物质为固体;

③没有适宜的指示剂。所谓返滴定法是先准确的加入过量的标准溶液 1,使反应加速,待反应完成后,再用标准溶液 2 滴定剩余的溶液 1,根据两标准溶液的浓度和消耗的体积,可以求出被测物质的量。如测定 Al^{3+} 时,Al^{3+} 与 EDTA 反应速率很慢,可以加过量 EDTA 标准溶液,并加热促其反应完全,溶液冷却后,可再用 Zn^{2+} 标准溶液快速滴定剩余的 EDTA。

3. 置换滴定法

当反应不按一定的反应式进行或伴有副反应时,可采用置换滴定法。即先用适当的试剂与被测物质反应,使被测物质定量地置换成另外一种物质,然后,再用标准溶液滴定这一物质,从而求出被测物质的含量。如在酸性溶液中,$K_2Cr_2O_7$ 是氧化剂,能将 $Na_2S_2O_3$ 氧化为 $Na_2S_4O_6$ 和 SO_4^{2-},即有副反应产生,所以不能用 $Na_2S_2O_3$ 直接滴定 $K_2Cr_2O_7$ 及其他氧化剂。此时可用置换滴定法:在 $K_2Cr_2O_7$ 中加过量 KI,使 $K_2Cr_2O_7$ 被还原,产生一定量的 I_2,再用 $Na_2S_2O_3$ 标准溶液滴定。

4. 间接滴定法

有时被测溶液不能直接与标准溶液作用,可用间接滴定法。它是指被测物质不能与标准溶液直接反应,但能通过另一种能与标准溶液反应的物质而被间接滴定的方法。如用 $KMnO_4$ 标准溶液测定样品中的 Ca^{2+} 的含量,因为 Ca^{2+} 没有可变价态,不能与高锰酸钾直接反应,可以先用 $C_2O_4^{2-}$ 使 Ca^{2+} 沉淀为 CaC_2O_4,过滤后,用 H_2SO_4 将 CaC_2O_4 溶解,再用 $KMnO_4$ 标准溶液滴定 $C_2O_4^{2-}$,根据它们之间的计量关系,求得 Ca^{2+} 的含量。

8.1.4 基准物质与标准溶液

滴定分析过程中,无论采用何种滴定方式,都离不开标准溶液。因为待测物质的含量是根据所消耗的标准溶液的浓度和体积计算出来的。因此,标准溶液的准确性是测定结果准确性的前提。正确地配制标准溶液及准确的标定其浓度是至关重要的。

1. 基准物质

用来直接配制标准溶液的物质称为基准物质,作为基准物质应具备下列条件。

(1)试剂纯度高。其杂质含量少到可以忽略不计,一般要求基准物质的纯度应达到99.9%以上。杂质含量少到不影响分析结果的准确性。

(2)性质稳定。在一般情况下,其物理性质和化学性质非常稳定,如加热,干燥不分解,称量时不吸湿,不吸收空气中的二氧化碳,不挥发,不被空气氧化等。

(3)物质组成与化学式完全符合。

(4)摩尔质量大。因为摩尔质量越大,称取质量越多,可相应减小称量的相对误差。滴定分析中常用的基准物质见表8.1。

表8.1 滴定分析中常用的基准物质

名称	化学式	干燥后的组成	干燥条件/℃	标定对象
硼砂	$Na_2B_4O_7 \cdot 10H_2O$	$Na_2B_4O_7 \cdot 10H_2O$	放在装有 NaCl 和蔗糖饱和溶液的密闭容器皿中	酸
二水合草酸	$H_2C_2O_4 \cdot 2H_2O$	$H_2C_2O_4 \cdot 2H_2O$	室温空气干燥	碱或高锰酸钾
邻苯二甲酸氢钾	$KHC_8H_4O_4$	$KHC_8H_4O_4$	$110 \sim 120$	碱
重铬酸钾	$K_2Cr_2O_7$	$K_2Cr_2O_7$	$140 \sim 150$	还原剂
草酸钠	$Na_2C_2O_4$	$Na_2C_2O_4$	130	氧化剂
三氧化二砷	As_2O_3	As_2O_3	室温干燥器中保存	氧化剂
碳酸钙	$CaCO_3$	$CaCO_3$	110	EDTA
锌	Zn	Zn	室温干燥器中保存	EDTA
氧化锌	ZnO	ZnO	800	EDTA
氯化钠	NaCl	NaCl	$500 \sim 600$	$AgNO_3$
氯化钾	KCl	KCl	$500 \sim 600$	$AgNO_3$
铜	Cu	Cu	室温干燥器中保存	还原剂
碳酸氢钠	$NaHCO_3$	Na_2CO_3	$270 \sim 300$	酸
溴酸钾	$KBrO_3$	$KBrO_3$	150	还原剂

注:干燥条件在不同的文献上略有差异。

2. 标准溶液

标准溶液浓度的表示方法如下:

（1）物质的量浓度。单位体积溶液中所含溶质 B 的物质的量,称为物质的量浓度,用符号 c 表示,单位是 $mol \cdot L^{-1}$。即

$$c = n/v$$
$$n = m/M$$

式中　V——溶液的体积,L;

n——溶液中溶质的物质的量,mol;

m——物质 B 的质量,g;

M——物质的摩尔质量,$g \cdot mol^{-1}$。

（2）滴定度。在实际工作中,常用滴定度(T)表示标准溶液的浓度。有两种表示方法:

①按配制标准溶液的物质表示的滴定度。该滴定度的含义是每毫升标准溶液中含溶质的质量,用符号 T_S 表示,其中 S 是溶质的化学式,如 $T_{NaOH} = 0.040\ 00\ g \cdot mL^{-1}$。

②按被测物质表示的滴定度。指每毫升标准溶液相当于被测物质的质量,以符号 $T_{x/s}$ 表示。如 $T_{NaOH/HCl} = 0.001\ 597\ g \cdot mL^{-1}$,它表示 1 mL HCl 标准溶液恰好能与 0.001 597 g NaOH 作用。此种方法广泛用于生产和检测中。

3. 标准溶液的配制和标定

配制标准溶液通常使用直接配制法和间接配制法。

（1）直接配制法

准确称取一定质量的基准物质,用蒸馏水溶解后,定量转移到容量瓶中,加蒸馏水稀释到刻度,根据物质的质量和容量瓶的体积,可以算出溶液的准确浓度。凡是基准物质均可用直接配制法,如硼砂。

（2）间接配制法

间接配制法又称标定法,有许多试剂不符合基准物质的条件,如不易提纯和保存,性质不稳定等,此时用间接配制法,即先用这类试剂配制成一近似于所需浓度的溶液,然后,选用一种基准物质或另一种物质的标准溶液来测定它的准确浓度。用基准物质或已知准确浓度的溶液测定标准溶液浓度的过程,称为标定。

标定标准溶液浓度的方法有两种:

（1）用基准物质标定

用基准物质标定也称直接标定法,即准确称取一定质量的基准物质,溶解后,用待标定的标准溶液滴定,再根据基准物质的质量以及所消耗的待标定的溶液的体积,就可以算出该溶液的准确浓度。

（2）比较标定法

准确吸取一定体积的待标定溶液,用已知准确浓度的溶液滴定;或者准确吸取一定体积的标准溶液,用待标定的溶液进行滴定,再根据两种溶液所消耗的体积及标准溶液浓度可以算出待标定溶液的准确浓度,两种方法进行对比可知,用基准物质标定更加准确。

注意　不论用哪种方法进行标定,都要平行测定 3～4 次,至少也要测 2～3 次,以保证其相对平均偏差不大于 0.2%。直接配制法所用仪器是移液管、分析天平、容量瓶等,而间接配制法使用精确度不高的仪器,如量筒、托盘天平等。

8.2 酸碱滴定法

酸碱滴定法是以酸碱中和(质子传递)反应为基础的滴定分析法。利用酸或碱的标准溶液,通过直接滴定或间接滴定法测定酸或酸性物质,碱或碱性物质的含量。除水溶液外,还可以利用非水溶液体系中质子的转移反应进行非水酸碱滴定分析,所以滴定分析法在食品、环境、生物技术、生物制药等专业上得到广泛的应用。

为正确判断滴定终点,必须学习指示剂的变色原理、酸碱指示剂的变色范围、酸碱滴定过程中溶液的 pH 值的变化及有关知识,从而选择适宜的指示剂,以便获得准确的分析结果。

8.2.1 酸碱指示剂

1.酸碱指试剂的变色原理及变色范围

能够利用本身颜色的改变来指示溶液 pH 值变化的指示剂,称为酸碱指示剂。

酸碱指示剂多是弱的有机酸或有机碱,其共轭酸碱对具有不同的结构,且颜色不同。现有如下的转化

$$HIn \Longrightarrow In^- + H^+$$

酸式形态　碱式形态

增大溶液的 $[H^+]$,则平衡向左移动,指示剂主要以酸式型体存在,溶液呈酸式色,减小溶液的 $[H^+]$,指示剂主要以碱式型体存在,溶液呈碱式色。

指示剂颜色的改变,起因于溶液 pH 值的变化,pH 值的变化引起指示剂的分子结构的改变,因而显示出不同的颜色,但是并不是溶液的 pH 值稍有变化或任意改变,都能引起指示剂颜色的变化,指示剂的变色是在一定的 pH 值范围内进行的。

在式 $HIn \Longrightarrow H^+ + In^-$ 中,如果以 K_a(或 K_{HIn})表示指示剂的离解常数,则有

$$K_a = \frac{[H^+][In^-]}{[HIn]}$$

那么

$$\frac{[In^-]}{[HIn]} = \frac{K_a}{[H^+]}$$

变色范围讨论:

(1)当 $\frac{[In^-]}{[HIn]} \geq 10$ 时,只能观察出碱式型体的颜色;

(2)当 $\frac{[In^-]}{[HIn]} \leq \frac{1}{10}$ 时,只能显示出酸式型体的颜色;

(3)当 $\frac{1}{10} \leq \frac{[In^-]}{[HIn]} \leq 10$ 时,一般显示的是指示剂的混合色。

在此范围溶液对应的 pH 值为:$pK_{HIn}-1 \sim pK_{HIn}+1$,那么这里将 $pH = pK_{HIn} \pm 1$ 称为指示剂理论变色的 pH 值范围,简称指示剂理论变色范围。将 $pH = pK_{HIn}$ 称为指示剂的理论变色点。

由上述讨论可知,指示剂的理论变色范围应是 2 个 pH 单位,但实际观察到的大多数

的指示剂的变色范围不是 2 个 pH 单位,上下略有变化,且指示剂的理论变色点不是变色范围的中间点。这是由于人眼对不同颜色的敏感程度不同,再加上两种颜色的互相掩盖而导致的。常见酸碱指示剂列于表 8.2 中。

表 8.2 常见酸碱指示剂

指示剂	变色范围	颜色变化	pK_{HIn}	浓 度	用量/(滴 10 mL 试液)
百里酚蓝	1.2 ~ 2.8	红 ~ 黄	1.65	0.1% 的 20% 酒精溶液	1 ~ 2
甲基橙	3.1 ~ 4.4	红 ~ 黄	3.4	0.1% 或 0.05% 水溶液	1
溴酚蓝	3.0 ~ 4.6	黄 ~ 紫	4.1	0.1% 的 20% 酒精溶液或其钠盐水溶液	1
甲基红	4.4 ~ 6.2	红 ~ 黄	5.0	0.1% 的 60% 酒精溶液或其钠盐水溶液	1
中性红	6.8 ~ 8.0	红 ~ 黄橙	7.4	0.1% 的 60% 酒精溶液	1
酚酞	8.0 ~ 10.0	无 ~ 红	9.1	1% 的 90% 酒精溶液	1 ~ 3
溴百里酚蓝	6.2 ~ 7.6	黄 ~ 蓝	7.3	0.1% 的 20% 酒精溶液或其钠盐水溶液	1
百里酚酞	9.4 ~ 10.6	无 ~ 蓝	10.0	0.1% 的 90% 酒精溶液	1 ~ 2

2. 影响指示剂变色的因素

温度升高,变色范围变窄;在不同的溶剂中,离解常数 K_{HIn} 也各不相同,导致在不同溶液中变色范围不同;盐类的存在能影响指示剂的 K_{HIn},使指示剂的变色范围发生移动,盐类还能吸收不同波长的光,从而影响指示剂变色的深度及变色的敏锐性;指示剂本身是弱酸或弱碱,如果用量多或浓度大,会参与酸碱反应而引起误差,因此,以能看清指示剂的颜色变化为准,指示剂的用量少一点为好;溶液的颜色一般由浅变深易于观察。如酚酞由无色至红色时,颜色变化敏锐,滴定误差小。反之,则引起较大的误差。

3. 混合指示剂

在某些酸碱滴定中,为了使指示剂变色范围窄,往往采用混合指示剂。混合指示剂有两种:一种是由两种或两种以上的指示剂混合而成,利用颜色的互补作用,使变色更加敏锐。如溴甲酚绿和甲基红组成的混合指示剂,此类型指示剂能使颜色变化敏锐,变色范围窄。另一种是由一种指示剂和一种惰性染料混合而成,也是利用颜色的互补作用,使变色更加敏锐。如有甲基橙和靛蓝组成的混合指示剂,靛蓝颜色不随 pH 值改变而变化,只作甲基橙的颜色背景,此类指示剂能使颜色变化敏锐,但变色范围不变。常见混合指示剂见表 8.3。

表8.3　常见混合酸碱指示剂

指示剂溶液的组成	变色时 pH 值	颜色变化 （酸色→碱色）	备　　注
1 份质量分数为 0.1% 的甲基橙水溶液 1 份质量分数为 0.25% 的靛蓝二磺酸钠水溶液	4.1	紫→黄绿	
1 份质量分数为 0.1% 的甲基黄酒精溶液 1 份质量分数为 0.1% 的亚甲基蓝酒精溶液	3.25	蓝紫→绿	pH 值 3.4 绿色 pH 值 3.2 蓝紫色
2 份质量分数为 0.1% 的百里酚酞酒精溶液 1 份质量分数为 0.1% 的茜素黄酒精溶液	10.2	黄→紫	
3 份质量分数为 0.1% 的溴甲酚绿酒精溶液 1 份质量分数为 0.2% 的甲基红酒精溶液	5.1	酒红→绿	
1 份质量分数为 0.1% 的中性红酒精溶液 1 份质量分数为 0.1% 的亚甲基蓝酒精溶液	7.0	蓝紫→绿	pH 值 7.0 紫蓝
1 份质量分数为 0.1% 的百里酚蓝酒精溶液 3 份质量分数为 0.1% 的酚酞酒精溶液	9.0	黄→紫	从黄到绿再到紫
1 份质量分数为 0.1% 的溴甲酚绿钠盐水溶液 1 份质量分数为 0.1% 的氯酚红钠盐水溶液	6.1	黄绿→蓝紫	pH 值 5.4 蓝紫色、 pH 值 5.8 蓝色、pH 值 6.0 蓝带紫、pH 值 6.2 蓝紫
1 份质量分数为 0.1% 的甲酚红钠盐水溶液 3 份质量分数为 0.1% 的百里酚蓝钠盐水溶液	8.3	黄→紫	pH 值 8.2 玫瑰色、 pH 值 8.4 清晰的紫 色

8.2.2　酸碱标准溶液的配制和标定

酸碱滴定法中常用的标准溶液有盐酸、硫酸、氢氧化钠、氢氧化钾,盐酸是最常用的酸标准溶液;由于氢氧化钠的价格比氢氧化钾便宜,因此氢氧化钠是最常用的碱溶液。硝酸具有氧化性,一般不用。标准溶液浓度一般配制成 $0.01 \sim 0.1 \ mol \cdot L^{-1}$。实际工作中应根据需要配制合适浓度的标准溶液。

1. 酸标准溶液

浓盐酸具有挥发性,因此不能用直接法配制标准溶液,而是先配成大致需要的浓度,再用基准物质进行标定。标定时常用的基准物质是无水碳酸钠和硼砂。

(1)无水碳酸钠

碳酸钠易得纯品,但由于碳酸钠具有吸湿性,还能吸收空气中的二氧化碳,因此使用之前应在 $270 \sim 300 \ ℃$ 下加热 1 h,然后密封,保存在干燥器中备用。用时称量要快,以免吸收水分而引起误差。用碳酸钠标定盐酸时,其滴定反应式为

$$Na_2CO_3 + 2HCl =\!=\!= 2NaCl + CO_2 \uparrow + H_2O$$

(2)硼砂($Na_2B_4O_7 \cdot 10H_2O$)

硼砂的摩尔质量大,可以减小称量误差,但因含有结晶水,应保存在饱和蔗糖溶液的密闭恒湿 60% 的容器中,以免风化失去结晶水。

标定盐酸的反应式为

$$Na_2B_4O_7+2HCl+5H_2O =\!\!=\!\!= 4H_3BO_3+2NaCl$$

2. 碱标准溶液

氢氧化钠具有很强的吸湿性,易吸收空气中的二氧化碳,生成少量的碳酸钠,且含有少量的硅酸盐、硫酸盐和氯化物等,因此,氢氧化钠标准溶液应用间接法配制。

标定氢氧化钠溶液的基准物质有草酸、邻苯二甲酸氢钾(常简写为 KHP)等,化学反应式为

$$KHP+NaOH =\!\!=\!\!= KNaP+H_2O$$

化学计量点时,溶液的 pH 值约为 9.1,可选用酚酞指示剂。

邻苯二甲酸氢钾易得纯品,溶于水,摩尔质量大,不潮解,加热到 135 ℃时不分解,是一种很好的标定碱溶液的基准物质。

8.3　氧化还原滴定法

氧化还原滴定法是以氧化还原反应即溶液中氧化剂与还原剂之间的电子转移为基础的滴定分析法。能用于测定具有氧化性和还原性的物质,对某些不具有氧化性和还原性的物质,也可以进行间接测定,因此,氧化还原滴定法同酸碱滴定法一样,应用非常广泛。

由于氧化还原反应是电子转移的反应,某些反应往往是分步进行的,需要一定的时间才能完成;氧化还原反应除主反应外,常伴有不同的副反应。因此使用氧化还原滴定时,要特别注意使滴定速度与反应速率相适应,严格控制和创造反应条件,使它符合滴定分析的基本要求:①反应能够定量完成,一般认为,标准溶液和待测物质相对应的条件电极电位差大于 0.4 V,反应即能定量进行;②有适当的方法或指示剂指示反应终点;③具有足够快的反应速率,否则应采用加热、加催化剂的方法,加快反应进行。

氧化还原反应滴定法根据滴定剂的不同,分为高锰酸钾法、重铬酸钾法、碘量法、溴酸钾法、铈量法等。本节主要介绍前 3 种方法。

8.3.1　氧化还原滴定法的指示剂

1. 自身指示剂

在进行氧化还原滴定分析的过程中,有些标准溶液本身具有很深的颜色,反应后变为无色或很浅的颜色,那么,在滴定过程中,该试剂稍有过量就易被察觉,因此,滴定时不需要另加指示剂。

2. 氧化还原指示剂

氧化还原指示剂是一些复杂的有机化合物,它们本身参与氧化还原反应后结构发生变化,因此发生颜色的变化,而指示终点。

设指示剂氧化还原电对为

$$In(O) +ne^- =\!\!=\!\!= In(R)$$

氧化态颜色　　还原态颜色

式中　$In(O)$ 和 $In(R)$——分别代表具有不同颜色的指示剂的氧化态和还原态。

在氧化性溶液中,指示剂显示其氧化态颜色;在还原性溶液中显示其还原态颜色。通

过计算滴定反应中电极电位突跃范围的方法,可以在不同的氧化滴定分析中选择合适的氧化还原指示剂,以使其在化学计量点时发生颜色的变化,准确指示终点。选择指示剂时应注意以下几点:

(1)氧化还原指示剂变色范围应全部或部分落在滴定突跃范围内。

(2)在氧化还原滴定中,标准溶液和被测物质常是有色的,反应前后颜色发生变化,滴定时观察到的是溶液中离子的颜色和指示剂所显的颜色的混合色,因此,选择指示剂时应注意化学计量点前后混合色变化是否明显。如在用重铬酸钾法测定 Fe^{2+} 时,常用二苯胺磺酸钠作指示剂,滴定反应在酸性条件下进行,并应加入磷酸以减小终点误差,滴定过程中溶液颜色的变化列入表8.4,滴定终点时,溶液颜色由亮绿色变紫色,颜色变化明显。

常见的氧化还原指示剂颜色变化情况见表8.5。

表8.4 滴定过程中溶液颜色的变化

项 目	滴定前	化学计量点前	化学计量点后
离子的颜色	Fe^{2+}(几乎无色)	Fe^{2+},Fe^{3+},Cr^{3+}(绿色逐渐加深)	Fe^{2+},Cr^{3+}(亮绿色)
指示剂的颜色		还原态(无色)	氧化态(紫色)
溶液的颜色		绿色加深	紫色

表8.5 常见氧化还原指示剂颜色变化情况

指示剂	颜 色		指示剂溶液的配制
	氧化态	还原态	
甲基橙	蓝绿	无色	0.05%的水溶液
二苯胺	紫	无色	0.1%的 H_2SO_4 的浓溶液
二苯胺磺酸钠	紫红	无色	0.05%的水溶液
羊毛罂红 A	橙红	黄绿	0.1%的水溶液
邻苯氨基苯甲酸	紫红	无色	0.1%的 Na_2CO_3 溶液
邻二氮菲亚铁	浅蓝	红	0.025 $mol \cdot L^{-1}$ 的水溶液
硝基邻二氮菲亚铁	浅蓝	紫红	0.025 $mol \cdot L^{-1}$ 的水溶液

3. 特殊的指示剂

特殊的指示剂又称专用指示剂,它是在滴定反应中能与标准溶液或被测物质反应而生成特殊颜色的物质。例如,可溶性淀粉,与碘溶液反应呈深蓝色复合物,当碘单质被还原为碘离子时,深蓝色立即消失,碘稍微过量时,即能看到颜色,反应极灵敏,因此,碘量法常用淀粉作指示剂。

8.3.2 常用氧化还原滴定法介绍

1.高锰酸钾法

(1)概述

高锰酸钾法是用高锰酸钾作氧化剂配制成标准溶液进行滴定的氧化还原方法。高锰

酸钾是强氧化剂,在不同介质中,MnO_4^- 被还原的产物不同,半反应为:

强酸溶液　　　　　　　　　　$MnO_4^-+8H^++5e^-\!\!=\!\!=\!\!=\!Mn^{2+}+4H_2O$

弱酸性,中性或弱碱性溶液

$$MnO_4^-+2H_2O+3e^-\!\!=\!\!=\!\!=\!MnO_2+4OH^-$$

强碱性溶液　　　　　　　　$MnO_4^-+e^-\!\!=\!\!=\!\!=\!MnO_4^{2-}$

(2)高锰酸钾法的优缺点

①优点:无需另加指示剂;氧化能力强,可以直接或间接测定许多物质。如直接滴定法可测定 Fe^{2+},As^{3+},Sb^{3+},H_2O_2,NO_2^-,$C_2O_4^{2-}$ 等以及一些还原性有机化合物。返滴定法可测定 MnO_2,Cu^{2+},CrO_4^{2-},$Cr_2O_7^{2-}$,IO_3^-,BrO_3^- 等,其操作是在酸性条件下,加过量的草酸钠标准溶液,再用高锰酸钾标准溶液返滴定剩余的草酸钠标准溶液。间接滴定法可测定非变价的钙离子等。

②缺点:选择性差,标准溶液不稳定,由于高锰酸钾氧化能力强,能与水中微生物、空气中的尘埃等发生氧化还原反应生成中间产物 MnO_2,并且还能自行分解,很不稳定;反应速率慢,常温下,高锰酸根还原为二价锰的速度极慢,常需要加热才能进行滴定。

(3)高锰酸钾标准溶液的配制和标定

高锰酸钾试剂常含有少量二氧化锰和其他杂质,蒸馏水中常含有微量的还原性物质,它们可与高锰酸钾反应析出中间产物 MnO_2,这些生成物以及光、热、酸、碱等外界条件的变化会促进高锰酸钾的分解,因此高锰酸钾的标准溶液不能直接配制。

为了配制较稳定的高锰酸钾溶液,应称量略多于理论计算量的高锰酸钾固体,溶解于一定体积的蒸馏水中,将配好的高锰酸钾溶液加热,微沸约 1 h,然后放置 2 ~ 3 d,目的是使溶液中可能存在的还原性物质完全被氧化,用微孔玻璃漏斗(或玻璃棉)过滤,除去析出的沉淀物,将过滤后的高锰酸钾溶液储存在棕色试剂瓶中,放置于阴暗处保存。如需用浓度较低的高锰酸钾溶液,可将高锰酸钾溶液临时稀释并立即标定使用,但不宜长期储存。

标定高锰酸钾溶液的基准物质很多,如草酸钠、三氧化二砷、草酸和纯铁丝等。其中最常用的是草酸钠,它容易被提纯,性质稳定,不含结晶水,在 105 ~ 110 ℃烘干约 2 h 后冷却,即可使用。

为使反应快速定量地进行,应注意以下滴定条件。

①温度:室温下此反应的速率缓慢,常常需将溶液加热至 75 ~ 85 ℃时进行滴定。溶液温度最低不应低于 60 ℃,但温度也不宜过高,若高于 90 ℃,会使草酸部分分解导致标准结果偏高。

②酸度:高锰酸钾在强酸性介质中才有较强的氧化性,如溶液的酸度过低,高锰酸钾溶液易分解,酸度过高,会促进草酸的分解,两者均可导致较大的误差,一般在 1 mol · L^{-1} 的硫酸介质中进行。

③速度:即使在 75 ~ 85 ℃的温度下滴定,反应速率仍然很慢,所以滴定的速度不易太快,否则,加入的高锰酸钾溶液来不及与草酸反应,就在热的酸性溶液中发生分解,使标定结果偏低。

④滴定终点:用高锰酸钾溶液滴定至终点时,溶液的粉红色不能持久,这是由于空气

中的还原性气体和灰尘能使高锰酸钾还原,故溶液中出现的粉红色逐渐消失,所以滴定时溶液在 30 s 内不褪色,即为滴定的终点。

2. 重铬酸钾法

（1）概述

重铬酸钾法是以 $K_2Cr_2O_7$ 作标准溶液的氧化还原滴定方法。$K_2Cr_2O_7$ 是较强氧化剂,在酸性溶液中得到 6 个电子成为 Cr^{3+},半反应为

$$Cr_2O_7^{2-}+14H^++6e^-\Longrightarrow2Cr^{3+}+7H_2O$$

重铬酸钾法具有以下优点:

①重铬酸钾容易提纯,纯度可达 99.99%,性质稳定,干燥后,可直接配制成标准溶液。

②重铬酸钾溶液相当稳定,只要存放在密闭的容器,可以长期保存而不变质。

③与高锰酸钾相比,重铬酸钾氧化性较弱,选择性较高,在 HCl 浓度不太高时,重铬酸钾不氧化 Cl^-,因此,除硫酸外还可以用盐酸酸化。其他还原性物质的干扰较高锰酸钾少。

④重铬酸钾滴定法的反应速率快,通常在常温下进行滴定。

重铬酸钾法主要有以下缺点:

①重铬酸钾氧化能力较高锰酸钾弱,使用范围窄,主要用于测定铁的含量。

②重铬酸钾呈橙黄色,反应后的产物 Cr^{3+} 是绿色,对橙黄色有掩盖作用,滴定终点前后颜色变化不易观察,在滴定过程中必须另加氧化还原指示剂,常用的氧化还原指示剂有二苯胺磺酸钠、邻二氮菲等。

③重铬酸钾和 Cr^{3+} 都是污染物,使用时须进行废液处理,否则污染环境。

（2）重铬酸钾标准溶液的配制

重铬酸钾为基准物质,可以用直接配制法进行配制,先用分析天平准确称取在 140 ~ 150 ℃时烘干、冷却后所需质量的重铬酸钾晶体,加入少量蒸馏水溶解,定量转移到容量瓶中,定容,再移入试剂瓶中备用。

3. 碘量法

（1）概述

碘量法是氧化还原滴定方法中最重要的方法。它是利用碘作氧化剂和碘离子作还原剂进行氧化还原滴定的方法,I_2/I^- 电对的半反应为

$$I_2+2e^-\Longrightarrow2I^-$$

①直接碘量法。直接碘量法又称为碘滴定法。它是利用 I_2 的氧化性,来滴定一些标准电位低于 +0.54 V 的还原剂,例如 $S_2O_3^{2-}$、As(III)、SO_3^{2-}、Sn(II)、维生素 C 等强还原性物质可用直接碘量法测定。

②间接碘量法。间接碘量法又称滴定碘法,它是利用 I^- 的还原性,使许多标准电位高于 +0.54 V 的氧化剂被 I^- 还原,定量析出 I_2,再用 $Na_2S_2O_3$ 标准溶液滴定 I_2,间接测定许多氧化剂。间接碘量法可应用于测定 Cu^{2+}、CrO_4^{2-}、$Cr_2O_7^{2-}$、IO_3^-、BrO_3^-、AsO_4^{3-}、SbO_4^{3-} 等氧化性物质。

使用碘量法时,应注意如下几点:

①溶液的酸度。$Na_2S_2O_3$ 滴定 I_2,应在中性及微酸性溶液中进行。因为在碱性溶液中,$Na_2S_2O_3$ 被 I_2 氧化为 Na_2SO_4,而不是 $Na_2S_4O_6$,同时 I_2 自身发生歧化反应。

②溶液温度。I_2 易挥发,所以碘量法应使溶液在室温下进行反应或滴定。

③防止碘挥发。滴定时用碘量瓶进行滴定,不要剧烈摇动,加入过量 KI,提高 I_2 的溶解度。

④防止空气氧化 I^-。在酸性溶液中,有阳光照射时,空气很容易氧化 I^-,所以要避光。立刻滴定,滴定速度适当加快。

(2)碘标准溶液和硫代硫酸钠标准溶液的配制与标定

①碘溶液的配制和标定:由于 I_2 的挥发性强,称量不准确,所以一般是用市售 I_2 与 KI 共置于研钵中加少量水研磨,待溶解后再稀释到一定体积,配制成近似浓度的溶液,然后再进行标定。碘溶液应避免与橡皮接触,并防止日光照射,受热等。碘标准溶液的准确浓度,可以用基准物质三氧化二砷来标定,但三氧化二砷有剧毒,所以使用时一定要小心。一般用 $Na_2S_2O_3$ 标准溶液滴定而求得。

②硫代硫酸钠的配置和标定:固体 $Na_2S_2O_3 \cdot 5H_2O$ 容易风化,并含有少量 SO_3^{2-}、Cl^- 等杂质,不能直接配制标准溶液,而且配好的硫代硫酸钠溶液也不稳定,容易与水中的二氧化碳、空气中的氧气作用,以及被微生物分解而使浓度发生变化。因此,配制硫代硫酸钠溶液一般采用如下步骤:称取需要量的 $Na_2S_2O_3 \cdot 5H_2O$,溶于新煮沸且冷却的蒸馏水中,这样可以起到除去二氧化碳和灭菌的作用,加入少量的碳酸钠使溶液呈微碱性,可抑制微生物的生长,防止硫代硫酸钠的分解。配制的硫代硫酸钠溶液应储存于棕色瓶中,放置暗处,约一周后再进行标定。长时间保存的硫代硫酸钠的标准溶液,应定期加以标定。若发现溶液变浑浊或有硫析出,要过滤后再标定其浓度,或弃去重配。$Na_2S_2O_3$ 溶液的准确浓度,可用 $K_2Cr_2O_7$、KIO_3 等基准物质进行标定。$K_2Cr_2O_7$、KIO_3 分别与硫代硫酸钠之间的反应无定量关系,应采用间接滴定法标定,如称取一定量的 $K_2Cr_2O_7$ 在酸性溶液中与过量的 KI 作用,析出相当量的 I_2,然后以淀粉作指示剂,用 $Na_2S_2O_3$ 溶液滴定析出的 I_2。

8.4　沉淀滴定法

8.4.1　概述

1.沉淀滴定法

沉淀滴定法也称容量分析法,是以沉淀反应为基础的一种滴定分析法。沉淀反应很多,但能用于沉淀滴定的反应并不多。因为很多沉淀的组成不恒定,或溶解度较大,或易形成过饱和溶液,或达到平衡的速度慢,或共沉淀现象严重等。因此,用于沉淀滴定反应必须符合下列条件:

①沉淀的组成恒定,溶解度小,在沉淀过程中也不易发生共沉淀现象;

②反应速率快,不易形成过饱和溶液;

③有确定的化学计量点(滴定终点)的简单方法;

④沉淀的吸附现象应不妨碍化学计量点的测定。

利用生成难溶性银盐反应来进行测定的方法,称为银量法。银量法可以测定 Br^-、Cl^-、Ag^+ 等,还可以测定经过处理而能定量产生这些离子的有机物,如六六六、二氯酚等有机药物的测定。除银量法外,还有其他沉淀滴定方法,如利用某些汞盐(如硫化汞、硫酸铅、硫酸钡)进行滴定

$$Ag^+ + Cl^- \Longrightarrow AgCl \downarrow$$

但以上几种方法应用不广泛,故本节只讨论银量法。

2. 按滴定方式分类

(1)直接滴定法

直接滴定法是利用沉淀剂作标准溶液,直接滴定被测物质。例如,在中性溶液中用 K_2CrO_4 作指示剂,用 $AgNO_3$ 标准溶液直接滴定 Br^- 或 Cl^-。

(2)间接滴定法

在被测溶液中,加入一定体积的过量的沉淀剂标准溶液,再用另一种标准溶液滴定剩余的沉淀剂。例如,测定 Cl^- 时,先将过量的 $AgNO_3$ 标准溶液加入到被测定的 Cl^- 溶液中,过量的 Ag^+ 再用 KSCN 标准溶液返滴定,以铁铵矾作指示剂。在返滴定法中采用两种标准溶液。

银量法主要用于化学工业和冶金工业(如烧碱厂)食盐水的测定,电解液中的 Cl^- 测定以及农业、三废等方面的 Cl^- 的测定。

8.4.2 银量法确定理论终点的方法

根据确定终点采用的指示剂不同,将银量法分为莫尔法、福尔哈德法和法扬司法。

1. 莫尔法

以 K_2CrO_4 为指示剂的银量法叫莫尔法,又叫铬酸钾指示剂法。主要用于以 $AgNO_3$ 标准溶液直接滴定 Br^- 或 Cl^- 的反应。

(1)基本原理

当用 $AgNO_3$ 标准溶液作滴定剂滴定含指示剂 CrO_4^{2-} 和 Cl^- 的溶液时,生成的产物 AgCl 与 Ag_2CrO_4 溶解度和颜色有显著的不同。

滴定反应:　　　$Ag^+ + Cl^-(Br^-) \Longrightarrow AgCl \downarrow (白色)(AgBr \downarrow 黄色)$

指示反应:　　　　　$2Ag^+ + CrO_4^{2-} \Longrightarrow Ag_2CrO_4 \downarrow (砖红色)$

根据分步沉淀的原理,由于 AgCl 的溶解度小于 Ag_2CrO_4 的溶解度,故在滴定过程中首先析出白色 AgCl 沉淀。适当的控制加入的 K_2CrO_4 的量,当 AgCl 被定量沉淀后,稍过量的 Ag^+ 即与 CrO_4^{2-} 反应生成砖红色的 Ag_2CrO_4 沉淀,从而指示剂滴定到达终点。

(2)滴定条件

为使测定结果准确,须注意以下的滴定条件:

①指示剂的用量。指示剂 K_2CrO_4 的用量必须适当,用量太多,则 Cl^- 尚未沉淀完全,即有砖红色的 Ag_2CrO_4 沉淀生成,使滴定终点提前;用量太少,则滴定至化学计量点稍过量时仍不能形成 Ag_2CrO_4 沉淀,使滴定终点延迟。实际滴定时 K_2CrO_4 本身呈黄色,如果 K_2CrO_4 浓度太大则会影响终点观察。实验表明,在反应液总体积为 50 ~ 100 mL 时,最适

宜的用量是质量分数为 5% 的 K_2CrO_4 溶液,每次加 $1 \sim 2$ mL。

②溶液的酸度。滴定应在中性或弱酸性介质中进行滴定。

若酸度太高,CrO_4^{2-} 将因酸效应致使其浓度降低过多,导致在化学计量点附近不能形成 Ag_2CrO_4 沉淀。即

$$2Ag^+ + CrO_4^{2-} \Longrightarrow Ag_2CrO_4 \downarrow$$

$$\Big\uparrow H^+$$

$$HCrO_4^-$$

若碱性太强,将生成氧化银沉淀。所以滴定的适宜酸度范围是 pH 值为 $6.5 \sim 10.5$。

③当溶液中有氨或铵盐存在时,Ag^+ 会与其形成银氨配离子,从而使分析结果的准确度降低。当 NH_4^+ 的浓度小于 0.05 mol $\cdot$ L^{-1},控制溶液的 pH 值在 $6.0 \sim 7.0$ 范围内滴定,可以得到满意结果。

若 NH_4^+ 的浓度大于 0.15 mol $\cdot$ L^{-1} 时,则在滴定前需除去铵盐。

④先产生的 AgCl 沉淀容易吸附溶液中的 Cl^-,使滴定终点提前。因此,滴定时应剧烈摇动。

⑤能与 Ag^+ 形成沉淀的阴离子(如 PO_4^{3-}、AsO_4^{3-}、S^{2-} 等)和能与 CrO_4^{2-} 生成沉淀的离子(如 Ba^{2+}、Pb^{2+} 等)都干扰测定。大量的有色离子(如 Cu^{2+}、Co^{2+} 等),还有在中性或微碱性溶液中易发生水解的离子(如 Fe^{3+})等,都会干扰测定的结果,在进行滴定前,应预先分离干扰离子。

(3)应用范围

①本法适用于以硝酸银标准溶液直接滴定 Cl^- 和 Br^- 的反应。测定 Br^- 时,因溴化银沉淀吸附 Br^- 需剧烈摇动以解吸。

②以碘化银和硫氰化银沉淀对 I^- 和 SCN^- 有强烈的吸附作用,所以本法不适用于滴定 I^- 和 SCN^-。

③测定 Ag^+ 时,不能直接用氯化钠标准溶液滴定,必须采用返滴定法。

2. 福尔哈德法

本法是以铁铵矾为指示剂,测定银盐和卤素化合物的方法,也叫铁铵矾指示剂法。

(1)基准原理

①直接滴定法。在酸性溶液中,以铁铵矾为指示剂,用硫氰化钾或硫氰化铵标准溶液直接滴定溶液中的 Ag^+,当溶液中出现棕红色的 $FeSCN^{2+}$ 时即为终点。

终点前: $Ag^+ + SCN^- \Longrightarrow AgSCN \downarrow$(白色)

终点时: $Fe^{3+} + SCN^- \Longrightarrow FeSCN^{2+}$(红色)

终点出现的早晚,与 Fe^{3+} 的浓度大小有关。在滴定时,一般采用 Fe^{3+} 的浓度是 0.015 mol $\cdot$ L^{-1},可得到较为明显的滴定终点。

②返滴定法。此法主要用于测定卤化物和硫氰酸盐。先向试液中加入准确过量的硝酸银标准溶液,使卤离子或硫氰酸根离子定量生成银盐沉淀后,再加入铁铵矾指示剂,用硫氰根标准溶液返滴定剩余的 Ag^+。

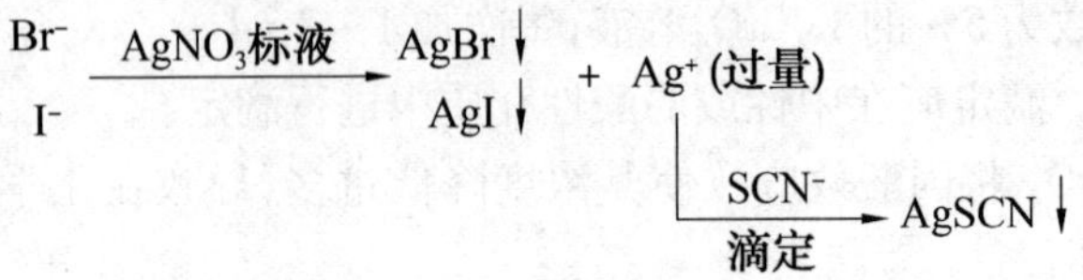

$$Br^- \quad \xrightarrow{AgNO_3 标液} \quad \begin{matrix} AgBr\downarrow \\ AgI\downarrow \end{matrix} \quad + \quad Ag^+ (过量)$$

$$\xrightarrow[\text{滴定}]{SCN^-} AgSCN\downarrow$$

应注意以下几点。

①应用此法测定 Cl^- 时,由于卤化银的溶解度比硫氰化银大,当剩余 Ag^+ 被滴定完毕后,过量的 SCN^- 将与 $AgCl$ 发生沉淀转化反应

$$AgCl + SCN^- {=\!=\!=} AgSCN + Cl^-$$

故在形成氯化银沉淀后加入少量有机溶剂,如硝基苯、苯、四氯化碳等,用力振荡后使氯化银沉淀表面覆盖一层有机溶剂而与外部溶液隔开,以防止转化反应进行。

②应用此法测定 I^-、SCN^-、Br^- 时,滴定终点十分明显。

③测定 I^- 时,指示剂必须在加入过量的硝酸银溶液后才能加入,以免 I^- 被铁离子氧化而造成误差。

(2)滴定条件

①滴定应在酸性溶液中进行,以防止铁离子水解。一般控制溶液酸度在 $0.1 \sim 1.0$ mol/L之间。若酸度太低,则因铁离子水解,甚至产生氢氧化铁沉淀,影响终点的观察。

②用直接滴定法滴定 Ag^+ 时,为防止 SCN^- 对 Ag^+ 的吸附,临近终点时必须剧烈摇动;用返滴定法滴定 Cl^- 时,为了避免氯化银沉淀发生转化,应轻轻摇动。

③强氧化剂可以将 SCN^- 氧化;氮的低价氧化物与 SCN^- 能形成红色的 ONSCN 化合物;铜盐、汞盐等与 SCN^- 反应生成硫氰化铜或硫氰化汞沉淀。

(3)应用范围

返滴定测定 I^-、SCN^-、Br^-、Cl^-、PO_4^{3-};直接滴定测定 Ag^+。

3.法扬司法

用吸附指示剂确定终点的银量法,也称吸附指示剂法。

(1)基本原理

吸附指示剂是一种有机化合物,当它被沉淀表面吸附以后,会因结构的改变引起颜色的变化,从而指示滴定终点。

(2)滴定条件

①尽可能使沉淀保持溶胶状态,以具有较大的比表面,便于吸附更多的指示剂。故常在滴定时加入糊精或淀粉等胶体保护剂。

②应控制适宜的酸度。适宜酸度的高低与指示剂酸性的强弱即解离常数有关。

③卤化银易感光变黑,影响终点观察,应避免在强光照射下滴定。

④沉淀对指示剂的吸附能力略小于对待测离子的吸附能力。

用硝酸银滴定 Cl^- 时应选用荧光黄作指示剂而不选曙红,滴定 I^-、SCN^-、Br^- 时则选用曙红为指示剂。

8.5 配位滴定法

8.5.1 配位滴定法概述

配位滴定法是以配位反应为基础的滴定分析方法。它是用配位剂作为标准溶液直接或间接滴定被测物质。在滴定过程中通常需要选用适当的指示剂来指示滴定终点。

在化学反应中,配位反应是非常普遍的。但在 1945 年,氨羧配位体用于分析化学以前,配位滴定法的应用却非常有限,这是由于许多无机配合物不够稳定,不符合滴定反应的要求;在配位过程中有逐级配位现象产生,各级稳定常数相差又不大,以致滴定终点不明显。自从滴定分析中引入了氨羧类配位体之后,配位滴定法才得到了迅速的发展。

氨羧配位剂可与金属离子形成很稳定的、而且组成一定的配合物,克服了无机配位体的缺点。利用氨羧配位体进行定量分析的方法又称氨羧配位滴定,可以间接或直接测定许多种元素。

氨羧配位体是一类含有以氨基二乙酸基团为基体的有机配位体,它含有配位能力很强的氨氮和羧氧两种配位原子,能与多数金属离子形成稳定的可溶性配合物。氨羧配位体的种类很多,比较重要的有:乙二胺四乙酸(简称 EDTA);环己烷二胺四乙酸(简称 CDTA);乙二醇二乙醚二胺四乙酸(简称 EGTA);乙二胺四丙酸(简称 EDTP)。在这些氨羧配位剂中,乙二胺四乙酸最为常用。

EDTA 与金属离子能以配位比是 1∶1 的关系形成螯合物。

8.5.2 配位滴定法的基本原理

配位滴定和其他滴定分析方法一样,也需要用指示剂来指示终点。配位滴定中的指示剂是用来指示溶液中金属离子浓度的变化情况,所以称为金属离子指示剂,简称金属指示剂。

1.金属指示剂的作用原理

金属指示剂本身是一种有机染料,它与被滴定的金属离子反应,生成与指示剂本身的颜色明显不同的有色配合物,当加指示剂于被测金属离子溶液中时,它即与部分金属离子配位,此时溶液呈现该配合物的颜色。若以 M 表示金属离子,In 表示指示剂的阴离子(略去电荷),其反应可表示如下

$$M+In \Longrightarrow MIn$$
$$（色\ A）\quad （色\ B）$$

滴定开始后,随着 EDTA 的不断滴入,溶液中大部分处于游离状态的金属离子即与 EDTA 配位,至计量点时,由于金属离子与指示剂的配合物(MIn)稳定性比金属离子与 EDTA 的配合物(MY)的稳定性差,因此,EDTA 能从 MIn 配合物中夺取 M 而使 In 游离出来。即

$$MIn+Y \Longrightarrow MY+In$$
$$（色\ B）\qquad （色\ A）$$

此时,溶液由色 B 转变成色 A 而指示终点到达。

2. 金属指示剂应具备的条件

金属离子的显色剂很多,但只有具备下列条件者才能用做配位滴定的金属指示剂。

①在滴定的 pH 值条件下,MIn 与 In 的颜色应有显著的不同,这样终点的颜色变化才明显,更容易辨认。

②MIn 的稳定性要适当,且其稳定性小于 MY。如果稳定性太低,它的电离度太大,造成终点提前,或颜色变化不明显,终点难以确定。相反,如果稳定性过高,在计量点时,EDTA 难以夺取 MIn 中的 M 而使 In 游离出来,终点时得不到颜色的变化或颜色变化不明显。

③MIn 应是水溶性的,指示剂的稳定性好,与金属离子的配位反应灵敏性好,并具有一定的选择性。

3. 使用金属指示剂时可能出现的问题

(1)指示剂的封闭现象

有的指示剂能与某些金属离子生成极稳定的配合物,这些配合物较对应的 MY 配合物更稳定,以致到达化学计量点时滴入过量 EDTA,指示剂也不能释放出来,溶液颜色不变化,即指示剂的封闭现象。

例如,Fe^{3+}、Al^{3+}、Cu^{2+}、Co^{2+} 和 Ni^{2+} 对铬黑 T 指示剂和钙指示剂有封闭作用,可 KCN 掩蔽 Cu^{2+}、Co^{2+} 和 Ni^{2+} 和三乙醇胺掩蔽 Fe^{3+}、Al^{3+}。如发生封闭作用的离子是被测离子,一般利用返滴定法来消除干扰。如 Al^{3+} 对二甲酚橙有封闭作用,测定 Al^{3+} 时可先加入过量的 EDTA 标准溶液,使 Al^{3+} 与 EDTA 完全配位后,再调节溶液 pH = 5 ~ 6,用 Zn^{2+} 标准溶液返滴定,即可克服 Al^{3+} 对二甲酚橙的封闭作用。

(2)指示剂的僵化现象

有些指示剂和金属离子配合物在水中的溶解度小,使 EDTA 与指示剂金属离子配合物 MIn 的置换缓慢,终点的颜色变化不明显,这种现象称为指示剂僵化。这时,可加入适当的有机物或加热,以增大其溶解度。例如,用 PAN 作指示剂时,可加入少量的甲醇或乙醇,也可将溶液适当加热以加快置换速度,使指示剂的变色敏锐一些。

(3)指示剂的氧化变质现象

金属指示剂多数是具有共轭双键体系的有机物,容易被日光、空气、氧化剂等分解或氧化;有些指示剂在水中不稳定,日久会分解。所以,常将指示剂配成固体混合物或加入还原性物质,或临用时配制。

4. 常用的金属指示剂

(1)铬黑 T

铬黑 T 简称 BT 或 EBT,它属于二酚羟基偶氮类染料。溶液中,随着 pH 值不同而呈现出 3 种不同的颜色:当 pH<6 时,显红色;当 7<pH<11 时,显蓝色;当 pH>12 时,显橙色。铬黑 T 能与许多二价金属离子如 Mg^{2+}、Zn^{2+}、Mn^{2+}、Pb^{2+}、Ca^{2+} 等形成红色的配合物,因此,铬黑 T 在 pH = 7 ~ 11 的条件下使用,指示剂才有明显的颜色变化。在实际工作中常选择在 pH = 9 ~ 10 的酸度下使用铬黑 T,其道理就在于此。铬黑 T 水溶液或醇溶液均不稳定,仅能保存数天。因此,常把铬黑 T 与纯净的惰性盐如 NaCl 按 1 : 100 的比例混合均匀,研细,密闭保存于干燥器中备用。

(2)钙指示剂

钙指示剂简称 NN 或钙红,它也属于偶氮类染料。钙指示剂的水溶液也随溶液 pH 值不同而呈不同的颜色:pH<7 时显红色;pH=8 ~ 13.5 时显蓝色;pH>13.5 时显橙色。由于在 pH=12 ~ 13 时,可与 Ca^{2+} 形成红色配合物,所以,常用于 pH=12 ~ 13 的酸度下,测定钙含量时的指示剂,终点溶液由红色变成蓝色,颜色变化很明显。钙指示剂纯品为紫黑色粉末,很稳定,但其水溶液或乙醇溶液均不稳定,所以一般取固体试剂与 NaCl 按 1∶100 的比例混合均匀,研细,密闭保存于干燥器中备用。

本 章 小 结

滴定分析法应掌握:滴定分析法、标准溶液、滴定、化学计量点、指示剂、滴定终点、终点误差等基本概念;滴定分析法对化学反应的要求;直接滴定法、返滴定法、置换滴定法、间接滴定法等滴定方式;基准物质的概念和条件,标准溶液的表示方法,标准溶液的配制和标定。

酸碱滴定法应掌握:指示剂的变色范围,影响指示剂的因素,混合指示剂的特点,指示剂的选择。

氧化还原滴定法应掌握:氧化还原指示剂的分类;高锰酸钾法的滴定条件,指示剂,优缺点,标准溶液的配制和标定;重铬酸钾法的滴定条件,优缺点,标准溶液的配制;碘量法的滴定注意事项,指示剂,标准溶液的配制和标定。

以沉淀反应为基础的滴定分析法称为沉淀滴定法。其中利用生成难溶性银盐反应来进行测定的方法,称为银量法。银量法的滴定方式分为直接滴定法和间接滴定法。根据确定终点采用的指示剂不同将银量法分为莫尔法、福尔哈德法和法扬司法。应掌握莫尔法和福尔哈德法的原理,注意事项,应用范围;法扬司法的基本原理和滴定条件。

配位滴定法是以配位反应为基础的滴定分析方法。它是用配位剂作为标准溶液直接或间接滴定被测物质。通常以能与多数金属离子形成稳定的可溶性配合物的乙二胺四乙酸为配位剂。常用金属指示剂来指示终点。金属指示剂的内容包括:金属指示剂的作用原理,具备的条件,可能出现的问题。常用金属指示剂有铬黑 T,钙指示剂。

习　　题

1.应用于氧化还原滴定法的反应应具备什么条件?

2.什么叫基准物质?作为基准物质应具备哪些条件?

3.滴定分析法的主要方式有哪些?

4.常用的氧化还原滴定法的指示剂有哪几种?各自如何指示滴定终点?

5.什么是金属指示剂的封闭与僵化?如何避免?

6.下列各种情况下,分析结果是否正确,若不正确是偏低还是偏高。

(1)pH=4 时莫尔法滴定 Cl$^-$;

(2)若试液中含有铵盐,在 pH=10 时,用莫尔法滴定 Cl$^-$;

(3)用法扬司法滴定 Cl$^-$ 时,用曙红作指示剂;

(4)用福尔哈德法测定 Cl^- 时,未将沉淀过滤也未加 1,2-二氯乙烷;

(5)用福尔哈德法测定 I^- 时,先加铁铵钒指示剂,然后加入过量的 $AgNO_3$ 标准溶液。

7.用返滴定法测定 Al^{3+} 含量时:首先在 $pH=3$ 左右加入过量的 EDTA 并加热,使 Al^{3+} 配位,试说明选择此 pH 值的理由。

8.解释下列现象。

(1) CaF_2 在 $pH=3$ 的溶液中的溶解度较在 $pH=5$ 的溶液中的溶解度大;

(2) Ag_2CrO_4 在 0.0010 $mol \cdot L^{-1}$ $AgNO_3$ 溶液中的溶解度较在 0.0010 $mol \cdot L^{-1}$ K_2CrO_4 溶液中的溶解度小。

9.0.01000 $mol \cdot L^{-1}$ $K_2Cr_2O_7$ 溶液滴定 25.00 mL Fe^{2+} 溶液,消耗 $K_2Cr_2O_7$ 溶液 25.00 mL。每毫升 Fe^{2+} 溶液含铁($M_{Fe}=55.85$ $g \cdot mol^{-1}$)多少毫克?

10.欲配制 1 $mol \cdot L^{-1}$ NaOH 溶液 500 mL,应称取多少克 NaOH?

11.称取基准物 Na_2CO_3 0.1580 g,标定 HCl 溶液的浓度,消耗 V_{HCl} 24.80 mL,计算此 HCl 溶液的浓度?

12.在 1.000 g $CaCO_3$ 试样中加入 0.5100 $mol \cdot L^{-1}$ HCl 溶液 50.00 mL,待完全反应后再用 0.4900 $mol \cdot L^{-1}$ NaOH 标准溶液返滴定过量的 HCl 溶液,用去了 NaOH 溶液 25.00 mL。求 $CaCO_3$ 的纯度。

13.欲使 0.8500 g 石膏($CaSO_4 \cdot 2H_2O$)中的硫酸根全部转化为 $BaSO_4$ 形式,需加入多少毫升质量分数为 15% 的 $BaCl_2$ 溶液?已知:$M_{CaSO_4 \cdot 2H_2O}=172.17$,$M_{BaCl_2}=208.24$,$M_{BaSO_4}=233.39$。

14.25.00 mL KI 溶液用稀 HCl 及 10.00 mL 0.05000 $mol \cdot L^{-1}$ KIO_3 溶液处理,煮沸以挥发释放出的 I_2。冷却后,加入过量 KI 使之与剩余的 KIO_3 作用,然后将溶液调节弱酸性。析出的 I_2 用 0.1010 $mol \cdot L^{-1}$ $Na_2S_2O_3$ 标准溶液滴定,用去 21.27 mL。计算溶液的 KI 浓度。

15.在 1 L 0.200 $mol \cdot L^{-1}$ HCl 溶液中,需加入多少毫升水,才能使稀释后的 HCl 溶液对 CaO 的滴定度 $T_{HCl/CaO}=0.00500$ $g \cdot mL^{-1}$,已知:$M_r(CaO)=56.08$。

16.在硫酸介质中,基准物 $Na_2C_2O_4$ 201.0 mg,用 $KMnO_4$ 溶液滴定至终点,消耗其体积 30.00 mL,计算 $KMnO_4$ 标准溶液的浓度?

17.血液中钙的测定,采用 $KMnO_4$ 法间接测定钙。取 10.0 mL 血液试样,先沉淀为草酸钙,再以硫酸溶解后,用 0.00500 $mol \cdot L^{-1}$ $KMnO_4$ 标准溶液滴定消耗其体积 5.00 mL,试计算每 10 mL 血液试样中含钙多少毫克?

18.称取铁矿试样 0.4000 g,以 $K_2Cr_2O_7$ 溶液测定铁的含量,若欲使滴定时所消耗 $K_2Cr_2O_7$ 溶液的体积(以 mL 为单位)恰好等于铁的质量分数以百分数表示的数值。则 $K_2Cr_2O_7$ 溶液对铁的滴定度应配制为多少(g/mL)?

第 9 章

配 合 物

　　"科学的发生和发展一开始就是由生产所决定的"。配合物这门科学的诞生和发展，也是人类通过长期的生产活动，逐渐地了解到某些自然现象和规律，加以总结发展的结果。历史上有记载的最早发现的第一个配合物就是我们很熟悉的亚铁氰化铁，化学式为 $Fe_4[Fe(CN)_6]_3$（普鲁士蓝）。它是在 1704 年普鲁士人狄斯巴赫在染料作坊中为寻找蓝色染料，而将兽皮、兽血同碳酸钠在铁锅中强烈地煮沸而得到的。后经研究确定其化学式为 $Fe_4[Fe(CN)_6]_3$。近代的配合物化学所以能迅速地发展也正是生产实际需要的推动结果。如原子能、半导体、火箭等尖端工业生产中金属的分离技术、新材料的制取和分析；20 世纪 50 年代开展的配位催比，以及 60 年代蓬勃发展的生物无机化学等都对配位化学的发展起了促进作用。目前配合物化学已成为无机化学中很活跃的一个领域。今后配合物发展的特点是更加定向综合，它将广泛地渗透到有机化学、生物化学、分析化学以及物理化学、量子化学等领域中去，如生物固氮的研究就是突出的一例。

9.1　配合物的基本概念

9.1.1　配合物的定义

　　当将过量的氨水加入硫酸铜溶液中，溶液逐渐变为深蓝色，用酒精处理后，还可以得到深蓝色的晶体，经分析证明为 $[Cu(NH_3)_4]SO_4$。

$$CuSO_4+4NH_3 \Longrightarrow [Cu(NH_3)_4]SO_4$$

　　在纯的 $[Cu(NH_3)_4]SO_4$ 溶液中，除了水合硫酸根离子和深蓝色的 $[Cu(NH_3)_4]^{2+}$ 外，几乎检查不出 Cu^{2+} 和 NH_3 分子的存在。$[Cu(NH_3)_4]^{2+}$、$[Ag(CN_2)]^-$ 等这些复杂离子不仅存在于溶液中，也存在于晶体中。

　　从上面实例可以看出，这些复杂离子至少不符合经典价键理论，在晶体和溶液中有能以稳定的难离解的复杂离子存在的特点。某些配合物在水溶液中不容易离解得到复杂离子，如三氯三氨合钴(Ⅲ)$[Co(NH_3)_3Cl_3]$，在其水溶液中，不仅 Co^{3+}、NH_3、Cl^- 的浓度都极小，它主要以 $[Co(NH_3)_3Cl_3]$ 这样一个整体(分子)存在。

由此可见,化合物的组成是否复杂,能否离解得到复杂离子,并不是配合物的主要特点。从实质上看,配合物中存在着与简单化合物不同的化学键——配位键,这才是配合物的本质特点。因此把配合物的定义可归纳为:配合物是由可以给出孤对电子或多个不定域电子的一定数目的离子或分子(称为配体)和具有接受孤对电子或多个不定域电子的空位的原子或离子(统称为中心原子)按一定的组成和空间构型所形成的化合物。如:$[Cu(NH_3)_4]^{2+}$、$[Ag(CN_2)]^-$ 等均为配离子。配离子与带有异号电荷的离子组成的中性化合物,如配盐 $[Cu(NH_3)_4]SO_4$ 等都叫配合物。不带电荷的中性分子如 $Ni(CO)_4$、$[Co(NH_3)_3Cl_3]$ 就是中性配合物,或称配位分子。

9.1.2　配合物的组成

在 $[Cu(NH_3)_4]SO_4$ 中,Cu^{2+} 占据中心位置,称中心离子(或形成体);中心离子 Cu^{2+} 的周围,以配位键结合着 4 个 NH_3 分子,称为配体;中心离子与配体构成配合物的内界(配离子),通常把内界写在方括号内;SO_4^{2-} 被称为外界,内界与外界之间是离子键,在水中全部离解。

1. 中心离子

配合物的核心,它一般是阳离子,也有电中性原子,如 $[Ni(CO)_4]$ 中的 Ni 原子。中心离子绝大多数为金属离子特别是过渡金属离子。

2. 配体和配位原子

配合物中同中心离子直接结合的阴离子或中性分子叫配体,如:OH^-,$:SCN^-$,CN^-,$:NH_3$,$H_2O:$ 等。配体中具有孤电子对并与中心离子形成配位键的原子称为配位原子,上述配体中旁边带有":"号的即为配位原子。

只含有一个配位原子的配体称为单基配体,如 X^-、NH_3、H_2O、CN^- 等。含有两个或两个以上配位原子并同时与一个中心离子形成配位键的配体,称为多基配体,如乙二胺 $H_2NCH_2CH_2NH_2$(简写作 en)及草酸根等,其配位情况如图 9.1 所示(箭头是配位键的指向)。

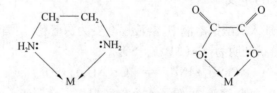

图 9.1　乙二胺和草酸根的配位情况示意图

3. 配位数

配合物中直接同中心离子形成配位键的配位原子的总数目称为该中心离子的配位数。一般的简单配合物的配体是单基配体,中心离子配位数即是内界中配体的总数。例如,配合物 $[Co(NH_3)_6]^{3+}$,中心离子 Co^{3+} 与 6 个 NH_3 分子中的 N 原子配位,其配位数为6。在配合物 $[Zn(en)_2]SO_4$ 中,中心离子 Zn^{2+} 与 2 个乙二胺分子结合,而每个乙二胺分子中有 2 个 N 原子配位,故 Zn^{2+} 的配位数为4。因此,应注意配位数与配位体数的区别。

在形成配合物时,影响中心离子的配位数是多方面的,在一定范围的外界条件下,某一中心离子有一个特征配位数。多数金属离子的特征配位数是 2、4 和 6。配位数为 2 的如 Ag^+、Cu^+ 等;配位数为 4 的如 Cu^{2+}、Zn^{2+}、Ni^{2+}、Hg^{2+}、Cd^{2+}、Pt^{2+} 等;配位数为 6 的如 Fe^{3+}、Fe^{2+}、Al^{3+}、Pt^{4+}、Cr^{3+}、Co^{3+} 等。

表 9.1 常见中心原子的配位数

配位数	中 心 原 子
2	Ag^+,Cu^+,Au^+
4	Cu^{2+},Zn^{2+},Fe^{3+},Fe^{2+},Hg^{2+},Co^{2+},Pt^{2+}
6	Cr^{3+},Fe^{2+},Fe^{3+},Co^{2+},Co^{3+},Pt^{4+}

4. 配离子的电荷数

配离子的电荷等于中心离子和配体电荷的代数和。在 $[Co(NH_3)_6]^{3+}$、$[Cu(en)_2]^{2+}$ 中,配体都是中性分子,所以配离子的电荷等于中心离子的电荷。在 $[Fe(CN)_6]^{4-}$ 中,中心离子 Fe^{2+} 的电荷为 $+2$,6 个 CN^- 的电荷为 -6,所以配离子的电荷为 -4。

9.1.3 配合物的命名

对整个配合物的命名与一般无机化合物的命名相同,称为某化某、某酸某和某某酸等。由于配离子的组成较复杂,有其特定的命名原则,搞清楚配离子的名称后,再按一般无机酸、碱和盐的命名方法写出配合物的名称。

配离子按下列顺序依次命名:阴离子配体→中性分子配体→"合"→中心离子(用罗马数字标明氧化数)。氧化数无变化的中心离子可不注明氧化数。若有几种阴离子配体,命名顺序是:简单离子→复杂离子→有机酸根离子;若有几种中性分子配体,命名顺序是:NH_3→H_2O→有机分子。各配体的个数用数字一、二、三……写在该种配体名称的前面。下面列举一些配合物命名实例。

配阴离子配合物:称"某酸某"或"某某酸"。

$K_4[Fe(CN)_6]$	六氰合铁(Ⅱ)酸钾
$K_3[Fe(CN)_6]$	六氰合铁(Ⅲ)酸钾
$NH_4[Cr(SCN)_4(NH_3)_2]$	四硫氰二氨合铬(Ⅲ)酸铵
$Na_2[Zn(OH)_4]$	四羟基合锌酸钠
$H[AuCl_4]$	四氯合金(Ⅲ)酸

配阳离子配合物:称"某化某"或"某酸某"。

$[Cu(NH_3)_4]SO_4$	硫酸四氨合铜(Ⅱ)
$[Co(NH_3)_6]Br_3$	三溴化六氨合钴(Ⅲ)
$[CoCl_2(NH_3)_3(H_2O)]Cl$	氯化二氯三氨一水合钴(Ⅲ)
$[PtCl(NO_2)(NH_3)_4]CO_3$	碳酸一氯一硝基四氨合铂(Ⅳ)

中性配合物:

$[PtCl_2(NH_3)_2]$	二氯二氨合铂(Ⅱ)
$[Ni(CO)_4]$	四羰基合镍

除系统命名法外,有些配合物至今还沿用习惯命名。如 $K_4[Fe(CN)_6]$ 叫黄血盐或亚铁氰化钾,$K_3[Fe(CN)_6]$ 叫赤血盐或铁氰化钾,$[Ag(NH_3)]^+$ 叫银氨配离子。

9.1.4 配合物的空间结构与异构现象

异构现象是化学组成相同而结构不同的复杂粒子叫做同分异构体(Isomers),这种现象叫做化合物的异构现象(Isomerism)。异构现象在其他无机化合物中比较少见,但在配合物中却是普遍现象,而且有很重要的意义。配合物中存在的异构现象,大部分是由于内界组成即配离子的空间结构不同而引起的。

X 射线晶体结构分析证实,配体是按一定的规律排列在中心原子周围的,而不是任意堆积的。中心原子的配位数与配离子的空间结构有密切的关系。配位数不同,配离子的空间结构也不同。即使配位数相同,由于中心原子和配位体种类以及互相作用情况不同,配离子的空间结构也不相同。为了减小配体之间的静电排斥作用,配体要尽量互相远离,因而在中心原子周围采取对称分布的状态,配合单元的空间结构测定证实了这种推测。例如,配位数为 2 时,采用直线形;为 3 时,采取平面三角形;为 4 时,采取四面体或平面正方形。

对于组成为 $CrCl_3 \cdot 6H_2O$ 的配合物来说有 3 种配合形式:

$[Cr(H_2O)_6]Cl_3$ 紫色

$[CrCl(H_2O)_5]Cl_2 \cdot H_2O$ 亮绿

$[CrCl_2(H_2O)_4]Cl \cdot 2H_2O$ 暗绿

$CrCl_3$ 水合物的 3 种异构体的存在,可用它们的新配溶液对硝酸银溶液的不同作用来证明。在与硝酸银溶液作用时紫色化合物中所有 Cl^- 都立刻沉淀析出,说明 Cl^- 不在内界。亮绿色化合物析出 2 个 Cl^-,而暗绿色化合物只析出 1 个 Cl^-。根据实验结果,再注意到 Cr^{3+} 配位数为 6 的特征,因此很容易得出上述 3 种结构。

上述结构还可用失水情况来证实。将 3 种异构体置于盛有浓硫酸的干燥器中,紫色晶体完全不失水,亮绿色的失去 1 个结晶水,而暗绿色的失去 2 个结晶水,此种异构现象是因为水分子排列方式不同而产生的。

还有一种异构与此很相似,那就是因某种离子离解的难易程度不同而产生的异构现象。例如,组成为 $CoBrSO_4 \cdot 5NH_3$ 的化合物,已知有紫红色和红色两种异构体。紫红色物质新配溶液和银离子不发生沉淀而与钡离子发生沉淀,另一种异构体正好相反。由此就可推断出两种异构体分别是:

$[Co(NH_3)_5Br]SO_4$ 紫红色

$[Co(NH_3)_5SO_4]Br$ 红色

由于配体在空间排列的位置不同而形成的异构现象叫做立体异构现象,包括顺反异构与旋光异构,这里只介绍顺反异构现象。

每一个配离子都有一定的空间结构。配离子如果只有一种配体,那么配体在中心原子周围排列方式也只有一种。如果配离子中含有几种不同的配体,配体在中心原子周围可能有几种不同的排列方式。例如,$[PtCl_2(NH_3)_2]$ 有两种:顺式指同种配位体处于相邻位置,反式指同种配位体处于对角位置。顺铂和反铂不但具有不同的化学性质,而且显示不同的生理活性。如顺铂可用作治疗癌症的临床药物,而反铂则不具抗癌活性。

9.2 配合物的类型

9.2.1 简单配合物

由单基配体与一个中心离子形成的配合物。

9.2.2 螯合物

螯合物是由中心离子与多基配体形成的环状结构配合物,也称为内配合物。例如,Cu^{2+} 与乙二胺 $H_2N-CH_2-CH_2-NH_2$ 形成螯合物,如图 9.2 所示。

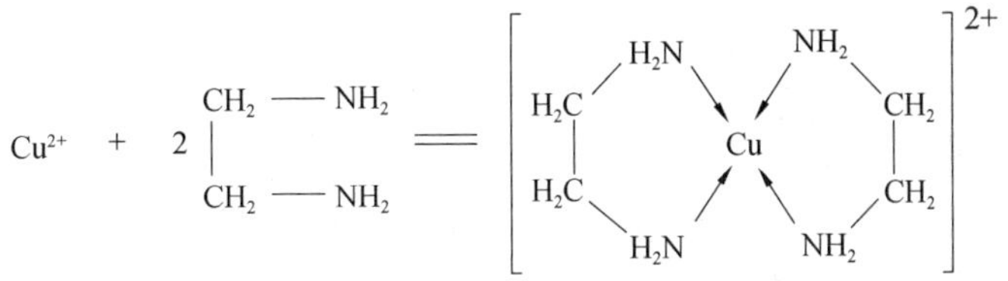

图 9.2　Cu^{2+} 与乙二胺形成螯合物

螯合物结构中的环称为螯环,能形成螯环的配体叫螯合剂,如乙二胺(en)、草酸根、乙二胺四乙酸(EDTA)、氨基酸等均可作螯合剂。螯合物中,中心离子与螯合剂分子或离子的数目之比称为螯合比。上述螯合物的螯合比为 $1:2$。螯合物的环上有几个原子称为几元环,上述螯合物含有两个五元环。

9.2.3 特殊配合物

多核配合物:配合物分子中含有两个或以上中心原子的配合物。

羰基配合物:CO 分子与某些 d 区元素形成的配合物。

有机金属配合物:金属直接与碳形成配位键的配合物。

9.2.4 EDTA 及其螯合物

乙二胺四乙酸简称 EDTA,其结构式为

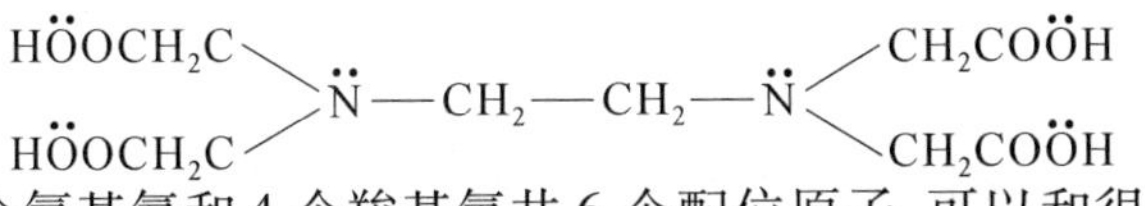

分子中含有 2 个氨基氮和 4 个羧基氧共 6 个配位原子,可以和很多金属离子形成十分稳定的螯合物。用它作标准溶液,可以滴定几十种金属离子,所以,现在所说的配位滴定一般就是指 EDTA 滴定。

1.EDTA 的性质

从结构式可以看出,EDTA 是一个四元酸,通常用符号 H_4Y 表示。它在水中分四步电离:

$$H_4Y \Longrightarrow H^+ + H_3Y^-, \quad K_{a1} = 1.00 \times 10^{-2}$$

$$H_3Y^- \rightleftharpoons H^+ + H_2Y^{2-}, \quad K_{a2} = 2.16 \times 10^{-3}$$

$$H_2Y^{2-} \rightleftharpoons H^+ + HY^{3-}, \quad K_{a3} = 6.92 \times 10^{-7}$$

$$HY^{3-} \rightleftharpoons H^+ + Y^{4-}, \quad K_{a4} = 5.50 \times 10^{-11}$$

从 EDTA 的四级电离常数来看,它的第一、第二级电离比较强,第三、第四级电离比较弱,故具有二元中强酸的性质。由于分步电离,EDTA 在溶液中以多种形式存在。很明显,加碱可以促进它的电离,所以溶液的 pH 值越高,其电离度就越大,当 pH>10.3 时,EDTA 几乎完全电离,以 Y^{4-} 形式存在。

EDTA 微溶于水,室温下溶解度为 0.02 g/(100 g 水),难溶于酸和一般有机溶剂,但易溶于氨水和 NaOH 溶液,并生成相应的盐。所以在实践中,一般用含有 2 分子结晶水的 EDTA 二钠盐(用符号 $Na_2H_2Y \cdot 2H_2O$ 表示),习惯上仍简称 EDTA。室温下它在水中的溶解度约为 11 g/(100 g 水),浓度约为 0.3 mol·L^{-1},是应用最广的配位滴定剂。

2. EDTA 与金属离子的配位反应特点

(1)普遍性

EDTA 几乎能与所有的金属离子(碱金属离子除外)发生配位反应,生成稳定的螯合物。

(2)组成一定

在一般情况下,EDTA 与金属离子形成的配合物都是 1∶1 的螯合物。这给分析结果的计算带来很大的方便。

$$M^{2+} + H_2Y^{2-} \rightleftharpoons MY^{2-} + 2H^+$$

$$M^{3+} + H_2Y^{2-} \rightleftharpoons MY^- + 2H^+$$

$$M^{4+} + H_2Y^{2-} \rightleftharpoons MY + 2H^+$$

(3)稳定性高

EDTA 与金属离子所形成的配合物一般都具有五元环的结构,所以稳定常数大,稳定性高。常见的 EDTA 配合物的 K_f 值见附录 6。

(4)可溶性

EDTA 与金属离子形成的配合物一般都可溶于水,使滴定能在水溶液中进行。

此外,EDTA 与无色金属离子配位时,一般生成无色配合物,与有色金属离子则生成颜色更深的配合物。例如,Cu^{2+} 显浅蓝色,而 CuY^{2-} 显深蓝色;Ni^{2+} 显浅绿色,而 NiY^{2-} 显蓝绿色。

9.3　配合物的价键理论

配合物的化学键理论处理中心原子(或离子)与配体之间的键合本质问题,用以阐明中心原子的配位数、配位化合物的立体结构以及配合物的热力学性质、动力学性质、光谱性质和磁性质等。几十年来,提出来的化学键理论有:

①静电理论(EST);

②价键理论(VBT);

③晶体场理论(CFT);

④分子轨道理论(MOT);

⑤角重叠模型(AOM)。

在这一节中,我们讲授配合物的价键理论和晶体场理论。分子轨道理论和角重叠模型在后续课程中学习。

9.3.1　价键理论(Valence Bond Theory)

鲍林等人在 20 世纪 30 年代初提出了杂化轨道理论,首先用此理论来处理配合物的形成、配合物的几何构型、配合物的磁性等问题,建立了配合物的价键理论,在配合物的化学键理论的领域内占统治地位达 20 多年之久。

1. 价键理论的基本内容

(1)配合物的中心体 M 与配体 L 之间的结合,一般是靠配体单方面提供孤对电子对与 M 共用,形成配键 M←:L,这种键的本质是共价性质的,称为 σ 配键。

(2)形成配位键的必要条件是:配体 L 至少含有一对孤对电子对,而中心体 M 必须有空的价轨道。

(3)在形成配合物(或配离子)时,中心体所提供的空轨道(s,p,d,s,p 或 s,p,d)必须首先进行杂化,形成能量相同的与配位原子数目相等的新的杂化轨道。

2. 实例

(1)主族元素配合物,例如:$Be_4O(CH_3COO)_6$,每个 Be 原子都采取 sp^3 杂化,如图 9.3 所示;BF_4^-,B 原子为 sp^3 杂化,正四面体构型。

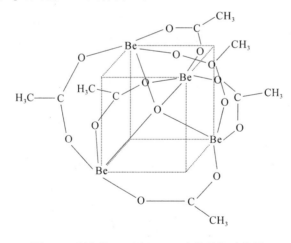

图 9.3　配合物 $Be_4O(CH_3COO)$ 的结构示意图

例如:AlF_6^{3-}、Al^{3+} 周围共有 12 个价电子,Al^{3+} 采取 sp^3d^2 杂化。

$$\left[\begin{array}{c} F \\ F \\ F \end{array} \; Al \; \begin{array}{c} F \\ F \\ F \end{array} \right]^{3-}$$

（2）过渡元素配合物

$(n-1)d^{10}$ 电子构型中心体：

$Zn(NH_3)_4^{2+}$	sp^3 杂化	正四面体
HgI_3^-	sp^2 杂化	平面三角形

$(n-1)d^8$ 电子构型中心体：

$[Ni(NH_3)_4]^{2+}$	sp^3 杂化	正四面体
$[Ni(CN)_4]^{2-}$	dsp^2 杂化	平面四方
$PtCl_4^{2-}$	dsp^2 杂化	平面四方

$(n-1)d^x(x<8)$ 电子构型中心体：

$Fe(CN)_6^{3-}$	d^2sp^3 杂化	正八面体
$[Co(NH_3)_6]^{3+}$	d^2sp^3 杂化	正八面体
$[Co(NH_3)_6]^{2+}$	sp^3d^2 杂化	正八面体
FeF_6^{3-}	sp^3d^2 杂化	正八面体

3.讨论

（1）配合物中的中心体可以使用两种杂化形式来形成共价键。

①一种杂化形式为 $(n-1)d$、ns、np 杂化，称为内轨型杂化。这种杂化方式形成的配合物称为内轨型配合物。

②另一种杂化形式为 ns、np、nd 杂化，称为外轨型杂化，这种杂化方式形成的配合物称为外轨型配合物。

（2）对于四配位：

①正四面体配合物。中心体一定采取 sp^3 杂化，一定是外轨型配合物，对于 $(n-1)d^{10}$ 电子构型的四配位配合物，一定为四面体。

②平面四方配合物。中心体可以采取 dsp^2 杂化，也可以采取 sp^2d 杂化，但 sp^2d 杂化类型的配合物非常罕见。舍去低能 np 价轨道而用高能 nd 价轨道的杂化是不合理的。

对于 $(n-1)d^8$ 电子构型四配位的配合物（或配离子）：$Ni(NH_3)_4^{2+}$、$Ni(CN)_4^{2-}$，前者为正四面体，后者为平面四方，即前者的 Ni^{2+} 采取 sp^3 杂化，后者的 Ni^{2+} 采取 dsp^2 杂化。而 Pd^{2+}、Pt^{2+} 为中心体的四配位配合物一般为平面四方，因为它们都采取 dsp^2 杂化。

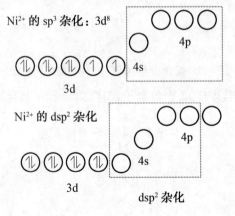

（3）对于六配位，中心体既能采取 sp^3d^2 杂化，也能采取 d^2sp^3 杂化。

对于 $(n-1)d^x(x=4,5,6)$ 电子构型中心体而言，其六配位配合物采取内轨型杂化还是采取外轨型杂化，主要取决于配体对中心体价电子是否发生明显的影响而使 $(n-1)d$ 价轨道上的 d 电子发生重排。

例如：FeF_6^{3-} 和 $Fe(CN)_6^{3-}$ 的价电子层结构为

Fe^{3+} 自由离子的价电子层结构为

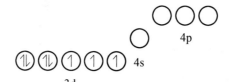

对于 F^- 配体而言，由于 F 元素的电负性大，不易授出孤对电子对，所以对 Fe^{3+} 3d 轨道上的电子不发生明显的影响，因此 Fe^{3+} 中 3d 轨道上的电子排布情况不发生改变，仍保持 5 个单电子，Fe^{3+} 只能采取 sp^3d^2 杂化来接受 6 个 F^- 配位体的孤对电子对。

FeF_6^{3-} 的价电子层结构为

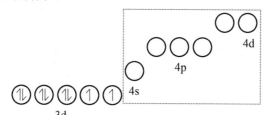

对于 CN^- 配位体而言，CN^- 中 C 配位原子的电负性小，较易授出孤对电子对，对 Fe^{3+} 的 3d 轨道发生重大影响，由于 3d 轨道能量的变化而发生了电子重排，重排后 Fe^{3+} 的价电子层结构为

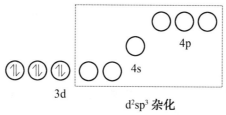

所以 Fe^{3+} 采取 d^2sp^3 杂化。

（4）中心离子采取内外轨杂化的判据——磁矩

① 配合物分子中的电子若全部配对，则属反磁性，反之，当分子中有未成对电子，则属顺磁性。因此，研究和测定配合物的磁性，可提供有关中心金属离子电子结构和氧化态等方面的信息。

② 测量配合物磁性的仪器为磁天平，有古埃磁天平和法拉第磁天平，后者可以变温测量物质的磁矩。

③ 为求得配合物的未成对电子数，可仅考虑自旋角动量对磁矩的贡献，称"唯自旋"处理，唯自旋的磁矩 $\mu_s = \sqrt{n \cdot (n+2)}$，$n$ 为未成对电子数。

4. 价键理论的应用

(1)可以确定配合物的几何构型,即: sp^3 杂化——正四面体, dsp^2 杂化——平面四方, sp^3d 或 dsp^3 杂化——三角双锥, d^4s ——四方锥, sp^3d^2 或 d^2sp^3 杂化——正八面体。

必须说明的是三角双锥与四方锥的结构互换能非常小,所以它们两者可以互相转变。例如: $MnCl_5^-$ (d^4 高自旋)四方锥、 $Co(CN)_5^{3-}$ (d^7 低自旋)四方锥,都不能用杂化轨道理论解释,而看作三角双锥的互变异构体则很容易理解:因为 Mn^{2+} 和 Co^{2+} 都有一个 $(n-1)d$ 空轨道,所以 Mn^{2+} 和 Co^{2+} 可以采取 dsp^3 杂化,所以这两种配离子是三角双锥互变异构成四方锥型。

(2)可以判断配合物的稳定性,同种中心体、配体与配位数的配合物,内轨型配合物比外轨型配合物稳定。

例如: $Co(NH_3)_6^{3+}$ 稳定性大于 $Co(NH_3)_6^{2+}$ 的稳定性, $Fe(CN)_6^{3-}$ 的稳定性大于 FeF_6^{3-} 的稳定性。

5. 价键理论的局限性

(1)只能解释配合物基态的性质,不能解释其激发态的性质,如配合物的颜色。

(2)不能解释 $Cu(NH_3)_4^{2+}$ 离子为什么是平面四方几何构型而 Cu^{2+} 不是采取 dsp^2 杂化?因为 Cu^{2+} 电子构型为 $3d^9$,只有把一个 3d 电子激发到 4p 轨道上, Cu^{2+} 才能采取 dsp^2 杂化,一旦这样就不稳定,易被空气氧化成 $Cu(NH_3)_4^{3+}$,实际上 $Cu(NH_3)_4^{2+}$ 在空气中很稳定,即 Cu^{2+} 的 dsp^2 杂化不成立。

(3)不能解释第一过渡系列+2 氧化态水合配离子 $M(H_2O)_6^{2+}$ 的稳定性与 d^x 有如下关系

$$d^0<d^1<d^2<d^3>d^4>d^5<d^6<d^7<d^8>d^9>d^{10}$$

例如:

$$Ca^{2+} \quad Sc^{2+} \quad Ti^{2+} \quad V^{2+} \quad Cr^{2+} \quad Mn^{2+} \quad Fe^{2+} \quad Co^{2+} \quad Ni^{2+} \quad Cu^{2+} \quad Zn^{2+}$$

(4)不能解释非经典配合物的成键,如以下物质都是稳定的配合物。

$$Fe(CO)_5, \quad CO_2(CO)_8, \quad (Fe), \quad (Cr)$$

已知, CO 的电离势要比 H_2O , NH_3 的电离势高,这意味着 CO 是弱的 σ 给予体,即M← CO, σ 配键很弱。实际上羰基配合物是稳定性很高的配合物。

9.3.2 晶体场理论(Crystal Field Theory)

与价键理论从共价键考虑配位键的情况不同,晶体场理论认为中心阳离子对阴离子或偶极分子(如 H_2O , NH_3 等)的负端的静电吸引,类似于离子晶体中的正、负离子相互作用力。1928 年,Bethe(皮塞)首先提出了晶体场理论。此人不是研究配合物而是研究晶体光学的。他从静电场出发,揭示了过渡金属元素配合物晶体的一些性质。但此理论提出后并没有引起人们足够的重视。直到 1953 年,由于晶体场理论成功地解释了 $[Ti(H_2O)_6]^{3+}$ 是紫红色的,才使该理论得到迅速发展。

1. 晶体场理论的基本要点

（1）把中心离子 M^{n+} 看作带正电荷的点电荷，把配体 L 看作带负电荷的点电荷，只考虑 M^{n+} 与 L 之间的静电作用，不考虑任何形式的共价键。

（2）配体对中心离子的 $(n-1)d$ 轨道要发生影响（5 个 d 轨道在自由离子状态中，虽然空间的分布不同，但能量是相同的），简并的 5 个 d 轨道要发生分裂，分裂情况主要取决于配体的空间分布。

（3）中心离子 M^{n+} 的价电子 $[(n-1)d^x]$ 在分裂后的 d 轨道上重新排布，优先占有能量低的 $(n-1)d$ 轨道，进而获得额外的稳定化能量，称为晶体场稳定化能（Crystal Field Stabilization Energy，CFSE）。

2. 中心体 d 轨道在不同配体场中的分裂情况

（1）d 轨道的角度分布图

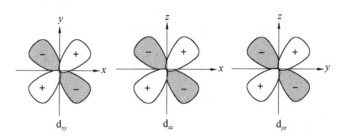

图 9.4　d 轨道的角度分布图

从图 9.4 中可以看出 d_{xy}，d_{xz}，d_{yz} 的角度分布图在空间取向是一致的，所以它们是等价的，而 $d_{x^2-y^2}$，d_{z^2} 看上去似乎是不等价的，实际上它们也是等价的，因为 d_{z^2} 可以看作是 $d_{z^2-x^2}$ 和 $d_{z^2-y^2}$ 的组合，如图 9.5 所示。

（2）在假想的球形场中

球形场中每个 d 轨道上的电子受到配体提供电子对的排斥作用相同，如图 9.6 所示。

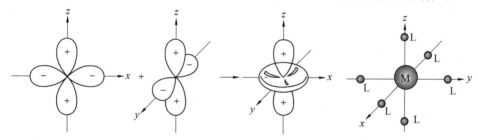

图 9.5　$d_{z^2-x^2}$ 和 $d_{z^2-y^2}$ 线性组合 d_{z^2} 轨道示意图　　图 9.6　6 个负电子在中心离子 M 周围成八面体结构

（3）在正八面体场中 O_h 对称场

①建立坐标：对于正八面体配合物 ML_6，中心体（M）放在坐标轴原点，6 个配体 L 分别在 $\pm x$，$\pm y$，$\pm z$ 轴上且离原点的距离为 a。相当于从球形场配体中拿掉许多配体，最后只剩下 $\pm x$，$\pm y$，$\pm z$ 轴上 6 个配体。

②d 轨道的分裂情况：对中心体 M 的 $(n-1)d$ 轨道而言，从 d_{z^2} 与 $d_{x^2-y^2}$ 的角度分布图

来看,这两个轨道的电子云最大密度处恰好对着±x,±y,±z上的6个配体,受到配体电子云的排斥作用增大,所以 d_{z^2} 与 $d_{x^2-y^2}$ 轨道的能量升高;从 d_{xy},d_{xz},d_{yz} 的角度分布图来看,这3个轨道的电子云最大密度处指向坐标轴的对角线处,离±x,±y,±z上的配体的距离远,受到配体电子云的排斥作用小,所以 d_{xy},d_{xz},d_{yz} 轨道的能量降低。故在正八面体场中,中心体M的$(n-1)$d轨道分裂成两组,如图9.7所示。

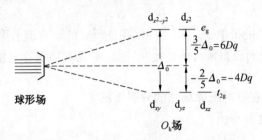

图9.7 在八面体络合物中的晶体场分裂

③分裂能

定义:

$$\Delta_0 = E_{(e_g)} - E_{(t_{2g})} \tag{1}$$

e_g 与 t_{2g} 两组 d 轨道的能量:

根据能量守恒定律

$$4E_{(e_g)} + 6E_{(t_{2g})} = 0 \tag{2}$$

由式(1)、(2)联立方程得

$$E_{(e_g)} = \frac{3}{5}\Delta_0, E_{(t_{2g})} = -\frac{2}{5}\Delta_0$$

令 $\Delta_0 = 10Dq$,则

$$E_{(e_g)} = 6Dq, E_{(t_{2g})} = -4Dq$$

④ 晶体场稳定化能 $CFSE_0$

$$CFSE_0 = (-4Dq) \times n_{(t_{2g})} + 6Dq \times n_{(e_g)}$$

其中,$n_{(t_{2g})}$,$n_{(e_g)}$ 为 t_{2g},e_g 上的电子数。

$$(t_{2g})^6 (e_g)^0 CFSE = (-4Dq) \times 6 = -24Dq$$
$$(t_{2g})^4 (e_g)^2 CFSE = (-4Dq) \times 4 + 6Dq \times 2 = -4Dq$$

(4)在正四面体场中 T_d 对称场

① 建立坐标:取边长为 a 的立方体,配合物 ML_4 的中心体 M 在立方体的体心,4个配体 L 占有立方体4个互不相邻的顶点上,3个坐标轴分别穿过立方体的3对面心。

②d轨道在 T_d 场中的分裂情况:d_{z^2} 与 $d_{x^2-y^2}$ 原子轨道的电子云最大密度处离最近的一个配体的距离为 $\frac{\sqrt{2}}{2}$,d_{xy},d_{xz},d_{yz} 原子轨道的电子云最大密度处离最近的一个配体的距离为1,所以 $\frac{a}{2}d_{xy}$,d_{xz},d_{yz} 原子轨道上的电子受到配体提供的电子对的排斥作用大,其原子轨道的能量升高;而 d_{z^2} 与 $d_{x^2-y^2}$ 原子轨道上的电子受到配位体提供的电子对的排斥作用

小,其原子轨道的能量降低。故在正四面体场中,中心体 M 的 $(n-1)$ d 轨道分裂成两组,如图9.8所示。

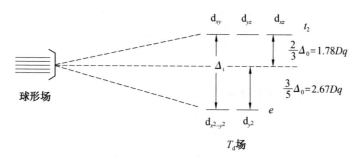

图9.8 四面体络合物中的晶体场分裂示意图

e— 二重简并;t_2— 三重简并

③ 分裂能

$$\Delta_t = E_{t_2} - E_e$$

式中 t_2, e—— 两组 d 轨道的能量。

根据能量守恒定律

$$6E_{t_2} + 4E_e = 0$$

联立式(1)、(2) 得

$$E_{t_2} = \frac{2}{5}\Delta_t, E_e = -\frac{3}{5}\Delta_t$$

$$\Delta_t \approx \frac{4}{9}\Delta_0 = \frac{40}{9}Dq$$

所以 $\qquad E_{t_2} = 1.78Dq, E_e = -2.67Dq$

④$(\text{CFSE})_t$

$$(\text{CFSE})_t = (-2.67Dq) \times n_e + 1.78Dq \times n_{t_2}$$

式中 n_e, n_{t_2}—— 为 e, t_2 轨道上的电子数。

(5) 在平面四方场中(square planar field)S_q

① 把正八面体场中的 $\pm z$ 轴上的两个配体(L) 去掉,形成平面四方场配合物。

②d 轨道的分裂情况:分裂成4组,如图9.9所示。

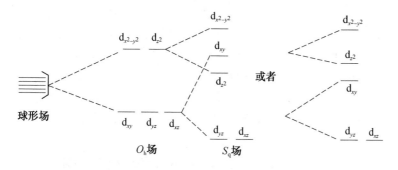

图9.9 平面体络合物中 d 轨道的分裂能示意图

（6）总结

在不同配体场中，中心体$(n-1)$d 轨道的分裂情况，见表9.2。

表9.2　中心体$(n-1)$d 轨道的分裂

配体场	三角形三角双锥	平面四方锥	正四面体	正八面体	立方体
d 轨道分裂组数	3	4	2	2	2

3. 中心体$(n-1)$d 轨道上的电子在晶体场分裂轨道中的排布

（1）电子成对能(P)：使电子自旋成对地占有同一轨道必须付出的能量。

（2）强场与弱场：当$\Delta > P$时，即分裂能大于电子成对能，称为强场，电子首先排满低量的 d 轨道；当$\Delta < P$时，即分裂能小于电子成对能，称为弱场，电子首先成单地占有所有的 d 轨道。前者的电子排布称为低自旋排布，后者的电子排布称为高自旋排布。

（3）d^n在正八面体场中的排布，见表9.3。

表9.3　d^n在正八面体场中的排布

d^n	d^1	d^2	d^3	d^4	d^5
低自旋($\Delta_0 > P$)	$(t_{2g})^1(e_g)^0$	$(t_{2g})^2(e_g)^0$	$(t_{2g})^3(e_g)^0$	$(t_{2g})^4(e_g)^0$	$(t_{2g})^5(e_g)^0$
高自旋($\Delta_0 < P$)	$(t_{2g})^1(e_g)^0$	$(t_{2g})^2(e_g)^0$	$(t_{2g})^3(e_g)^0$	$(t_{2g})^3(e_g)^1$	$(t_{2g})^3(e_g)^2$

d^n	d^6	d^7	d^8	d^9	d^{10}
低自旋($\Delta_0 > P$)	$(t_{2g})^6(e_g)^0$	$(t_{2g})^6(e_g)^1$	$(t_{2g})^6(e_g)^2$	$(t_{2g})^6(e_g)^3$	$(t_{2g})^6(e_g)^4$
高自旋($\Delta_0 < P$)	$(t_{2g})^4(e_g)^2$	$(t_{2g})^5(e_g)^2$	$(t_{2g})^6(e_g)^2$	$(t_{2g})^6(e_g)^3$	$(t_{2g})^6(e_g)^4$

对于d^1,d^2,d^3,d^8,d^9,d^{10}电子构型的正八面体配合物而言高低自旋的电子排布是一样的。

（4）d^n在正八面体中的(CFSE)（以D_q计）

表9.4　d^n在正八面体中的(CFSE)

d^n	d^0	d^1	d^2	d^3	d^4	d^5	d^6	d^7	d^8	d^9	d^{10}
低自旋($\Delta_0 > P$)	0	-4	-8	-12	-16	-20	-24	-18	-12	-6	0
高自旋($\Delta_0 < P$)	0	-4	-8	-12	-6	0	-4	-8	-12	-6	0

这就很好地解释了配合物的稳定性与$(n-1)d^x$的关系。如第一过渡系列 + 2氧化态水合配离子 $M(H_2O_6)^2$ 稳定性与$(n-1)d^x$在八面体弱场中的 CFSE 有如下关系

$$d^0 < d^1 < d^2 < d^3 > d^4 > d^5 < d^6 < d^7 < d^8 > d^9 > d^{10}$$

但有些情况下也会出现$d^3 < d^4$,$d^8 < d^9$的现象。

4. 姜泰勒效应

（1）问题的提出：对于$[Cu(NH_3)_4(H_2O)_2]^{2+}$而言，中心体$Cu^{2+}$的电子构型如图9.10所示。

如果正八面体场发生畸变，或者成为拉长八面体，或者成为压在上述分裂的 d 轨道上排布d^9，显然最高能级上少一个电子，这样就获得了额外的一份稳定化能，这既可以解决

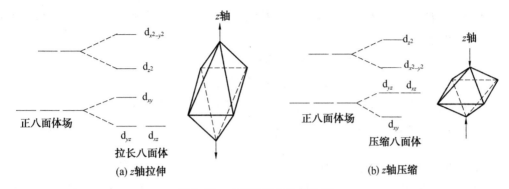

图 9.10　八面体络合物的分裂

$[Cu(NH_3)_4]^{2+}(aq)$ 的几何构型为什么是平面四方的道理,也可以说明为什么晶体场稳定化能会出现 $d^8<d^9$ 的现象。正八面体的这种畸变现象称为 Jahn-Teller 效应。

(2)如果中心离子 d 轨道上 d 电子云不对称$[(t_{2g})^0(e_g)^0$、$(t_{2g})^3(e_g)^0$、$(t_{2g})^3(e_g)^2$、$(t_{2g})^6(e_g)^0$、$(t_{2g})^6(e_g)^2$、$(t_{2g})^6(e_g)^4$ 都属于 d 电子云对称的排布$]$,配体所受的影响也是不对称的,正八面体的结构会发生畸变,这种现象称为 Jahn-Teller 效应。

(3)Jahn-Teller 稳定化能:中心离子的 d 电子在 Jahn-Teller 效应中获得的额外的稳定化能,称为 Jahn-Teller 稳定化能。

(4)若 Jahn-Teller 稳定化能的影响大于 CFSE,则会出现 d^8 电子构型的八面体配合物的 CFSE 小于 d^9 构型的八面体配合物的 CFSE,d^3 电子构型的八面体配合物的 CFSE 小于 d^4 电子构型的 CFSE(高自旋)。

5. 影响分裂能大小的因素

(1)中心体

①中心体电荷越高,Δ 越大。

$$Fe(H_2O)_6^{3+} \qquad \Delta_0 = 13\ 700\ cm^{-1}$$
$$Fe(H_2O)_6^{2+} \qquad \Delta_0 = 10\ 400\ cm^{-1}$$

②中心体$(n-1)$d 轨道中的 n 越大,Δ 越大。

由于 3d 电子云所占有效空间小于 4d。4d 小于 5d,所以相同配体、在相同距离上对 3d、4d、5d 电子云的相互作用不同,使 3d、4d、5d 轨道分裂程度也不同,有效空间大的 d 电子云,变形性也大,轨道分裂就大,分裂能就大。

在配体相同、配合物的几何构型也相同的情况下,由 Cr→Mo、Co→Rh,Δ_0 增大约 50%,由 Rh→Ir,Δ_0 增大约 25%。由于 Δ_0 的增大,第二、三系列过渡元素往往只有低自旋配合物,而第一系列过渡元素既有高自旋配合物,又有低自旋配合物。

(2)配体

①与配体所占的空间几何构型有关:$\Delta_{sq}>\Delta_0>\Delta_t$。

②与配位原子种类有关:这可以从配体改变时配合物的吸收光谱的变化看出。

例如:$[Cr(en)_3]^{3+}$,$[Cr(ox)_3]^{3-}$,$[CrF_6]^{3-}$。

配合物的吸收峰的频率为 $F^-<ox^{2-}<en$,所以配体的强度为 $en>ox^{2-}>F^-$。即

$$\Delta_{0,[Cr(en)_3]^{3+}}>\Delta_{0,[Cr(ox)_3]^{3-}}>\Delta_{0,[CrF_6]^{3-}}$$

按配体对同一金属离子的 d 轨道分裂能力大小排列,可得到光谱化学序列(spectrochemical series)

$$I^- < Br^- < Cl^- < F^- < OH^- < C_2O_4^{2-} \sim H_2O < NCS^-$$

$$< py \sim NH_3 < en < bipy < NO_2^{2-} < CN^- < CO$$

当然,对于不同的金属离子,有时次序略有不同,用时需加注意。

6.晶体场理论的优缺点

(1)优点

①可以解释第一过渡系列$M(H_2O)_6^{2+}$的稳定性与M^{2+}中 3d 电子数的关系。

②可以根据$\Delta > P$或$\Delta < P$来判断高、低自旋配合物,即可以不用μ(磁矩)来判断配合物的高低自旋。

③可以解释配合物的颜色,电子吸收光的能量,从低能级向高能级跃迁,所以$\Delta_0 = h\nu = hc/\lambda$,$1/\lambda = \tilde{\nu} = \Delta_0/hc$。可以求出吸收光的波长,物质显示的颜色是物质吸收光的互补色。

表9.5 物质吸收的可见光波长与物质颜色的关系

吸收波长/nm	波数/cm^{-1}	被吸收光颜色	观察到物质的颜色
400 ~ 435	25 000 ~ 23 000	紫	绿黄
435 ~ 480	23 000 ~ 20 800	蓝	黄
480 ~ 490	20 800 ~ 20 400	绿蓝	橙
490 ~ 500	20 400 ~ 20 000	蓝绿	红
500 ~ 560	20 000 ~ 17 900	绿	红紫
560 ~ 580	17 900 ~ 17 200	黄绿	紫
580 ~ 595	17 200 ~ 16 800	黄	蓝
595 ~ 605	16 800 ~ 16 500	橙	绿蓝
605 ~ 750	16 500 ~ 13 333	红	蓝绿

④可以通过计算 CFSE 来判断M_3O_4尖晶石是常式的还是反式的。对于M_3O_4离子的氧化态为两个+3 氧化态,一个+2 氧化态。M_3O_4可以写成$A[BC]O_4$,"[ ]"中的离子表示占有O^{2-}堆积成的正八面体空隙,"[ ]"外面的离子表示占有O^{2-}堆积的正四面体空隙。若 B、C 离子都是+3 氧化态,则为常式尖晶石;若 B、C 离子中有一个是+2 氧化态,则为反式尖晶石。

(2)缺点

①不能解释"光谱化学序列"中,为什么H_2O等中性分子反而比X^-(卤素离子)的场强大? 为什么 CO、PR_3都是强场配体?

②对于非经典配合物的成键情况无法解释。

例如:$Fe(CO)_5$,$K[PtCl_3(C_2H_4)]$,$[Ag(C_2H_4)]^+$,(Fe)。

7.对于羰基配合物或 π–配合物的成键讨论

C_2H_4，C_2H_6 通过 $AgNO_3(aq)$，C_2H_4 被吸收，形成 $[Ag(C_2H_4)]^+$π—配合物。

（1）$[Ag(C_2H_4)]^+$ 的成键情况

①C_2H_4 的 π 成键轨道和 π^* 反键轨道，如图 9.11 所示。

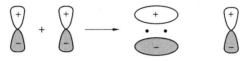

π 成键轨道　π^* 反键轨道

图 9.11　C_2H_4 的 π 成键轨道和 π^* 反键轨道

②Ag^+ 的 4d 占有电子轨道和 5s 空轨道。

③Ag^+ 和 C_2H_4 的成键，C_2H_4 的 π 电子占有 Ag^+ 的 5s 空轨道，形成 σ 配键。Ag^+ 的 4d 轨道上的 d 电子占有 C_2H_4 的 π^* 反键轨道，形成反馈 π 键。

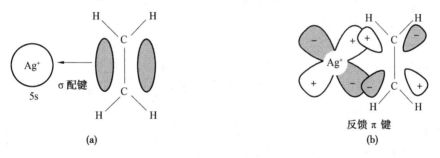

图 9.12　价键形成时的轨道重叠

（2）CO、PR_3 之所以是强场配体是因为中心体与 CO、PR_3 形成了反馈 π 键。CO、PR_3 都是弱的 σ 给予体，即在 $M\leftarrow:C\equiv O$，$M\leftarrow:PR_3$ 成键中，配体给出电子对的能力弱，但由于 M 上 d 电子占有 CO 的 π^* 反键轨道和 PR_3 的 3d 空轨道，形成反馈 π 键，大大增强了 CO、PR_3 的配位能力。

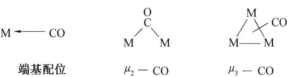

端基配位　　　　μ_2-CO　　　　μ_3-CO

（3）如何确定 CO 与中心体 M 的配位形式：端基配位、边桥基配位或面桥基配位，即：可以通过红外光谱来测定 ν_{CO}（CO 的红外伸缩振动频率）。与自由的 ν_{CO} 相比，CO 与 M 形成反馈 π 键，金属原子的 d 电子占有 CO 的 π^* 反键空轨道，使 CO 的键级变小，CO 的键长变长，ν_{CO} 变小。因为反馈 π 键强度为：μ_3-CO>μ_2-CO>端基 CO，所以 ν_{CO} 可以指示 CO 与 M 的连接方式。

注　在自由 CO 中，$\nu_{CO}=2\ 143\ cm^{-1}$，端基 CO 中，$\nu_{CO}=2\ 125\sim1\ 900\ cm^{-1}$，边桥基 CO 中，$\nu_{CO}=1\ 850\sim1\ 700\ cm^{-1}$，面桥基 CO 中，$\nu_{CO}=1\ 625\ cm^{-1}$。

9.4 配合物的性质

在溶液中形成配合物时,常常出现颜色的改变,溶解度的改变,电极电势的改变,pH 值的改变等现象。根据这些性质的变化,可以帮助确定是否有配合物生成。在科研和生产中,常利用金属离子形成配合物后性质的变化进行物质的分析和分离。

9.4.1 溶解度

一些难溶于水的金属氯化物、溴化物、碘化物、氰化物可以依次溶解于过量的 Cl^-、Br^-、I^-、CN^- 和氨中,形成可溶性的配合物,如,难溶的 AgCl 可溶于过量的浓盐酸及氨水中。

金和铂之所以能溶于王水中,也是与生成配离子的反应有关。

$$Au+HNO_3+4HCl === H[AuCl_4]+NO+2H_2O$$
$$3Pt+4HNO_3+18HCl === 3H_2[PtCl_6]+4NO+8H_2O$$

9.4.2 氧化与还原

通过实验的测定或查表,我们知道 Hg^{2+} 和 Hg 之间的标准电极电位为+0.85V。加入 CN^- 使 Hg^{2+} 形成了 $Hg(CN)_4^{2-}$,Hg^{2+} 的浓度不断减小,直到 Hg^{2+} 全部形成配离子。$Hg(CN)_4^{2-}$ 和 Hg 之间的电极电位为-0.37 V。

通过实验事实可以充分说明当金属离子形成配离子后,它的标准电极电位值一般是要降低的。同时稳定性不同的配离子,它们的标准电极电位值降低的大小也不同,它们之间又有什么关系呢?

一般配离子越稳定(稳定常数越大),它的标准电极电位越负(越小)。从而金属离子越难得到电子,越难被还原。事实上在 $HgCl_4^{2-}$ 溶液中投入铜片,在铜片上镀上一层汞,而在 $Hg(CN)_4^{2-}$ 溶液中就不会发生这种现象。

9.4.3 酸碱性

有些较弱的酸如 HF、HCN 等在它们形成配合酸后,酸性往往变强。例如,HF 与 BF_3 作用而生成配合酸 $H[BF_4]$,而四氟配硼酸的碱金属盐溶在水中呈中性,这就说明 $H[BF_4]$ 应为强酸。又如,弱酸 HCN 与 AgCN 形成的配合酸 $[HLAg(CN)_2]$ 也是强酸。这种现象是由于中心离子与弱酸的酸根离子形成较强的配键,从而迫使 H^+ 移到配合物的外界,因而变得容易电离,所以酸性增强。

同一金属离子氢氧化物的碱性因形成配离子而有变化,如 $[Cu(NH_3)_4](OH)_2$ 的碱性就大于 $Cu(OH)_2$。原因是 $[Cu(NH_3)_4]^{2+}$ 的半径大于 Cu^{2+} 的半径,和 OH^- 的结合能力较弱,OH^- 易于解离。

9.5　配位平衡及配合物的稳定性

9.5.1　配合物(或配离子)的平衡常数

1. 稳定常数(或形成常数)

(1)实验

$$Ag^+ \xrightarrow{Cl^-} AgCl \downarrow \xrightarrow{NH_3} Ag(NH_3)_2^+ \xrightarrow{I^-} AgI \downarrow \xrightarrow{CN^-} Ag(CN)_2^-$$

说明配离子 $Ag(NH_3)_2^+$ 也有离解反应：$Ag(NH_3)_2^+ \rightleftharpoons Ag^+ + 2NH_3$。

(2) Ag^+ 与 NH_3 之间的平衡——配位平衡

$$Ag^+ + 2NH_3 \rightleftharpoons Ag(NH_3)_2^+, K_f = \frac{[Ag(NH_3)_2^+]}{[Ag^+][NH_3]^2}$$

也可以用离解常数(K_d)来表示(dissociation constant)

$$K_d = \frac{[Ag^+][NH_3]^2}{[Ag(NH_3)_2^+]} = \frac{1}{K_f}$$

(3)实际上配离子的形成也是分步进行的。即

$$Ag^+ + NH_3 \rightleftharpoons Ag(NH_3)^+, K_1$$
$$Ag(NH_3)^+ + NH_3 \rightleftharpoons Ag(NH_3)_2^+, K_2$$

所以　　　　　　　　　　$K_f = K_1 \cdot K_2 = \beta_2$

式中　β——累积平衡常数(accumulated constant)。

通式为

$$M + nL \rightleftharpoons ML_n, \beta_n = K_1 K_2 \cdots K_n$$

下面我们所用的 K_f 就是该配离子的累积平衡常数

2. 配位平衡的计算(Calculation of Coordination Equilibrium)

试比较：含 $0.01\ mol \cdot L^{-1}\ NH_3$ 和 $0.1\ mol \cdot L^{-1}\ Ag(NH_3)_2^+$ 溶液中 Ag^+ 浓度为多少？含 $0.01\ mol \cdot L^{-1}\ CN^-$ 和 $0.1\ mol \cdot L^{-1}\ Ag(CN)_2^-$ 溶液中 Ag^+ 浓度为多少？(已知：$K_{f, Ag(NH_3)_2^+} = 1.6 \times 10^7$，$K_{f, Ag(CN)_2^-} = 1.3 \times 10^{21}$。)

Solution：设在 $Ag(NH_3)_2^+ \sim NH_3$ 溶液中，$[Ag^+] = x\ mol \cdot L^{-1}$

$$Ag^+ + 2NH_3 \rightleftharpoons Ag(NH_3)_2^+$$

平衡时　　　　　　　x　　　$0.01 + 2x$　　　$0.1 - x$

$$K_f = \frac{[Ag(NH_3)_2^+]}{[Ag^+][NH_3]^2} = \frac{0.1 - x}{x \cdot (0.01 + 2x)^2} = 1.6 \times 10^7$$

因为 $K_f \gg 1$，所以 $x \ll 1$，则 $0.1 - x \approx 0.1$，$0.01 + 2x \approx 0.01$

所以　　　　　　　　$\dfrac{0.1}{x \cdot (0.01)^2} \approx 1.6 \times 10^7$

即　　　　　　$x = \dfrac{0.1}{1.6 \times 10^7 \times 10^{-4}}\ mol \cdot L^{-1} = 6.25 \times 10^{-5}\ mol \cdot L^{-1}$

同理
$$Ag^+ + 2CN^- \Longrightarrow Ag(CN)_2^-$$
$$y \quad 0.01 + 2y \quad 0.1 - y$$

$$K_f = \frac{[Ag(CN)_2^-]}{[Ag^+][CN^-]^2} = \frac{0.1 - y}{y \cdot (0.01 + 2y)^2} = 1.3 \times 10^{21}$$

因为 $K_f \gg 1$，所以 $y \ll 1$，所以 $0.1 - y \approx 0.1$，$0.01 + 2y \approx 0.01$。

所以
$$y = \frac{0.1}{1.3 \times 10^{21} \times (0.01)^2} \ \text{mol} \cdot \text{L}^{-1} = 7.69 \times 10^{-19} \ \text{mol} \cdot \text{L}^{-1}$$

结论：对于相同类型的配合物（或配离子）而言，K_f 越大，配合物越稳定；但对于不同类型的配离子，不能简单地从 K_f 来判断稳定性，而要通过计算来说明。例如，$Cu(en)_2^{2+}$ 的 $K_f = 4 \times 10^{19}$，CuY^{2-} 的 $K_f = 6.3 \times 10^{18}$，但 CuY^{2-} 比 $Cu(en)_2^{2+}$ 稳定。

Sample Exercise2：$0.1 \ \text{mol} \cdot \text{L}^{-1} AgNO_3(aq)$ 与 $0.5 \ \text{mol} \cdot \text{L}^{-1} NH_3 \cdot H_2O$ 等体积混合，问平衡时，溶液中各物种的浓度是多少？

由于等体积混合，反应前
$$[Ag^+] = 0.1/2 \ \text{mol} \cdot \text{L}^{-1} = 0.05 \ \text{mol} \cdot \text{L}^{-1}$$
$$[NH_3] = 0.5/2 \ \text{mol} \cdot \text{L}^{-1} = 0.25 \ \text{mol} \cdot \text{L}^{-1}$$

因为 $K_f \gg 1$，所以可以认为过量的 NH_3 与 Ag^+ 完全反应，生成了 $0.05 \ \text{mol} \cdot \text{L}^{-1}$，$Ag(NH_3)_2^+(aq)$。

设平衡时溶液中的 $[Ag^+]$ 为 $x \ \text{mol} \cdot \text{L}^{-1}$，则
$$Ag^+ + 2NH_3 \Longrightarrow Ag(NH_3)_2^+$$
$$x \quad 0.15 + 2x \quad 0.05 - x$$

$$K_f = \frac{[Ag(NH_3)_2^+]}{[Ag^+][NH_3]^2} = \frac{0.05 - x}{x \cdot (0.15 + 2x)^2} = 1.6 \times 10^7$$

因为 $K_f \gg 1$，所以 $x \ll 1$

$$x \approx \frac{0.05}{1.6 \times 10^7 \times (0.15)^2} \ \text{mol} \cdot \text{L}^{-1} = 1.39 \times 10^{-7} \ \text{mol} \cdot \text{L}^{-1}$$

所以 $[Ag^+] = 1.39 \times 10^{-7} \ \text{mol} \cdot \text{L}^{-1}$，$[NH_3] \approx 0.15 \ \text{mol} \cdot \text{L}^{-1}$

$[Ag(NH_3)_2^+] \approx 0.05 \ \text{mol} \cdot \text{L}^{-1}$，$[NO_3^-] \approx 0.05 \ \text{mol} \cdot \text{L}^{-1}$

9.5.2 配位平衡的移动

配位平衡只是一种相对的平衡状态，它同溶液的 pH 值、沉淀反应、氧化-还原反应等都有密切的联系。

1. 配位平衡和沉淀平衡

Sample Exercise：如果 1 L 氨水中溶解了 0.1 mol AgCl(s)，试计算该氨水的最初浓度。

Solution：$AgCl(s) + 2NH_3(aq) \Longrightarrow Ag(NH_3)_2^+(aq) + Cl^-(aq)$

$$K = \frac{[Ag(NH_3)_2^+][Cl^-]}{[NH_3]^2} = \frac{[Ag(NH_3)_2^+][Cl^-] \times [Ag^+]}{[NH_3]^2 \times [Ag^+]} =$$

$$K_f \cdot K_{sp} = 1.67 \times 10^7 \times 1.7 \times 10^{-10} = 2.72 \times 10^{-3}$$

要溶解 0.1 mol AgCl,溶解后溶液中必然有 0.1 mol Cl^-,所以

$$[Cl^-]=0.1 \text{ mol} \cdot L^{-1}$$

又因为 $K_f \gg 1$,所以 $[Ag(NH_3)_2^+] \approx 0.1 \text{ mol} \cdot L^{-1}$。

又有 Cl^- 的同离子效应,$Ag(NH_3)_2^+$ 的离解就更难。

所以
$$K = \frac{[Ag(NH_3)_2^+][Cl^-]}{[NH_3]^2} = \frac{(0.1)^2}{[NH_3]^2} = 2.72 \times 10^{-3}$$

解得平衡时 $[NH_3] = \sqrt{(0.1)^2/(2.27 \times 10^{-3})} \text{ mol} \cdot L^{-1} = 1.92 \text{ mol} \cdot L^{-1}$

所以,原始的　$[NH_3] = (1.92 + 0.2) \text{ mol} \cdot L^{-1} = 2.12 \text{ mol} \cdot L^{-1}$

从 $K = K_f \cdot K_{sp}$ 可知,K_f 越大,则该沉淀越易溶解,所以该平衡是 K_f 与 K_{sp} 的竞争。

2. 配位平衡与酸、碱平衡

由于许多配体都是弱酸根(如 F^-、CN^-、SCN^-、CO_3^{2-}、$C_2O_4^{2-}$、CH_3COO^-),它们能与外来的酸生成弱酸而使平衡移动。例如:$Fe^{3+} + 6F^- \rightleftharpoons FeF_6^{3-}$。但当 $[H_3O]^+ > 0.5 \text{ mol} \cdot L^{-1}$ 时,$F^- + H_3O^+ \rightleftharpoons HF + H_2O$,所以,若配离子越不稳定,生成的酸越弱(即 K_a 越小),则配离子越容易被加入的酸所离解。

我们讨论 Fe^{3+} 与水杨酸( )的配位反应与溶液 pH 值的关系。首先要注意 Fe^{3+} 是 Lewis 酸,可以取代 COOH 基团与 OH 基团上的 H 而与水杨酸根配位:

令 Sal^- 代表水杨酸根离子: 。

pH $= 2 \sim 3$ 时　　　　　$Fe^{3+} + (Sal)^- \rightleftharpoons Fe(Sal)^+ + H^+$

pH $= 4 \sim 8$ 时　　　　　$Fe(Sal)^+ + (Sal)^- \rightleftharpoons Fe(Sal)_2^- + H^+$

pH $\geqslant 9$ 时　　　　　$Fe(Sal)_2^- + (Sal)^- \rightleftharpoons Fe(Sal)_3^{3-} + H^+$

但 pH 值太大时,则 $Fe(Sal)_3^{3-}$ 被破坏而生成 $Fe(OH)_3$ 沉淀。

3. 配位平衡与氧化-还原平衡

(1)金属配离子之间的 $\varphi^{\ominus}$ 的计算

① $\varphi_{[Cu(NH_3)_4]^{2+}/Cu}$ 的含义:

$$Cu(NH_3)_4^{2+}(aq) + 2e^- \longrightarrow Cu^{2+}(aq) + 4NH_3(aq)$$

该 φ 说明在 25 ℃,1 atm 下,$[Cu(NH_3)_4^{2+}] = [NH_3] = 1 \text{ mol} \cdot L^{-1}$(在热力学上是指活度为 $1 \text{ mol} \cdot kg^{-1}$)时的还原电位。

② 已知 $\varphi_{Cu^{2+}/Cu}^{\ominus} = +0.34 \text{ V}$,$K_{f,[Cu(NH_3)_4]^{2+}} = 4.8 \times 10^{12}$,可以求得 $\varphi_{[Cu(NH_3)_4]^{2+}/Cu}^{\ominus}$;

反之,已知 $\varphi_{Cu^{2+}/Cu}^{\ominus}$ 与 $\varphi_{[Cu(NH_3)_4]^{2+}/Cu}^{\ominus}$,也可求得 $K_{f,[Cu(NH_3)_4]^{2+}}$。

$K_f = \dfrac{[Cu(NH_3)_4^{2+}]}{[Cu^{2+}][NH_3]^4}$,对于 $\varphi_{[Cu(NH_3)_4]^{2+}/Cu}$ 而言

$$\left[Cu(NH_3)_4^{2+} \right] = \left[NH_3 \right] = 1 \ mol \cdot L^{-1}$$

所以
$$K_f = \frac{1}{\left[Cu^{2+} \right]} \quad \left[Cu^{2+} \right] = \frac{1}{K_f}$$

$$\varphi_{\left[Cu(NH_3)_4 \right]^{2+}/Cu} = \varphi_{Cu^{2+}/Cu} + \frac{0.059\,2}{2} lg \left[Cu^{2+} \right] = \varphi_{Cu^{2+}/Cu} + \frac{0.059\,2}{2} lg \frac{1}{K_f} =$$

$$\left(+0.34 - \frac{0.059\,2}{2} \times 12.68 \right) V = -0.035 \ V$$

(2)配合物的形成对还原电位的影响

①电对中 Ox 型上物质生成配离子时,若 K_f 越大,则 φ 越小;

②电对中 Red 型上物质生成配离子时,若 K_f 越大,则 φ 越大;

③电对中 Ox 型和 Red 型上物质都形成配离子,要从 Ox 型、Red 型配离子的稳定性来判断 φ 是变大还是变小。例如,$\varphi_{Co^{3+}/Co^{2+}} = +1.83 \ V$,$\varphi_{Co(NH_3)_6^{3+}/Co(NH_3)_6^{2+}} = +0.108 \ V$。

这说明 $Co(NH_3)_6^{3+}$ 比 $Co(NH_3)_6^{2+}$ 稳定,即在 $Co(NH_3)_6^{3+} \sim Co(NH_3)_6^{2+}$ 体系中,$\left[Co^{3+} \right]/\left[Co^{2+} \right] \ll 1$。

实例:

	φ	lgK_f
$Cu^+ + e^- \longrightarrow Cu$	+0.52V	
$CuCl_2^- + e^- \longrightarrow Cu + 2Cl^-$	+0.20 V	5.5
$CuBr_2^- + e^- \longrightarrow Cu + 2Br^-$	+0.17 V	5.89
$CuI_2^- + e^- \longrightarrow Cu + 2I^-$	+0.00 V	8.85
$Cu(CN)_2^- + e^- \longrightarrow Cu + 2CN^-$	−0.68 V	24.0

9.5.3　配合物的稳定性

配合物的稳定性的判据如下:

(1)同类型的配合物(或配离子)(ML_4、ML_6),其 K_f 越大,越稳定;但不同类型配合物,要通过计算说明。

(2)螯合效应——熵增原理

实例见表9.6。

表9.6

简单配合物	$lg K$
$Ni^{2+} + 2NH_3 \rightleftharpoons \left[Ni(NH_3)_2 \right]^{2+}$	5.00
$\left[Ni(NH_3)_2 \right]^{2+} + 2NH_3 \rightleftharpoons \left[Ni(NH_3)_4 \right]^{2+}$	2.87
$\left[Ni(NH_3)_4 \right]^{2+} + 2NH_3 \rightleftharpoons \left[Ni(NH_3)_6 \right]^{2+}$	0.74
螯合效应	$lg K$
$Ni^{2+} + en \rightleftharpoons \left[Ni(en) \right]^{2+}$	7.51
$\left[Ni(en) \right]^{2+} + en \rightleftharpoons \left[Ni(en)_2 \right]^{2+}$	6.35
$\left[Ni(en)_2 \right]^{2+} + en \rightleftharpoons \left[Ni(en)_3 \right]^{2+}$	4.32

说明形成螯合物比形成简单配合物稳定。

9.6　配合物的应用

配合物的应用广泛,如工业上生产染料、湿法冶金、电镀等方面都要用到它;农业生产中的肥料、农药生产也要用到配合物;在分析化学、生物化学、催化动力学、电化学、医学等不少科学领域中都得到了重要应用。

9.6.1　化学领域中的应用

配体作为试剂参与的反应几乎涉及分析化学的所有领域,它可用作显色剂、沉淀剂、萃取剂、滴定剂、掩蔽剂等。配合物在元素分离和分析中的应用主要是利用它们的溶解度、颜色以及稳定性等的差异。如果水相中含有多种金属离子,其中只有一种能与有机配位剂形成稳定配合物,并可溶于有机溶剂,这样该离子就可被萃取出来。例如,用双硫腙–CCl_4可从 pH 为 $1 \sim 2$ 的 Hg^{2+},Sn^{2+},Zn^{2+},Cd^{2+} 溶液中萃取出 Hg^{2+}。利用沉淀反应分离某些离子,如在 Zn^{2+},Al^{3+} 溶液中加入氨水,Zn^{2+} 可生成 $[Zn(NH_3)_4]^{2+}$ 配离子,而 Al^{3+} 只能生成 $Al(OH)_3$ 沉淀,从而可使二者分离;又如锆和铪由于它们性质很相似,一般方法很难将它们完全分离,可用 KF 作为配位剂,使 $Zr(Ⅳ)$ 和 $Hf(Ⅳ)$ 分别生成 K_2ZrF_6 和 K_2HfF_6,因 K_2HfF_6 的溶解度比 K_2ZrF_6 的高两倍,故可将它们分离。不少配位剂与金属离子的反应具有很高的灵敏性和专属性,且能生成具有特征颜色的配合物,因而常用作鉴定某种离子的特征试剂。如丁二酮肟作为 Ni^{2+} 的特征试剂,与 Ni^{2+} 生成红色螯合物沉淀;在 Fe^{3+} 溶液中,加入 KSCN,生成血红色 $[Fe(SCN)_x]^{3-x}$,可鉴定 Fe^{3+}。在定量分析上,利用金属离子与配位剂生成稳定配合物的反应来测定某些组分的含量;分光光度法中,配位剂常作为显色剂。

9.6.2　工农业领域中的应用

电镀工业上,为了得到良好的镀层,常在电镀液中加入适当的配位剂,使金属离子转化为较难还原的配离子,减慢金属晶体的形成速度,从而得到光滑、均匀、致密的镀层。电镀上的配位剂,以前主要是用 CN^-,由于其毒性大、污染严重,现在更多的是采用无氰电镀。如镀锌时常采用氨三乙酸–氯化铵电镀液,镀铜时采用焦磷酸钾作配位剂,镀锡时采用焦磷酸钾和柠檬酸钠作配位剂。冶金工业上,如利用 Au 在 CN^- 存在下氧化成水溶性 $[Au(CN)_2]^-$,将 Au 直接从金矿中浸取出来,然后在浸出液中加入锌粉即可还原成 Au。配合物还应用于环境治理、硬水软化等。

土壤中,磷常和铁、铝等金属离子形成难溶的 $AlPO_4$,$FePO_4$,而不能被植物所吸收利用。应提倡多施农家肥,其中某些成分如腐殖酸可与 Al^{3+},Fe^{3+} 作用生成螯合物,使 PO_4^{3-} 被释放出来,土壤中可溶性磷增多,从而提高了土壤的肥力。动植物体内微量元素的摄取和运转也离不开配合物。如以氨基酸铜、氨基酸锌作铜和锌的饲料添加剂,动物肝脏内铜、锌的含量就比用硫酸铜、硫酸锌时高得多。

9.6.3 生物科学和医学领域中的应用

配位化学与生物科学的交叉和渗透,形成了一门新兴的边缘学科——生物无机化学,它是研究各种无机元素在生物体内的存在形式、作用机理和生理功能等。配合物在生物体的代谢过程中起着十分重要的作用,如运载氧的肌红蛋白和血红蛋白都含有血红素,而血红素是 Fe^{2+} 的卟啉配合物;维生素 B_{12} 是钴的配合物,它参与蛋白质和核酸的合成,是造血过程的生物催化剂,缺乏时会引起恶性贫血症;叶绿素是镁的配合物,缺镁时光合作用和植物细胞的电子传递不能正常进行。

在医药上,二巯基丙醇(BAL)是一种很好的解毒药,它可和砷、汞以及某些重金属形成螯合物而解毒;柠檬酸钠可与血液中的 Ca^{2+} 形成螯合物,避免血液的凝结,是一种常用的血液抗凝剂。$[PtCl_2(NH_3)_2]$(简称顺铂)是一种常用的抗癌药。

9.6.4 配合物稳定常数的应用

利用配合物的稳定常数,可以判断配合反应进行的程度和方向,计算配合物溶液中某一离子的浓度、判断难溶盐的溶解和生成的可能性等,还可以用来计算金属与其配离子组成电对的电极电势。

1. 判断配合反应进行的方向

例如下列配合反应向哪一个方向进行? 可以根据配合物 $[Ag(NH_3)_2]^+$ 和 $[Ag(CN)_2]^-$ 的稳定常数,求出上述反应的平衡常数来判断。

$$[Ag(NH_3)_2]^+ + 2CN^- \rightleftharpoons [Ag(CN)_2]^- + 2NH_3$$
$$K = 5.8 \times 10^{13}$$

计算出的 K 值可以看出,上述配合反应向着生或 $[Ag(CN)_2]^-$ 的方向进行趋势很大。因此在含有 $[Ag(NH_3)_2]^+$ 的溶液中,加入足够的 CN^- 时,$[Ag(NH_3)_2]^+$ 被破坏而生成 $[Ag(CN)_2]^-$。

2. 计算配离子溶液中有关离子的浓度

例 9.1 在 1.0 mL 0.04 mol·L^{-1} $AgNO_3$ 溶液中加入 1.0 mL 2.00 mol·L^{-1} $NH_3 \cdot H_2O$,计算平衡时溶液中的 Ag^+ 浓度。已知,$K_{f,[Ag(NH_3)_2]^+} = 1.6 \times 10^7$。

解 溶液混合后:$c_{AgNO_3} = 0.02$ mol·L^{-1},$c_{NH_3} = 1.00$ mol·L^{-1}。设平衡时 $c_{Ag^+} = x$ mol·L^{-1},则

	Ag^+	$+$ $2NH_3$	$\rightleftharpoons$	$[Ag(NH_3)_2]^+$
起始浓度/(mol·L^{-1})	0.02	1.00		0
平衡浓度/(mol·L^{-1})	x	$1-2(0.02-x)$		$0.02-x$ （因为 x 较小）
		≈ 0.96		≈ 0.02

由

$$K_f = \frac{c_{[Ag(NH_3)_2]^+}}{c_{Ag^+} \cdot c_{NH_3}^2}$$

有

$$c_{Ag^+} = \frac{c_{[Ag(NH_3)_2]^+}}{K_f \cdot c_{NH_3}^2} = \frac{0.02}{1.6 \times 10^7 \times (0.96)^2} \text{ mol·L}^{-1} = 1.4 \times 10^{-9} \text{ mol·L}^{-1}$$

3.讨论难溶盐生成或其溶解的可能性

有些难溶盐往往因形成配合物而溶解。利用稳定常数可计算难溶物质在有配位剂时的溶解度以及全部转化为配位剂的量。

例9.2 欲使 0.1 mol 的 AgCl 完全溶解,最少需要 1 L 多少浓度的氨水?

解 查附录 5 得 $K_{sp,AgCl} = 1.8 \times 10^{10}$,$K_{f,[Ag(NH_3)_2]^+} = 1.6 \times 10^7$。

设平衡时 NH_3 的浓度为 x mol·L^{-1},而平衡时 $c_{[Ag(NH_3)_2]^+} = c_{Cl^-} = 0.1$ mol·L^{-1}

$$AgCl(s) + 2NH_3 \rightleftharpoons [Ag(NH_3)_2]^+ + Cl^-$$

平衡浓度/(mol·L^{-1}) $\qquad\qquad x \qquad\qquad 0.1 \qquad\quad 0.1$

$$K_j = \frac{c_{[Ag(NH_3)_2]^+} \cdot c_{Cl^-}}{(c_{NH_3})^2} = K_{f,[Ag(NH_3)_2]^+} \cdot K_{sp,AgCl}$$

即

$$\frac{0.1 \times 0.1}{(c_{NH_3})^2} = 1.6 \times 10^7 \times 1.8 \times 10^{-10}$$

所以

$$c_{NH_3} = \sqrt{\frac{0.1 \times 0.1}{1.6 \times 10^7 \times 1.8 \times 10^{-10}}} \text{ mol·L}^{-1} = 1.9 \text{ mol·L}^{-1}$$

氨水的起始浓度为

$$(1.9 + 2 \times 0.1) \text{mol·L}^{-1} = 2.1 \text{ mol·L}^{-1}$$

所以,至少需用 1 L 2.1 mol·L^{-1} 的氨水。

若在一种配合物的溶液中,加入另一种能与中心离子生成更稳定的配合物的配位剂,则发生配合物之间的转化作用。例如,在 $[Ag(NH_3)_2]^+$ 溶液中,加入 KCN,则

$$Ag^+ + 2NH_3 \rightleftharpoons [Ag(NH_3)_2]^+ \quad (K_f = 1.6 \times 10^7)$$

$+$

$$2CN^- \rightleftharpoons [Ag(CN)_2]^- \quad (K_f = 1.3 \times 10^{21})$$

总反应为

$$[Ag(NH_3)_2]^+ + 2CN^- \rightleftharpoons [Ag(CN)_2]^- + 2NH_3$$

$$K_j = \frac{c_{[Ag(CN)_2]^-} \cdot (c_{NH_3})^2}{c_{[Ag(NH_3)_3]^+} \cdot (c_{CN^-})^2} = \frac{c_{[Ag(CN)_2]^-} \cdot (c_{NH_3})^2}{c_{[Ag(NH_3)_3]^+} \cdot (c_{CN^-})^2} \times \frac{c_{Ag^+}}{c_{Ag^+}} =$$

$$\frac{K_{f,[Ag(CN)_2]^-}}{K_{f,[Ag(NH_3)_3]^+}} = \frac{1.3 \times 10^{21}}{1.6 \times 10^7} = 8.1 \times 10^{13}$$

竞争平衡常数 K_j 值很大,说明反应向着生成 $[Ag(CN)_2]^-$ 的方向进行的趋势很大。因此,在含有 $[Ag(NH_3)_2]^+$ 的溶液中,加入足量的 CN^- 时,$[Ag(NH_3)_2]^+$ 被破坏而生成 $[Ag(CN)_2]^-$。可见,较不稳定的配合物容易转化成较稳定的配合物;反之,若要使较稳定的配合物转化为较不稳定的配合物就很难实现。

例9.3 有一含有 0.10 mol·L^{-1} 自由 NH_3、0.01 mol·L^{-1} NH_4Cl 和 0.15 mol·L^{-1} $[Cu(NH_3)_4]^{2+}$ 溶液,问溶液中有否 $Cu(OH)_2$ 沉淀生成?

解 查附录 5 得 $K_{f,[Cu(NH_3)_4]^{2+}} = 2.08 \times 10^{13}$,$K_{sp,Cu(OH)_2} = 2.2 \times 10^{-20}$,$K_{b,NH_3} = 1.76 \times 10^{-5}$。

要判断是否有 $Cu(OH)_2$ 沉淀生成,先计算出 $c_{Cu^{2+}}$,c_{OH^-},然后再根据溶度积规则判断。

由 $K_f = \dfrac{c_{[Cu(NH_3)_4]^{2+}}}{c_{Cu^{2+}} \cdot c_{NH_3}^4}$ 得

$$c_{Cu^{2+}} = \frac{c_{[Cu(NH_3)_4]^{2+}}}{K_f \cdot c_{NH_3}^4} = \frac{0.15}{2.08 \times 10^{13} \times (0.1)^4} \, mol \cdot L^{-1} = 7.2 \times 10^{-11} \, mol \cdot L^{-1}$$

溶液中存在 NH_3–NH_4Cl 缓冲对,OH^- 浓度应按缓冲溶液计算,则

$$c_{OH^-} = \frac{K_b \times c_{NH_3}}{c_{NH_4Cl}} = \frac{1.76 \times 10^{-5} \times 0.10}{0.01} \, mol \cdot L^{-1} = 1.76 \times 10^{-4} \, mol \cdot L^{-1}$$

因为
$$Q_i = c_{Cu^{2+}} \cdot (c_{OH^-})^2 = 7.2 \times 10^{-11} \times (1.76 \times 10^{-4})^2 =$$
$$2.23 \times 10^{-18} > K_{sp,Cu(OH)_2} = 2.2 \times 10^{-20}$$

所以溶液中有 $Cu(OH)_2$ 沉淀生成。

4. 计算金属与其配离子间的电势

配位反应的发生可使溶液中金属离子的浓度降低,从而改变金属离子的氧化能力、氧化还原反应的方向,或者阻止某些氧化还原反应的发生,或者使通常不能发生的氧化还原反应得以进行。例如,Fe^{3+} 可以氧化 I^-,若在该溶液中加入 F^-,由于生成较稳定的 $[FeF_6]^{3-}$ 配离子,Fe^{3+} 浓度大大降低,使电对 Fe^{3+}/Fe^{2+} 的电极电势大大降低,从而降低了 Fe^{3+} 的氧化能力,增强了 Fe^{2+} 的还原能力,下列反应可自动向右进行,这时溶液中同时存在氧化还原平衡和配位平衡的竞争反应。

$$Fe^{2+} + 1/2 I_2 \rightleftharpoons Fe^{3+} + I^-$$
$$+$$
$$6F^- \rightleftharpoons [FeF_6]^{3-}$$

总反应式为

$$Fe^{2+} + 1/2 I_2 + 6F^- \rightleftharpoons [FeF_6]^{3-} + I^-$$

本 章 小 结

本章首先阐述配合物的基本概念,它包括:配合物定义、配合物的组成、配合物的命名以及配合物的种类(简单配合物、螯合物)。

其次阐述了配合物的价键理论,它包括:配合物的空间构型、内外轨配合物、晶体场理论。

再次阐述了配位平衡配合物的稳定性,它包括:配位平衡常数、配位平衡移动,配合物的稳定性在化学、工农业、生物科学和医学领域中的应用以及配合物稳定性的应用。

最后阐述了配合物的性质,它包括:溶解度、氧化还原、酸碱性。

习 题

1. 区分下列概念:

(1) 配体和配合物;

(2) 外轨型配合物和内轨型配合物;

(3) 高自旋配合物和低自旋配合物;

(4)强场配体和弱场配体;

(5)几何异构和光学异构;

(6)活性配合物和惰性配合物;

(7)生成常数和逐级生成常数;

(8)螯合效应和反位效应。

2. 维尔纳研究了通式为 $Pt(NH_3)_xCl_4$(x 为 2~6 的整数,Pt 的氧化数为+4)的配合物水溶液的电导,实验结果可归纳如下:

配合物组成	水溶液中电离产生的离子个数
$Pt(NH_3)_6Cl_4$	5
$Pt(NH_3)_5Cl_4$	4
$Pt(NH_3)_4Cl_4$	3
$Pt(NH_3)_3Cl_4$	2
$Pt(NH_3)_2Cl_4$	0

假定 Pt(Ⅳ)形成的配合物为八面体,回答下列问题:

(1)根据电离结果写出 5 个配合物的化学式;

(2)绘出各自在三维空间的结构;

(3)绘出可能存在的异构体结构;

(4)络合配合物命名。

3. (1)在配合物 $[Fe(H_2O)_6](NO_3)_2$ 和 $K_4[Fe(CN)_6]\cdot 3H_2O$ 中,一个为黄色,另一个为绿色,请指明并说明判断理由。

(2)反式 $[Co(NH_3)_4Cl_2]^+$ 吸收可见光谱的红光,配合物是什么颜色?

4. 在八面体配合物中,哪些 d 电子构型在高自旋和低自旋排布中可能存在差异。

5. 下面哪一个配合物在可见光谱中具有最短的吸收波长:(1) $[Ti(H_2O)_6]^{3+}$;(2) $[Ti(en)_3]^{3+}$;(3) $[TiCl_6]^{3-}$。

6. 请指明配位离子 $[MoCl_6]^{3-}$ 和 $[Co(en)_3]^{3+}$ 哪个为抗磁性,哪个为顺磁性。

7. 配合物 $[Co(NH_3)_5(H_2O)][Co(NO_2)_6]$,回答下列问题:

(1)给配合物命名;

(2)用键价理论讨论各离子的成键情况,判断该配合物是顺磁性还是反磁性。

8. 配合物 $[Mn(NCS)_6]^{4-}$ 的磁矩为 6.06 μ_B,其电子结构如何?

9. (1)顺式和反式的 $[Co(en)_2Cl_2]^+$ 配离子存在光学异构体吗?

(2)平面正方形结构的 $[Pt(NH_3)(N_3)ClBr]^+$ 存在光学异构体吗?

10. 写出用乙二胺取代 $[Fe(H_2O)_6]^{3+}$ 中 H_2O 的一系列分步反应方程式,其中 $\lg K_{f1}=4.34$;$\lg K_{f2}=3.31$;$\lg K_{f3}=2.05$,对 $[Fe(en)_3]^{3+}$ 来说总反应方程式生成常数是多少?

第*10*章

有机化学与高分子化学

有机化合物遍布自然界,人们的衣食住行都和有机物质有关。人体中存在的蛋白质、核酸等都是极其复杂的有机化合物。有机化学的发展史也是人们认识自然、征服自然的历史。从只能由生物体分离出简单的有机化合物开始,随着对有机化合物分子结构逐步深入的了解和有机合成的进一步发展,到今天,人们已经能够用简单的有机工业原料来合成许多结构极为复杂的有机化合物,合成比某些天然有机物性能更为优异的有机化合物和合成材料。塑料、橡胶、纤维和涂料这四种广泛应用的高分子材料成为 20 世纪人类文明的标志之一,也是提高人类生活质量的主要物质基础之一。本章简要介绍与有机化合物相关的一些知识。

10.1 有机化合物的特征及分类

10.1.1 有机化学的产生和发展

有机化学是化学的一个分支,是研究有机化合物的化学,是一门研究有机化合物的组成、结构、性质及其变化规律的科学。有机化学作为一门科学是在 19 世纪中叶形成的。对于有机化合物人们并不陌生,它与人类的生产生活有着极为密切的联系。古时人们已知从植物中提取染料、药物和香料。据我国《周礼》记载,当时已设专官管理染色、制酒和制糖工艺;周王时代已知用胶。由于最初有机化合物大多来源于动植物体内,所以化学家们曾一度认为,有机化合物只能从有生命的生物体内得到。但是,1828 年,德国化学家魏勒,用无机物氰酸铵在实验室中制得了尿素。此后,许多化学家也在实验室用简单的无机物为原料,成功地合成了许多其他有机化合物。在大量的科学事实面前,化学家摒弃了不科学的生命力学说的束缚,加强了有机化合物的人工合成实践,促进了这门学科的发展。

现在,许多天然有机化合物都可以在实验室中合成,如维生素、叶绿素和蛋白质等。我国是世界上第一个成功合成牛胰岛素的国家,又于 1981 年合成了相对分子质量约为26000、化学结构和生物活性与天然转移核糖核酸完全相同的酵母丙氨酸转移核糖核酸。

有机化合物早已进入合成时代,有机化合物的研究工作也在现代电子计算机技术的辅助下以日新月异的变化飞速向前发展。

10.1.2　有机化合物的特征

随着生产实践和科学研究的不断发展,科学家们通过大量的研究发现,所有的有机化合物中都含有碳元素,绝大多数有机化合物中含有氢元素,许多有机化合物除含碳、氢元素外,还含有氧、硫、氮、磷和卤素等元素。从化学组成上看,有机化合物可以看做是碳氢化合物及其衍生物。

有机化合物一般具有以下特点:

(1)容易燃烧。人类常用的燃料大多是有机化合物,如天然气、液化石油气、酒精、汽油、煤、木柴等。这是因为有机化合物分子中的碳原子和氢原子容易被氧化成 CO_2 和 H_2O,而无机物一般是不易燃烧的。所以,人们常用引燃的方法来初步鉴别有机物和无机物。

(2)晶体类型上基本都属于分子晶体。因而熔点、沸点都较低,易挥发,硬度、密度都较低。

(3)分子极性较弱,或是非极性分子。因而一般难溶于极性较强的溶剂(如水),而较易溶于极性小的或非极性溶剂(如苯、甲苯、四氯化碳、石油醚等)。

(4)存在同分异构现象。由于每个碳原子可以生成 4 个共价键,因此由多个碳原子组成的有机化合物分子,即使具有完全相同的化学组成,也可能由于碳原子间采用不同的联结方式或顺序而形成不同的分子,具有不同的化学性质,这种现象称为同分异构现象。有机化合物存在多种同分异构现象,如官能团异构、官能团位置异构、顺反异构、旋光异构等。丰富的同分异构现象,使得有机化合物种类繁多,数目庞大。

(5)有机化学反应的反应速率一般较慢,而且存在副反应。例如,酯化反应常需几个小时才能完成,煤与石油的形成是动植物在地层下经历了千百年的变化才形成的。这主要是因为大多数有机物的反应是分子间的反应。而无机物的反应,大多是离子间反应,反应非常迅速,可瞬间完成。所以为了提高有机化合物的反应速率,往往采取加热、搅拌以及加入催化剂等措施。

10.1.3　有机化合物的分类

有机化合物数目庞大,种类繁多,目前已有 1 000 万种以上。为了便于系统地学习与研究,需要对有机化合物进行科学的分类。常用的分类方法有两种:一种是按碳链分类;另一种是按官能团分类。

1. 按碳链分类

根据碳链结合方式的不同,可将其分为 3 大类。

(1)开链族化合物

这类化合物的结构特征是碳原子间相互结合而成碳链,不成环。例如:

$$CH_3—CH_2—CH_3 \qquad CH_2=\!=\!=CH—CH_3 \qquad CH_3—CH—CH_2—CH_3$$

丙烷　　　　　　　　　丙烯　　　　　　　　　正丁烷

由于这类开链化合物最初是从脂肪中获得的,所以又叫做脂肪族化合物。

（2）碳环族化合物

这类化合物的结构特征是碳原子间相互连接成环状。碳环族化合物又可分为两类：

①脂环族化合物。这是分子中的碳原子连接成环，性质与脂肪族化合物相似的一类化合物。例如：

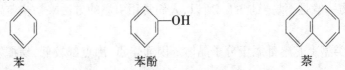

环戊烯 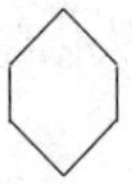   环己烷   环己醇

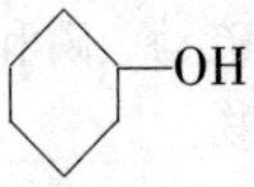

②芳香族化合物。这类化合物具有由碳原子连接而成的特殊环状结构，使它们具有一些特定的性质，由于最初是由香树脂中发现的，所以叫做芳香族化合物。例如：

苯   苯酚   萘

（3）杂环族化合物

这类化合物的结构特征是碳原子与其他杂原子（如 O、N、S 等）共同构成环状结构，所以称作杂环。例如：

呋喃    噻吩 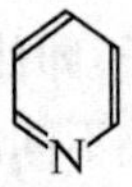   吡啶

2. 按官能团分类

官能团是指有机化合物分子中比较活泼、容易发生化学反应的原子或基团。官能团决定化合物的主要性质。具有相同官能团的化合物，其性质也相似，因此将它们归为一类，便于学习和研究。一些常见有机化合物的官能团见表 10.1。

表 10.1   常见有机化合物的官能团

官能团名称	官能团结构	化合物类名称	实 例
羧 基	$\overset{O}{\overset{\|\|}{-C}}-OH$	羧 酸	CH_3COOH（乙酸）
磺酸基	$-SO_3H$	苯磺酸	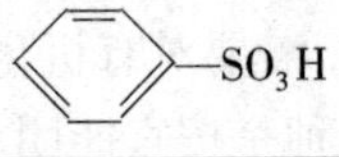 —SO_3H
烷氧基羧基（酯基）	$\overset{O}{\overset{\|\|}{-C}}-OR$	酯	$CH_3\overset{O}{\overset{\|\|}{C}}-O(CH_2)_3CH_3$
卤代甲酰基	$\overset{O}{\overset{\|\|}{-C}}-X$	酰 卤	$CH_3\overset{O}{\overset{\|\|}{C}}-Cl$
氨基甲酰基	$\overset{O}{\overset{\|\|}{-C}}-NH_2$	酰 胺	$CH_3\overset{O}{\overset{\|\|}{C}}-NH_2$

续表 10.1

官能团名称	官能团结构	化合物类名称	实　例
氰　基	—CN	腈	CH_3CN
醛基(甲酰基)	$\overset{O}{\overset{\|}{-C-H}}$	醛	$CH_3\overset{O}{\overset{\|}{C}}-H$
羰　基	$\overset{O}{\overset{\|}{-C-}}$	酮	$CH_3\overset{O}{\overset{\|}{C}}CH_3$
羟　基	—OH	醇,酚	CH_3OH ⬡—OH
硫　基	—SH	硫醇,硫酚	CH_3CH_2SH ⬡—SH
氢过氧基	—O—O—H	氢过氧化合物	⬡—C(CH₃)(CH₃)—OOH
氨　基	—NH₂	胺	CH_3NH_2
亚氨基	＼NH／	仲胺,亚胺	(CH₃)₂NH
烷氧基	—OR	醚	CH_3OCH_3
卤原子	—X(F,Cl,Br,I)	卤代烃	CH_3CH_2Br
硝　基	—NO₂	硝基化合物	CH_3NO_2

10.2　有机化合物的命名

有机化合物的命名方法,常用的有普通命名法和系统命名法两种。其中普通命名法只适用于简单的化合物,最常用的是系统命名法,它是在日内瓦命名法的基础上,经过国际纯粹化学与应用化学联合会(International union of Pure and Applied Chemistery,简称IUPAC)多次修订后制定的命名法。我国现用的系统命名法,是在此命名原则基础上,再结合我国文字特点而制定的。本节简单介绍目前通用的命名方法。

10.2.1 链烃及其衍生物的命名

1.选择主链

(1)如果为饱和烃,选含碳原子数最多的最长的碳链作主链。

(2)如果为不饱和烃,选含不饱和键在内(双键或三键)的最长的碳链作主链。

(3)如果为链烃衍生物,选含官能团在内的(卤原子、硝基除外)最长的碳链作主链。

(4)如果主链的碳原子数为10以内的,依次用甲、乙、丙、丁、戊、己、庚、辛、壬、癸表示。如果主链碳原子数在10个以上的,用十一、十二……表示。

2.主链中碳原子的编号

将主链中的碳原子依次用阿拉伯数字(1,2,3,…)编序,同时注意使官能团(或取代基)的序号尽可能最小。

3.取代基或官能团的编号

根据与取代基和官能团相连接的主链中碳原子的序号表示取代基和官能团的位置。用阿拉伯数字1,2,3,…表示其位置,加上取代基或官能团的数目和名称,写在主链名称的前面,如下所示:取代基的位序(用1,2,3,…)+取代基的数目(用一、二、三……)+取代基名称。对处于主链中的官能团的位次,可以按取代基的编序方式,用阿拉伯数字(1,2,3,…)写在主链名称的前面(取代基名称的后面)。例如:

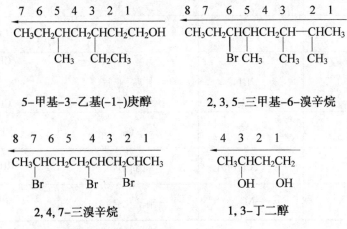

5-甲基-3-乙基(-1-)庚醇

2,3,5-三甲基-6-溴辛烷

2,4,7-三溴辛烷

1,3-丁二醇

10.2.2 芳烃及其衍生物的命名

1.选择母体

(1)选羟基、酯基、醛基、羧基、氨基、硫酰基、双键、三键等官能团(卤原子、硝基除外)或带官能团的最长碳链为主链或者母体,把苯环当做取代基。

(2)当苯环上只有简单烃基(相对分子质量较小的基团)、卤素原子、硝基等取代基时。把苯环当做母体。例如:

硝基苯

苯乙烯

2. 母体(或主链)和苯环中的碳原子的编序

(1)母体(主链)或苯环中碳原子依次用阿拉伯数字(1,2,3,…)编序,其基本原则是使官能团的位序尽可能最小。

(2)当苯环上有两个取代基的时候,也可以分别用"邻(o-)"、"对(p-)"、"间(m-)"表示两个基团的相对位置。例如:

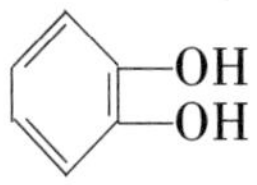

邻苯二酚 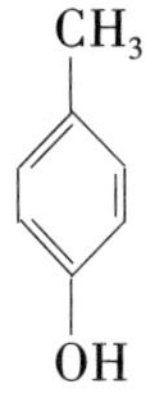　　　　　　　　对甲苯酚

10.3　各类主要有机化合物的特征

分子中只含有碳和氢两种元素的有机化合物叫做碳氢化合物,简称烃。烃是最简单的有机化合物,可以看作是其他有机化合物的母体,其他有机化合物可以看作是烃的衍生物。根据分子中碳原子间的连接方式,可将烃分为开链烃和闭链烃。下面简要介绍各类常见烃的主要特征。

10.3.1　链烃、芳香烃、卤代烃

1. 烷烃

最简单的烷烃是甲烷,它是天然气的主要成分,燃烧热大,燃烧产物为 CO_2 和 H_2O,是一种重要的能源。

在烷烃系列化合物中,碳原子的 4 个价键,除以单键与其他碳原子互相结合,其余价键都为氢原子所饱和,所以烷烃也称为饱和烃,其分子组成的通式为: C_nH_{2n+2}。

(1)烷烃的物理性质

常温常压下 $C_1 \sim C_4$ 的烷烃为气体, $C_5 \sim C_{16}$ 的烷烃为液体, C_{17} 以上的烷烃为固体。烷烃的熔沸点基本上随碳原子数的增多而呈规律性变化,烷烃的沸点随相对分子质量的增加而升高。对于同碳数的烷烃的同分异构体,直链烷烃的沸点高于支链烷烃的沸点,支链越多沸点越低。烷烃的熔点基本上也是随相对分子质量的增加而升高,其中偶数碳原子的烷烃的熔点比相邻含奇数碳原子烷烃的熔点升高多一些。烷烃的相对密度小于1,比水轻,随分子中碳原子数目的增加而逐渐增大。烷烃为无极性或弱极性分子,因此难溶于水,易溶于有机溶剂。

(2)烷烃的化学性质

烷烃是一类不活泼的有机化合物,室温下与强酸、强碱、强氧化剂等都不起作用。由于烷烃有很好的稳定性,所以通常用作溶剂和燃料。但是在特定的条件下,例如高温、高压、光照或催化剂的影响下,烷烃也可发生以下化学反应。

①氧化反应。在室温和大气压下,烷烃与氧不发生反应,如果点火引发,则烷烃可以

燃烧生成 CO_2 和 H_2O,同时放出大量的热。

$$CH_4+2O_2 \rightarrow CO_2+2H_2O, \Delta H=-881 \text{ kJ/mol}$$

在一定的条件下,烷烃也可以只氧化为一定的含氧化合物。例如,在 $KMnO_4$, MnO_2 或脂肪酸锰盐的催化作用下,小心用空气或氧气氧化高级烷烃,可制得高级脂肪酸。

其中 $C_{10} \sim C_{20}$ 的脂肪酸可代替天然油脂制取肥皂。

②裂化反应。烷烃在隔绝空气的情况下,加热到高温,分子中的 C—C 键和 C—H 键发生断裂,由较大分子转变成较小分子的过程,称为裂化反应。裂化反应的产物往往是复杂的混合物,例如:

$$CH_3CH_2CH_2CH_3 \xrightarrow{\text{裂化}} \begin{cases} CH_4+CH_3CH=CH_2 \\ CH_2=CH_2+CH_3CH_3 \\ CH_3CH_2CH=CH_2+H_2 \end{cases}$$

裂化反应产生的低级烯烃是有机化学工业的基础原料,因此,裂化反应在石油工业中具有非常重要的意义。利用裂化反应,可以提高汽油的产量和质量。一般由原油经分馏而得到的汽油只占原油的 10% ~ 20%,且质量不好。炼油工业中利用加热的方法,使原油中含碳原子数较多的烷烃断裂成更需要的汽油组分($C_6 \sim C_9$)。通常在 5MPa 及 500 ~ 600℃温度下进行的裂化反应称为热裂化反应。石油分馏得到的煤油、柴油、重油等馏分均可作为热裂化反应的原料,但以裂化重油为多。热裂化可以大大增加汽油的产量,但对汽油质量的提高并不理想。

③取代反应。烷烃与某些试剂可以发生反应,烷烃分子中的氢原子可被其他原子或原子团所取代,这种反应叫做取代反应。被卤素取代的反应叫做卤代反应,也称为卤化反应。甲烷如果在强烈的日光照射下,则会发生猛烈的反应,甚至发生爆炸,放出大量的热。例如:

$$CH_4+2Cl \xrightarrow{\text{强化}} 4HCl+C+\text{热量}$$

如果在漫射光或加热(400 ~ 450 ℃)的情况下,甲烷分子中的氢原子可逐渐被氯原子取代,生成一氯甲烷、二氯甲烷、三氯甲烷和四氯化碳:

$$CH_4+Cl_2 \xrightarrow{\text{漫射光}} CH_3Cl+HCl$$

$$CH_3Cl+Cl_2 \xrightarrow{\text{漫射光}} CH_3Cl_2+HCl$$

$$CH_2Cl_2+Cl_2 \xrightarrow{\text{漫射光}} CHCl_3+HCl$$

$$CHCl_3+Cl_2 \xrightarrow{\text{漫射光}} CCl_4+HCl$$

因此,烷烃卤化时,通常得不到单一的产物。但如果控制反应条件,则可使某一产物成为主产物。例如,工业上采用热氯代法,控制反应温度 400 ~ 450℃,当 CH_4 与 Cl_2 摩尔比为 10 : 1 时,主要生成一氯甲烷;当 CH_4 与 Cl_2 摩尔比为 0.263 : 1 时,主要生成四氯化碳。

2. 烯烃

分子中具有一个碳碳双键的开链不饱和烃叫做烯烃。由于分子中具有双键,因此烯烃要比相同碳原子数的烷烃少两个氢原子,所以烯烃的通式是 C_nH_{2n}。碳碳双键是烯烃的官能团。

乙烯(C_2H_4)是最简单的烯烃,是重要的化工原料。目前乙烯最大的用量是用来制造聚乙烯等高聚物。各类乙烯系统的产品在国际上占全部化工产品产值的一半左右。因此,乙烯的产量常常用来衡量一个国家石油化工的水平。

(1)烯烃的物理性质

常温下,乙烯、丙烯和丁烯是气体,从戊烯开始是液体,19 个碳以上的烯烃是固体。与烷烃相似,在同系列中,烯烃的沸点随着相对分子质量的增加而增高。同碳数的正构烯烃的沸点比带支链的烯烃的高。烯烃的相对密度都小于 1,比水轻。烯烃仅有微弱的极性,难溶于水而易溶于非极性的有机溶剂。

(2)烯烃的化学性质

烯烃为不饱和烃,化学性质较烷烃活泼,能起加成、氧化、聚合等反应,其中加成反应是烯烃的特征反应。

①加成反应。烯烃的加成反应,就是双键中的 π 键打开,加成试剂的两个原子或基团分别结合到双键两端的碳原子上,形成两个新的 σ 键,从而变成饱和的化合物。加成反应可表示为

$$\begin{array}{c} \diagup \\ C \!=\! C \end{array} \; +Y\!-\!Z \longrightarrow \; -\overset{|}{\underset{Y}{C}}\!-\!\overset{|}{\underset{Z}{C}}\!-$$

加成反应通常有以下常见的类型:加氢、加卤素、加卤化氢、加水等,例如:

$$H_2C\!=\!CH_2+H_2 \longrightarrow CH_3CH_3$$
$$H_2C\!=\!CH_2+Br_2 \longrightarrow CH_2BrCH_2Br$$
$$H_2C\!=\!CH_2+HI \longrightarrow CH_3CH_2I$$
$$H_2C\!=\!CH_2+H_2O \longrightarrow CH_3CH_2OH$$

②氧化反应。烯烃很容易被氧化。氧化时 π 键首先被氧化而断裂。按所用氧化剂和氧化条件的不同,产物也各不相同。常用的氧化剂有高锰酸钾溶液。采用稀、冷的碱性高锰酸钾水溶液氧化烯烃时,产物如下

$$R\!-\!CH\!=\!CH_2 \xrightarrow[\text{冷,OH}^-]{KMnO_4,H_2O} R\!-\!\overset{|}{\underset{OH}{C}}H\!-\!\overset{|}{\underset{OH}{C}}H_2 \; +MnO_2\downarrow$$

在较剧烈的氧化条件下,如采用加热及浓的高锰酸钾溶液,则不仅 π 键会打开,σ 键也会发生断裂,产物如下

$$R\!-\!CH\!=\!CH_2 \xrightarrow[\triangle]{KMnO_4} R\!-\!\overset{|}{\underset{OH}{C}}\!=\!O \; + \; H\!-\!\overset{O}{\overset{\|}{C}}\!-\!OH$$

反应后由于高锰酸钾被还原而使其紫色褪去,因而可用高锰酸钾溶液的褪色反应来检验双键的存在。

③聚合反应。烯烃可以在引发剂或催化剂的作用下,双键断裂而相互加成,得到长链

的大分子或高分子化合物。由低相对分子质量的有机化合物相互作用而生成高分子化合物的反应叫做聚合反应,生成的产物叫做聚合物。因烯烃的聚合是通过加成反应进行的,所以这种聚合方式称为加成聚合反应,简称加聚。

$$nCH_2 = CH_2 \xrightarrow[100 \sim 250℃,150 \sim 300\,MPa]{少量引发剂} (CH_2 - CH_2)_n$$

工业上常用作聚合单体的烯烃还有丙烯、异丁烯、丁二烯、苯乙烯等,它们是合成橡胶、塑料、纤维等的重要原料。

3. 炔烃

分子中含有碳碳三键的不饱和烃叫做炔烃,其通式是 C_nH_{2n-2}。

乙炔(C_2H_2)是最简单也是最重要的炔烃,它不仅是一种重要的有机合成原料,而且又大量地用作高温氧化焰的燃料。工业上可用煤、石油或天然气作为原料生产乙炔,所以乙炔是个可以大量生产而又成本低廉的工业产品。

(1)炔烃的物理性质

炔烃的物理性质和烷烃、烯烃基本相似。低级的炔烃在常温常压下是气体,但沸点比相同碳原子数的烯烃略高些。随着碳原子数的增加,它们的沸点也升高。炔烃不溶于水,但易溶于极性小的有机溶剂,例如石油醚、苯、乙醚、四氯化碳等。

(2)炔烃的化学性质

炔烃分子中也有 π 键,故与烯烃的化学性质相似,也能发生加成、氧化、聚合等反应。

①加成反应。炔烃分子中碳—碳三键中有两个 π 键,其不饱和性比烯烃大,通常可与两分子试剂发生加成,即相当于两次双键加成,常见的加成类型有加氢、加卤素、加卤化氢、加水等,例如:

$$CH \equiv CH + H_2 \xrightarrow{Pt,Pd\ 或\ Ni} CH_2 = CH_2 + H_2 \xrightarrow{Pt,Pd\ 或\ Ni} H_3C - CH_3$$

$$CH \equiv CH + Cl_2 \longrightarrow ClCH = CHCl + Cl_2 \longrightarrow Cl_2HC - CHCl_2$$

$$CH \equiv CH + HCl \longrightarrow \underset{Cl}{CH = CH_2} + HCl \longrightarrow \underset{Cl}{HC} - CH_3$$

$$CH \equiv CH + H_2O \xrightarrow[HgSO_4]{H_2SO_4} CH_3\overset{H}{\underset{}{C}} = O$$

②氧化反应。炔烃和氧化剂反应,往往可以使碳碳三键断裂,最后得到完全氧化的产物——羧酸或 CO_2(乙炔被氧化时生成 CO_2)。例如:

$$R - C \equiv C - R' \xrightarrow{KMnO_4} RCOOH + R'COOH$$

炔烃被高锰酸钾氧化后可使其紫色褪去,因而可用高锰酸钾溶液的褪色反应来检验炔键的存在。

③聚合反应。炔烃只生成仅由几个分子聚合的聚合物。例如,在不同条件下,乙炔可生成链状的二聚物或三聚物,也可生成环状的三聚物或四聚物。例如:

$$2HC{\equiv}CH \xrightarrow[\text{H}_2\text{O}]{\text{CuCl}_2+\text{NH}_4\text{Cl}} H_2C{=}CH{-}C{\equiv}CH$$

$$2HC{\equiv}CH \xrightarrow[\text{H}_2\text{O}]{\text{Ni(CN)}_2,(\text{C}_6\text{H}_3)\text{P}}$$

4.芳香烃

芳香烃是指含有苯环或多个苯环组合结构的碳氢化合物。它们是芳香族化合物的母体,芳香族化合物是芳香烃及其衍生物的总称。

按照分子中苯环数目的多少及连接方式的不同,可将芳香烃分为单环芳烃(如苯、甲苯等)、多环芳烃(如联苯、二苯甲烷)和稠环芳烃(如萘、蒽、菲等)。

芳香烃主要是从煤和石油中得到。由煤干馏生成焦炉气中可以回收苯、甲苯、二甲苯等。从煤焦油中可以分离出苯、萘、蒽、菲等。

苯是最简单的芳香烃,是合成其他芳香族化合物的重要原料,也是医药、燃料以及国防工业的重要原料。

(1)苯及其同系物的物理性质

苯及其同系物一般为无色液体,易挥发,比水轻,不溶于水,易溶于石油醚、醇、醚等有机溶剂。其本身也是一种常用的优良有机溶剂。

(2)苯及其同系物的化学性质

苯环中不存在典型的碳–碳双键,因此苯及其同系物的化学性质与不饱和烃有明显的不同。通常情况下,苯环易进行取代反应而不易进行加成和氧化反应。苯环上的氢原子被取代的反应是苯及其同系物最重要的化学反应。

①卤化反应。苯及其同系物在三氯化铁或三氯化铝的催化下与氯或溴作用,生成卤代苯。

$$\text{苯} +\text{Cl}_2 \xrightarrow[\text{或 FeCl}_3]{\text{Fe}} \text{氯苯} +\text{HCl}$$

氯苯

生成的卤苯再进一步卤化,可生成二卤化合物。当苯环上已有卤原子取代时,第二个卤原子通常会在第一个卤原子的邻位或者对位发生取代。

②硝化反应。苯与浓硝酸和浓硫酸共热时,苯环上的氢原子可被硝基($-NO_2$)取代,生成硝基苯,此反应称为硝化反应,例如:

$$+\text{HNO}_3 \xrightarrow[\text{50 ℃左右}]{\text{H}_2\text{SO}_4} \text{NO}_2 +\text{H}_2\text{O}$$

③磺化反应。苯与浓硫酸或发烟硫酸作用,环上的一个氢原子可被磺酸基($-SO_3H$)取代,生成苯磺酸,这类反应叫做磺化反应,例如:

$$+\text{H}_2\text{SO}_4 \xrightarrow{\text{80 ℃}} \text{SO}_3\text{H} +\text{H}_2\text{O}$$

磺酸基酸性很强,在水中的溶解度很大,因此在有机化合物中引入磺酸基可以增加有机化合物在水中的溶解度。将磺酸基结合到脂肪烃的长链上,就形成了表面活性剂分子(一端亲水,另一端亲油),有广泛的用途。例如,常用的洗涤剂、乳化剂都是表面活性剂。把磺酸基联结到高分子材料上去,可制成离子交换树脂及燃料电池中的质子交换膜等。

5. 卤代烃

烃分子中的氢原子被卤素取代后生成的化合物称为卤代烃,简称卤烃。卤烃的通式为 R—X,X 表示卤原子。

在卤烃分子中,根据分子中母体烃类别的不同,可将卤烃分为卤代烷烃、卤代烯烃及卤代芳烃等,如氯乙烷、氯乙烯、氯苯。根据分子中卤原子数目的不同,可以把卤烃分为一元卤烃、二元卤烃、三元卤烃等。二元或二元以上的卤烃统称为多卤烃。例如:一氯乙烷、二氯乙烷、三氯丙烷。

(1)卤烃的物理性质

卤烃不溶于水,但在醇和醚等有机溶剂中有良好的溶解性,有些卤代烃可用作有机溶剂。卤代烷没有颜色,但是碘代烷容易分解产生游离的碘而显示碘的颜色。多氯代烷及多氯代烯对油污有很强的溶解能力,可用作干洗剂。

(2)卤烃的化学性质

卤烃分子中,卤原子是官能团,由于卤原子的电负性很强,所以碳—卤键是极性共价键。当卤烃遇到带有负离子或带有未共用电子对的试剂的时候易于发生取代反应,例如:

$$RX+H_2O \longrightarrow ROH+HX$$
$$RX+NH_3 \longrightarrow RNH_2+HX$$
$$CH_3CH_2I+NaCN \longrightarrow CH_3CH_2CN+NaI$$
$$RX+R'ONa \longrightarrow ROR'+NaX$$

以上这些反应是合成制备醇(ROH)、胺(RNH_2)、醚(ROR')及腈(RCN)等化合物的重要方法。

此外,具有 β-氢的卤烃与强碱作用时,还可以发生消除反应。即脱去一分子卤化氢,而生成双键。例如:

$$RCH_2CH_2X+NaOH \xrightarrow{\text{乙醇}} RCH=CH_2+NaX+H_2O$$

卤烷能与某些金属直接化合,生成由金属原子与碳原子直接相连的化合物,称为有机金属化合物。例如,一卤代烷与金属镁在绝对乙醚(无水、无醇的乙醚)中作用生成有机金属镁化合物,产物能溶于乙醚,不需分离即可直接用于各种合成反应,这种产物一般称为格利雅试剂,简称格氏试剂。

$$RX+Mg \xrightarrow{\text{绝对乙醚}} R-Mg-X$$

格利雅试剂非常活泼,能起多种化学反应。如遇有活泼氢的化合物(如水、醇、氨等)则分解为烷烃。格利雅试剂在空气中能被缓慢的氧化,所以保存格利雅试剂时应隔绝空气。

10.3.2 醇、酚、醚

醇、酚、醚都是烃的含氧衍生物。醇和酚可以看做是烃分子中的氢原子被羟基

(—OH)取代的产物,如果羟基与脂肪烃基直接相连的化合物叫醇,羟基与芳香烃基直接相连的化合物叫酚,醚可以看做是水分子中两个氢原子被两个烃基取代后的产物。例如:

$$CH_3CH_2—OH \qquad\qquad 〈\;〉—OH \qquad\qquad CH_3CH_2—O—CH_2CH_3$$

乙醇   苯酚   乙醚

饱和一元醇的通式为 $C_nH_{2n+1}OH$,或简写成 ROH。醚的通式为 R-O-R′、Ar-O-R 或 Ar-O-Ar。

1.醇

醇分子中羟基是官能团,又称醇羟基。在醇分子中根据醇羟基与所连碳原子类别的不同,可将醇分为伯醇、仲醇、叔醇。例如:

$$RCH_2—OH \qquad \underset{R'}{\overset{R}{CH}}—OH \qquad \underset{R'}{\overset{R \quad R''}{C}}—OH$$

伯醇   仲醇   叔醇

根据醇分子中羟基数目的多少可将醇分为一元醇、二元醇和多元醇(含两个及以上羟基),如乙醇、乙二醇、丙三醇等。

(1)醇的物理性质

低级醇是具有酒味的无色透明液体,含 C_{12} 以上的直链醇为固体。甲醇、乙醇、丙醇等低级醇,为极性分子,且能与水生成氢键,故极易溶于水,能与水无限混溶。从正丁醇开始,随着烃基的增大,在水中的溶解度逐渐降低,而在有机溶剂中溶解度变大。含 C_{10} 以上的醇,基本上不溶于水。但若为多元醇,则可形成更多的氢键,随着分子中烃基的增加,其水溶性亦会增加。带有长链的多元醇可起表面活性剂的作用。

(2)醇的化学性质

①与活泼金属的反应。醇羟基中的 H—O 键是较强的极性键,氢原子很活泼,可被活泼金属置换放出氢气并生成醇金属。例如,低级醇与金属钠反应,生成醇钠和氢气。

$$2ROH+Na \longrightarrow 2RONa+H_2\uparrow$$

醇钠非常活泼,常在有机合成中用作强碱或缩合剂等。醇钠遇水发生水解,生成醇和氢氧化钠。

$$RONa+H_2O \rightleftharpoons ROH+NaOH$$

②与氢卤酸反应。醇与氢卤酸作用,则 -OH 被 -X 取代,而生成卤烃和水。

$$ROH+HX \longrightarrow RX+H_2O$$

这个反应是可逆的,如果使反应物之一过量或使生成物之一从平衡混合物中移去,都可使反应向有利于生成卤烃的方向进行,以提高产量。

③酯化反应。醇与酸作用生成酯的反应,即酯化反应,是醇类与酸类化合物的典型反应。例如:

$$2CH_3OH+HOSO_3H \xrightarrow{\text{低温}} CH_3OSO_2OCH_3+2H_2O$$

$$CH_3\overset{O}{\overset{\|}{C}}OH + CH_3CH_2OH \xrightarrow[\text{酯化}]{} CH_3\overset{O}{\overset{\|}{C}}OCH_2CH_3 + H_2O$$

④脱水反应。醇脱水根据反应条件的不同,可以发生分子内脱水,生成烯烃,也可以发生分子间脱水生成醚。例如:

$$CH_3CH_2OH \xrightarrow[170\ ℃]{H_2SO_4} CH_2 \!=\! CH_2 + H_2O$$

$$2CH_3CH_2OH \xrightarrow[140\ ℃]{H_2SO_4} CH_3CH_2OCH_2CH_3 + H_2O$$

2. 酚

酚的特征官能团仍然是羟基,不过为了区别于一般羟基,酚中的羟基也称为酚羟基。酚可根据分子中所含羟基数目的多少,分为一元酚和多元酚。例如:

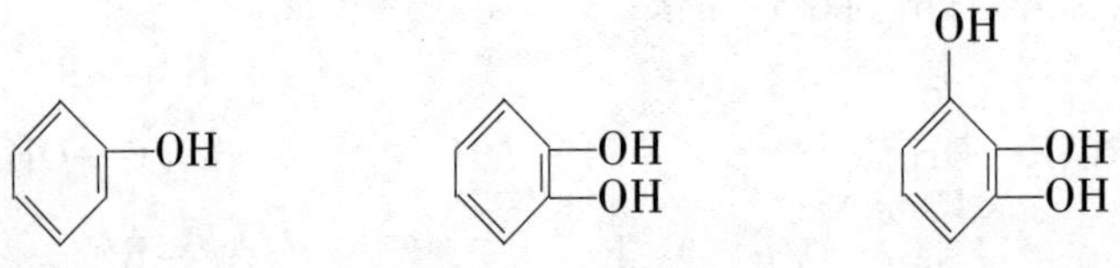

苯酚　　　　　　　　邻苯二酚　　　　　　　　连苯三酚

(1) 酚的物理性质

酚大多数为结晶固体,少数烷基酚为高沸点液体。酚分子之间或酚与水分子之间,可发生氢键缔合。因此,酚的沸点和熔点都比相对分子质量相近的烃高。酚微溶于水,易溶于乙醇、乙醚等有机溶剂。

(2) 酚的化学性质

①生成酚醚。酚与醇相似,也可生成醚。但因酚羟基的碳氧键比较牢固,一般不能通过酚分子间脱水来制备。通常由酚金属与烷基化剂(如碘甲烷或硫酸二甲酯)在弱碱性溶液中作用而得。例如:

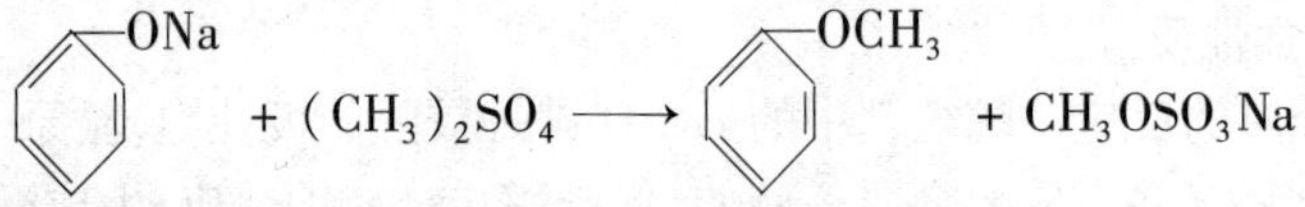

②生成酚酯。酚与酰氯、酸酐等作用时,生成酚酯。例如:

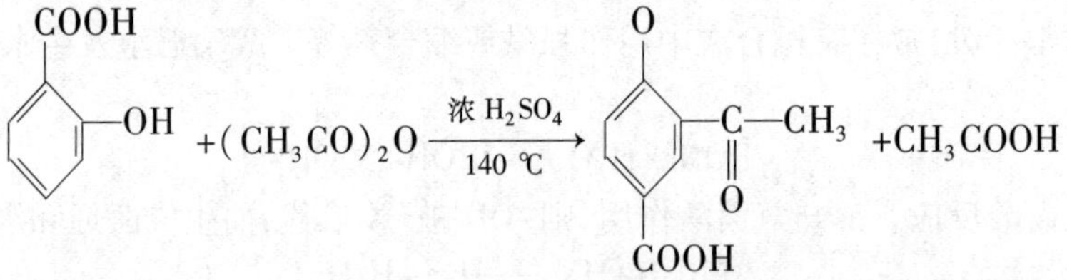

邻羟基苯甲酸(水杨酸)　　　　　　乙酰水杨酸(阿司匹林)

③显色反应。酚能与 $FeCl_3$ 溶液发生显色反应,不同的酚呈现不同的颜色。例如

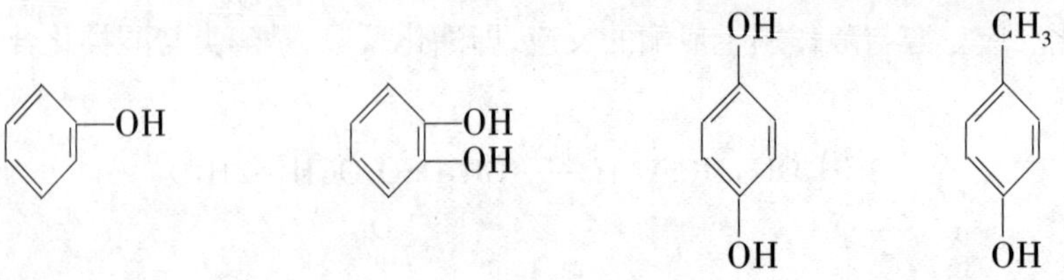

蓝紫色　　　　　深绿色　　　　　暗绿色结晶　　　　蓝色

酚与 $FeCl_3$ 的显色反应,一般认为是生成络合物,例如:

$$6ArOH+FeCl_3 \Longrightarrow [Fe(OAr)_6]^{3-}+6H^++3Cl^-$$

3. 醚

醚可看做是醇羟基的氢原子被烃基取代后的生成物。醚分子中的氧基–O–也叫做醚键。按它所连接的烃基结构和方式不同,醚可分为:

$$醚\begin{cases} 饱和醚\begin{cases} 单醚—R=R',例如:CH_3—O—CH_3 \\ 混醚—R\neq R',例如:CH_3—O—C_2H_5 \end{cases} \\ 不饱和醚,—R \ 为不饱和烃基,例如:CH_3—O—CH_2CH=CH_2 \\ 芳醚,—RO \ 或 \ ArO \ 芳烃基相连接,例如: \end{cases}$$

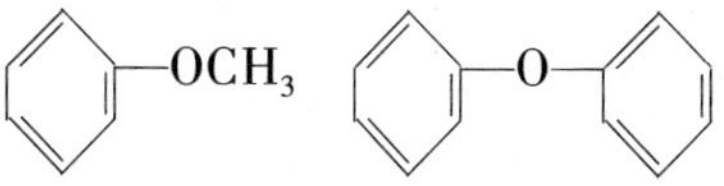

(1)醚的物理性质

除甲醚和甲乙醚为气体外,其余的醚大多是无色、有特殊气味、易流动的液体,相对密度小于 1。醚分子中没有羟基,故不能与水形成氢键。醚一般微溶于水,易溶于有机溶剂,其本身也是一个很好的有机溶剂。

(2)醚的化学性质

醚分子中氧原子与两个烷基相连,分子的极性很小,因此,它的化学性质比较稳定。常温下不与金属钠作用,对碱、氧化剂和还原剂都十分稳定。但醚如果长时间与空气接触,可被空气氧化生成过氧化物($ROOR'$)。过氧化物受热分解时,产生活泼的自由基,并可引起爆炸。因此,蒸馏乙醚时,不要完全蒸干,以免过氧化物过度受热而爆炸。在蒸馏乙醚之前,必须检验有无过氧化物存在,以防意外。

10.3.3　醛、酮、羧酸和酯

1. 醛、酮

(1)醛、酮的物理性质

室温下除甲醛是气体外,12 个碳原子以下的醛、酮都是液体,高级醛、酮是固体。低级醛、酮带有刺鼻性气味,中级醛、酮有果香味,常用于香料工业。醛、酮都是极性化合物,沸点比相对分子质量相近的非极性化合物(烃)高。但随相对分子质量的增加,沸点逐渐降低。低级醛、酮在水中有相当大的溶解度。甲醛、乙醛、丙醛都能与水混溶。醛、酮都能溶于有机溶剂。丙酮能溶解很多有机化合物,其本身是一个很好的有机溶剂。

(2)醛、酮的化学性质

醛酮分子中都含有羰基,羰基是由一个 σ 键和一个 π 键组成的。因此,易发生加成、氧化和还原等反应。

①加成反应。例如:

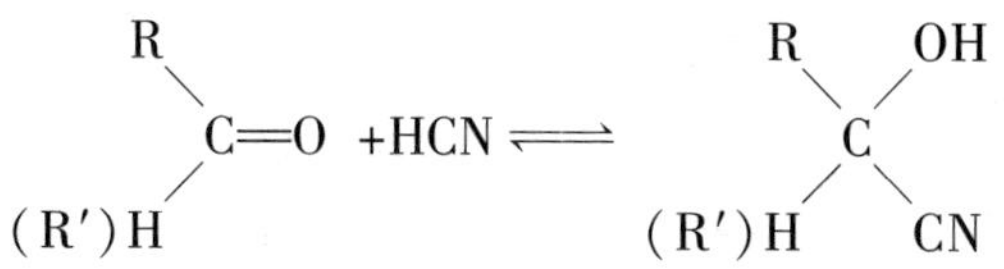

$$R'CHO+2ROH \underset{}{\overset{HCl}{\rightleftharpoons}} R'-\overset{\overset{H}{|}}{\underset{\underset{OR}{|}}{C}}-OR$$

$$R-\overset{}{\underset{\underset{O}{||}}{C}}-R' + R''-MgX \xrightarrow{乙醚} R-\overset{\overset{OMgX}{|}}{\underset{\underset{R'}{|}}{C}}-R'' \xrightarrow[水解]{H^+} \overset{\overset{R'}{|}}{\underset{\underset{R}{|}}{C}}-R''$$

格氏试剂

②氧化反应。醛分子中,羰基碳原子一侧连的是氢原子,而酮两侧连的都是烃基,所以醛比酮容易被氧化。醛可以被弱氧化剂如费林试剂(以酒石酸盐作为络合剂的碱性氢氧化铜溶液)或托伦斯试剂(硝酸银的氨溶液)氧化。

$$RCHO+2Cu(OH)_2+NaOH \xrightarrow{\triangle} RCOONa+Cu_2O\downarrow+3H_2O$$

蓝绿色   红色

$$RCHO+2Ag(NH_3)_2OH \xrightarrow{\triangle} RCOONH_4+2Ag\downarrow+H_2O+3NH_3$$

无色   银镜

醛与这些氧化剂作用时,有明显的颜色变化或有沉淀生成,酮则没有这些现象,因此常用这些试剂区别醛和酮。

③还原反应。醛、酮可以被还原,在不同的条件下,用不同的还原剂还原可以得到不同的产物。如在金属催化剂 Ni,Cu,Pt,Pd 等存在下,与氢气作用可以得到醇。例如:

$$RCHO + H_2 \xrightarrow{Ni} RCH_2OH$$

$$R-\overset{}{\underset{\underset{O}{||}}{C}}-R' + H_2 \xrightarrow{Ni} \overset{\overset{R'}{|}}{\underset{\underset{OH}{|}}{CH}}-R$$

用锌汞齐加盐酸还原时,可以转化成烃。例如:

$$\text{(苯环)}-\overset{\overset{O}{||}}{C}-R \xrightarrow{ZnH} \text{(苯环)}-CH_2R$$

④缩合反应。

a. 醇醛缩合:醛在弱碱[Ca(OH)_2,Ba(OH)_2 等]或碱性离子交换树脂的作用下可以发生醇醛缩合。例如:

$$CH_3-\overset{\overset{O}{||}}{C}-H + CH_3-\overset{\overset{O}{||}}{C}-H \xrightarrow[H_2O,5\ ℃]{10\% NaOH} CH_3-\overset{\overset{OH}{|}}{CH}-CH-CH_2\overset{\overset{O}{||}}{C}-H$$

上述缩合反应的产物同时含有羟基和醛基,这种缩合反应称为醇醛缩合。

b. 酚醛缩合:酚羟基邻、对位的氢原子性质非常活跃,能与醛基发生加成并缩合,脱去水分子,而使苯酚和甲醛结合起来,并能继续聚合成高聚物。这种苯酚与甲醛缩合聚合得到的高聚物统称为酚醛树脂，是一类常用的重要的高分子材料。根据苯酚与甲醛的不同用量比及使用催化剂，可以得到不同化学结构及物理性质的树脂。例如：

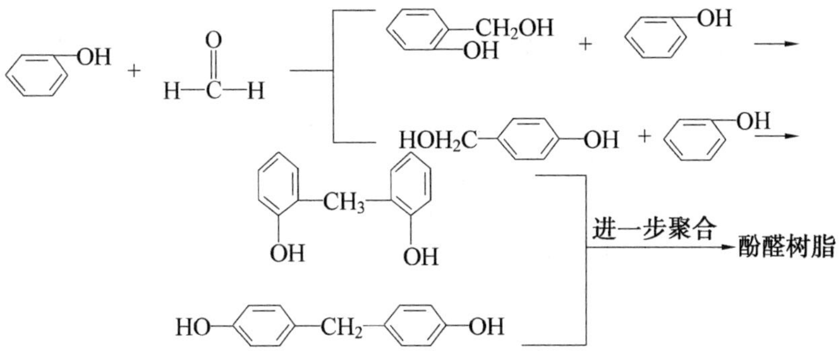

2. 羧酸、酯

羧酸是分子中含有羧基（—COOH）的化合物。它可以看成是烃分子中氢原子被羧基取代得到的化合物（RCOOH），羧基是羧酸的特征官能团。酯类化合物是由酸与醇作用，脱去一分子水的产物：

$$R'—OH+RCOOH \rightleftharpoons RCOOR'+H_2O$$

其通式可表示为 RCOOR′。

羧酸的分类中，根据分子中烃基结构的不同可将羧酸分为脂肪族羧酸、脂环族羧酸和芳香族羧酸，例如：

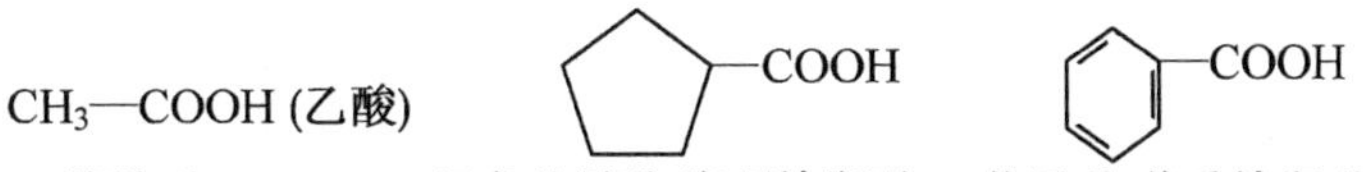

脂肪酸　　环戊基甲酸(脂环族羟酸)　苯甲酸(芳香族羟酸)

根据分子中所含羧基数目的多少，可将羧酸分为一元羧酸、二元羧酸和多元羧酸，如乙酸（CH_3COOH）、丁二酸（$COOHCH_2CH_2COOH$）等。

（1）羧酸的物理性质

甲酸、乙酸、丙酸是具有刺激性臭味的液体，直链的正丁酸至正壬酸是具有腐败气味的油状液体，癸酸以上的正构羧酸是无臭的固体。脂肪族二元酸和芳香族羧酸都是结晶固体。羧基可与水形成氢键，故甲酸至丁酸都可与水混溶。从戊酸开始，随相对分子质量增加，水溶性迅速降低，癸酸以上的不溶于水。脂肪族一元羧酸一般都能溶于乙醇、乙醚、氯仿等有机溶剂中。

（2）酯的物理性质

低级酯是无色液体，高级酯多为蜡状固体。酯不能与水形成氢键，故酯的沸点比相对分子质量相近的醇和酚都低。低级酯微溶于水，其他的酯不溶于水，易溶于乙醇、乙醚等有机溶剂。有些酯本身即是优良的有机溶剂。如油漆工业中常用的“香蕉水”就是用乙酸乙酯、乙酸异戊酯和某些酮、醇、醚及芳烃等配制而成的。

（3）羧酸、酯类的主要化学性质

①脱水反应。羧酸在脱水剂（如五氧化二磷、二酸酐等）的作用下，可发生分子间脱水生成酸酐。例如：

$$RC\underset{\underset{O}{\parallel}}{}OH \ + \ HO\underset{\underset{O}{\parallel}}{}C\!-\!R \ \xrightarrow[\triangle]{\text{脱水}} \ R\underset{\underset{O}{\parallel}}{}C\!-\!O\!-\!\underset{\underset{O}{\parallel}}{}C\!-\!R \ +H_2O$$

②脱羧反应。羧酸的无水碱金属盐与碱石灰共热,则从羧基中脱去 CO_2 生成烃。这类从羧酸分子中脱去 CO_2 的反应,称为脱羧反应。例如:

$$CH_3\underset{\underset{O}{\parallel}}{}C\!-\!ONa \ +NaOH \ \xrightarrow[\triangle]{CuO} CH_4\uparrow +Na_2CO_3$$

③还原反应。羧酸一般条件下不易被化学还原剂所还原,但能被强还原剂(如氢化铝锂($LiAlH_4$))还原为伯醇。

$$RCOOH \xrightarrow[H_2O,H^+]{LiAlH_4} RCH_2OH$$

④酯交换反应。酯发生醇解后又生成新的酯,这一反应叫做酯交换反应,酯交换广泛应用于有机合成中。例如,工业上利用酯交换生产聚酯纤维(涤纶)的原料——对苯二甲酸二乙二醇酯。

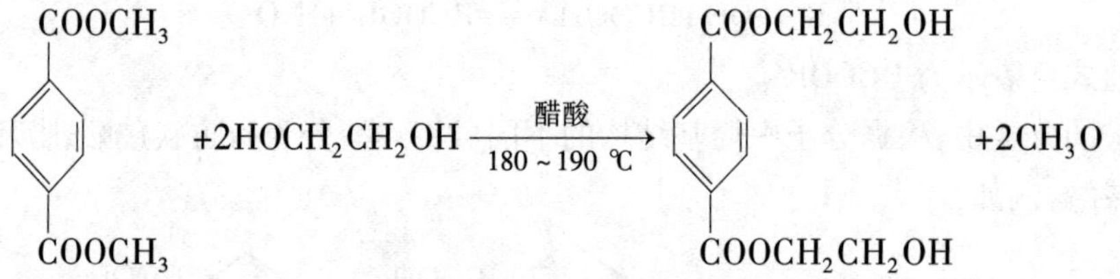

对苯二甲酸二甲酯   对苯二甲酸二乙二酯

通过酯交换反应还可以用廉价的低级醇制取高级醇。

10.4 高分子化合物的基本概念

高分子化合物指由众多原子或原子团主要以共价键结合而成的相对分子质量在 10 000以上的化合物。与具有相同组成和结构的小分子化合物相比较,高分子化合物具有高熔点(或高软化点)、高强度、高弹性及溶液和熔体具有高黏度等特殊的物理性质。

高分子化合物有多种分类方法,若按来源分类可分为:天然高分子化合物和合成高分子化合物。前者如松香、淀粉、纤维素和蛋白质等;后者如聚乙烯(PE)、聚氯乙烯(PVC)、聚四氟乙烯(PTFE)、尼龙、丁苯橡胶和涤纶等。

若按主链组成元素分类可分为:碳链高分子化合物和杂链高分子化合物。主链全部由碳原子组成的高分子化合物,称为碳链高分子化合物,如聚氯乙烯、聚丙烯腈、聚乙烯、聚苯乙烯等都属此类。而若构成高聚物主链的元素除碳原子外,还含有氧、氮、硫、磷等元素,这些高聚物即称为杂链高分子化合物。绝大部分缩聚物如聚酯、聚酰胺(尼龙)、聚氨酯、聚醚等均属于杂链高分子化合物。

高分子化合物是由小分子化合物相互聚合而成的。这种由许多小分子化合物结合成高分子化合物的反应称为聚合反应。如果不考虑反应机理,根据单体和聚合物的结构单元在化学组成和共价键结构上的变化,聚合反应可分为加聚反应和缩聚反应;根据聚合反应的动力学特征,可将聚合反应分为连锁聚合和逐步聚合。

10.4.1　加聚反应和缩聚反应

由一种或多种单体相互加成,或由环状化合物开环相互结合成聚合物的反应称为加聚反应。高分子化合物作为聚合反应的产物,称为高聚物。作为原料的小分子化合物称为单体。

例如,由乙烯分子合成聚乙烯分子:

$$n\mathrm{CH_2}\!=\!\mathrm{CH_2} \xrightarrow[100\sim250\ ℃,150\sim300\ \mathrm{MPa}]{\text{少量引发剂}} \mathrm{\left(\!CH_2\!-\!CH_2\!\right)}_n$$

在聚乙烯分子链中,化学组成和结构可重复的最小单位是—$\mathrm{CH_2}$—$\mathrm{CH_2}$—,称为重复结构单元,也称为链节。n 为重复结构单元数或链节数,又称聚合度,它是衡量高分子化合物相对分子质量的重要指标。一般而言,高分子化合物都是由具有相同化学组成、不同聚合度的高聚物组成的混合物。因而,通常所说的高分子化合物的相对分子质量只是这些不同聚合度的高聚物的相对分子质量的统计平均值。

由同一单体聚合而成的高分子化合物称为均聚物,如聚乙烯、聚四氟乙烯、聚甲醛、聚己内酰胺(尼龙-6)等。由两种或两种以上的单体聚合而成的高分子化合物称为共聚物,如丁苯橡胶、ABS 塑料等。

缩聚反应,通常是由一种或多种单体相互缩合生成高聚物,同时有小分子物质(如水、卤化氢。醇等)析出的反应。反应生成的缩聚物中,化学组成与单体的组成不同(少若干原子)。例如:己二酸和己二胺合成尼龙-66 的反应。

$$n\mathrm{H_2N}\!-\!(\mathrm{CH_2})_6\!-\!\mathrm{NH_2} + n\mathrm{HOOC}\!-\!(\mathrm{CH_2})_4\!-\!\mathrm{COOH} \xrightarrow{\text{缩聚}}$$

己二胺　　　　　　　　　己二酸

$$\mathrm{\left[NH\!-\!(CH_2)_6\!-\!NH\!-\!\overset{O}{\overset{\|}{C}}\!-\!(CH_2)_4\!-\!\overset{O}{\overset{\|}{C}}\right]}_n + n\mathrm{H_2O}$$

尼龙-66

10.4.2　连锁聚合和逐步聚合

连锁聚合指由活性中心引发单体,迅速连锁增长的聚合。烯类单体的加聚反应大部分属于连锁聚合。连锁聚合需活性中心,根据活性中心的不同可分为自由基聚合、阳离子聚合和阴离子聚合。

逐步聚合反应最大的特点是在反应中逐步形成大分子链。反应是通过官能团之间进行的,同时可以分离出中间产物,分子量随时间增长而逐渐增大。绝大多数缩聚反应是最典型的逐步聚合反应。聚酰胺、聚酯、聚碳酸酯、酚醛树脂、醇酸树脂等都是重要的缩聚物。

10.5 高分子化合物的结构和性能

10.5.1 高分子化合物的结构

根据高分子化合物几何形状的不同,可将其分为线型高分子化合物和体型高分子化合物。两者的主要区别在于:其主链延伸方向的维数。线型高分子化合物分子中的各链节连接成一个长链状(可带支链),如聚乙烯、涤纶(聚对苯二甲酸乙二醇酯)。体型高分子化合物是曲线型长分子化合物互相交联起来,形成网状的三维空间构型,如酚醛树脂。

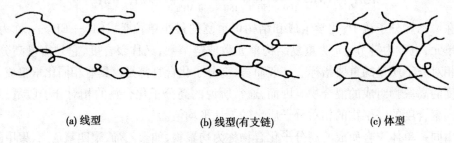

(a) 线型　　　　　　　　(b) 线型(有支链)　　　　　　　　(c) 体型

图 10.1　高分子化合物的几何形状

10.5.2 高分子化合物的柔顺性

链型(包括带支链的)高聚物的长链分子通常呈卷曲状,且互相缠绕,这是由于原子间以 σ 键结合,可以自由旋转,每个链节的相对位置可以不断改变,高聚物的这种性能叫做柔顺性。当作用以外力时,分子链可被拉直伸长,当外力撤销时,分子链又能借链节的旋转而恢复到卷曲状态,表现出较好的弹性。一般说来,柔顺性越好,弹性越大。橡胶是典型的具有良好弹性的高聚物。

10.5.3 高分子化合物的力学状态

高分子化合物按其结构形态可分为晶态和非晶态。大多数的合成树脂和合成橡胶属非晶态。线型非晶态高聚物在不同温度下呈现不同的力学状态,即玻璃态、高弹态、粘流态。这是因为在不同温度下,在应力作用时高聚物发生的形变特点不同。

当温度较低时,由于分子热运动的能量较低,高分子化合物的链段只发生微小的伸缩和转动,此时高聚物呈现像玻璃体状的固态,这种力学状态叫玻璃态。常温下的塑料一般处于玻璃态。

升高温度,当温度升高到一定值时,高分子化合物的链段可以作较大程度旋转。此时在不大的外力作用下,形变率很大,若外力取消后,分子链中链段恢复原状,这种形变叫"高弹形变",相应的力学状态称为高弹态。常温下的橡胶就处于高弹态。

当温度继续升高,不仅高分子链中链段开始旋转,而且整个高分子链也开始发生位移,这时高分子化合物成为能流动的黏液,其黏度比液态低分子化合物的黏度大得多,称为黏流态。黏流态是塑料等制品加工成型时使用的状态。

10.5.4　高分子化合物的性能

（1）弹性

线性高聚物通常情况下总是处于能量最低的卷曲状态。当线性聚合物被拉伸时,卷曲的分子链可以延展,整个分子链的能量增大,高聚物处于紧绷状态。除去外力,分子链又卷曲在一起,高聚物又恢复原状态。此时,高聚物表现出弹性,橡胶就是典型的例子。

（2）机械性能

高分子化合物具有线型或网状结构,分子中原子数目较多,分子间的作用力较大,机械强度也较大。表现出硬度、抗压、抗拉、抗弯曲和抗冲击等性能。因此,某些高聚物可代替金属制造各种机械零件。

（3）电绝缘性

组成高分子化合物的化学键绝大多数是共价键,一半不存在自由电子和离子,因此高聚物具有良好的电绝缘性,可做绝缘材料。一半说来,高聚物的极性越小,其绝缘性越好。

（4）化学稳定性

高分子化合物主要有 C—C、C—H 等共价键连接而成,含活泼的基团较少,分子链缠绕,使分子链上不少基团难以参与反应,化学性质较稳定。由于其较高的化学稳定性,许多高分子化合物可制成耐酸碱、耐化学腐蚀的材料。

10.6　几种重要的高分子合成材料

高分子化合物普遍存在于自然界中,如天然橡胶、纤维素、蛋白质等。高分子化合物的主要应用是高分子材料。高分子材料与其他材料相比,具有高弹性、绝缘性、耐化学腐蚀、比强度大等许多优异的性能。因此,高分子合成材料成为人类生产、生活中不可缺少的重要材料。这里简单介绍几种重要的高分子合成材料。

塑料是合成材料中产量最大、用途最广的,具有可塑性能的高分子材料。它的种类繁多,目前已达 300 多种,其中常用的有 60 多种。塑料根据其受热特性,可分为热塑性塑料和热固性塑料。根据其性能和应用范围,可分为通用塑料和工程塑料。

10.6.1　塑料

热塑性塑料指具有加热软化、冷却硬化特性的塑料,如聚乙烯、聚氯乙烯等。热塑性塑料中树脂分子链都是线型或带支链的结构,分子链之间无化学键产生,在加工过程中,一般只发生物理变化,受热变为塑性体,成型后冷却又变硬定型,若再受热还可以改变形状重新成型。我们日常生活中使用的大部分塑料都属于这种。

热固性塑料是指在受热或其他条件下能固化或具有不溶（熔）特性的塑料,如酚醛塑料、环氧塑料等。热固性塑料通常为体型高分子化合物。在成型过程中发生化学变化,它们加工定型后,再受热时不软化,不能重复加工利用。

通用塑料是指产量大、用途广、成型性好、价格便宜的塑料,其产量占塑料总量的3/4。如聚乙烯、聚丙烯、酚醛等。

工程塑料是指机械性能好,可代替金属作工程材料的一种新兴的高分子材料。广泛应用于机械制造、建筑、仪器仪表及宇宙航天和导弹等尖端科技方面。主要有聚甲醛、聚砜、酚醛树脂、ABS 塑料等。现简要介绍几种重要的塑料。

1. 聚氯乙烯

聚氯乙烯是由氯乙烯在引发剂作用下,发生聚合反应得到的。

$$n\text{CH}_2\!=\!\underset{\text{Cl}}{\text{CH}} \xrightarrow[\text{50~60 ℃, 0.5 MPa}]{\text{引发剂}} \left[\text{CH}_2\!-\!\underset{\text{Cl}}{\text{CH}_2}\right]_n$$

聚氯乙烯简称 PVC,是一种通用塑料。具有强极性,绝缘性好,耐酸碱,自熄性等性能。广泛用于制造硬板、硬管、水槽、桌布、雨伞、凉鞋等。聚氯乙烯的原料来源丰富,价格低廉,生产成本低,经济效益高,又容易加工成各种软、硬、透明制品,因此在工农业生产和日常生活中得到广泛应用,是我国目前塑料产品中最多的一种。

2. 酚醛塑料

酚醛塑料俗称电木,是生产、使用最早的一种热固性塑料,工业上用苯酚和甲醛为原料,在酸性催化剂存在下,经缩合反应先制得线型热塑性树脂,然后加入填料、固化剂、润滑剂及颜料等各种添加剂,再经加热混炼,即得到体型结构的酚醛塑料。其主链结构如下:

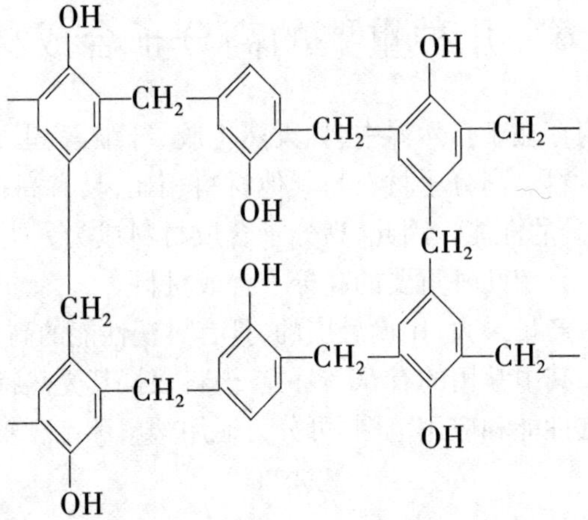

酚醛塑料具有机械强度高,电绝缘性好,耐热、耐酸碱、耐腐蚀、耐磨等性能。常用作电灯开关、灯头等电器用品、化工设备材料、电机及汽车配件、隔音材料等。

3. 聚碳酸酯

聚碳酸酯属于聚酯类高分子化合物,是一种重要的热塑性工程塑料。由碳酸二苯酯和双酚 A 经酯交换和缩聚反应制成。其结构式为:

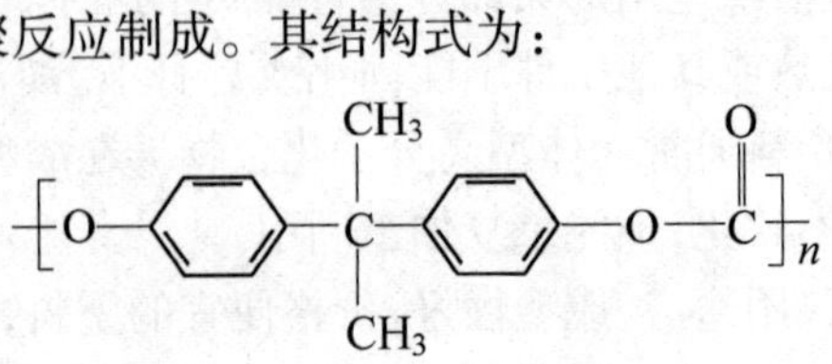

聚碳酸酯具有电绝缘性好,耐磨、耐老化、耐化学腐蚀等性能。可用于制作电气设备和绝缘材料。聚碳酸酯熔化和冷却后变成透明的玻璃状,透光性可达 85% ~ 90%,由于其具有极高的抗冲击性和韧性,可替代某些金属,被誉为"透明金属",常用于制造飞机的风挡和座舱罩。

4. ABS 塑料

ABS 树脂是五大合成树脂之一,是目前产量最大,应用最广的聚合物。由丙烯腈、丁二烯和苯乙烯共聚而成。其结构式为:

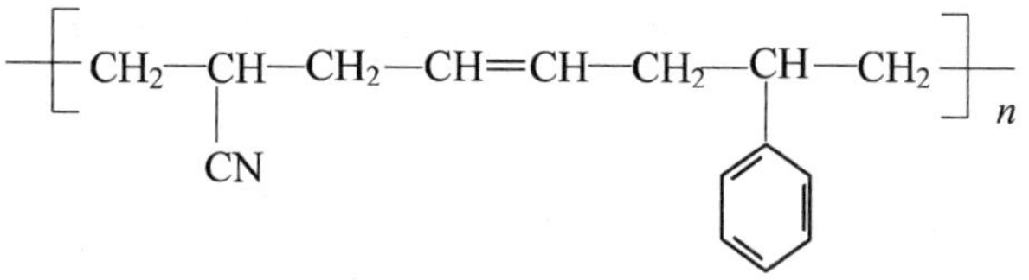

$$\left[\text{CH}_2-\text{CH}-\text{CH}_2-\text{CH}=\text{CH}-\text{CH}_2-\text{CH}-\text{CH}_2\right]_n$$

ABS 塑料的抗冲击性、耐热性、耐低温性、耐化学药品性及电气性等性能优良,广泛用于制造电器外壳、仪表罩、汽车部件和日用品等。

10.6.2　合成橡胶

合成橡胶是一类由人工合成的性能优于天然橡胶的常温下以高弹态存在的高聚物。其品种很多,按性能及用途的不同,可分为通用橡胶(如用作轮胎的丁苯橡胶)和特种橡胶(具有耐高温、耐油、耐老化和高气密性等特殊性能,如丁腈橡胶和硅橡胶)等。这里介绍几种常见的橡胶。

1. 丁苯橡胶

丁苯橡胶是合成橡胶中产量最大的一种,约占世界合成橡胶总量的 60% 以上,其性能与天然橡胶接近,是由丁二烯和苯乙烯共聚得到的。

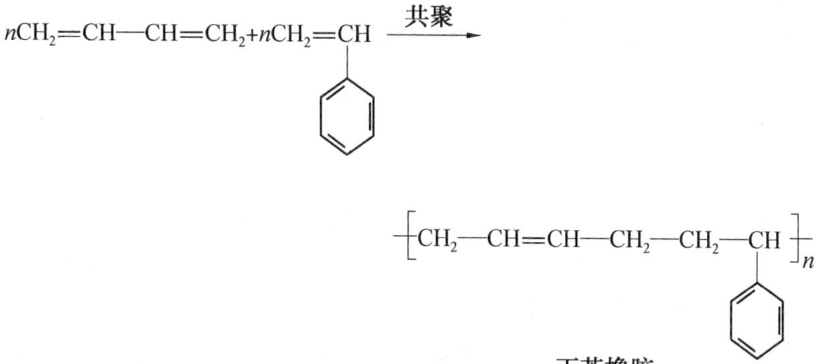

$$n\text{CH}_2=\text{CH}-\text{CH}=\text{CH}_2 + n\text{CH}_2=\text{CH} \xrightarrow{\text{共聚}}$$

$$\left[\text{CH}_2-\text{CH}=\text{CH}-\text{CH}_2-\text{CH}_2-\text{CH}\right]_n$$

丁苯橡胶

丁苯橡胶经适当硫化后,其耐磨性和耐老化性都优于天然橡胶,耐酸碱性、气密性和电绝缘性也都很好,但弹性不如天然橡胶。主要用于制造轮胎、电缆和胶鞋等。

2. 丁腈橡胶

由丁二烯和丙烯腈通过共聚反应制得,是特种橡胶中产量最大的一种。

丁腈橡胶分子中含有强极性基团氰基(—CN),因此表现出良好的耐油性,特别耐脂肪烃,故广泛用于制造耐油制品,印刷用品等。其缺点是弹性和耐寒性较差。

$$nCH_2=CH-CH=CH_2+nCH_2=CH \xrightarrow{\text{共聚}}$$
$$\overset{|}{CN}$$

$$\begin{bmatrix} CH_2-CH=CH-CH_2-CH_2-CH \\ \overset{|}{CN} \end{bmatrix}_n$$

丁腈橡胶

3. 硅橡胶

硅橡胶是分子中含有硅原子的特种合成橡胶的总称。以高纯的二甲基二氯硅烷为原料，经水解和缩合等反应制得。

$$Cl-\overset{\overset{\displaystyle CH_3}{|}}{\underset{\underset{\displaystyle CH_3}{|}}{Si}}-Cl \xrightarrow[\text{②缩合}]{\text{①水解}} \begin{bmatrix} \overset{\overset{\displaystyle CH_3}{|}}{\underset{\underset{\displaystyle CH_3}{|}}{Si}}-O \end{bmatrix}_n$$

二甲基二氯硅烷　　　　　　　硅橡胶

硅橡胶最突出的优点是耐温性能好，在 $-65 \sim 250\ ℃$ 范围内使用，仍保持良好的弹性。其耐油性能、电绝缘性能也很好，不受臭氧和紫外线的影响。可用于制造飞机、火箭、导弹和宇航器上的特种密封件、薄膜和胶管。硅橡胶制品柔软、光滑、物理性能稳定、对人体无毒害作用，能长期与人体组织、体液接触不发生变化，因此在医疗方面用作整容材料。

10.6.3　合成纤维

纤维是高分子化合物经一定的机械加工（牵引、拉伸、定型等）后形成的细而柔软的细丝，形成纤维。根据其来源可分为两大类：一类是天然纤维；另一类是化学纤维。

天然纤维是指来源于自然界中动、植物体或矿物体的纤维。例如，棉花、羊毛、蚕丝和麻等。

化学纤维是指用化学方法制得的纤维。根据使用原料的不同，又分为人造纤维和合成纤维。

人造纤维是以天然高分子化合物为原料，经化学处理和机械加工制得的性能比天然纤维优越的新纤维，又叫再生纤维。如黏胶纤维、再生纤维素纤维和玻璃纤维等。

合成纤维是以低分子化合物为原料，经过聚合反应得到的均匀线条或线性高聚物。如尼龙纤维、腈纶纤维和涤纶纤维等。合成纤维具有强度大、弹性好、耐磨、耐腐蚀、不怕虫蛀等性能，广泛的用于工农业生产和人们的日常生活中。以下简要介绍几种重要的合成纤维。

1. 聚酰胺纤维

聚酰胺纤维是用主链上含有酰胺键的高分子聚合物纺制而成的，商品名叫尼龙。是最早进行工业化生产的合成纤维，占世界合成纤维总量的 1/3 左右。品种也较多，如尼龙-6、尼龙-66 等。

尼龙-6 是由己内酰胺开环聚合而成的，"6"表明高聚物的链节中含有 6 个碳原子。

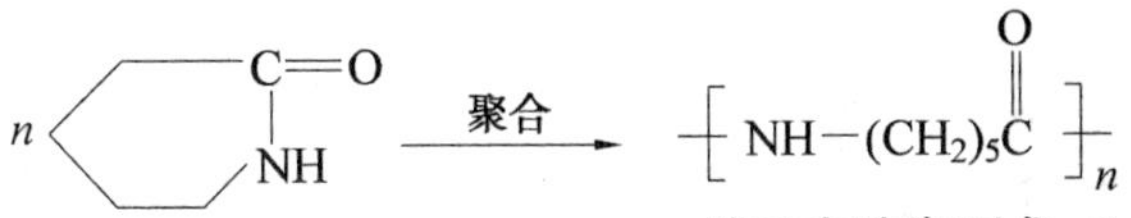

己内酰胺　　　　　　　　聚己内酰胺(尼龙-6)

尼龙-66 是由己二胺和己二酸两种单体发生缩聚反应制成的。

$$nH_2N—(CH_2)_6—NH_2 + nHOOC—(CH_2)_4—COOH \xrightarrow{\text{缩聚}}$$

己二胺　　　　己二酸

$$\left[NH—(CH_2)_6—NH—\overset{\overset{O}{\|}}{C}—(CH_2)_4—\overset{\overset{O}{\|}}{C} \right]_n + nH_2O$$

尼龙-66

2. **聚酯纤维**

聚酯纤维是由有机二元酸和二元醇缩聚而成的聚酯经纺丝所得的合成纤维。工业化大量生产的聚酯纤维是用聚对苯二甲酸二乙二醇酯制成的,商品名为涤纶,俗称“的确良”。

涤纶纤维的产量约为合成纤维总量的 1/2,占合成纤维之首。

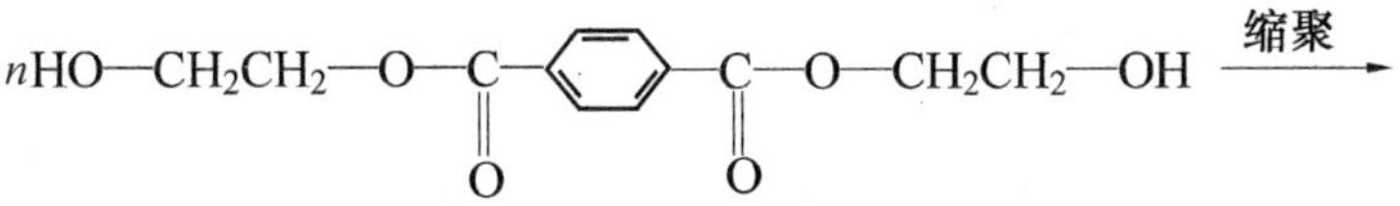

对苯二甲酸二乙二醇酯

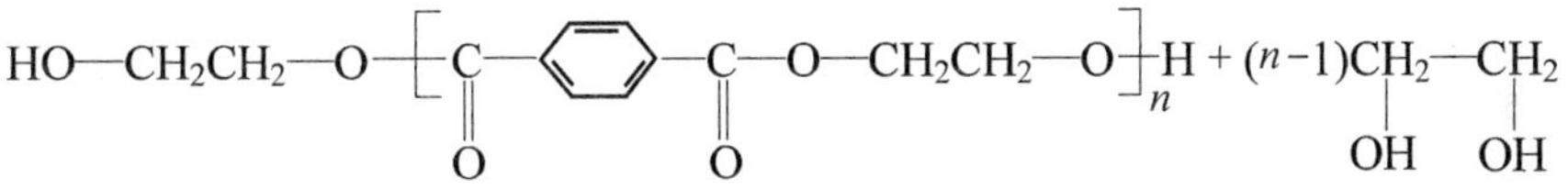

涤纶　　　　　　　　乙二醇

涤纶的分子链上含有刚性基团,分子间排列整齐、紧密。不易变形,受力发生形变后易恢复。所以用涤纶纤维制成的衣服抗皱、保型、挺括,是理想的衣着面料。涤纶具有耐磨、耐酸、热稳定性和光稳定性良好、不易吸水、湿后易干等性能,工业上常用作渔网、帘子线、耐酸滤布、水龙带和人造血管等。

10.6.4　涂料和胶黏剂

涂料和胶黏剂都是常用的高分子合成材料。

涂料也称“漆”,是涂刷在被覆盖物表面能形成薄膜层以保护、装饰产品或赋予特殊功能(如反射光、吸收光、电绝缘等)的一类高聚物,可分为天然漆和人造漆。天然漆是漆汁经过加工而成的涂料。漆膜坚韧光滑,经久耐用,且能耐化学试剂的侵蚀,如桐油和生漆。人造漆是含有干性油、颜料和树脂的合成涂料,即通常所说的“油漆”。油漆有清漆、喷漆、调和漆等。

胶黏剂是一类具有优良黏合性能的高聚物。根据来源不同可分为天然胶黏剂和合成胶黏剂。天然胶黏剂来源于动、植物体,如淀粉、松香、鱼胶、牛皮胶等。合成胶黏剂是人工合成的高聚物,如聚乙烯醇、环氧树脂等。

有些胶黏剂是在溶液状态下使用的,经挥发或加热使溶剂蒸发后,才能起到黏接作用。例如,淀粉、糊精和聚乙烯醇的水溶液等。

有些胶黏剂是在使用时发生聚合反应而起到黏接作用的。例如,环氧树脂和氰基丙烯酸酯(商品名为 502 胶)等,它们在微量空气的影响下,只需要几秒就完成了阴离子聚合反应,发生黏接。

本 章 小 结

1. 有机化学;有机化合物;同分异构;高分子化合物;加聚反应;缩聚反应;逐步聚合;连锁聚合;单体;聚合度;黏流态;高弹态;玻璃态等。

2. 有机化合物的命名 $\begin{cases} \text{链烃的命名} \\ \text{芳香烃的命名} \end{cases}$

3. 各类有机化合物的特征 $\begin{cases} \text{烷烃、醇、酚、醚} \\ \text{烯烃、羧酸、酯} \\ \text{炔烃} \\ \text{芳香烃} \\ \text{卤代烃} \end{cases}$

4. 高分子化合物的基本概念。

5. 高分子化合物的结构和性能 $\begin{cases} \text{结构} \\ \text{性能:弹性、机械性能、电绝缘性、化学稳定性} \end{cases}$

6. 重要的高分子合成材料:塑料、橡胶、纤维、涂料和胶黏剂。

习　题

1. 什么叫烃?什么叫杂元素?什么叫杂环化合物?

2. 举例说明有机化合物中的官能团。

3. 指出下列化合物中的官能团,并说明其属于哪种化合物。

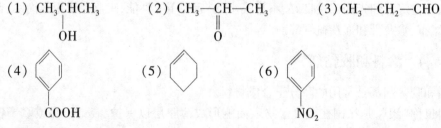

(1)　CH_3CHCH_3
　　　　　|
　　　　　OH

(2)　$CH_3—CH—CH_3$
　　　　　　|
　　　　　　O

(3)　$CH_3—CH_2—CHO$

(4)　　COOH

(5)

(6)　　NO_2

4. 解释下列名词。

(1)单体、链节、聚合度;

(2)加聚、缩聚、连锁聚合、逐步聚合;

(3)黏流态、玻璃态、高弹态。

5. 命名下列化合物。

（1）$CH_3—CH_2—\underset{\underset{CH_3}{|}}{CH}—CH_2—CH_3$　　　　（2）$CH_3CH\!=\!CH\underset{\underset{CH_3}{|}}{CH}CH_3$

（3）$CH_3CH_2\underset{\underset{Cl}{|}}{CH}CHO$

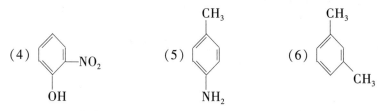

（4）　　　—NO$_2$　　　（5）　　　　（6）

6. 写出下列化合物的结构式。

（1）乙醛；（2）甲乙醚；（3）醋酸；（4）丙酮；（5）乙醇；（6）乙酸乙酯；（7）邻苯二甲酸。

7. 写出下列典型反应的主要产物。

（1）$CH_4 + O_2 \xrightarrow{\text{完全燃烧}}$

（2）　　　$+ HNO_3 \xrightarrow[50℃]{H_2SO_4}$

（3）$CH_2\!=\!CH_2 + H_2 \xrightarrow{Ni}$

（4）$CH_3COOH + CH_3CH_2OH \xrightarrow{H^+}$

（5）　　　$+ Cl_2 \xrightarrow{FeCl_3}$

第 11 章

环境与化学

　　环境是指影响人类生存和发展的各种天然的和经过人工改造的自然因素的总体,包括大气、水、海洋、土地、矿藏、森林、草原、野生生物、自然遗迹、人文遗迹、风景名胜区、自然保护区、城市和乡村等。

　　和人类生活关系最密切的是生物圈,从有人类以来,人类依靠生物圈获取食物来源,创造围绕人类自己的人工生态系统,开垦荒地,平整梯田,开采水资源,过量使用化石燃料,向水体和大气中排放大量的废水废气。现在随着科技能力的发展,人类活动已经严重影响了环境生态的平衡,一系列的环境问题一次次地向人们发出了最后的通牒,保护我们人类赖以生存的环境已经成为了当今人们研究的热门话题。

11.1　人类、环境和化学

11.1.1　人类与环境的关系

　　人类,作为地球的主人,自从诞生的那天起,就与周围的地理环境存在着密切的关系。一方面,人类的生活活动和生产活动需要不断地向周围环境获取物质和能量,以求自身的生存和发展,同时,又将废弃物排放于地理环境之中;另一方面,环境根据自身的规律在不停地形成和转化着一定的物质和能量,它的发生、发展和变化,不为人类的主观需求而改变其客观属性,也不为人类的有目的活动而改变自己发展的过程,人类与环境之间,存在着一种既对立又统一的特殊关系。

　　在世界人口不多、生产规模不大的时候,人类只能以生活活动和自己的生理代谢过程与环境进行物质和能量的交换。这时,人类同环境之间的矛盾尚不突出,即使发生环境问题也是局部性的,通过自然调节可以恢复。随着人类活动能力的增强,科学技术的发展和进步,人类与环境的矛盾就显得突出起来,对环境的破坏也日益加剧。与此同时,环境的结构组成、物质循环的方式和强度都发生了深刻的变化,环境问题随之产生。从 1934 年美国的“黑风暴”到我国大跃进年代内蒙古的“人造荒漠”;从 20 世纪 60 年代的伦敦烟雾事件、洛杉矶光化学事件、比利时马斯河谷事件,以至当今世界性的人口的剧增、森林锐减、臭氧层出现空洞等一系列的环境问题,无一不是大自然对人类的反击,这些污染现象成为威胁人类生活的全球性环境污染问题。

人类依赖自然环境而生存,但人类为了生存,又不断地同自然界反复斗争,不断索取自然资源,创造出新的物质文明和生存环境。而与此同时,当人类大量砍伐森林,破坏草原和沼泽地,大量地消耗地下水,并由于发展工业生产造成的各种污染以及人口"爆炸"等,使生态平衡受到了严重的破坏,造成严重的环境污染。人类越来越强烈地感觉到,在人类与环境的关系中,正在发生着某种十分严峻的、不可逆转的变化。一系列严重的环境问题不仅严重地束缚了人类的发展,而且也给当代人们的生活带来了严重的伤害。人类正为自己对环境的伤害付出代价,受到自然的惩罚。同时,人类也开始研究人类、环境、化学之间的关系,环境化学也就应运而生,并得到了迅速的发展。

11.1.2　环境科学与环境化学

1. 环境科学

环境科学是研究人类生存的环境质量及其保护与改善的科学。环境科学研究的环境,是以人类为主体的外部世界,即人类赖以生存和发展的物质条件的综合体,包括自然环境和社会环境。

环境科学主要研究探索全球范围内环境演化的规律;揭示人类活动同自然生态之间的关系;探索环境变化对人类生存的影响;研究区域环境污染综合防治的技术措施和管理措施等。

2. 环境化学

环境化学是环境科学与化学学科相结合的交叉学科,是环境科学的重要部分。它运用化学的理论和方法来探讨和处理环境问题。它是研究化学污染物质的来源、存在状态、性质及其在环境中的变迁规律,以及化学污染物质的分析监测方法和防治技术的一门学科。环境化学的发展大致可划分为 3 个阶段:①1970 年以前为孕育阶段;②20 世纪 70 年代为形成阶段;③20 世纪 80 年代以后为发展阶段。20 世纪 60 年代初,由于当时有机氯农药污染的发现,农药中环境残留行为的研究就已经开始,这个阶段是环境化学的孕育阶段。到了 20 世纪 70 年代,为推动国际重大环境前沿性问题的研究,国际科联 1969 年成立了环境问题专门委员会,1971 年出版了第一部专著《全球环境监测》,1972 年在瑞典斯德歌尔摩召开了联合国人类环境会议,成立了联合国环境规划署,确立了一系列研究计划,相继建立了全球环境监测系统和国际潜在有毒化学品登记机构,并促进各国建立相应的环境保护结构和学术研究结构。应该说,这一系列的举措在人类的环境保护事业中起到了里程碑作用。

我国的环境化学研究也已经有了 20 多年的历史,自 20 世纪 70 年代起,在典型地区环境质量评价,环境容量和环境背景值调查,污染源普查,围绕工业"三废"污染,在大气、水体、土壤中环境污染物的表征、迁移转化规律,生物效应以及控制等方面进行了大量的工作。近年来,完成了一批攻关课题和重大基金项目等国家任务。"八五"和"九五"期间,在有毒污染物环境化学行为和生态毒理效应、水体颗粒物和环境工程技术、大气化学和光化学反应动力学、对流层臭氧化学、区域酸雨的形成和控制、天然有机物环境地球化学、有毒有机物结构效应关系、废水无害化和资源化原理与途径等方面的工作分别得到了国家自然科学基金、国家科技攻关、中国科学院重大重点等项目的支持,取得了一批具有创新性的研究成果,形成了一支从政府到地方各级行政管理与环境保护部门、科研单位、高等院校等多层次的管理人员与研究人员队伍。

随着国家对环境污染问题的重视和公众环境保护意识的提高,跨世纪的环境化学任重道远。无论是控制或防治环境污染和生态恶化,还是从改善环境质量、保护人体健康、促进国民经济的持续发展等各个方面,环境化学都可以发挥重要作用。在环境监测,大气复合污染的化学机制、污染评价与防治对策,水体中复合污染及土壤多介质污染机制研究,有毒化学品生态效应及危险性评价,内分泌干扰物质的筛选,污染控制原理,环境修复技术等诸多领域,环境分析化学,大气、水体和土壤环境化学,污染生态化学,污染控制化学等分支学科都面临着挑战和良好的发展机遇。

由于环境化学是一门新兴学科,它的定义以及所包括的内容国内外尚有不同看法。广义地讲,它研究物质在大气、水体、土壤等自然环境中所发生的化学现象,这一看法囊括了所有物质(不仅是污染物)在环境中的所有化学现象。具体来说,可包括以下内容:

(1)环境中化学物质的来源、分布、迁移转化与归宿;

(2)全球环境介质中发生的各种物理、化学、生物化学过程及其变化规律;

(3)人类活动产生的化学物质对全球环境介质中发生的各种物理、化学、生物过程的干扰、影响的机理以及对生物圈和人类自下而上的影响;

(4)各种污染物的减少和消除的原理与方法。

狭义上讲,环境化学主要研究有害化学物质在环境介质中的存在、化学特性、行为和效应及其控制的化学原理和方法。

11.2　当代重大的环境问题

人类与自然环境之间是一个相互作用、反馈制约的统一体,这就要求人类必须认识环境,重视环境问题。近三、四十年来,地球上出现了一些带有区域性或全球性的影响生态平衡和人类生存的综合性环境问题,主要有温室效应、臭氧层的破坏、光化学烟雾、酸雨、水体富营养化、土壤污染、森林破坏、水土流失和土地荒漠化等。

11.2.1　温室气体

温室效应,又称"花房效应",是大气保温效应的俗称。大气能使太阳短波辐射到达地面,但地表向外放出的长波热辐射线却被大气吸收,这样就使地表与低层大气温度增高,其作用类似于栽培农作物的温室,所以又名温室效应。自工业革命以来,人类向大气中排入的二氧化碳等吸热性强的温室气体逐年增加,大气的温室效应也随之增强,已引起全球气候变暖等一系列严重问题,引起了全世界各国的关注。

研究表明,大气层中主要的温室气体可能有二氧化碳(CO_2)、甲烷(CH_4)、一氧化二氮(N_2O)、氯氟碳化合物(CFC_s)及臭氧(O_3)。其中,CO_2 的贡献最大,占到55%。

如果地球表面温度的升高按现在的速度继续发展,到2050年全球温度将上升 $2 \sim 4 ℃$,南北极地冰川将大幅度融化,导致海平面大大上升,一些岛屿国家和沿海城市将淹没于水中,其中包括几个著名的国际大城市:纽约、上海、东京和悉尼。喜马拉雅冰川正以每年大约 33 ~ 49 英尺的惊人速度后退。而支撑着印度最大的河谷盘地的甘戈特里冰川也正在以每年超过 100 英尺的速度后退。全球变暖还会增加旱灾、虫灾、森林火灾和风暴,并且让一些生物物种灭绝。同时,还会使草原以及对水敏感的物种出现播种、开花、结果等生长周期变化,变暖的气候条件还有利于病菌、霉菌和有毒物质生长,导致食物受污染或变质。因此,气候变暖将引起全球疾病的流行,严重威胁人类的健康。

为减少大气中过多的二氧化碳,需要人们尽量减少汽车的使用量,尽量购买小排量的汽车。保护好森林,不乱砍滥伐森林。我们还可以通过植树造林,减少使用一次性方便木筷,节约纸张,不践踏草坪等行动来保护绿色植物,使它们多吸收二氧化碳来帮助减缓温室效应。

应当说明,决定气候的因素很多,不仅是温室效应,太阳辐射的变化、地球运动轨道的缓慢变化、陆地的反射、矿物燃料的燃烧等也能影响气候的变化。所以,气候的变化是诸多环境因素共同作用的综合结果。

11.2.2　臭氧层的破坏

自然界中的臭氧,大多分布在距地面 20 ~ 50 km 的大气中,我们称之为臭氧层。氧气分子受到短波紫外线照射,氧分子被分解成原子状态。不稳定的氧原子与氧分子(O_2)反应时,就形成了臭氧(O_3)。臭氧形成后,由于其比重大于氧气,会逐渐向臭氧层的底层降落,在降落过程中随着温度的上升,受到长波紫外线的照射,再度还原为氧。臭氧层就是保持了这种氧气与臭氧相互转换的动态平衡。

由于臭氧层能够吸收 99% 以上的来自太阳的紫外辐射,从而使地球上的生物不会受到紫外辐射的伤害。然而,随着科学和技术的不断发展,人类的许多活动已经影响到平流层的大气化学过程,使臭氧层遭到破坏。特别是南极上方臭氧空洞面积越来越大。2000 年 9 月 3 日南极上空的臭氧层空洞面积达到 2 830 万平方公里,超出中国领土面积两倍以上,相当于美国领土面积的 3 倍。

20 世纪中期开始,冰箱冷冻、空调等制冷设备大量使用"氟利昂"作为制冷剂。氟利昂到达大气上层后,在紫外线照射下分解出自由氯原子,氯原子与臭氧发生反应,使臭氧分解。由于氯原子在发生上述反应后能重新分解出来,所以高空中即使有少量氯原子,也会使臭氧层受到严重破坏。

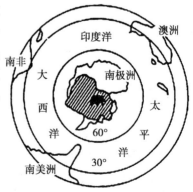

$CFCl_3 \rightarrow CFCl_2 + Cl \cdot$

$CFCl_2 \rightarrow CFCl + Cl \cdot$

$Cl \cdot + O_3 \rightarrow ClO \cdot + O_2$

$ClO \cdot + O \rightarrow Cl \cdot + O_2$

图 11.1　南极上空臭氧层破坏情况

据分析,平流层中的臭氧减少 1%,到达地面的紫外线强度便增加 2%,皮肤癌的发病率就会提高 4%,还会受到白内障、免疫系统缺陷和发育停滞等疾病的袭击。据估计,由于人类活动的影响,臭氧含量已减少了 3%。到 2025

年,有可能会减少10%。臭氧层的破坏将使紫外线等短波辐射增强,对自然生态系统带来严重影响。维护臭氧层的平衡,已成为一个全球性的环境问题。

11.2.3 光化学烟雾和大气污染

大气污染是指大气中出现一种或几种污染物,其含量和存在时间达到一定的程度,以至对人体、动植物和其他物品有害,所造成的损失或破坏达到了可测的程度。即人类活动向大气中排放的各种物质,其数量、浓度和持续时间使一些地区多数居民的身体和精神状态以及财产等方面直接或间接受到恶劣影响,或在很大区域内妨碍人和动物的生存,使公共卫生处于恶劣状态,称为大气污染。

光化学烟雾污染是汽车、工厂等污染源排入大气的碳氢化合物和氮氧化物等一次污染物在阳光作用下会发生光化学反应生成二次污染物,所形成的烟雾污染现象。

1943年,美国洛杉矶市发生了世界上最早的光化学烟雾事件,此后,在北美、日本、澳大利亚和欧洲部分地区也先后出现这种烟雾。经过反复的调查研究,直到1958年才发现,这一事件是由于洛杉矶市拥有的250万辆汽车排气污染造成的,这些汽车每天消耗约1 600 t汽油,向大气排放1 000多吨碳氢化合物和400多吨氮氧化物,这些气体酿成了危害人类的光化学烟雾事件。

目前,由于我国内地汽车油耗量高,污染控制水平低,已造成汽车污染日益严重。部分大城市交通干道的NO_x和CO严重超过国家标准,汽车污染已成为主要的空气污染物。一些城市臭氧浓度严重超标,已具有发生光化学烟雾污染的潜在危险。据国家环境保护局《1996年环境质量通报》我国大城市氮氧化物污染逐渐加重。1996年度污染较严重的城市分别为:广州、北京、上海、鞍山、武汉、郑州、沈阳、兰州、大连、杭州。从总体上看,氮氧化物污染突出表现在人口100万以上的大城市或特大城市。

光化学烟雾产生的机理极为复杂,一般认为有如下过程。

(1)被污染空气中的NO_2的见光分解:
$$NO_2 \longrightarrow NO \cdot + O \cdot$$
$$O \cdot + O_2 + M \longrightarrow O_3 + M \cdot$$

(2)由于在被污染的空气中同时存在着许多有机物,他们与空气中的O_2、O_3、NO_2起反应,被氧化成一系列有机物及自由基,并导致有毒物质的产生。

世界卫生组织和美国、日本等许多国家已经把光化学氧化剂的水平作为判断大气环境质量的指标之一,并据已发布光化学烟雾的警报。城市空气污染与经济发展水平密切相关,我国正处于快速发展时期,城市空气污染已经成为一个重要的环境问题。为了预防和控制光化学烟雾的发生,工业上,常用的措施是对煤进行加工,改进燃烧技术,同时改进生产工艺,对污染物进行后处理,设法减少氮氧化物的排放。另外,集中供热和城市燃气化是城市节能和综合整治的重要内容,能有效地改善城市大气环境质量,减少市内空气污染。

11.2.4 酸雨

被大气中存在的酸性气体污染,pH值小于5.6的酸性降水叫做酸雨。酸雨主要是人为地向大气中排放大量酸性物质造成的。

　　全球酸雨区分布甚广,且受酸雨影响的范围日渐扩大。目前,全球已形成三大酸雨区。我国是世界三大酸雨区之一,我国的酸雨主要是因大量燃烧含硫量高的煤而形成的,此外,各种机动车排放的尾气也是形成酸雨的重要原因。近年来,我国一些地区已经成为酸雨多发区,酸雨污染的范围和程度已经引起人们的密切关注。

　　酸雨给地球生态环境和人类社会经济都带来严重的影响和破坏。研究表明,酸雨对土壤、水体、森林、建筑、名胜古迹等人文景观均带来严重危害,不仅造成重大经济损失,更危及人类生存和发展。酸雨使土壤酸化,肥力降低,有毒物质更毒害作物根系,杀死根毛,导致发育不良或死亡。酸雨还可以杀死水中的浮游生物,减少鱼类食物来源,破坏水生生态系统;酸雨污染河流、湖泊和地下水,直接或间接危害人体健康;酸雨对森林的危害更不容忽视,酸雨淋洗植物表面,直接伤害或通过土壤间接伤害植物,促使森林衰亡。酸雨对金属、石料、水泥、木材等建筑材料均有很强的腐蚀作用,因而对电线、铁轨、桥梁、房屋等均会造成严重损害。在酸雨区,酸雨造成的破坏比比皆是,触目惊心,如在瑞典的 9 万多个湖泊中,已有 2 万多个遭到酸雨危害,4 000 多个成为无鱼湖。美国和加拿大许多湖泊几乎成为死水,鱼类、浮游生物、甚至水草和藻类均受到严重污染。北美酸雨区已发现大片森林死于酸雨。德、法、瑞典、丹麦等国已有 700 多万公顷森林正在衰亡,我国四川、广西等地有 10 多万公顷森林也正在衰亡。世界上许多古建筑和石雕艺术品遭酸雨腐蚀而严重损坏,如我国的乐山大佛、加拿大的议会大厦等。最近发现,北京卢沟桥的石狮和附近的石碑,五塔寺的金刚宝塔等均遭酸雨侵蚀而严重损坏。

　　酸雨的危害已经得到了各国政府和科学家的重视,许多国家把控制酸雨列为重大的科研项目。

11.2.5　水污染和水体富营养化

　　水是自然资源的重要组成部分,是所有生物的结构组成和生命活动的主要物质基础。从全球范围讲,水是连接所有生态系统的纽带,自然生态系统既能控制水的流动又能不断促使水的净化和循环。因此水在自然环境中,对于生物和人类的生存来说具有决定性的意义。

　　陆地上的淡水资源只占地球上水体总量的 2.53% 左右,其中近 70% 是固体冰川,即分布在两极地区和中、低纬度地区的高山冰川,还很难加以利用。目前人类比较容易利用的淡水资源,主要是河流水、淡水湖泊水以及浅层地下水,储量约占全球淡水总储量的 0.3%,只占全球总储水量的十万分之七。据研究,从水循环的观点来看,全世界真正有效利用的淡水资源每年约有 9 000 km^3。

　　根据污染物的不同,水污染主要分为物理性污染、化学性污染、生物性污染。

　　1. 物理性污染

　　水体的物理性污染,是指水体在遭受污染后,水的颜色、浊度、温度、悬浮固体、泡沫等发生变化。这类污染包括感官污染、热污染、悬浮固体污染和油类污染。

　　2. 化学性污染

　　化学性污染是污染杂质为化学物品所造成的水体污染。化学污染又根据具体污染源的不同分为6类,包括无机污染物质、重金属污染物质、有机有毒物质、耗氧污染物质、植物营养物质和油类污染物质。

3. 生物性污染

生物污染物主要指废水中的致病性微生物,包括致病细菌、病虫卵和病毒。未污染的天然水中细菌含量很低,当城市污水、垃圾渗滤液、医院污水等排入水体后将带入各种病原微生物。

被污染的水体中含有农药、多氯联苯、多环芳烃、酚、多种重金属、氰、放射性元素、致病细菌等有害物质,它们具有很强的毒性,有的是致癌物质。这些物质可以通过饮用水和食物链等途径进入人体,并在人体内积累,造成危害,甚至可能通过遗传殃及后代。良好的水体,各类水生生物之间及水生生物与其生存环境间保持着既互相依存又互相制约的亲密关系,处于良好的生态平衡状态。当水体受到污染时,水环境条件发生改变,由于不同的水生生物对环境的要求和适应能力不同而产生不同的反应,将导致种群发生变化,从而破坏水环境的生态平衡。水污染还直接影响到工农业生产。一些工厂因水质污染引起产品质量下降甚至停产,造成经济损失;水产品和农作物因水体污染而减产或无法食用,给渔业和农业生产带来很大损失。水体污染还破坏了宝贵的水资源,使本来就十分紧张的水资源更加短缺。

近年来,水体富营养化情况尤为严重。污水中的氮分为有机氮和无机氮两类,前者是含氮化合物,如蛋白质、多肽、氨基酸和尿素等,后者则指氨氮、亚硝酸态氮,它们中大部分直接来自污水,但也有一部分是有机氮经微生物分解转化作用而形成的。当含有大量氮、磷等植物营养物质的生活污水、农田排水进入湖泊、水库、河流等缓流水体时,造成水体营养物质过剩,可发生富营养化现象,导致藻类大量繁殖,水的透明度降低,失去观赏价值。同时,由于藻类繁殖迅速,生长周期短,在短时间内大量死亡并被好氧微生物分解,消耗水中的溶解氧,使鱼类和其他水生生物因缺氧而大量死亡。死亡的藻类也可被厌氧微生物分解,产生硫化氢等有害物质。

11.2.6 土壤污染

土壤最根本的作用是为作物提供养分和水分,同时也作为作物根系伸展、固持的介质。土壤不仅仅是储存、供应养分,而且在土壤中各种养分都进行着一系列生物的、化学的和物理的转化作用。这些作用极大地影响养分的有效性,也极大地影响土壤养分的供应能力。从生态学的观点看,土壤是物质的分解者的栖息场所,是物质循环的主要环节。从环境污染的观点看,土壤既是污染的场所,也是缓和和减少污染的场所,防治土壤污染具有十分重要的意义。

土壤污染物的来源广、种类多,大致可分为无机污染物和有机污染物两大类。无机污染物主要包括酸、碱、重金属(铜、汞、铬、镉、镍、铅等)盐类、放射性元素铯、锶的化合物、含砷、硒、氟的化合物等。有机污染物主要包括有机农药、酚类、氰化物、石油、合成洗涤剂、3,4-苯并以及由城市污水、污泥及厩肥带来的有害微生物等。当土壤中含有害物质过多,超过土壤的自净能力,就会引起土壤的组成、结构和功能发生变化,微生物活动受到抑制,有害物质或其分解产物在土壤中逐渐积累,通过"土壤→植物→人体",或通过"土壤→水→人体"间接被人体吸收,达到危害人体健康的程度,就是土壤污染。

根据污染物质的性质不同,土壤污染物分为无机物和有机物两类:无机物主要有汞、铬、铅、铜、锌等重金属和砷、硒等非金属;有机物主要有酚、有机农药、油类、苯并芘类和洗涤剂类等。而这些化学污染物主要是由污水、废气、固体废物、农药和化肥带进土壤并积累起来的。

为了有效地控制土壤污染,治理已遭受污染的土壤应采取一定的措施:科学地进行污水灌溉;合理使用农药,重视开发高效低毒低残留农药;合理施用化肥,增施有机肥;施用化学改良剂,采取生物改良措施。总之,按照"预防为主"的环保方针,防治土壤污染的首要任务是控制和消除土壤污染源,对已污染的土壤,要采取一切有效措施,清除土壤中的污染物,控制土壤污染物的迁移转化,改善农村生态环境,提高农作物的产量和品质,为广大人民群众提供优质、安全的农产品。

11.2.7　森林破坏、水土流失和土地荒漠化

森林是由树木为主体所组成的地表生物群落。它具有丰富的物种,复杂的结构,多种多样的功能。森林与所在空间的非生物环境有机地结合在一起,构成完整的生态系统。森林是地球上最大的陆地生态系统,是全球生物圈中重要的一环。它是地球上的基因库、碳贮库、蓄水库和能源库,对维系整个地球的生态平衡起着至关重要的作用,是人类赖以生存和发展的资源和环境。

森林是"地球之肺",每一棵树都是一个氧气发生器和二氧化碳吸收器。一棵椴树一天能吸收 16 kg CO_2,150 公顷杨、柳、槐等阔叶林一天可产生 100 t O_2。森林能涵养水源,在水的自然循环中发挥重要的作用。1 公顷森林一年能蒸发 8 000 t 水,使林区空气湿润,降水增加,冬暖夏凉,这样它又起到了调节气候的作用。森林能防风沙,制止水土流失。非洲肯尼亚的记录,当年降雨量为 500 mm 时,农垦地的泥沙流失量是林区的 100 倍,放牧地的泥沙流失量是林区的 3 000 倍。近年来,由于消费国大量消耗木材及林产品,导致全球森林面积明显减少,全球每年消失的森林近千万公顷,这不仅仅是某一个国家的内部问题,它已成为一个国际问题。

森林减少的主要原因包括砍伐林木、开垦林地、采集薪材、大规模放牧和空气污染等,森林的减少给环境带来一系列的问题:产生气候异常;增加 CO_2 排放;物种灭绝和生物多样性减少,热带雨林的动植物物种可能包括了已知物种的一半,但热带雨林正在以每年460 万公顷的速度消失;加剧水土侵蚀;减少水源涵养,加剧洪涝灾害。

水土流失是指在山区、丘陵区和风沙区,由于不利的自然因素和人类不合理的经济活动造成地面的水和土离开原来的位置流失到较低的地方,再经过坡面、沟壑汇集到江河河道中去,这种现象就是水土流失。

荒漠化是指在干旱和半干旱地区,包括一部分半湿润地区,由于生态平衡遭到破坏使绿色原野逐步变成类似沙漠的景观。其结果就是产生了沙漠化的土地,最终达到荒漠化。

当今,荒漠化已成为世界性公害,全球受到荒漠化危害的陆地面积已达到 1/4,且每年仍以 5~7 万 km^2 的速度扩展。目前,荒漠化遍及世界 110 多个国家,共有 10 亿人口受到荒漠化的直接威胁,其中有 1.35 亿人在短期内有失去土地的危险。沙尘暴虐,田毁人

亡,每年造成的直接经济损失达400多亿美元。为此,联合国环保发展大会把防治荒漠化列为《21世纪议程》的优先行动领域。保护人类自己的家园,加快治理荒漠化已成为世界各国共同的使命,更成为环境科学研究的前沿领域。

11.3 受污染环境修复技术

环境修复技术就是借助外界的作用力,使环境的某个受损的特定对象的部分或全部恢复成为原来初始的状态。常用的环境修复技术主要有微生物修复技术、植物修复技术、化学修复技术、电动力学修复技术等,对于不同的污染物及介质采用不同的修复技术。修复技术是当今环境科学中一个热点领域,也是最具有挑战性的研究方向之一,与环境化学研究领域互有交叉,在研究中可作为环境化学的一个研究方向和领域。修复的主体是污染物,修复的介质可以是土壤、地表水、地下水及近海岸。

11.3.1 微生物修复技术

微生物修复技术是指通过微生物的作用清除土壤和水体中的污染物,或是使污染物无害化的过程。它包括自然和人为控制条件下的污染物降级或无害化的过程。

在自然修复的过程中,满足有充分和稳定的地下水流、有微生物可利用的营养物质、有缓冲酸碱的能力、有使代谢能够进行的电子受体条件才能较好地完成修复,否则会影响微生物修复的速率和程度。但是对于外来化合物,如果污染新近发生,需要加入有降解能力的外源微生物。人为修复工程一般采用有降解能力的外源微生物,用工程化手段来加速生物修复的进程,这种在受控条件下进行的生物修复又称强化生物修复或工程化的生物修复。

工程化的生物修复一般采用生物刺激技术、生物强化技术手段来加强修复的速率。在修复的过程中受到营养物质、电子受体、污染物的性质、环境条件(土壤颗粒的性质和介质的条件)、微生物的协同作用的影响。

强化生物修复的类型主要有原位强化修复技术和异位生物修复。原位强化修复技术包括生物强化法、生物通气法、生物注射法、生物冲淋法及土地耕作法。异位生物修复主要包括堆肥法、生物反应器处理和厌氧处理。

11.3.2 植物修复技术

生态植物修复技术指的是在工程建设中采用相关的生态植物(如不同乔、灌、草、藤等),在特定环境条件下混合配置后,对开挖或填方所形成的边坡进行植被恢复的一种综合技术应用方案,它包含了绿化景观、固土保水、防止浅层滑坡和塌方等生态环境保护的基本内容。

植物修复重金属污染的作用过程可分为三种类型,分别为植物提取、植物稳定和植物挥发。植物去除有机污染物的机理主要有直接吸收污染物、植物分泌物的降解作用、增强根际微生物降解。

11.3.3　化学修复技术

化学修复技术包括化学淋洗修复技术、溶剂浸提修复技术、化学氧化修复技术、化学还原与还原脱氢修复技术。

①化学淋洗修复技术是指借助能促进环境介质中污染物溶解或迁移作用的溶剂,通过水力压头推动淋洗液,将其注入被污染介质中,然后再把包含有污染物的液体从介质中抽提出来,进行分离和污水处理。化学淋洗技术包括原位化学淋洗技术和异位化学淋洗技术。原位淋洗技术主要用于多孔隙易渗透的土壤;异位淋洗技术主要适用于重金属、放射性元素、石油类碳氢化合物、易挥发有机物和 PCBS 物质的修复。

②溶剂浸提修复技术是一种利用溶剂将有害化学物质从污染介质中提取出来的或去除的修复技术。可用于处理难以从土壤中去除的污染物质。

③化学氧化修复技术是利用氧化剂的氧化性能,使污染物氧化分解,转变成无毒或毒性较小的物质,从而消除土壤和水体环境中的污染。化学氧化修复技术主要用于修复被油类、有机溶剂、多环芳烃、PCP、农药以及非水溶态氯化物等污染物污染的土壤和沉积物。高锰酸钾、臭氧、过氧化氢和 Fenton 试剂是常用于化学氧化修复技术的修复剂。

④化学还原与还原脱氢修复技术就是利用化学还原剂将污染物还原为难溶物质,从而使污染物在环境介质中的迁移性和生物可以利用性降低,或者把其中有害的含氯分子中的氯原子去除,使之成为低毒性或者没有毒性的化合物。

11.3.4　电动力学修复技术

电动力学修复技术是把电极插入受污染的土壤并通入直流电,发生土壤孔隙水和带电离子的迁移,土壤中的污染物质在外加电场作用下发生定向移动并在电极附近累积,定期将电极抽出处理,可将污染物除去。电动力学修复技术(以下简称电动修复)是一种新型高效的去除土壤和地下水中污染物的新技术。

影响土壤电动修复的几个主要因素,土壤的 pH 值、Zeta 电位、极化问题、化学性质以及含水率等。

11.4　绿色化学

传统的化学工业给环境带来的污染已十分严重,目前全世界每年产生的有害废物达 $3\sim4$ 亿吨,给环境造成危害,并威胁着人类的生存。20 世纪 90 年代以来,被誉为"新化学"理念的绿色化学应运而生,并在全球范围内越来越受到重视。绿色化学是指能够保护环境的化学技术。它可通过使用自然能源,避免给环境造成负担、避免排放有害物质。利用太阳能为目的的光触媒和氢能源的制造和储藏技术的开发,并考虑了节能、节省资源、减少废弃物排放量。

11.4.1　绿色化学的提出与发展

人类对环境保护和治理的认识有一个不断深入的历史发展过程,大致经历了 3 个阶段：

（1）20世纪中叶，人类对化学物质的毒性持续性、生物反应性和致癌性的认识还不太清楚，对废水、废气和废渣的排放尚没有立法来限制。人们普遍认为，只要把废水、废渣和废气进行"稀释排放"就可以无害，这一阶段中，虽然人类已有了环保意识，但并没有采取实际意义的环保对策。实际上对污染采取了"任其自然"的态度，没有具体的措施。

（2）后来，随着人类对于化学物质或化工产品对环境的危害有了更多的了解，制定了相应的环保法规，开始限制废物的排放量，特别是废物排放的浓度和排放总量。这一阶段的环保意识得到了重视，环保对策则以管理和控制相结合为主。由于环保法规日益严格，废水、废气和废渣必须进行处理后才能排放，于是，各种物理、化学、生物的治污技术不断地被研制和应用。

（3）到20世纪90年代后，环境保护的意识和观念有了新的飞跃，人类必须走可持续发展之路成了全人类的共识。1990年，美国国会通过《污染预防法案》，明确提出了"污染预防"这一概念，要求杜绝污染源，指出最好的防止有毒化学物质危害的办法，就是从一开始就不让有毒物质产生，也不形成废弃物。这个法案代表了人类保护环境的一种新理念，推动了全球化学界为预防污染、保护环境做出进一步的努力。此后，人们赋予这一新理念以不同的取名：环境无害化学、清洁化学和绿色化学等。美国环保局率先在官方文件中正式采用"绿色化学"这个名称，以突出化学对环境的友好要求。绿色化学作为未来化学科学及化学工业发展的方向和基础，已被世界各国普遍接受，越来越受到各国政府、企业和学术界的关注。

11.4.2　绿色化学的含义及特点

绿色化学又称"环境无害化学"、"环境友好化学"、"清洁化学"，绿色化学是近十年才产生和发展起来的，是一个"新化学婴儿"。它涉及有机合成、催化、生物化学、分析化学等学科，内容广泛。绿色化学的最大特点是在始端就采用预防污染的科学手段，因而过程和终端均为零排放或零污染。世界上很多国家已把"化学的绿色化"作为新世纪化学进展的主要方向之一。

绿色化学思想是一种化学科学、技术与社会、环境协调发展的思想，是社会对化学科学发展的新要求，它对于保护人类赖以生存的环境、实现人类社会的可持续发展具有重要的意义。

绿色化学的特点主要有：

（1）充分利用资源和能源，采用无毒、无害的原料；

（2）在无毒、无害的条件下进行反应，以减少向环境排放废物；

（3）提高原子的利用率，力图使所有作为原料的原子都被产品所消纳，实现"零排放"；

（4）生产出有利于环境保护、社区安全和人体健康的环境友好的产品。

绿色化学给化学家提出了一项新的挑战，国际上对此很重视。1996年，美国设立了"绿色化学挑战奖"，以表彰那些在绿色化学领域中做出杰出成就的企业和科学家。绿色化学将使化学工业改变面貌，为子孙后代造福。

11.4.3　绿色化学的原则

绿色化学有其应用的原则。美国《科学》杂志 2002 年 8 月提出了绿色化学 12 条原则,已被广泛认可:

(1)预防废弃物的形成要比产生后再想办法处理更好。

(2)应当研究合成途径,使得工艺过程中耗用的材料最大化地进入最终产品。

(3)使用的原料和生产的产品都遵循对人体健康和环境的毒性影响最小。

(4)研制的化学产品在毒性减少后仍应具备原有功效。

(5)尽可能不使用一些附加物质(如溶剂、分离剂等),尽可能使用无害的物质,优选使用在环境温度和压力下的合成工艺。

(6)能源的需求应当结合环境和经济影响,评价其影响应没有空间、时间限制,追求最小化。

(7)技术、经济可行性论证的,首选使用可再生原材料。

(8)尽量避免不必要的化学反应。

(9)有选择性地选取催化试剂会比常规化学试剂出色。

(10)研制可在环境中分解的化学产品。

(11)开发适应实时监测的分析方法,为在污染物产生之前就施行控制创造条件。

(12)化学工艺中使用和生成的物质,都应选择那些能最大限度减少化学事故(泄漏、爆炸、火灾等)的物质。

这些原则主要体现了要对环境的友好和安全、能源的节约、生产的安全性等,它们对绿色化学而言是非常重要的。在实施化学生产和化学生产的过程中,应该充分考虑以上这些原则。

11.4.4　绿色化学的方法

通常一个化学过程由 4 个基本要素组成:目标分子或最终产品,原材料或起始物,转换反应和试剂,反应条件。这 4 个方面是紧密相关联的。为了评估一个化学过程是否有实现绿色化学的可能性,需要从以上 4 个方面分别进行研究、论证。必要时可进行分步的实验、优选,最后得出可行的方案。

1. 设计或重新设计对人类健康和环境更安全的目标化合物及化学过程

这是绿色化学的关键部分。必须利用化学结构-活性关系进行分子设计,以达到功效和毒性之间的最优结果。要求一个化合物完全无毒而效果又好是很难的。实际上,在可能条件下求得化合物的功效和毒性的最优平衡,正是合成化学最困难最富有挑战的任务。

2. 改变反应原料和起始化合物

尽量用对人类健康和环境危害小的物质作为起始原料,去设计实现某一化学过程,使此过程更为安全,这也是实现绿色化学目标的重要手段之一。

3. 改变反应试剂

在反应原料及合成路线基本选定后,对每一步所用试剂仍有各种选择的可能。绿色化学提倡尽可能用与环境友好的化合物去取代有毒的试剂,以减少乃至消除有毒物质的使用。

4. 改变反应条件

整个反应条件(温度、压力、时间、物料平衡、溶剂等)对合成路线的总环境效应有时会有明显的影响,特别是反应方式和反应介质。目前的热点是研究用水或超临界流体为反应介质,取代易挥发的有毒有机溶剂,以减少对人的危害和对大气、水的污染。

综上所述,绿色化学的研究主要是围绕化学反应、原料、催化剂、溶剂和产品等方面的"绿色化"开展的。

本 章 小 结

本章从人类、环境与化学的联系入手,了解人类与环境的关系,环境科学与环境化学的概念及基本含义。并对温室效应、臭氧层破坏、光化学烟雾、酸雨、水体富营养化、土壤污染和森林破坏、水土流失和土地荒漠化等重大环境问题做了详细的说明。介绍了绿色化学的相关内容。

习 题

1. 名词解释。

(1)环境化学;(2)温室效应;(3)光化学烟雾污染;(4)水土流失;(5)荒漠化。

2. 简答题。

(1)环境化学的研究内容有哪些?

(2)酸雨的产生给环境带来怎样的危害?

(3)水体污染物有哪些类? 主要包括什么物质?

(4)绿色化学的主要特点有哪些?

(5)绿色化学的原则是什么?

第12章

21 世纪的化学展望

化学作为自然科学中的核心基础学科,在 20 世纪发展的基础上,21 世纪将展现出更加美好的发展前景。在 20 世纪 97 个诺贝尔化学奖的基础上,21 世纪 100 个诺贝尔化学奖一定会奖给那些在化学科学领域作出重大贡献的佼佼者。21 世纪化学既是基础研究创新性的科学,又是与国计民生相关的实用的创新性科学。二者缺一就不称其为化学,表现不出化学的特性。

化学主要是在原子和分子水平上研究物质的组成、结构和性质以及其相互作用和反应的科学。21 世纪化学科学领域将在以下 4 方面取得重大突破性进展。

(1)将会深入研究原子组合成分子的方法和技巧;原子经济性和反应效率。

(2)分子间相互作用及由此构成的多分子体系将成为重要的研究对象。如大分子的凝聚态、蛋白质和 DNA 的空间取向以及分子组装、手性分子的识别等。

(3)化学与其他学科的相互渗透和交叉。

(4)从化学基础研究的重大突破到形成高新技术产业化的周期,即科学—技术—生产力的链接将会缩短,从而加速生产力的发展。

为了详细分析目前化学学科动向,展望今后化学发展趋势,下面将按化学所属的二级学科,即无机化学、有机化学、物理化学、高分子化学、分析化学和化工科学等 6 个方面分别加以阐述。

12.1　21 世纪无机化学

人们周围发生的和利用的化学过程许多是无机化学过程。人们周围的物质和所创造的物质也有很多是无机物。

无机化学是研究无机物的组成、结构、性质和无机化学反应与过程的化学。无机物种类繁多,包括在元素周期表上除碳以外的所有元素以及这些元素生成的各种不同类型的无机物,因此无机化学的研究范围极其广阔。21 世纪无机化学研究的立足点在哪里,可以从以下动向来探讨。

12.1.1　现代无机合成

无机化合物涵盖周期表上碳以外各元素构成的物质,所以种类甚多,而且这种无机物的合成方法差别较大,无机合成化学中未经开拓的领域很多,新型无机物合成有很宽广的前途。发现一种新的合成方法或一种新型结构,将有一系列新的无机化合物出现,如夹心式化合物、笼状、簇状、穴状化合物等;而且很多无机化合物都具有特殊的功能,如激光、发光、高密度信息存信者、永磁性、超导性、能源、传感等,均有广泛的应用前景。

现代无机合成化学首先要创造新型结构,寻求分子多样性;同时应注意发展新合成反应、新合成路线和方法、新制备技术及对与此相关的反应机理的研究。注意复杂和特殊结构无机物的高难度合成,如团簇、层状化合物及其特定的多型体(Polytypes)、各类层间的嵌插(Intercalation)结构及多维结构的无机物。研究特殊聚集态的合成,如超微粒、纳米态、微孔与胶束、无机膜、非晶态、玻璃态、陶瓷、单晶、晶须、微孔晶体等。在极端条件下,如超高压、超高温、超高真空、超低温、强磁场、电场、激光、等离子体等,可能得到多种多样的在一般条件下无法得到的新化合物、新物相和新物态。如在高真空、无重力的宇宙空间条件下的无机合成,可能会合成出没有位错的高纯度晶体。总之,现代无机合成在 21 世纪会有所突破。

12.1.2　配位化学

A. Werner 创立的配位学说是化学历史中的重要里程碑,他打破了以前的共价理论和价饱和观念的局限;建立分子间新型相互作用,展现出在这之前想不到的新领域。在 Werner 之后,有人研究配合物形成和它们参与的反应;有人则研究配位结合和配合物结构的本质。很快配位化学就成为无机化学研究中的一个主要方向,成为无机化学与物理化学、有机化学、生物化学、固体物理和环境科学相互渗透、交叉的新兴学科。

配合物的类型迅速增加,从最初简单配合物和螯合物发展到多核配合物、聚合配合物、大环配合物;从单一配体配合物发展到混合配体配合物,从研究配合物分子到研究由多个配合物分子构筑成的配合物聚集体。在 20 世纪中叶,Irving,Williams,Perrin 创立了溶液配位化学,而 Sillen 和 Stumm 又由溶液配位化学研究导致后来的水化学、环境配位化学,直到 Perrin,Williams 建立多气层多配位体计算机模型。另外,对配位结构的微观研究产生了配位场理论,丰富了量子化学理论,扩大了结构化学领域。

配位化学从 20 世纪 60 年代起就与生命科学结合,成为生物无机化学产生的基础。陆续发现配合物的良好催化作用在有机合成、高分子合成中发挥了极大作用。

配位化学的另一个具有发展前景的领域是对具有特殊功能(如光、电、磁、超导、信息存信者等)配合物的研究。

12.1.3　原子簇化学

金属原子化合物的发现开拓了又一个新领域,其后逐渐形成了一门新兴的化学分支学科——金属原子簇化学。20 世纪 70 年代后,由于化学模拟生物固氮、金属原子簇化合物的催化功能、生物金属原子簇、超导及新型材料等方面的研究需要,促使金属原子簇化学快速发展。建立了一些合成方法,并且用结构化学和谱学等实验手段了解了一些金属簇合物结构与性能的关联。在此基础上探求成簇机理,从理论上研究其成键能力和结构规律。目前已有多种学说,如 Lipscomb 的硼烷三中心键模型,Sidgwick 等人的有效原子数

(EAN) 规则,Wade 的多面体骨架成键电子对理论,Cotton 的金属-金属多重键理论,Lauher 的金属原子簇的簇价轨道(CVMO)理论,Mingos 的多面体簇电子对理论,张文卿的金属原子簇拓扑电子计算理论,唐敖庆的成键与非键轨道数的(9n−L)规则,卢嘉锡的类立方烷结构规则,徐光宪的 n×cπ 结构和成键规则及张乾二的多面体分子轨道理论等,从不同角度论述了金属原子簇的内在结构规律。但这些规律均存在一定的局限性,尚没有一个较为完善的理论来概括和解释金属原子簇化合物的实验结果。在这一领域内,仅1976 年 W. N. Lipscomb 因其有机硼化合物结构研究而获得诺贝尔化学奖。

12.1.4　超导材料

超导现象是 1911 年 H. K. Onnes 发现的。当汞冷却到 4 K 时,其电阻突然消失。这种超导现象提供了十分诱人的工业前景。1986 年 IBM 公司瑞士苏黎世研究实验室的J. G. Bednorz 和 K. A. Mueller 报道了一种铜、氧、钡和镧组成的陶瓷材料具有超导性能,转变温度为 30 K,这是一种完全与过去已知超导体不同的新型材料,才激起了当时世界的超导热。美国休斯敦大学的朱经武等很快研制成功一种含钇和钡的铜氧化物 $YBa_2Cu_3O_7$,其转变温度在 90 K,进入了液氮温度区(氮在 77 K 变为液体,可以用液氮作为制冷剂使材料呈现超导性能)。1988 年又研制出了转变温度为 125 K 的新型超导材料 $Tl_2Ca_2Ba_2Cu_3O_{10}$。人们努力创造各种超导体以提高临界转变温度。1991 年有两项重要发展:一是有机超导体的临界转变温度达到 12.5 K;另外,发现碱金属掺杂的 C_{60} 有超导性,临界转变温度达到 33 K。1993 年,俄罗斯 L. N. Grigorov 发现了经过氧化的聚丙烯体系能在 300 K 呈现超导性。他采用 Ziegler 聚合法合成的聚丙烯溶于溶液后,经过 3 年空气中氧化后(或采用紫外线照射后放置几个星期),发现有一些局部超导点,其转变温度大于 300 K,局部超导点的直径<0.1 μm。至今所发现与研究的超导材料的转变温度与室温超导材料的前景还有很大距离。21 世纪能否在室温超导材料上有重大突破,这是对化学家和物理学家提出的挑战。

21 世纪对超导材料研究的突破关键是:

(1)这些混合氧化物的超导机理。

(2)混合氧化物的超导性的化学结构基础;混合氧化物的超导性的化学结构基础。

(3)混合氧化物超导体为什么离不开 Cu、Ba、Y 和 Bi 元素。

(4)电子在这类超导材料结构中的运动与超导性的关系。

12.1.5　无机晶体材料

20 世纪 60 年代出现了激光技术,由于其在方向性、相干性、单色性等方面的突出优点引起了工业、农业、信息、军事等方面的极大兴趣。然而激光技术本身需要对激光光源进行变频、调幅、调相、调偏等处理后才能起到信息传递的媒介和能源的作用。这与晶体的非线性光学效应有关,要依靠非线性光学晶体来完成这一处理过程。这就给无机化学提供了一个研究具有非线性光学性质的无机晶体的极好机遇。目前已有优质紫外倍频材料低温偏硼酸钡(BBO)晶体,其空间群为 R_{3c}。这是目前输出相干光波长短、倍频效应大、抗光损伤能力高、调谐温度半宽度较宽的紫外非线性光学晶体。类似性能的晶体还有

LBO、NAB 等。

另一类无机晶体是闪烁晶体,可作为高能粒子如电子、γ-射线等的探测器。如 BGO 晶体(锗酸铋 $Bi_4Ge_3O_{12}$)具有发光性质。当一定能量的电子、γ-射线、重带电粒子进入 BGO 时,它能发出蓝绿色的荧光。记录荧光的强度和位置,就能计算出入射粒子的能量和位置。现已广泛应用在高能物理、核物理、核医学、核工业、地质勘探等方面。这类具有特殊功能的无机晶体的合成和生长是固体无机化学研究的一个生长点。其他如人造水晶、金刚石、氟气云母晶体等各种无机功能晶体也是目前的几个发展的晶体材料,将会是21 世纪无机化学发展的一个重要方面。

12.1.6　稀土化学

稀土是中国的丰产元素,世界稀土资源的 80% 在中国。稀土包括原子序数 57～71 的 5 个元素,再加上元素周期表同属Ⅲ副族的钪和钇,共计 17 个元素。稀土元素外层电子结构基本相同;而内层电子结构 4f 电子能级相近。20 世纪,经过大量的研究工作,发现稀土在光、电、磁、催化等方面具有独特的功能。如含稀土的分子筛在石油催化裂化中可使汽油产率大大提高;硫氧钇铕在电子轰击下产生鲜艳的红色荧光,可使彩电的亮度提高1 倍;稀土永磁材料用于电机制造,可缩小体积,做到微型化和高效化;在高温超导材料中也缺少不了稀土元素;稀土元素在农业生产上有增产粮食的作用等。因此研究稀土元素的性质和功能在 21 世纪将具有重大的科学意义和应用前景。

12.1.7　生物无机化学

生物无机化学酝酿于 20 世纪 50 年代,诞生于 60 年代,在短短的半个世纪有了很大发展。回顾这段历史对于人们今后如何开展生命科学中的化学问题研究颇有启发。生物化学研究的对象是各种生物功能分子,生物学家多注意功能,在化学进入这个领域之后,就更注意结构与功能的关系。当时最为直接的结构测定方法是 X-射线晶体结构分析。Perutz 对肌红蛋白和血红蛋白的结构和作用机理研究获诺贝尔化学奖,使生物无机化学开始了萌芽状态。以下 3 个分支构成了延续多年的生物无机化学的主流。即:

(1)生物化学和结构化学之间的结合,产生了一个以测定生物功能分子结构和阐明作用机理为内容的新领域。生物化学深入到涉及金属离子的生物过程,必然与配位化学结合。

(2)核磁共振技术的发展,为研究生物大分子的溶液结构创造了条件,开拓了结构化学和溶液化学结合、探索含金属生物大分子结构与功能关系的新领域。

(3)生物无机化学通过合成模型化合物或结构修饰研究结构——机理关系,它是合成化学介入生物无机化学的结果。

近年来,传统生物无机化学研究受到一系列实际问题的挑战。这些实际问题大都涉及无机物的生物效应。例如,无机药物的作用机理、无机物中毒机理、环境物质能损伤生物体的机理。其共同的核心问题是从分子、细胞到整体 3 个层次回答构成药理、毒理作用的基本化学反应和这些反应引起的生物事件。这类研究把生物无机化学提高到细胞层次,研究细胞和无机物作用时细胞内外发生的化学变化。这些化学变化是生物效应的基础。不可忽视生物无机化学对无机化学的启发和推动作用。例如,混合配体配合物化学、多金属多配体体系的化学、金属的异常价态、金属——硫簇化学,分子内和分子间电子传递、自由基化学等。

生物无机化学在 21 世纪既可以推动生物学发展,也可以促进化学向新的层次开拓。

12.1.8　无机金属与药物

古代医药大都取材于自然界,不仅取自植物、动物,矿物也常被使用。但由于重金属砷、汞、锑等无机化合物的毒性较大,而逐渐被合成有机药物所替代。近年来,随着科学技术的发展,认识的深化和新的发现,对以金属为基础的药物有了新层次的认识。1965 年,美国 Rosenberg 在研究电场对大肠杆菌生长速度的影响时,发现所用的铂电极与营养液中的成分形成的六氯合铂和一些顺式的含铂络合物能够抑制大肠杆菌的细胞分裂,但对细胞生长的影响却很小。这一偶然的发现引起了广泛的关注,美国癌症研究所立即组织对这些络合物进行广泛的研究和临床试验,结果表明,含铂络合物抑制癌细胞的分裂有显著疗效。现在证实顺铂($[Pt(NH_3)_2d]$)及其一些类似物对子宫癌、肺癌、睾丸癌有明显疗效。在中药复方中有使用金属金的经验,但不知其机理。最近发现含金化合物的代谢产物$[Au(CN)_2]^-$有抗毒作用,而且金化合物可以抑制 NADPH 氧化酶,从而阻断自由基链传递,有助于终止炎症反应。另外,中药复方中使用砒霜和雄黄,最近发现三氧化二砷能促进细胞凋亡,使现代医学接受了砷化合物用做治疗的可能性。目前用钒化合物治疗糖尿病,用锌化合物预防治疗流感,都已成功在临床试用。人们处在无机药物的复兴时期。

这些金属化合物被发现具有药物的治疗作用,说明人们对无机金属及其化合物的药理作用已在深化和逐步认识。特别是我国含矿物的中药复方及治疗效果是肯定的,但其中的药理作用和化学问题尚需不断研究和进一步认识,这一领域在 21 世纪将会成为医药研究的一个重要发展方向。

12.1.9　核化学和放射化学

20 世纪上半叶,从发现放射性元素、核裂变、人工放射性,到核反应堆建立,核爆炸的毁灭性破坏等,核化学和放射化学一直是十分活跃和开创性的前沿领域。但到了后半个世纪,由于核电站和核武器的发展需要,核化学和放射化学转向以生产和处理核燃料为中心,自身的科学研究和新的发现相对减少。放射性同位素和核技术在分析化学、生命科学、环境科学、医学等方面紧密结合,使其应用和交叉研究蓬勃发展起来。从目前的动向看,核化学和放射化学的发展大体有如下几方面:

(1)超重元素"稳定岛"

超重元素"稳定岛"是否能找到? 20 世纪 60 年代,Myers 和 Nilsson 等核物理学家从核内存在镁核子壳层和幻数的理论模型出发,提出了超重元素存在"稳定岛"学说,即在核质子数 $Z=114$ 和中子数 $N=186$ 的幻数附近,有些超重原子核特别稳定,其寿命可能长达若干年,甚至 10^{15} 年,这些长寿命的超重元素构成了一个"稳定岛"。在这一学说的吸引下,近 30 年来无数核科学家通过各种方法从自然界和核反应中去寻找这个梦寐以求的境地——稳定岛。至 1999 年 6 月,世界上 3 个大实验室,美国 Lawrend Berkeley 实验室(LBL),德国的 Darmstadt 重离子研究会(GSI)和位于俄罗斯的 Dubna 联合核子研究所(JINR),分别用重粒子轰击的方法合成了超重元素 114、116 和 118,但由于加速器产生的粒子流强度不够和反应截面在 10^{-12} 靶,所以只获得了极少几个原子,有关证实研究已在重复进行。这意味超重元素"稳定岛"将有可能存在。可以设想 21 世纪重粒加速器的流强增大,使产生超重元素的原子数目大增,再加上分离探测仪器的改进,超重元素的化学研究将变得更现实。

(2)核医学和放射性药物

现代核医学的重要支柱是放射性药物,主要用于多种疾病的体外诊断和体内治疗,还可在分子水平上研究体内的功能和代谢。21 世纪将在单光子断层扫描仪(SPECT)药物方面有新的突破;将会用放射性标记的活性和专一性极强的"人抗人"单克隆抗体作为"生物导弹",定向杀死癌细胞,而中枢神经系统显像将推动脑化学和脑科学的发展。

(3)核分析技术将以其高灵敏度等优点向纵深发展

放射性示踪技术和核分析技术始终因其灵敏度很高的优点在各个领域中得到广泛的应用。核分析方法未来将在分析化学中大有作为,如物种分析(Speciation),分子活化分析,生物-加速器质谱学(Bio-Accelerator Mass Spectrometry,Bio-AMS),粒子激发 X-射线发射(Particle Inducedx-Ray Emission,PIXE)包括扫描质子微探针(Scanning Proton Micro-probe,SPM),α-粒子质子,X-射线谱仪(Alphaproton X-Ray Spectrometer,APXS)等新型结构和功能的分析仪器将为未来人类认识大自然提供有利的武器。

综上所述,无机化学的研究范围极其广泛,在 21 世纪的展望中只能重点列举这 9 个方面,不可能面面俱到。最关键的是创新和发现,一旦有了新的发现和突破,就又可能发展成为一个新的研究和应用领域。

12.2   21 世纪有机化学

20 世纪的有机化学,从实验方法到基础理论都有了巨大的进展,显示出蓬勃发展的强劲势头和活力。世界上每年合成的近百万个新化合物中约有 70% 以上是有机化合物。其中有些因其所具有的特殊功能而用于材料、能源、医药、生命科学、农业、营养、石油化工、交通、环境科学等与人类生活密切相关的各行各业中,直接或间接地为人类提供大量的必需品。与此同时,人们也面临天然的和合成的大量有机物对生态、环境、人体的影响问题。展望未来,有机化学将使人们优化使用有机物和有机反应过程。

有机化学的迅速发展产生了不少分支学科(三级和四级学科),包括有机合成、金属有机、元素有机、天然有机、物理有机、有机催化、有机分析、有机立体化学等,下面将选择其中的一部分分支学科分别概述和展望。

12.2.1   有机合成化学

有机合成化学是有机化学中最重要的基础学科之一,它是创造新有机分子的主要手段和工具,发现新反应、新试剂、新方法和新理论是有机合成的创新所在。有机合成的基础是各类基本合成反应,不论合成多么复杂的化合物,其全合成可用逆合成分析法(Retrosynthesis Analysis)分解为若干基本反应,如 Grignard 反应,Diels-Alder 反应,Witting 反应,Michael 加成反应,Wurtz 反应,Hoffman 反应,Clasien 重排反应,Cope 重排反应等。每个基本反应均有它特殊的反应功能。合成时可以设计和选择不同的起始原料,用不同的基本合成反应,获得同一个复杂有机分子目标物,起到异曲同工的作用,这在现代有机化合成中称为"合成艺术"。在化学文献中可以经常看到某一有机化合物的全合成同时有多个工作组的报导,而其合成方法和路线是不同的。那么如何去评价这些不同的全合成路线呢? 对一个全合成路线的评价包括:起始原料是否合宜,步骤路线是否简短可行,总收率高低以及合成的选择性高低等。这些对形成有工业前景的生产方法和工艺是至关重要的,也是现代有机合成的发展方向。有机合成关注的是以下几个方面:

(1)高选择性

在有机合成反应中有化学和区域选择性、立体选择性、对映体选择性等。

(2)合成效率和经济性

如减少合成步骤、会聚式合成,使用价廉易得的原料和试剂、平和和宽容的反应条件等。

(3)反应活性和收率

从有机合成反应的反应速率和收率来看,应当考虑反应速率快,反应时间短,反应产率高和工艺简便的合成方法。

(4)环境友好及原子经济性

在有机合成中所使用的起始原料、试剂、反应条件、反应中和反应后所产生的物质是否有毒性、三废及残留程度,对环境的影响等。也应研究原子经济性,即合成中每一个原子都被利用,以消灭废物排放。

一个有机化合物的合成要全面考虑上述 4 个方面的因素是不容易做到的,这也正是21 世纪有机化学研究的前沿领域。现在国际上报道的合成有机物和方法有千万种,专利也不少,但工业化生产的却是少数。这当然一方面是市场经济的导向,要看该有机物的功能和用途是否符合市场需要;另一方面则是成本与效率是否可取,生产条件和环境等是否许可。这些都决定于合成化学和过程化学基础研究深入的程度。

在现代有机合成中还有几个领域备受关注:

(1)天然复杂有机分子的全合成

人们对自然界的研究和认识是无止境的,不断会发现新的天然产物及其特殊功能,如20 世纪 90 年代因从植物中发现紫杉醇的抗癌作用而推动了围绕它的合成研究。为将紫杉醇开发成为药物,发展了各种不同的合成方法。21 世纪在复杂天然产物的全合成研究方面,还会有长足的发展。

(2)不对称合成

包括手性源出发的不对称合成,反应底物中手性诱导的不对称反应、化学计量手性试剂的不对称合成、手性催化剂和生物催化的不对称反应。由于近年来手性药物的发展需要,1992 年美国 FDA 发布了手性药物的指导性原则,直接生产单一对映体药物的趋势明显,世界手性药物的销售额从 1994 年的 452 亿美元激增到 1997 年的 879 亿美元,几乎每年以 30% 的速度增长,这是推动不对称合成发展的动力。预期 21 世纪在这一领域还会有快速的发展。

12.2.2　金属有机化学和有机催化

金属有机化学在 20 世纪有机化学中是最活跃的研究领域之一,其中特别是与有机催化联系在一起。均相催化使有机化学、高分子化学、生命科学及现代化学工业发展到一个新的水平。著名的 Grig-Nard 试剂、Ziegler-Natta 催化剂、Wilkinson-Fischer 茂金属催化剂、Wittigiw 剂开创了金属有机化学的新领域,使人们认识到无机化学和有机化学交叉产生的金属有机化学会产生如此巨大的活力和作用;同时还发现许多金属有机化合物在生物体系内有重要的生理功能,如维生素 B_{12},引起了生物学界的关注。由于金属有机化学的本身结构和功能的特殊性以及其广泛的应用前景,它将在 21 世纪继续成为大有作为的一个学科,预期将有更大的发展。

1. 金属有机化合物的合成结构和性能研究

含有碳-金属键的化合物种类甚多,至今还有不少元素周期表上的金属元素尚无合成的金属有机化合物。因此,金属有机化合物的合成方法有待进一步研究和深入。如 1849 年就制得乙基锌 $Zn(C_2H_5)_2$,发现它有极好的反应性能;以后才相继制得锂、钠、钾、镁、铝、汞、锡等的金属有机化合物。但直到 20 世纪 50 年代才发展到主族元素和过渡元素的金属有机化合物。金属有机化合物的结构和性能关系是一个很广泛和重要的研究领域。如茂金属催化剂,它是烯烃聚合反应的新型催化剂;现又发现二茂铁可做燃烧催化剂。应用金属有机化合物作为光学材料、电子材料和医药业是正在开发的领域,如用 Ziegler 催化剂合成的具有金属光泽的导电性聚苯乙炔、聚全氟丁炔等;用基因转移聚合的生物相容性的聚丙烯酸酯高分子材料,用金属有机的化学蒸气沉淀法制备的半导体材料(如砷化镓、磷化铟等);用于治疗淋病的有机砷化合物 606。在 21 世纪将会发现更多具有各种特殊功能的金属有机化合物被用作功能材料。

2. 金属有机导向的有机反应

金属有机化合物在有机合成的均相催化反应中起着十分重要的作用。往往在金属有机化合物催化下产生一系列的有机合成反应,如 Ziegler 的烷基锂或苯基锂应用于有机合成,Fischer 的金属卡宾和卡拜化学,Heck 的钴催化氢甲酰化反应,以及 1999 年提出的 Metathesis 反应等。各种金属有机化合物的催化活性是不同的,用于有机合成中将会产生各种不同的反应。有机反应催化剂的研制趋势是模拟那些能起催化反应的酶。这些模拟酶的选择性催化剂将在化学合成中呈现日新月异的新局面,故诺贝尔化学奖获得者 E. J. Corey 将其称之为化学酶 Chemzyme。

12.2.3　天然有机化学

天然有机化学是研究来自自然界动植物的内源性有机化合物的化学。大自然创造的各种有机化合物使生物能生存在陆地、高山、海洋、冰雪之中。发掘和认识自然界的这一丰富资源是世界发展和人类生存的需要,是有机化学主要研究任务之一,也是认识世界的基础研究。当然,另一方面从事天然产物化学研究的目的是希望发现有生物活性的有效成分,或是直接用于临床药物和用于农业作为增产剂和农药,或是发现有效成分的主结构作为先导化合物,进一步研究其各种衍生物,从而发展成一类新药,新农药和植物生长调节剂等。对于自然界的天然产物,有机化学家和药物化学家长期以来一直对它具有广泛的兴趣,吸引着世界各国相当规模的研究队伍,并从中已经获得了许多新药和先导化合物。我国自然条件优越,从亚热带到寒带,生物资源十分丰富。中草药已有几千年临床经验,民间防病治病的药方也甚多。如何发掘祖国医药宝库,在我国加速发展天然有机化学研究,具有现实意义和发展优势。这在 21 世纪将是一项会得到国家大力资助和投入的研究领域。

1. 天然产物的快速分离和结构分析鉴定

天然产物的种类繁多,要为发现生理活性物质进行分离和结构分析研究,特别要注意其立体化学的研究。因为往往由于立体构型没有搞清楚,而无法进行全合成和作为先导化合物的衍生物合成与研究。当前应当十分重视糖、蛋白质和核酸方面的研究。它们是与生命过程紧密相关的内源性生物功能分子。它们在储存和传递遗传信息的 DNA 和 RNA 系统,调节代谢的酶和蛋白质系统,能量转换和细胞识别的生物膜系统(它是由磷脂分子和嵌在其中处于运动状态的蛋白质、酶和糖分子所组成)和细胞信号传导系统中扮演各种分子组合和匹配的生命过程的基础有机分子。这是 21 世纪天然产物化学的一个重要发展领域。

2. 传统中草药的现代化研究

中医现代化的关键在于探明中医药药效的物质基础,药物作用机理以及有效成分与药理作用的关联。中医理论具有朴素的系统论思想,强调复方的综合药理作用,但复方中药成分是十分复杂的。中药现代化研究将通过引入化学计量学等新概念,改进有效成分的分离与结构测定方法,以阐明其结构和药效的关系,用以解决中药复方中复杂多成分的化学组成与生物活性的关系问题,从而使中成药成为结构可测的复方组成,与西药复方一样,在国际上通用。这样在 21 世纪将会把祖国中医药宝库变为具有国际市场的流通商品,把几千年累积而传下来的中药秘方,逐渐变成国际通用的复方制剂,为大家所接受。这就需要进行大量的化学工作以及相应的药理作用研究。

3. 天然产物的衍生物和组合化学

在合成化合物中筛选药物命中率愈来愈低的今天,人们又回到从天然产物中寻找新药的研究道路。国际上各大制药公司都没有天然药物开发机构。研究中草药的有效成分,寻找光导化合物,然后用组合化学的方法,合成成千上万个衍生物,从中发现和创造新药,这一筛选方法将会成为研究新药的有效途径。

4. 生物技术

利用基因工程、细胞工程、酶工程等生物技术在解决生物资源短缺和创造新的自然界不存在的类似天然产物的有机功能分子方面将是 21 世纪大有作为的领域。

12.2.4 物理有机化学

物理有机化学研究有机分子结构与性能的关系,研究有机化学反应机理及用理论计算化学的方法来理解,预见和发现新的有机化学现象。化学的两大支柱有实验和理论两方面。实验化学在过去的100年中是强项,而理论化学尚处于不断发展和完善的阶段,处于很重要的理性认识阶段。"知其然,而不知其所以然"是科学研究的初级阶段,从感性认识的实验阶段到理性认识的"知其所以然"阶段是人类认识上的一种飞跃。对有机分子结构与性能的关系以及对有机化学反应机理的研究,亦是希望能从实验数据中找到其内在的规律,并提高到理论化学的高度来理解和认识。

1. 分子结构测定

目前,有机化合物结构测定所用的波谱(紫外、红外、核磁共振、质谱)和 X-射线单晶结构分析等已经能测定大多数有机分子的结构,但对于结构很复杂的生物大分子或存在量极微的有机化合物尚有待于分析仪器设备的不断发展。如目前已有 800 MHz 共振仪,更高级的已在研制中。某些新型的显微镜也正在发展之中,例如可以直接观察单个分子及其结构的显微术。这一领域的发展可能导致一系列生物大分子的发现,测定它们的一级结构,以及二、三级结构,了解分子在空间的排列,以及分子-分子体系是如何组合的。这是物理有机化学研究的基础工作,只有了解清楚分子结构,才有可能联系其性能,研究结构与性质的关系。

2. 反应机理

目前已知的有机化学反应机理有自由基反应、离子型反应、协同周环反应(分子轨道对称守恒原理)、电子转移反应、金属有机配位反应、叶立德、卡宾反应等类型。随着对反应过渡态及反应活性中间体的研究和确证,往往有一个有机化学反应将不单纯是某一类反应机理,而是涉及多类有机反应历程,如自由基反应亦会涉及电子转移反应。现有的研究进展表明,中性有机分子、碳正或碳负离子、自由基等物种之间在不同反应条件下可通过电子转移反应途径和自由基离子而相互转变,形成多种反应途径竞争的新局面。但对任何一个有机化学反应历程,最终必须搞清楚反应过程中原子和分子的碰撞及重组情况,不同反应步骤的速率及反应中能态和相关能量。因此,在研究有机反应机理中发现新的反应机理是一个方面,而搞清楚已知反应历程的速率、能量亦是控制有机化学反应的一个重要方面。

3. 分子间的弱相互作用

分子间的弱相互作用决定参与反应的分子间的识别,因而决定反应的选择性;它还决定分子间的聚集方式。研究分子间弱相互作用及其后果是十分重要的。

12.2.5 生物有机化学

生物有机化学的主要研究对象是合算,蛋白质和多糖 3 种主要生物大分子及参与生命过程的其他有机分子。它们是维持生命机器正常运转的最重要的基础物质。

核酸是信息分子,负担着遗传信息的储存、传递及表达功能。近 10 年来对核糖核酸的研究发现,在上述功能之外,它还显示出独特的催化活性,即有着酶一样的作用。这大大加深了对核酸和蛋白质这两类重要生命基础物质的性质和相互关系的认识。核酸研究的深入发展,深刻揭示了 DNA 复制、转录、RNA 前体加工、蛋白质生物合成过程中的相互关系,从而了解了许多疾病的病因与核酸的相关性,为核酸在医学上的应用开拓了广阔的前景。

核酸的合成方法仍比较繁琐,合成的规律仍受限制,难以满足物性研究之需要。近年来,国际上比较重视含硫、氮的寡核苷酸合成方法的研究,并已取得可喜的进展。

多肽,特别是生物活性多肽在生物体内起着信息传递和调控的作用,通过它们的合成研究和结构-功能关系的研究,现已可有效地从构象和分子力学计算入手,模拟和改造天然活性肽的性能,寻找高效的、专一性强的激动剂和拮抗剂。全新蛋白质是蛋白质研究中的一个新领域。国际上正在尝试按化学、生物、催化等性质的需要合成新的蛋白质分子。对酶蛋白和膜蛋白的研究和模拟将起到重要的作用。

多糖及糖缀化合物也是生物体内的重要信息物质。目前多糖研究侧重于分离、纯化、化学组成及生物活性测定等方面。对多糖的溶液构象、空间结构与功能的关系都未及深入。寡糖的序列分析也仍比较复杂费时,而合成方法也比不上核酸和蛋白质。要深入研究多糖结构和功能的关系,必须首先在其分离、分析和合成方法上有所突破。

模拟酶的研究,模拟酶的主客体分子之间的相互识别与相互作用已取得了可喜的进展;但与天然酶相比,其催化活性尚有限。此外在酶的模拟方式上最近出现了所谓催化性抗体的新策略。这种设想有可能创造出新型的高效高选择性催化剂。

生物膜化学和细胞信号传导的分子基础是生物有机化学的另一个重要研究领域,对医学、卫生、农业生产均会产生深远的影响。

生物有机化学近期发展动向有以下 8 个方面:

(1)生物大分子的序列分析方法的研究,特别是微量、快速的多糖(寡糖)序列分析方法的研究。

(2)多种构象分析方法的研究,如 NMR 多维谱、X-射线衍射、激光拉曼光谱及荧光圆二色散等手段在构象分析中的应用。

(3)从构象分析和分子力学计算出发的结构与功能关系的研究以及设计合成类似物的研究。

(4)生物大分子的合成及应用研究,包括合成方法、模拟和改造天然活性肽、创造新功能的蛋白质分子,合成具有特殊生物功能的寡糖,合成反义寡核苷酸及其多肽与共轭物,并开发这些合成物质在医学和农业上的应用研究。

(5)生物膜化学和信息传递的分子基础的化学研究。

(6)生物催化体系及其模拟研究,包括催化性抗体和催化性核酸的研究。

(7)生物体中含量微少而活性很强的多肽、蛋白质、核酸、多糖的研究,包括分离、结构、功能和合成等。

(8)光合作用中的化学问题。

12.3　21 世纪高分子化学

高分子化学(其中包括高分子物理和高分子化学)研究链状大分子的合成、大分子的链结构和聚集态结构,以及大分子聚合物作为高分子材料的成型及应用。20 世纪高分子化学从无到有,到学科形成乃至推动高分子工业的形成和发展,其发展速度十分快速,发展周期相对较短。在 20 世纪,高分子材料已是人类社会文明的标志之一。塑料、纤维、橡胶的世界年产量已达1.3亿吨,在整个材料工业中已占据重要地位。对提高人类生活质量、创造社会财富、促进国民经济发展和科技进步作出了巨大贡献。在高分子化学发展历程中,先是只重视高分子的合成反应,研究聚合反应和方法;后来发现作为材料,其性能还取决于其物理性质甚至材料的结构与形态。所以20世纪后期,高分子化学、高分子物理和高分子加工成型形成了相互配合发展的新趋势。

展望21世纪高分子化学的发展,可从高分子化学的3个基础分支学科和3个派生领域述及。

12.3.1　高分子合成

高分子合成是探索新高分子物质的基础。预计21世纪高分子合成的发展方向应是:探索新聚合反应和新聚合方法;探索和提高对高分子链结构有序合成的能力及实现特定聚集态结构的合成技术;在分子设计的基础上采用共聚合的方法用普通单体合成高性能的新聚合物。

回顾20世纪高分子化学的发展,由于自由基聚合和缩聚反应的发展,工业上才出现了高压聚乙烯、尼龙和酚醛树脂等聚合物新材料;由于K. Ziegler和G.. Nattaa发明了定向配位聚合催化剂,才促进了聚烯烃工业的飞速发展;W. Kaminky茂金属催化剂的发现,又使聚烯烃工业在提高烯烃聚合物性能方面达到了新水平。目前,在工业上应用的高分子聚合反应主要是配位聚合、离子聚合、自由基聚合及缩聚反应等。每当一种新的聚合反应和方法出现,就会产生新结构的合成聚合物及高分子工业技术的革新。在21世纪,高分子学家应在继续改进现有聚合反应及聚合方法的同时,探索新的聚合反应及新的聚合方法。这方面的研究工作,既要求高分子化学家努力探索,也要求他们开阔眼界,向有机化学家、生命化学家学习和借鉴其新成果。用金属有机理论、酶"催化"合成理论、微生物发酵合成技术、植物转基因合成高分子技术等发展高分子合成的新反应、新方法;同时还要考虑到和高分子工业的联系,使高分子合成的新反应、新方法具有工业应用前景。

在20世纪末,展现在高分子化学家面前的新领域是:在分子设计、结构设计的基础上,共聚合成新性能高分子,合成空间有序链结构的高分子,合成或组装共价键结合的特殊聚集态结构或基于分子间弱相互作用力而结合的特定有序结构体。高分子的纳米合成是指将分子自组装或自合成构制有特殊结构形态的高分子聚集体。

12.3.2　高分子高级结构和尺度与性能的关系

从结构上看高分子有链状和网状结构。化学合成决定了一级结构,即分子链的化学结构。还可以通过化学和辐射交联方法,使链状高分子交联成网状结构,而高分子的性能亦随之改变,如提高耐温性,增加弹性等。但这些链状高分子还可以靠分子-分子间相互作用构成高级结构,如相态结构和聚集态结构等。相互作用的本质以及高级结构与性能的关系将会成为21世纪研究重点。这种分子以上层次的研究包括探索分子间的各种可能的非共价键相互作用,如氢键、静电相互作用、疏水相互作用,给体-受体相互作用等。因此以精确设计和精确操作为基本思路来发展和完善高分子化学和物理的这种结合,是21世纪高分子化学研究的一个重要领域。

按照精确的分子设计,在纳米尺度上规划分子链中原子间的相对位置和结合方式,以及分子链间的相对位置和排列,通过纳米尺度上操纵原子、分子或分子链,完成精确操作,实现纳米级上的高分子各级结构的精确定位,从而能精确调控所得到的高分子材料的纳米化。

高分子材料的纳米化可以依赖高分子的纳米合成,这既包括分子层次上的化学方法,也包括分子以上的物理方法。利用外场(包括温度场、溶解场、电场、磁场、力场和微重力场等)的作用,在一确定的空间或环境中像搬运积木块一样移动分子;采用自组合(Self-Organization)、自合成(Self-Synthesis)或自组装(Self-Assenbly)等方法,靠分子之间相互作用构筑具有特殊结构和形态的分子聚集体。高分子材料的纳米化还可以通过成型加工的方式得以实现,即在成型加工过程中控制高分子大容体的流动,调节高分子的结构形态,从而控制其使用性质。高分子材料的纳米化研究不仅应包括上面提到的纳米化制备方法,而且还不应忽略对高分子材料纳米结构的观察和纳米性质的测量。高分子材料纳米化会使得表面层上和界面层上的结构和性质表现出特异性,因此需要开展表面层上和界面层上的相结构和相行为的研究,以及表面冲上和界面层上分子链的动力学的研究,建立相应的构效关系。

12.3.3　高分子物理

高分子物理研究高分子链结构、高分子聚合物的凝聚态结构,研究这些多层次结构的形成和变化规律,以及多层次结构对宏观聚合物材料的性能、功能的影响。高分子物理向人类社会提供关于高分子材料使用原理的知识,向高分子化学家反馈高分子设计及合成信息。20 世纪高分子物理的发展揭示了为什么由同种高分子形成的不同聚合物材料会有差异悬殊的性能,从而指导聚合物材料的成型制备技术,促进高分子材料潜在性能的充分利用及高分子工业的发展。高分子聚合物作为软物质,蕴含着丰富多变的结构内涵。这些丰富的结构因素赋予了高分子聚合物潜在的多性能、多功能性质。因此,21 世纪高分子物理的研究应继续深入研究高分子链及其聚合体的各层次结构和相态特点,更深入研究聚合物各层次结构对高分子材料宏观性能、功能的影响原理;在结构研究的同时,更要注意各种外场因素(温度、剪切力、振动力、压力、张力、流速、磁场、电场等)对高分子链运动、对各层次结构演变的影响以及控制规律,从而更好地开发高分子聚合物的各种潜在性能或功能;要注意人们尚不熟知的新类型合成高分子(如超支化高分子,易产生相变的高分子水凝胶,基于分子间弱相互作用而组装成的“非键合”高分子)的结构特点、分子运动特点及相态和结构特点演变规律的研究;也希望注意研究生物高分子的结构特点、高分子间或高分子内信息传递原理,以便为高分子化学家提供仿生物功能材料设计、合成的新知识。

12.3.4　高分子成型

高分子成型是研究高分子聚合物在外场(温度、力)作用下,高分子链运动、特定相态和结构的控制形成以及所需形态(材料)的成型技术。高分子成型学科的形成晚于高分子化学和高分子物理,它是基于高分子物理,高分子化学的有关基础知识,融合机械原理、针对不同类型高分子材料的社会需求而发展起来的。21世纪高分子成型研究应在遵循上述自身发展规律的同时，进一步将高分子物理研究的新知识用于深化聚合物成型原理的研究，注意发展为工业界可接受的聚合物成型新技术、新方法；搜集聚合物流体的各种基础数据，利用计算机技术研究各种聚合物、各种高分子材料最佳成型过程的理论预测和工艺设计；注意提高在聚合物成型过程中对聚合物材料特定结构和相态的控制，形成技能。

12.3.5　功能高分子

　　功能高分子是高分子化学与其他学科交叉形成的新领域。它研究和创制国民经济各领域所需的特殊新高分子材料。20世纪功能高分子领域的成就为人类创造了崭新的诸如合成高分子磁体、体内植入可降解吸收的骨科高分子材料等特殊材料，也为高分子材料的发展展现了新思路。目前，功能高分子材料主要有两大类，即光、电、磁功能高分子材料和医用高分子材料。从这一动向估计，21世纪的功能高分子研究将注意高分子及其聚合物产生光、电、磁功能的原理，目的是创制性能更好的光、电、磁高分子材料；也将注意研究生物高分子材料的结构与功能的关系，设计、制造用于临床的新高分子化合物及材料，诸如人造骨、人造血、人造生物膜、人造脏器及其他人体器官治疗和修复的材料。在这方面很需要了解高分子材料在人体内环境中的变化，所以要研究它们在人体内的降解、代谢过程、生物相容性等性质。采用合成高分子表面接枝生物分子以及进一步在合成高分子表面培养细胞或组织的手段，探索新的高分子医用材料。智能高分子材料将是21世纪功能高分子的一个新生长点。鉴于高分子聚合物具有的软物质特性，即易于对外场的作用产生明显的响应，因此合成某些特殊结构的高分子聚合物，研究利用外场的变化来调节其性能和功能的途径，它是智能高分子材料研究的途径。当然智能高分子也应包括对生物大分子的研究。应进一步提倡高分子化学家主动和生物学家、电子学家、计算机学家等进行学术交流，以形成不同的学科交叉，从而深化和扩展功能高分子的研究领域，创造更多新型功能高分子材料。在20世纪，高分子化学主要目的是创造新材料；但是今后将越来越重视对生物大分子的结构与性能的研究。

12.3.6　通用高分子材料及合成高分子的原料

　　通用高分子材料是高分子化学家为适应社会不同领域对新材料的需求而形成的一个研究领域。它与功能高分子的区别是研究和创造社会需求量大、面广的通用高分子材料。合成高分子材料有其自身研究和发展的规律，及运用高分子化学的合成手段，运用高分子物理关于高分子聚合物结构和相态形成及变化规律的知识，结合不同领域的特殊使用要求、研究、开发各种新材料。高分子合成材料的发展同时也受社会发展需求的制约，人类社会不断对高分子材料提出新的需求，要求赋予材料各种特性，以社会可以接受的方式，用于各种不同领域，如图12.1所示。

　　20世纪高分子化学家已为人类创造出塑料、橡胶、纤维3大合成材料，以及涂料、高性能工程材料等许多用途广泛的高分子材料。21世纪高分子化学家将在对高分子聚合物进行分子设计、结构设计研究的基础上，探讨提高上述材料性能，扩大使用范围的途径；

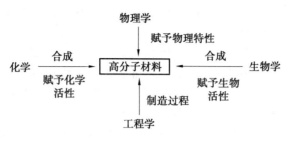

图 12.1　各学科与高分子材料的关联

将根据社会要求和科学的最新发展,注意研究开发对环境无污染的高分子材料以及纳米相结构材料、杂化材料等新一类高分子通用材料。在高分子材料领域,高分子化学处于多门学科的交叉点上,它涉及化学、物理、工程等,这是高分子化学发展的极好机遇,主动吸收、运用各学科的知识,改变传统的研究方法,综合各家之长去发展和创新,必将促进高分子化学的更快发展。

20 世纪石油化工为合成高分子提供了充足而廉价的原料,但世界石油资源已在日益减少而又无法及时再生,因此考虑和研究开发石油化工以外的资源作为合成高分子的原料,将是 21 世纪高分子化学家肩负的巨大责任。植物的光合作用每时每刻都在制造大量有机物质,这些有机物质有的已被人类作为天然高分子材料在使用着,如顺式异戊二烯、反式异戊二烯、纤维素、木材等;有的可能是潜在的合成高分子的单体资源,如木质素、纤维素、淀粉等。寻找将这些潜在的单体资源变为合成高分子的廉价原料的可用途径,将是 21 世纪高分子化学家的任务。若能模拟自然界的生物转化和光合作用的催化功能,研究开发新的光合作用合成碳氢化合物的催化剂,将会彻底解决合成高分子的原料问题;另一方面,地球上以沙漠形式存在着大量 SiO_2,虽然目前人类已掌握了将 SiO_2 转化成有机硅单体的方法,但其耗能巨大,如能寻找更方便、更廉价的 SiO_2 将转化成高分子单体的方法,这无疑将给合成高分子开辟另一重要的单体来源。

12.4　21 世纪分析化学

分析化学是人们获得物质化学组成和结构信息的科学,它所要解决的问题是物质中含有哪些组分、各个组分的含量是多少以及这些组分是以怎样的状态构成物质的。要解决这些问题,就要依据反映物质运动、变化的理论,创建有关的实验技术,研制仪器设备,制订分析方法,因此分析化学是化学研究中最基础、最根本的领域之一。

12.4.1　光谱分析方面

20 世纪 60 年代,等离子体、傅里叶变换、激光技术的引入,出现了等离子体-原子发射光谱、傅里叶红外光谱(FT-IR)、激光光谱等一系列新方法。20 世纪 70 年代,检测单个原子的激光共振电离光谱的出现,使光谱分析的灵敏度达到了极限。20 世纪 80 年代,崛起的等离子体-质谱(ICP-MS)成为更接近"理想的多元素分析方法",40 多种元素检出限达到 10～60 pg/mL。X-射线荧光光谱有进一步的发展,70～80 年代应用全反射技术,灵敏度提高约 1 000 倍,检出限 ppb(10^{-9})级。使用粒子(质子)加速器及同步加速器,粒子束可以聚焦在 1 μm 直径,可作 ppm(10^{-6})级多元素微区分布分析,如一根头发横截面上锌和硒的微区分布分析。激光拉曼光谱与 FT-IR 相配合已成为分子结构研究的主要手段。利用表面增强拉曼效应使激光拉曼光谱的灵敏度提到 $10^5 \sim 10^7$ 倍。共振拉曼光谱灵敏度高,特别适用于微量生物大分子检测,可以直接获得人体体液的拉曼光谱图。激光诱导荧光光谱的灵敏度已达到单分子检测水平,在生物医学中已用于癌症的早期诊断,用作高效液相色谱检测器,检出限为 10^{-15} g。光谱检测从传统的光电倍增管过渡到光二极管阵列检测器,又迅速出现了新一代的电荷耦合阵列检测器(CCD)。它具有量子效率高、暗电流小、噪音低、灵敏度高等优良性能,在高效液相色谱荧光法检测中,检出限达到 10^{-15} g,并可获得多个化合物的三维荧光光谱图。预计在 1 ~ 2 年内,CCD 检测器将会成为图像检测器装配到荧光光度计、拉曼光谱仪、发射光谱仪、高效液相色谱仪及毛细电泳仪等仪器中,成为光谱分析的重大革新。

激光的高强度、单色性、定向性等优越性能,使痕量分析的灵敏度达到了极限值,实现了检测单个原子和单个分子的水平。光导纤维化学传感器又称光极(optrode),由激光器、光导纤维、探头(含固定化试剂相)及半导体探测器组成。光导纤维化学传感器是分析化学在 20 世纪 80 年代中的一项重大发展。目前已有 80 多种传感器探头设计用于临床分析、环境监测、生物分析及生命科学等领域。新的血气分析仪装配有 pH、CO_2 及 O_2 三个传感器,进行活体分析,已成功地用于心肺外科手术的临床连续监测。

12.4.2 电化学分析方面

电化学传感器 20 世纪 60 ~ 70 年代发展起来的离子选择性电极已进入稳定发展时期,在环境、医药、在线分析等方面获得广泛应用。20 世纪 80 年代由于生物分析及生命科学的发展,生物传感器应运而生。近几年生物传感器的发展,已成为电化学分析中活跃的研究领域。仿生生物传感器和化学修饰微电极制作生物传感器已经成为热门课题。化学修饰电极即通过物理或化学方法,在电极表面接上一层化学基团形成某种微结构,得到人们预定的新功能电极,有选择地进行所期望的反应,在分子水平上实现了电极新功能体系的设计,真正步入人们向往已久的分子设计及分子工程学研究阶段,成为电化学及电分析化学中最活跃的前沿领域之一。金属卟啉类、酞菁类、聚合物、主-客体络合物、无机物化学修饰电极在电催化、光电催化、电化学传感器、选择性富集分离等方面的广阔应用,显示了它在前沿领域研究及应用中的广阔前景。

光谱电化学是电化学及电分析化学研究中一项新的突破,即将光谱(包括波谱)和电化学研究方法相结合,同时测试电化学反应过程的变化,形成了现场光谱电化学。这项研究已发展到利用现场紫外、可见和红外光谱,拉曼光谱和表面增强拉曼光谱,电子自旋共振波谱,电子能谱等光谱及波谱技术研究电极过程动力学、电极表面、界面(液-固、液-液)电化学。各种光谱、波谱、能谱及新发展的电化学现场扫描隧道电子显微镜等非电化学技术,从电化学体系获得的信息必然与电化学参量(电位、电流等)密切相关。因此,光谱电化学将电化学及电分析化学的研究从宏观深入到微观,进入分子水平的新时代。

微电极伏安技术(简称微电极技术)是 20 世纪 80 年代发展起来的一种新的电化学

测试技术。微电极直径一般为几微米,最小达 0.3 μm,随着电极的缩小,物质在电极表面的扩散由于边缘效应而成球形,使传质过程极大地增加。微电极的优异性能表现在电极响应速度快,扫描速度高,极化电流小,已应用于生物分析及生命科学,如在活体分析中,微电极用作电化学微探针检测动物脑神经传递物质的扩散过程。在电化学免疫分析中,取微量样品,可以测定 $10^{-19} \sim 10^{-20}$ mol/L 免疫球蛋白-G。在流动注射和高效液相色谱流动体系,以及低极性、高阻抗的有机溶剂中,微电极可以构成性能优良的电化学检测器。微电极具有响应速度快的独特性能,这种性能在光谱电化学的测量上已经显示出广阔的应用前景。

12.4.3　色谱分析方面

色谱分析的研究及应用十分活跃,色谱方面的论文在世界第一流的美国"分析化学"杂志中,从 20 世纪 60 年代到现在一直保持在 24% ~ 30% 。高效液相色谱是 20 世纪 70 年代发展起来的色谱技术,在已知化合物中 70% 以上的不挥发性化合物,可以简便的采用液相色谱分离。在生命科学中多肽、蛋白质及核酸等生物大分子的分离分析以及制备提纯方面,高效液相色谱发挥了重要作用。在色谱柱及固定相研究方面,高效微型柱、毛细管柱、各种手性固定相、分离蛋白质专用柱相继出现。

金属配合物高效液相色谱及离子色谱用于痕量分析是近年来相当活跃的研究领域。柱前及柱后衍生技术、高灵敏度衍生试剂、联用技术大大提高了分析的灵敏度及适用性,如最近出现的 IC-ICP/AES 联用商品仪器,用于海水分析,1 min 内能测定 61 种元素,检出限 1 ~ 100 ng/mL。超临界流体色谱是 20 世纪 80 年代出现的新技术,它能在较低温度下分离热不稳定、挥发性差的大分子,柱效比高效液相色谱高几倍,并可采用灵敏度高的离子化检测器,弥补了气相色谱和高效液相色谱的某些不足之处,并广泛应用于生物医学及高分子化合物。

毛细管区带电泳简称毛细管电泳,是近 2 ~ 3 年迅速发展起来的一种新的分离技术。这种技术兼有高压电泳的高速、高分辨率及高效率优点,采用毛细管柱(直径 25 ~ 50 μm),内充流动电解质溶液,两端加高压[$(2 \sim 3) \times 10^4$ V],试样从柱的一端引入,利用压力梯度及分子迁移力的差别,各组分在管内流体中电泳分离,已分离组分在毛细管的另一端检测。毛细管电泳具有试样体积小(1 ~ 10 nL)、分离效率高(柱效达 100 万理论塔板数,比高效液相色谱约高一个数量级)、分离速度快(10 ~ 20 min)、灵敏度高的特点,适用于离子型生物大分子如氨基酸、肽、蛋白质及核酸等物质的快速分析。

12.4.4　质谱及核磁共振方面

20 世纪 70 年代末到 80 年代初发展起来的串联质谱(MS/MS)、(LC-MS)及软电离技术,使质谱应用扩大到生物大分子。LC/MS/MS 串联质谱采用大气压电离源,质量范围扩大到相对分子质量为 10 万的生物大分子,灵敏度达到 $10^{-12} \sim 10^{-15}$ mol/L。核磁共振波谱是测定生物大分子结构的有力手段,二维及三维核磁共振波谱测定溶液中蛋白质的三维结构,应用于生物工程领域。500 ~ 600 MHz 二维及三维共振波谱仪,采用微处理机控制仪器操作、数据处理及显示,通过光导纤维可以和其他计算机形成网络,傅里叶变换核磁共振波谱现已应用于工业质量控制。

近年来涌现出较成功地用于生物大分子质谱分析的软电离技术主要有下列几种：(1)电喷雾电离质谱；(2)基质辅助激光解吸电离质谱；(3)快原子轰击质谱；(4)离子喷雾电离质谱；(5)大气压电离质谱。在这些软电离技术中，前面三种近年来研究得最多，应用得也最广泛。自约翰·芬恩(JohnB. Fenn)和田中耕一(Koichi. Tanaka)发明了对生物大分子进行确认和结构分析的方法及发明了对生物大分子的质谱分析法以来，随着生命科学及生物技术的迅速发展，生物质谱目前已成为有机质谱中最活跃、最富生命力的前沿研究领域之一。它的发展强有力地推动了人类基因组计划及其后基因组计划的提前完成和有力实施。质谱法已成为研究生物大分子特别是蛋白质研究的主要支撑技术之一，在对蛋白质结构分析的研究中占据了重要地位。

12.4.5 化学计量学与计算机应用方面

以计算机应用为主要标志的信息时代的来临，给科学技术的发展带来了巨大的冲击，分析化学也不例外。各种现代分析仪器技术的发展，改变了分析化学的面貌，过去获取精确的原始分析数据是分析工作中最困难的一步，现代分析仪器具有在相对短的时间内提供大量原始分析数据的能力，甚至连续提供具有很高时间、空间分辨率的多维分析数据。如何处理这些原始分析数据，以最优方式从中提取解决实际生产科研课题所需要的有用信息，就成为矛盾的主要方面。化学计量学就是在这一背景下诞生与发展的。分析工作中传统的实验设计、采样、校正等方法，已不能适应新形势下的要求。化学计量学应用统计学、数学与计算机科学为工具，发展了新的分析采样理论、校正理论及其他各种理论与方法。化学模式识别与专家系统能协助分析工作者将原始分析数据转化为有用的信息与知识，为进行判别决策及解决实际生产科研课题提供依据。分析化学的作用由单纯提供原始数据上升到直接参与实际问题的解决，分析化学已发展成为名符其实的信息科学。分析仪器的发展也跨上了计算机化这一新的台阶，极大地提高了分析仪器提供信息的功能，使分析仪器进入过去传统分析技术无法涉足的许多领域。例如，用航天器运载分析仪器探测火星上有无标志生命的化学物质存在，不需运送分析试样，而是直接将分析信息送回地球等。

随着化学的发展，分析化学正在成为一门重要的分析学科。目前由于生产和科技的发展，要求分析提供更多、更全面的信息，从常量到微量及微粒分析，从组成到形态分析，从总体到微区分析，从整体到表面及逐层分析，从宏观组分到微观结构分析，从静态到快速反应跟踪分析，从破坏试样到无损分析，从离线到在线分析等等。分析化学吸收了当代科学技术的最新成就(包括化学、物理、电子学、生物学等)，利用物质一切可以利用的性质，建立表征测量的新技术，不断开拓新领域，正在走向一个更新的境界。

12.5 21 世纪物理化学

物理化学是以物理的原理和实验技术为基础，研究所有物质体系的化学行为的原理、规律和方法的学科。涵盖了从微观到宏观对物质结构与性质的规律、化学过程机理及其控制的研究,它是化学以及在分子层次上研究物质变化的其他学科的理论基础。随着科学的迅速发展和各学科之间的相互渗透,逐步形成了若干分支学科:化学热力学、化学动力学、结构化学、液体界面化学、催化化学、电化学,量子化学等。20 世纪的物理化学随着物理科学发展的总趋势偏重于微观的理论研究,取得不少里程碑作用的成就,如化学键本质、分子间相互作用、分子结构的测定、表面形态与结构的精细观察等等。

12.5.1　结构化学

结构化学是在原子、分子水平上研究物质分子构型与组成的相互关系,以及结构和各种运动的相互影响的化学分支学科。它是阐述物质的微观结构与其宏观性能相互关系的基础学科,它要从各种已知化学物质的分子构型和运动特征中,归纳出物质结构的规律性。结构化学还要说明某种元素的原子或某种基因在不同的微观化学环境中的价态、电子组态、配位特点等结构特征。另一方面,从结构化学的角度还能阐明物质的各种宏观化学性能和各种宏观非化学性能与微观结构之间的关系及其规律性。与其他的化学分支一样,结构化学一般从宏观到微观、从静态到动态、从定性到定量按各种不同层次来认识客观的化学物质。演绎和归纳仍是结构化学研究的基本思维方法。近代实验物理方法的发展和应用为结构化学提供了各种测定微观结构的实验方法,量子力学理论的建立和应用又为描述分子中电子和原子核运动状态提供了理论基础。近代测定物质微观结构的实验物理方法的建立,对于结构化学的发展起了决定性的推动作用。X-射线衍射方法和原理上相当类似的中子衍射、电子衍射等方法的发现与发展,大大地丰富了人们对物质分子中原子空间排布的认识,并提供了数以万计的晶体和分子结构的可靠结构数据。1982 年,诺贝尔化学奖得主 A. klug 开创了"晶体电子显微学",并用于揭示核酸、蛋白质复杂物的结构。这种三维重构技术使电子显微镜的视野从二维空间发展到三维空间。A. M. Cormack 发明了 X-射线断层诊断仪(CT)用于医学诊断,获得 1979 年诺贝尔生理学医学奖。总之,在结构化学领域随着分析仪器和测定精度的日新月异及新型结构分析仪器的不断推陈出新,结构化学在 21 世纪将会迅速发展。生物大分子的结构研究,过去主要依靠 X-晶体结构分析做静态研究。由于实际上它们都在溶液中发挥功能,而且它们的结构是易变的,所以 20 世纪后期用核磁共振谱法研究大分子在溶液中的动态结构引起人们的重视。

12.5.2　化学热力学

化学热力学是物理化学和热力学的一个分支学科,它主要研究物质系统在各种条件下的物理和化学变化中所伴随着的能量变化,从而对化学反应的方向及反应进行的程度作出准确的判断。化学热力学的核心理论有三个,即所有物质都具有能量,能量是守恒的,各种能量可以相互转化;事物总是自发的趋向于平衡态;处于平衡态的物质系统可用几个可观测量描述。化学热力学是建立在三个基本定律基础上发展起来的。一般公认,迈尔于 1842 年首先提出普通"力"的转化和守恒的概念。1840 ~ 1860 年间用各种不同的机械生热法,进行热功当量测定,给能量守恒和转化概念以坚实的实验基础,从而使热力学第一定律得到科学界的公认。为了提高热机效率,1824 年卡诺提出了著名的卡诺定理,他得到的结论是正确的,但它却引用了错误的"热质论"。为了进一步阐明卡诺定理,1850 年克劳修斯提出热力学第二定律,他认为"不可能把热从低温物体传到高温物体而不引起其他变化",相当于热传导过程的不可逆性。1912 年,能斯脱提出热力学第三定律,即绝对温度的零点是不可能达到的。其他科学家还提出过几种不同表达方式,其中 1911 年普郎克的提法较为明确,即"与任何等温可逆过程相联系的熵变,随温度的趋近于零而趋近于零"。这个定律非常重要,为化学平衡提供了根本性原理。热力学第一、二、三定律虽是现代物理化学的基础,但它们只能描述静止状态,在化学上只适用于可逆平衡态体系,而自然界所发生的大部分化学过程是不可逆过程。因此对于大自然发生的化学现象,应从非平衡态和不可逆过程来研究。19 世纪人们始研究热导扩散和电导等现象,但仅仅限于对近似平衡的非平衡状态和过程的研究。20 世纪 60 年代,开始对远离平衡的非平衡状态和过程的研究以后,热力学理论取得了重大的进展。21 世纪的热点研究领域有生物热力学和热化学研究,如细胞生长过程的热化学研究、蛋白质的定点切割反应热力学研究、生物膜分子的热力学研究等;另外,非线性和非平衡态的化学热力学与化学统计学研究、分子体系的热化学研究等也是重要方面。

12.5.3　化学动力学

化学动力学是研究化学反应过程的速率和反应机理的物理化学分支学科,它的研究对象是物质性质随时间变化的非平衡动态体系。时间是化学动力学的一个重要变量,经典的化学动力学实验方法不能制备单一量子态的反应物,也不能检测由单次反应碰撞所产生的初生态产物。分子束即分子散射,特别是交叉分子束方法对研究化学元反应动力学的应用,使在实验上研究单次反应碰撞成为可能。分子束实验已经获得了许多经典化学动力学无法取得的关于化学元反应的微观信息,分子反应动力学是现代化学动力学的一个前沿阵地。20 世纪化学动力学有两大突破:一是 N. Sem-enov 的化学链式反应理论,获 1956 年诺贝尔化学奖;另一个是化学家 D. R. Herschbach 与李远哲的微观反应动力学的研究,发展了交叉束方法,并应用于化学反应研究,获 1986 年诺贝尔化学奖。化学动力学作为化学的基础研究学科将会在 21 世纪有新的发展,如利用分子束技术与激光相结合,研究基态反应动力学,用立体化学动力学研究反应过程中反应物分子的大小、形态和空间取向对反应活性以及速率的影响,以及用飞秒激光研究化学反应和控制化学反应过程等。

12.5.4　催化化学

催化剂是化学研究中的永久的主题。催化剂具有改变化学反应速度的特殊作用,生物体内产生的化学反应均借助于酶催化。生物催化如此定向、如此精确地进行着,至今人们还难以模拟酶催化反应。催化剂是一种改变化学反应速度而在其过程中自身不被消耗掉的物质,它可使化学反应速度改变几个到十几个数量级。对于有益的化学反应,只要有如何加快反应速度的问题,就会有催化剂的研究。在化工生产(如石油化工、天然气化工、煤化工等)、能源、农业(光合作用)、生命科学、医药等领域均有催化剂的作用和贡献。根据催化剂的物理和化学性质,可将其分为以下几类:

（1）多相催化

这类催化剂是固体材料如分子筛、金属、金属氧化物、硫化物等。催化反应发生在固–气相的界面上，大部分化学工业流程均为多相催化，如合成氨、石油催化裂化等。

（2）均相催化

这类催化剂通常是含有金属的复杂分子，催化反应在气相或液相中进行，催化剂和反应物均溶解于气相或液相中，如烯烃聚合、茂金属催化等。

（3）光催化

吸收光能促进化学反应，如光合作用。

（4）电催化

利用化学方法使电极表面具有催化活性。

（5）酶催化和仿酶催化

酶在生物体内起着重要的催化作用，同时酶也可用于工业生产，如用酒曲造酒。酶是一种高分子量的蛋白质，天然酶的结构测定以及催化活性与机理研究是 21 世纪催化研究的前沿领域，也是一项十分复杂和棘手的工作，有待各个学科交叉（化学、物理和生物）配合研究和仪器与方法的创造。模拟金属酶是模仿酶的活性中心，即模拟其中某些活性氨基酸与金属的配位设计合成配合物，形成配位催化，以简化和模仿酶催化过程。由于酶的结构十分复杂，搞清楚酶催化过程，绝非短期研究能解决。但酶活性中心的结构信息引起人们的关注，企图仿照天然酶人工制造化学酶，这是设计和合成新催化剂的一个新途径。如不对称催化氢化的手性催化剂就是利用铑或钌的手性配合物，使脱氢氨基酸催化氢化成光学活性的 α–氨基酸，其对应选择性与酶催化的结果可相媲美，所以模拟酶催化领域在 21 世纪将会有重大突破。

在 20 世纪，尽管化学家们研制成功了无数种催化剂，并应用于工业生产，但对催化剂的奥妙所在，即作用原理和反应机理还是没有完全搞清楚。因此，科学家们还不能完全随心所欲地设计某一特定反应高效催化剂，而要靠实验工作去探索，以比较多种催化剂的性能，筛选出较好的催化剂。所以研究催化剂及其催化过程的科学，还将进一步深入和发展。用组合化学法快速筛选催化剂将是 21 世纪的重要研究课题。

12.5.5　量子化学

量子化学是近代结构化学的主要理论基础。量子化学中的价键理论、分子轨道理论以及配位场理论等，不但能用来阐明物质分子构成和原子的空间排布等特征，而且还用来阐明微观结构和宏观性能之间的联系。由于量子化学计算方法的发展和逐步提高完善，加上高速电子计算机的应用，有关分子及其不同聚集状态的量子化学方法已有可能用于特殊材料的"分子设计"和制备方法的探索，将结构化学理论推广。20 世纪中期量子化学曾经将化学带入一个新时代，在这个新时代里实验和理论能够共同协力探讨分子体系的性质。如从 1928 年 L. C. Pauling 提出的价键理论，R. S. Mulliken 提出的分子轨道理论，到 H. A. Bethe 的配位场理论，R. B. Woodwar 和 R. Hoffmann 的分子轨道对称守恒原理，福井谦一的前线轨道理论，一直到 1998 年诺贝尔化学奖得主 W. Kohn 的电子密度泛函理论和 J. A. Pople 的量子化学计算方法和模型化学,这一发展过程整整花了 70 年时间。纵观量子化学发展的历史过程,不难看出只有量子力学基本原理和化学实验密切结合,量子化学的理论研究才能不断出现新的突破和开创新的局面。现在根据量子化学计算可以进行分子的合理设计,如药物设计、材料设计、物性预测等。20 世纪中期有人预见以量子化学为基础可以解决和认识化学实验中的所有问题,但是目前尚未形成研究分子层次的统一的理论,对许多化学现象和问题还不能用统一的理论来归纳、理解和认识。如分子的平衡性质和非平衡态、反应的过渡态和反应途径、分子与分子体系的相互作用等,都有待于从化学实验结果提高到理论认识,能否出现化学的统一理论将有待于化学家们的创造和努力。

物理化学是化学科学的理论基础,物理化学能否健康、协调地发展,直接影响甚至制约整个化学学科的长期发展。进入新世纪,物理化学不仅在化学而且在生命、材料、能源和环境等重大科学领域中越来越发挥着不可替代的作用。21 世纪物理化学研究对象将不断扩展,研究内容将不断扩充,研究手段将不断进步。物理化学在继续进行分子层次的基础研究的同时,将更加重视分子以上层次的复杂体系基础研究,并密切与生命、材料、能源、环境等领域交叉。我国物理化学的发展应强调理论与实践方法的自主创新和理论与实验的紧密结合,加强具有创新思维人才的培养,更好地服务于国家目标和产业革新。展望 21 世纪物理化学事业的发展和物理化学对人类生活的影响,我们充满信心,亦倍感兴奋。物理化学是至关重要的,物理化学的发展是无限的,它将帮助我们解决 21 世纪所面临的一系列问题,物理化学将迎来它的黄金时代。

附　　录

附录 1　我国法定计量单位

我国法定计量单位主要包括下列单位。

（1）国际单位制（简称 SI）的基本单位

量的名称	单位名称	单位符号
长度	米	m
质量	千克（公斤）	kg
时间	秒	s
电流	安［培］	A
热力学温度	开［尔文］	K
物质的量	摩［尔］	mol
发光强度	坎［德拉］	cd

（2）国际单位制的辅助单位

量的名称	单位名称	单位符号
平面角	弧度	rad
立体角	球面度	sr

（3）国际单位制中具有专门名称的导出单位（摘录）

量的名称	单位名称	单位符号	其他表示示例
频率	赫［兹］	Hz	s^{-1}
力；重力	牛［顿］	N	$kg \cdot m \cdot s^{-2}$
压力，压强；应力	帕［斯卡］	Pa	$N \cdot m^{-2}$
能量；功；热	焦［耳］	J	$N \cdot m$

续表

量的名称	单位名称	单位符号	其他表示示例
功率;辐射通量	瓦[特]	W	$J \cdot s^{-1}$
电荷量	库[仑]	C	$A \cdot s$
电位;电压;电动势	伏[特]	V	$W \cdot A^{-1}$
电容	法[拉]	F	$C \cdot A^{-1}$
电阻	欧[姆]	Ω	$V \cdot A^{-1}$
电导	西[门子]	S	$A \cdot V^{-1}$
磁通量	韦[伯]	Wb	$V \cdot s$
磁通量密度;磁感应强度	特[斯拉]	T	$Wb \cdot m^{-2}$
摄氏温度	摄氏度	℃	K
光通量	流[明]	lm	$cd \cdot sr$
光照度	勒[克斯]	lx	$lm \cdot m^{-2}$
反射性活度	贝克[勒尔]	Bq	s^{-1}

(4)国家选定的非国际单位制单位

量的名称	单位名称	单位符号
时间	分	min
	[小]时	h
	天(日)	d
平面角	[角]秒	(″)
	[角]分	(′)
	度	(°)
旋转速度	转每分	$r \cdot min^{-1}$
质量	吨	t
	原子质量单位	u
体积	升	L,(l)
能	电子伏	eV

注:①"[ ]"内的字,是在不致混淆的情况下,可以省略的字。

②"( )"内的字为前者的同义语。

附录2 基本物理常数

物理量的名称	物理量符号	物理量的值
真空中的光速	c	2.9979×10^8 m·s^{-1}
电子质量	m_e	9.109×10^{-31} kg
电子电荷	e	1.602×10^{-19} C
法拉第常数	F	9.6485×10^4 C·mol^{-1}
阿伏伽德罗常数	N_A	6.022×10^{23} mol^{-1}
摩尔气体常数	R	8.3145 J·mol^{-1}·K^{-1}
理想气体的摩尔体积	V_0	2.241×10^{-2} m^3·mol^{-1}

附录3 某些物质的标准摩尔生成焓、标准摩尔生成吉布斯自由能和标准熵(25 ℃)

(标准态压力 $p^\ominus = 100$ kPa)

物质	$\Delta_f H_m^\ominus /(\text{kJ·mol}^{-1})$	$\Delta_f G_m^\ominus /(\text{kJ·mol}^{-1})$	$S_m^\ominus /(\text{J·mol}^{-1}·\text{K}^{-1})$
Ag(s)	0	0	42.55
AgCl(s)	-127.01 ± 0.05	-109.78	96.3
Ag$_2$O(s)	-31.1	-11.2	121.3
Al(s)	0	0	28.3
Al$_2$O$_3$(α,刚玉)	-1675.7	-1582.3	50.92
Br$_2$(l)	0	0	152.23
Br$_2$(g)	30.91	3.11	245.46
HBr(g)	-36.29 ± 0.16	-53.45	198.70
Ca(s)	0	0	41.6
CaC$_2$(s)	-62.8	-67.8	70.3
CaCO$_3$(方解石)	-1206.8	-1128.8	92.9
CaO(s)	-634.9	-603.3	38.1
Ca(OH)$_2$	-985.2	-897.5	83.4
C(石墨)	0	0	5.740
C(金刚石)	1.897	2.900	2.38
CO(g)	-110.52	-137.17	197.67

续表

物质	$\Delta_f H_m^{\ominus}/(\text{kJ}\cdot\text{mol}^{-1})$	$\Delta_f G_m^{\ominus}/(\text{kJ}\cdot\text{mol}^{-1})$	$S_m^{\ominus}/(\text{J}\cdot\text{mol}^{-1}\cdot\text{K}^{-1})$
$CO_2(g)$	−393.51	−394.36	213.8
$CS_2(l)$	89.7	64.6	151.3
$CS_2(g)$	116.6	62.12	237.4
$CCl_4(l)$	−135.4	−65.20	216.4
$CCl_4(g)$	−103	−60.60	309.8
$HCN(l)$	108.9	124.9	112.8
$HCN(g)$	135.1	124.7	201.8
$Cl_2(g)$	0	0	223.07
$Cl(g)$	121.67	105.68	165.20
$HCl(g)$	−92.307	−95.299	186.91
$Cu(s)$	0	0	33.15
$CuO(s)$	−157.3	−129.7	42.63
$Cu_2O(s)$	−168.6	−146.0	93.14
$F_2(g)$	0	0	202.8
$HF(g)$	−273.3	−275.4	173.78
$Fe(\alpha)$	0	0	27.3
$FeCl_2(s)$	−341.8	−302.3	118.0
$FeCl_3(s)$	−399.5	−334.1	142.3
$FeO(s)$	−272		
$Fe_2O_3(赤铁矿)$	−824.2	−742.2	87.40
$Fe_3O_4(磁铁矿)$	−1 118.4	−1 015.4	146.4
$FeSO_4(s)$	−928.4	−820.8	107.5
$H_2(g)$	0	0	130.68
$H(g)$	217.97	203.24	114.71
$H_2O(l)$	−285.83	−237.18	69.91
$H_2O(g)$	−241.82	−228.57	188.83
$I_2(s)$	0	0	116.14
$I_2(g)$	63.438	19.33	260.7
$I(g)$	106.84	70.267	180.79
$HI(g)$	26.5	1.7	206.59
$Mg(s)$	0	0	32.7

续表

物质	$\Delta_f H_m^{\ominus}/(\text{ kJ}\cdot\text{mol}^{-1})$	$\Delta_f G_m^{\ominus}/(\text{ kJ}\cdot\text{mol}^{-1})$	$S_m^{\ominus}/(\text{ J}\cdot\text{mol}^{-1}\cdot\text{K}^{-1})$
$MgCl_2(g)$	−641.3	−591.8	89.6
$MgO(s)$	−601.6	−569.3	27.0
$Mg(OH)_2(s)$	−924.66	−833.68	63.14
$Na(s)$	0	0	51.3
$Na_2CO_3(s)$	−1 130.7	−1 044.4	135.0
$NaHCO_3(s)$	−950.8	−851.0	101.7
$NaCl(s)$	−411.2	−384.1	72.1
$NaNO_3(s)$	−467.9	−367.0	116.5
$Na_2O(s)$	−414.2	−375.5	75.1
$NaOH(s)$	−425.6	−397.5	64.5
$Na_2SO_4(s)$	−1387.1	−1270.2	149.6
$N_2(g)$	0	0	191.6
$NH_3(g)$	−45.9	−16.4	192.8
$N_2H_4(l)$	50.63	149.3	121.2
$NO(g)$	90.25	86.57	210.76
$NO_2(g)$	33.2	51.32	240.1
$N_2O(g)$	82.5	104.2	219.8
$N_2O_3(g)$	83.72	139.4	312.3
$N_2O_4(g)$	9.16	97.89	304.3
$N_2O_5(g)$	11.3	115.1	355.7
$HNO_3(g)$	−135.1	−74.72	266.4
$HNO_3(l)$	−174.1	−80.7	155.6
$NH_4HCO_3(s)$	−849.4	−666.0	121
$O_2(g)$	0	0	205.14
$O(g)$	249.17	231.73	161.06
$O_3(g)$	142.7	163.2	238.9
$P(\alpha,白磷)$	0	0	41.1
$P(红磷,三斜)$	−17.6	−12	22.8
$P_4(g)$	58.91	24.4	280.0
$PCl_3(g)$	−287.0	−267.8	311.8
$PCl_5(g)$	−357	−305	364.6

续表

物质	$\Delta_f H_m^{\ominus}/(\text{kJ}\cdot\text{mol}^{-1})$	$\Delta_f G_m^{\ominus}/(\text{kJ}\cdot\text{mol}^{-1})$	$S_m^{\ominus}/(\text{J}\cdot\text{mol}^{-1}\cdot\text{K}^{-1})$
$POCl_3(g)$	−558.48	−512.93	325.4
$H_3PO_4(g)$	−1 284.4	−1 124.3	110.5
$S(g)$	0	0	31.8
$S($正交$)$	277.2	236.7	167.82
$S_8(g)$	102.3	49.63	430.98
$H_2S(g)$	−20.6	−33.4	205.8
$SO_2(g)$	−296.83	−300.19	248.2
$SO_3(g)$	−395.7	−371.1	256.8
$H_2SO_4(l)$	−813.989	−690.003	156.90
$Si(s)$	0	0	18.8
$SiCl_4(l)$	−687.0	−619.83	239.7
$SiCl_4(g)$	−675.01	−616.98	330.7
$SiH_4(g)$	34.3	56.9	204.6
$SiO_2($石英$)$	−910.7	−856.3	41.6
$SiO_2(S,$无定形$)$	−903.49	−850.79	46.9
$Zn(s)$	0	0	41.6
$ZnCO_3(s)$	−812.8	−731.5	82.4
$ZnCl_2(s)$	−415.1	−369.40	111.5
$ZnO(s)$	−350.5	−320.5	43.7
$CH_4(g)($甲烷$)$	−74.4	−50.3	186.3
$C_2H_8(g)($乙烷$)$	−83.8	−31.9	229.6
$C_3H_8(g)($丙烷$)$	−103.8	−23.4	270.0
$C_4H_{10}(g)($正丁烷$)$	−124.7	−15.6	310.1
$C_2H_4(g)($乙烯$)$	52.5	68.4	219.6
$C_3H_6(g)($丙烯$)$	20.4	62.79	267.0
$C_4H_8(g)(1$-丁烯$)$	1.17	72.15	307.5
$C_2H_2(g)($乙炔$)$	228.2	210.7	200.9
$C_6H_6(l)($苯$)$	48.66	123.1	173.26
$C_6H_6(g)($苯$)$	82.93	129.8	269.3
$C_6H_5CH_3(g)($甲苯$)$	50.00	122.4	319.8
$CH_3OH(l)($甲醇$)$	−239.1	−166.6	126.8

续表

物质	$\Delta_f H_m^{\ominus}/(\text{ kJ} \cdot \text{mol}^{-1})$	$\Delta_f G_m^{\ominus}/(\text{ kJ} \cdot \text{mol}^{-1})$	$S_m^{\ominus}/(\text{J} \cdot \text{mol}^{-1} \cdot \text{K}^{-1})$
$CH_3OH(g)$（甲醇）	-201.5	-162.6	239.8
$C_2H_5OH(l)$（乙醇）	-277.7	-174.8	160.7
$C_2H_5OH(g)$（乙醇）	-235.1	-168.5	282.7
$HCHO(g)$（甲醛）	-108.6	-102.5	218.8
$CH_3CHO(l)$（乙醛）	-191.8	-127.6	160.2
$CH_3CHO(g)$（乙醛）	-166.2	-132.8	263.7
$(CH_3)_2CO(l)$（丙酮）	-248.1	-155.6	199.8
$(CH_3)_2CO(g)$（丙酮）	-217.3	-152.6	297.6
$HCOOH(l)$（甲酸）	-424.72	-361.3	129.0
$CH_3COOH(l)$（乙酸）	-484.5	-389.9	159.8
$CH_3COOH(g)$（乙酸）	-432.2	-374.5	282.5
$CH_3NH_2(l)$（甲胺）	-47.3	35.7	150.2
$CH_3NH_2(g)$（甲胺）	-22.5	32.7	242.9
$(NH_2)_2CO(s)$（尿素）	-322.9	196.7	104.6

注:数据摘自《Lange's Handbook of Chemistry》,11thed.,并按 1 cal = 4.184 J 加以换算。标准压力 $p^{\ominus}$ 已由 101.325 kPa 换算至 100 kPa。

附录4　酸、碱的解离常数

表1　弱酸的解离常数(298.15 K)

弱酸	解离常数 $K_a^{\ominus}$
H_3AsO_4	$K_{a1}^{\ominus} = 5.7 \times 10^{-3}, K_{a2}^{\ominus} = 1.7 \times 10^{-7}, K_{a3}^{\ominus} = 2.5 \times 10^{-12}$
H_3AsO_3	$K_{a1}^{\ominus} = 5.9 \times 10^{-10}$
H_3BO_3	5.8×10^{-10}
$HOBr$	2.6×10^{-9}
H_2CO_3	$K_{a1}^{\ominus} = 4.2 \times 10^{-7}, K_{a2}^{\ominus} = 4.7 \times 10^{-11}$
HCN	5.8×10^{-10}
H_2CrO_4	$K_{a1}^{\ominus} = 9.55, K_{a2}^{\ominus} = 3.2 \times 10^{-7}$
$HOCl$	2.8×10^{-8}
HF	6.9×10^{-4}
HIO_3	0.16

续表1

弱酸	解离常数 $K_a^{\ominus}$
H_5IO_6	$K_{a1}^{\ominus}=4.4\times10^{-4}, K_{a2}^{\ominus}=2.0\times10^{-7}, K_{a3}^{\ominus}=6.3\times10^{-13}$
HNO_2	6.0×10^{-4}
H_2O_2	$K_{a1}^{\ominus}=2.0\times10^{-12}$
H_3PO_4	$K_{a1}^{\ominus}=6.7\times10^{-3}, K_{a2}^{\ominus}=6.2\times10^{-8}, K_{a3}^{\ominus}=4.5\times10^{-13}$
$H_4P_2O_7$	$K_{a1}^{\ominus}=2.9\times10^{-2}, K_{a2}^{\ominus}=5.3\times10^{-3}, K_{a3}^{\ominus}=2.2\times10^{-7}, K_{a4}^{\ominus}=4.8\times10^{-10}$
H_2SO_4	$K_{a2}^{\ominus}=1.0\times10^{-2}$
H_2SO_3	$K_{a1}^{\ominus}=1.7\times10^{-2}, K_{a2}^{\ominus}=6.0\times10^{-8}$
H_2S	$K_{a1}^{\ominus}=1.0\times10^{-7}, K_{a2}^{\ominus}=7.1\times10^{-18}\sim10^{-19}$
$H_2C_2O_4$(草酸)	$K_{a1}^{\ominus}=5.4\times10^{-2}, K_{a2}^{\ominus}=5.4\times10^{-5}$
HCOOH(甲酸)	1.8×10^{-4}
HAc(乙酸)	1.8×10^{-5}
$ClCH_2COOH$(氯乙酸)	1.4×10^{-3}

表2 弱碱的解离常数(298.15 K)

弱碱	解离常数 $K_b^{\ominus}$	弱碱	解离常数 $K_b^{\ominus}$
$NH_3\cdot H_2O$	1.8×10^{-5}	N_2H_4(联氨)	9.8×10^{-7}
NH_2OH(羟氨)	9.1×10^{-9}	CH_3NH_2(甲胺)	4.2×10^{-4}
$C_6H_5NH_2$(苯胺)	4.0×10^{-10}	$(CH_2)_6N_4$(六次甲基四胺)	1.4×10^{-9}

注:此数据取自《无机化学丛书》第六卷,科学出版社,1995。

括号中的数据取自《Lange's Handbook of Chemistry》13版,1985。

其余数据均按《NBS化学热力学性质表》(刘天和,赵梦月,译,中国标准出版社,1998)中的数据计算得来的。

附录5 容度积常数

化学式	$K_s^{\ominus}$	化学式	$K_s^{\ominus}$	化学式	$K_s^{\ominus}$
AgAc	1.9×10^{-3}	$CaCrO_4$	7.1×10^{-4}	Hg_2Cl_2	1.4×10^{-18}
AgBr	5.3×10^{-13}	$Ca(OH)_2$	4.6×10^{-6}	Hg_2CrO_4	2.0×10^{-9}
AgCl	1.8×10^{-10}	$CaHPO_4$	1.8×10^{-7}	HgI_2	4.5×10^{-29}
Ag_2CO_3	8.3×10^{-12}	$Ca_3(PO_4)_2$(低温)	2.1×10^{-33}	Hg_2SO_4	7.9×10^{-7}
Ag_2CrO_4	1.1×10^{-12}	$Ca_3(PO_4)_2$(高温)	8.4×10^{-22}	Hg_2S	1.0×10^{-47}

续表

化学式	$K_s^{\ominus}$	化学式	$K_s^{\ominus}$	化学式	$K_s^{\ominus}$
AgCN	5.9×10^{-17}	$CaSO_4$	1.1×10^{-4}	HgS(红)	1.7×10^{-53}
AgC_2O_4	5.3×10^{-12}	$Cd(OH)_2$(新)	2.5×10^{-14}	HgS(黑)	7.5×10^{-53}
$Ag_4[Fe(CN)_6]$	8.0×10^{-41}	CdS	1.4×10^{-29}	$K_2[PtCl_6]$	1.1×10^{-5}
AgOH	2.0×10^{-8}	CeF_3	8.0×10^{-16}	Li_2CO_3	8.1×10^{-4}
$AgIO_3$	3.1×10^{-8}	$Ce(OH)_3$	16×10^{-20}	LiF	1.8×10^{-3}
AgI	8.3×10^{-17}	$Ce(OH)_4$	2.0×10^{-28}	Li_3PO_4	3.2×10^{-9}
$AgNO_2$	3.0×10^{-5}	$Co(OH)_2$(新)	9.7×10^{-16}	$MgCO_3$	6.8×10^{-6}
Ag_3PO_4	8.7×10^{-17}	$Co(OH)_3$	1.6×10^{-44}	MgF_2	7.4×10^{-11}
Ag_2SO_4	1.2×10^{-5}	$Cr(OH)_3$	6.3×10^{-31}	$Mg(OH)_2$	5.1×10^{-12}
Ag_2SO_3	1.5×10^{-14}	CuBr	6.9×10^{-9}	$Mg_3(PO_4)_2$	1.0×10^{-24}
$Ag_2S-\alpha$	6.3×10^{-50}	CuCl	1.7×10^{-7}	$MnCO_3$	2.2×10^{-11}
AgSCN	1.0×10^{-12}	CuCN	3.5×10^{-20}	$Mn(OH)_2$(am)	2.0×10^{-13}
$Al(OH)_3$(无定形)	1.3×10^{-33}	CuI	1.2×10^{-12}	$NiCO_3$	1.4×10^{-7}
AuCl	2.0×10^{-13}	Cu_2S	2.2×10^{-48}	$Ni(OH)_2$(新)	5.0×10^{-16}
$AuCl_3$	3.2×10^{-25}	CuSCN	1.8×10^{-13}	$PbCO_3$	1.4×10^{-13}
$BaCO_3$	2.9×10^{-9}	$CuCO_3$	1.4×10^{-10}	$PbBr_2$	6.6×10^{-6}
$BaCrO_4$	1.2×10^{-10}	$Cu(OH)_2$	2.2×10^{-20}	$PbCl_2$	1.7×10^{-5}
BaF_2	1.8×10^{-7}	$Cu_2P_2O_7$	7.6×10^{-16}	$PbCrO_4$	2.8×10^{-13}
$Ba(NO_3)_2$	6.4×10^{-4}	CuS	1.2×10^{-36}	PbI_2	8.4×10^{-9}
$Ba_3(PO_4)_2$	3.4×10^{-23}	$FeCO_3$	3.1×10^{-11}	$Pb(N_3)_2$	2.0×10^{-9}
$BaSO_4$	1.1×10^{-10}	$Fe(OH)_2$	8.0×10^{-16}	$PbSO_4$	1.8×10^{-8}
$Be(OH)_2-\alpha$	6.7×10^{-22}	$Fe(OH)_3$	2.4×10^{-39}	PbS	9.0×10^{-29}
$Be(OH)_2-\beta$	2.5×10^{-22}	FeS	1.6×10^{-19}	$Sn(OH)_2$	5.0×10^{-27}
$Bi(OH)_3$	4.0×10^{-31}	HgI_2	2.8×10^{-29}	$ZnCO_3$	1.2×10^{-10}
$CaCO_3$	4.9×10^{-9}	$HgCO_3$	3.7×10^{-17}	$Zn(OH)_2$	6.2×10^{-17}
CaF_2	1.4×10^{-9}	$HgBr_2$	6.3×10^{-20}		

注:括号中的数据取自《Lange's Handbookof Chemistry》13 版,1985。其余数据均按《NBS 化学热力学性质表》(刘天和,赵梦月,译,中国标准出版社,1998)中的数据计算得来的。

附录6 配离子稳定常数

配离子	$K_{稳}^{\ominus}$	配离子	$K_{稳}^{\ominus}$	配离子	$K_{稳}^{\ominus}$
$[Ag(CN)_2]^-$	1.26×10^{21}	$[Cu(NCS)_2]^-$	1.52×10^5	$[HgBr_4]^{2-}$	1.00×10^{21}
$[Ag(NH_3)_2]^+$	1.12×10^7	$[Cu(NH_3)_4]^{2+}$	2.09×10^{13}	$[HgCl_4]^{2-}$	1.17×10^{15}
$[Ag(S_2O_3)_2]^{3-}$	2.89×10^{13}	$[Cu(NH_3)_2]^+$	7.24×10^{10}	$[Ni(NH_3)_6]^{2+}$	5.50×10^8
$[AgCl_2]^-$	1.10×10^5	$[Cu(P_2O_7)_2]^{6-}$	1.00×10^9	$[Ni(en)_3]^{2+}$	2.14×10^{18}
$[AgBr_2]^-$	2.14×10^7	$[Fe(CN)_6]^{3-}$	1.00×10^{42}	$[Zn(CN)_4]^{2-}$	5.00×10^{16}
$[AgI_2]^-$	5.50×10^{11}	$[FeF_6]^{3-}$	2.04×10^{14}	$[Zn(NH_3)_4]^{2+}$	2.87×10^9
$[Co(NH_3)_6]^{2+}$	1.29×10^5	$[Hg(CN)_4]^{2-}$	2.51×10^{41}	$[Zn(en)_2]^{2+}$	6.76×10^{10}
$[Cu(CN)_2]^-$	1.00×10^{24}	$[HgI_4]^{2-}$	6.76×10^{29}		

注:数据主要取自 J. A. Dean,《Lange's Handbookof Chemistry》11 版,1973;温度一般为 20 ~ 25 ℃。

附录7 标准电极电势

(298.15 K,100 kPa)

电极反应(氧化型$+ne^-\rightleftharpoons$还原型)	$E^{\ominus}$/V
$Li^+(aq)+e^-\rightleftharpoons Li(s)$	-3.040
$Cs^+(aq)+e^-\rightleftharpoons Cs(s)$	-3.027
$Rb^+(aq)+e^-\rightleftharpoons Rb(s)$	-2.943
$K^+(aq)+e^-\rightleftharpoons K(s)$	-2.936
$Rb^{2+}(aq)+2e^-\rightleftharpoons Rb(s)$	-2.910
$Ba^{2+}(aq)+2e^-\rightleftharpoons Ba(s)$	-2.906
$Sr^{2+}(aq)+2e^-\rightleftharpoons Sr(s)$	-2.899
$Ca^{2+}(aq)+2e^-\rightleftharpoons Ca(s)$	-2.869
$Na^+(aq)+e^-\rightleftharpoons Na(s)$	-2.714
$Be^{2+}(aq)+2e^-\rightleftharpoons Be(s)$	-1.968
$Al^{3+}(aq)+3e^-\rightleftharpoons Al(s)$	-1.680
$Mn^{2+}(aq)+2e^-\rightleftharpoons Mn(s)$	-1.182
$SiO_2(am)+4H^+(aq)+4e^-\rightleftharpoons Si(s)+2H_2O$	$-0.975\ 4$
$SO_4^{2-}(aq)+H_2O(l)+2e^-\rightleftharpoons SO_3^{2-}(aq)+2OH^-(aq)$	$-0.936\ 2$

续表

电极反应（氧化型$+ne^-\rightleftharpoons$还原型）	$E^{\ominus}/V$
$LFe(OH)_3(s)+3e^-\rightleftharpoons Fe(s)+3OH^-(aq)$	-0.8914
$H_3BO_3(s)+3H^++3e^-\rightleftharpoons B(s)+3H_2O$	-0.8894
$Zn^{2+}(aq)+2e^-\rightleftharpoons Zn(s)$	-0.7621
$Cr^{3+}(aq)+3e^-\rightleftharpoons Cr(s)$	-0.740
$FeCO_3(s)+2e^-\rightleftharpoons Fe(s)+CO_3^{2-}(aq)$	-0.7196
$SO_3^{2-}(aq)+3H_2O(l)+4e^-\rightleftharpoons S_2O_3^{2-}(aq)+6OH^-(aq)$	-0.5659
$Ga^{3+}(aq)+3e^-\rightleftharpoons Ga(s)$	-0.5493
$Fe(OH)_3(s)+e^-\rightleftharpoons Fe(OH)_2(s)+OH^-(aq)$	-0.5468
$S(s)+2e^-\rightleftharpoons S^{2-}(aq)$	-0.4450
$Cr^{3+}(aq)+e^-\rightleftharpoons Cr^{2+}(aq)$	-0.4100
$Fe^{2+}(aq)+2e^-\rightleftharpoons Fe(s)$	-0.4089
$Cd^{2+}(aq)+2e^-\rightleftharpoons Cd(s)$	-0.4022
$PbI_2(s)+2e^-\rightleftharpoons Pb(s)+2I^-(aq)$	-0.3653
$Cu_2O(s)+H_2O(l)+2e^-\rightleftharpoons 2Cu(s)+2OH^-$	-0.3557
$PbSO_4(s)+2e^-\rightleftharpoons Pb(s)+SO_4^{2-}(aq)$	-0.3555
$In^{3+}(aq)+3e^-\rightleftharpoons In(s)$	-0.3390
$Co^{2+}(aq)+2e^-\rightleftharpoons Co(s)$	-0.2820
$PbBr_2(s)+2e^-\rightleftharpoons Pb(s)+2Br^{2-}(aq)$	-0.2798
$PbCl_2(s)+2e^-\rightleftharpoons Pb(s)+2Cl^{2-}(aq)$	-0.2676
$Ni^{2+}(aq)+2e^-\rightleftharpoons Ni(s)$	-0.2363
$VO_2^+(aq)+4H^+(aq)+5e^-\rightleftharpoons V(s)+2H_2O(l)$	-0.2337
$CuI(s)+e^-\rightleftharpoons Cu(s)+I^-(aq)$	-0.1858
$AgCN(s)+e^-\rightleftharpoons Ag(s)+CN^-(aq)$	-0.1606
$AgI(s)+e^-\rightleftharpoons Ag(s)+I^-(aq)$	-0.1515
$Sn^{2+}(aq)+2e^-\rightleftharpoons Sn(s)$	-0.1410
$Pb^{2+}(aq)+2e^-\rightleftharpoons Pb(s)$	-0.1266
$CrO_4^{2-}(aq)+2H_2O(l)+3e^-\rightleftharpoons CrO_2^-(aq)+4OH^-(aq)$	-0.1200
$WO_3(s)+6H^+(aq)+6e^-\rightleftharpoons W(s)+3H_2O(l)$	-0.0909
$MnO_2(s)+2H_2O(l)+2e^-\rightleftharpoons Mn(OH)_2(s)+2OH^-(aq)$	-0.0514
$2H^+(aq)+2e^-\rightleftharpoons 2H_2(g)$	0.0000
$NO_3^-(aq)+H_2O(l)+e^-\rightleftharpoons NO_2^-(aq)+2OH^-(aq)$	0.00849

续表

电极反应(氧化型+ne^-⟶还原型)	$E^{\ominus}/V$
$AgBr(s)+e^- \Longrightarrow Ag(s)+Br^-(aq)$	0.073 17
$S(s)+2H^+(aq)+2e^- \Longrightarrow H_2S(aq)$	0.144 2
$Sn^{4+}(aq)+2e^- \Longrightarrow Sn^{2+}(aq)$	0.151 0
$SO_4^{2-}(aq)+4H^+(aq)+2e^- \Longrightarrow H_2SO_3(aq)+H_2O(1)$	0.157 6
$Cu^{2+}(aq)+e^- \Longrightarrow Cu^+(aq)$	0.160 7
$AgCl(s)+e^- \Longrightarrow Ag(s)+Cl^-(aq)$	0.222 2
$Hg_2Cl_2+2e^- \Longrightarrow 2Hg(1)+2Cl^-(aq)$	0.268 0
$Cu^{2+}(aq)+2e^- \Longrightarrow Cu(s)$	0.339 4
$Ag_2O(s)+H_2O(1)+2e^- \Longrightarrow 2Ag(s)+2OH^-(aq)$	0.342 8
$O_2(g)+2H_2O+4e^- \Longrightarrow 4OH^-(aq)$	0.400 9
$2H_2SO_3(aq)+2H^+(aq)+4e^- \Longrightarrow S_2O_3^{2-}(aq)+3H_2O(1)$	0.410 1
$Ag_2CrO_4(s)+2e^- \Longrightarrow 2Ag(s)+CrO_4^{2-}(aq)$	0.445 6
$H_2SO_3(aq)+4H^+(aq)+4e^- \Longrightarrow S(s)+3H_2O(1)$	0.449 7
$Cu^+(aq)+e^- \Longrightarrow Cu(s)$	0.518 8
$I_2(s)+2e^- \Longrightarrow 2I^-(aq)$	0.535 5
$MnO_4^-(aq)+e^- \Longrightarrow MnO_4^{2-}(aq)$	0.554 5
$MnO_4^{2-}(aq)+2H_2O(1)+3e^- \Longrightarrow MnO_2(s)+4OH^-(aq)$	0.596 5
$2HgCl_2(aq)+2e^- \Longrightarrow Hg_2Cl_2(s)+2Cl^-(aq)$	0.657 1
$O_2(g)+2H^+(aq)+2e^- \Longrightarrow H_2O_2(aq)$	0.695 4
$Fe^{3+}(aq)+e^- \Longrightarrow Fe^{2+}(aq)$	0.771 0
$Hg_2^{2+}(aq)+2e^- \Longrightarrow 2Hg(1)$	0.795 5
$NO_3^-(aq)+3H^+(aq)+2e^- \Longrightarrow NO_2(g)+H_2O(1)$	0.798 9
$Ag^+(aq)+e^- \Longrightarrow Ag(s)$	0.799 1
$Hg^{2+}(aq)+2e^- \Longrightarrow Hg(1)$	0.854 0
$2Hg^{2+}(aq)+2e^- \Longrightarrow Hg_2^{2+}(aq)$	0.908 3
$NO_3^-(aq)+4H^+(aq)+2e^- \Longrightarrow HNO_2(aq)+H_2O(1)$	0.927 5
$NO_3^-(aq)+4H^+(aq)+3e^- \Longrightarrow NO(g)+2H_2O(1)$	0.963 7
$HNO_2(aq)+H^+(aq)+e^- \Longrightarrow NO(g)+H_2O(1)$	1.040 0
$Br_2(1)+2e^- \Longrightarrow 2Br^-(aq)$	1.077 4
$NO_2(g)+H^+(aq)+e^- \Longrightarrow HNO_2(aq)$	1.080 0
$2IO_3^-(aq)+12H^+(aq)+10e^- \Longrightarrow I_2(s)+6H_2O(1)$	1.209 0

续表

电极反应（氧化型 $+ne^- \rightleftharpoons$ 还原型）	$E^\ominus/V$
$O_2(g)+4H^+(aq)+2e^- \rightleftharpoons 2H_2O(l)$	1.229 0
$MnO_2(s)+4H^+(l)+2e^- \rightleftharpoons Mn^{2+}(aq)+2H_2O(aq)$	1.229 3
$O_3(g)+H_2O(aq)+2e^- \rightleftharpoons O_2(g)+2OH^-(aq)$	1.247 0
$Cr_2O_7^{2-}(aq)+14H^+(aq)+6e^- \rightleftharpoons 2Cr^{3+}(aq)+7H_2O(aq)$	1.330 0
$Cl_2(g)+2e^- \rightleftharpoons 2Cl^-(aq)$	1.360 0
$2HIO(aq)+2H^+(aq)+2e^- \rightleftharpoons 2I(s)+2H_2O(l)$	1.431 0
$PbO_2(s)+4H^+(aq)+2e^- \rightleftharpoons Pb^{2+}(aq)+2H_2O(l)$	1.458 0
$MnO_4^-(aq)+8H^+(aq)+5e^- \rightleftharpoons Mn^{2+}(aq)+4H_2O(l)$	1.507 0
$MnO_4^-(aq)+4H^+(aq)+3e^- \rightleftharpoons MnO_2(s)+2H_2O(l)$	1.700
$H_2O_2(aq)+2H^+(aq)+2e^- \rightleftharpoons 2H_2O(l)$	1.763
$S_2O_8^{2-}(aq)+2e^- \rightleftharpoons 2SO_4^{2-}(aq)$	1.939
$F_2(g)+2e^- \rightleftharpoons 2F^-(aq)$	2.870 0

参考文献

[1] 同济大学普通化学及无机化学教研室. 普通化学[M]. 北京:高等教育出版社,2004.
[2] 大连理工大学普通化学教研组. 大学普通化学[M]. 6版. 大连:大连理工大学出版社,2001.
[3] 浙江大学普通化学教研组. 普通化学[M]. 5版. 北京:高等教育出版社,2008.
[4] 华彤文,杨骏英,陈景祖. 普通化学原理[M]. 3版. 北京:北京大学出版社,2005.
[5] 大连理工大学无机化学教研室. 无机化学[M]. 5版. 北京:高等教育出版社,2006.
[6] 北京师范大学无机化学教研室. 无机化学[M]. 3版. 北京:高等教育出版社,1992.
[7] 大连理工大学普通化学教研组. 大学普通化学学习指导[M]. 4版. 大连:大连理工大学出版社,2008.
[8] 徐家宁,史苏华,宋天佑. 无机化学例题与习题[M]. 北京:高等教育出版社,2000.
[9] 龚跃法,张正波. 有机化学习题详解[M]. 2版. 武汉:华中科技大学出版社,2003.
[10] 徐寿昌. 有机化学[M]. 2版. 北京:高等教育出版社,1993.
[11] 初玉霞. 有机化学[M]. 2版. 北京:化学工业出版社,2006.
[12] 李俊汾,秦张峰,王国富,等. 超临界多相催化反应的应用研究进展[J]. 石油化工,2007,36(11):1083-1092.
[13] 王东辉,程代云,史喜成,等. 环境友好的超临界多相催化反应研究进展[J]. 现代化工,2001,21(11):16-20.
[14] 王路辉,王亚明,刘辉. 超临界流体中均相催化反应的研究进展[J]. 工业催化,2004,12(9):1-4.
[15] 黄启巽,魏光,吴金添. 物理化学:上,下册[M]. 厦门:厦门大学出版社,1996.
[16] 李保山. 基础化学[M]. 北京:科学出版社,2009.
[17] 钟国清,赵明宪. 大学基础化学[M]. 北京:科学出版社,2005.